高职高专规划教材

化学品分析与检验

苗向阳　顾　准　主　编
项东升　刘金权　副主编
丁敬敏　　　　　主　审

化学工业出版社
·北京·

本书共分14个项目，包括认识化学检验工岗位、工业盐酸总酸度测定、工业氢氧化钠含量测定、饮用天然矿泉水总硬度测定、工业硫酸铝含量测定、工业双氧水含量测定、地表Ⅴ类水化学需氧量测定、食用碘盐含碘量测定、生活饮用水中氯化物含量测定、食用葡萄糖中水分测定、对乙酰氨基酚片的质量检验、碳酸饮料的质量检验、酯化法生产香料用乙酸乙酯的质量检验、碳酸饮料中食品添加剂的含量测定。

本书简明扼要地阐述了各种化学分析、仪器分析方法的基本原理及应用技术，范围涉及工业化学品、食品、药品等方面，内容基本能满足化工类相关专业的需要。书中有关名词术语和计量单位均采用国家新标准。

本书是高职高专工业分析专业的必修课教材，也适用于高职高专应用化工生产技术、石油化工、精细化工等类专业，也可供轻纺、材料、冶金、食品或环保等专业选用，同时也可作为从事分析测试工作的其他科技人员业务培训的参考资料。

图书在版编目（CIP）数据

化学品分析与检验/苗向阳，顾准主编. —北京：化学工业出版社，2011.9（2023.9重印）
高职高专规划教材
ISBN 978-7-122-12096-0

Ⅰ.①化… Ⅱ.①苗…②顾… Ⅲ.①化工产品-化学分析-高等职业教育-教材②化工产品-检验-高等职业教育-教材 Ⅳ.TQ075

中国版本图书馆CIP数据核字（2011）第165452号

责任编辑：窦　臻　提　岩　　文字编辑：昝景岩
责任校对：郑　捷　　装帧设计：张　辉

出版发行：化学工业出版社（北京市东城区青年湖南街13号　邮政编码100011）
印　　装：北京七彩京通数码快印有限公司
787mm×1092mm　1/16　印张15¾　字数411千字　2023年9月北京第1版第7次印刷

购书咨询：010-64518888　　售后服务：010-64518899
网　　址：http://www.cip.com.cn
凡购买本书，如有缺损质量问题，本社销售中心负责调换。

定　　价：45.00元

前　言

本书是根据《国家精品课程评审指标（高职，2009）》文件精神：重视学生在校学习与实际工作的一致性，有针对性地采取工学交替、任务驱动、项目导向、课堂与实习地点一体化等行动导向的教学模式编写的。项目化教学就是以工作过程为导向，以培养职业岗位能力为教学目标，以项目为教学单元构建课程体系，组织教与学，以学生为主体、教师为主导，把理论教学与实践教学有机地结合起来的理实一体化教学。我们把传统的定量化学分析、仪器分析学科体系知识进行解构，按照国家职业资格标准·化学检验工的工作体系进行了重构。

本书中的项目都经过编者们预做，教学设计凝聚了编者们四年多项目化教学改革实践的经验。本书编写借鉴了引导文教学法中教学文件的思路。引导文教学法是“借助于预先准备的引导性文字，引导学习者解决实际问题”。引导文的任务是建立项目工作和它所需要的知识、技能之间的关系，让学生清楚完成任务应该通晓什么知识、具备哪些技能等。书中仍然保留了学科体系的知识，知识穿插在不同的项目中。教材知识内容依项目而设，深入浅出，起点及知识梯度合理；贯彻可接受性原则，淡化理论，突出应用，强化理论与实际的紧密联系，突出能力培养。语言叙述力求通俗易懂，言简意赅。

本书既可用于项目化教学，也可用于传统的教学结合研究性学习或第二课堂教学。教材中的“学习目标”（含能力目标和知识目标）使得学习者知晓通过项目化学习应达到的要求；“项目背景”能让学习者体会到该项目的真实性，以及完成这个项目的实际价值；“引导问题”能让学习者思考完成项目会遇到哪些问题，如何解决；“项目导学”介绍基本的理论知识与方法，内容本身有一定系统性，既可以用于学习者自学，也可以由教师集中讲授，或者根据项目开展的情况穿插教学；“项目训练”主要用于学习者操作技能方面的练习；“自主项目”是一些具备开放性和拓展性的项目组成，能充分发挥学习者的潜能；“思考与练习”设计成填空、判断、选择、问答和计算等题型，对基本知识、基本原理、基本计算进行复习检测；“技能项目库”为学习者项目化学习评价提供参考。

为方便教学，本书配有电子课件，使用本教材的学校可以与化学工业出版社联系(ciphge@163.com)，免费索取。

本书由健雄职业技术学院苗向阳、顾准担任主编，盐城纺织职业技术学院项东升、盐城卫生职业技术学院刘金权担任副主编。苗向阳编写前言、项目12、项目13、附录；顾准和苗向阳编写项目11；项东升编写项目7；健雄职业技术学院郁惠珍编写项目1、项目10；健雄职业技术学院陆豪杰编写项目2；健雄职业技术学院汤俊梅编写项目3；盐城卫生职业技术学院刘金权、顾明东、张立虎编写项目4、项目5；内蒙古化工职业技术学院李赞忠编写项目6；盐城纺织职业技术学院周秀芹编写项目8；芜湖职业技术学院陈姗姗编写项目9；陕西国防工业职业技术学院王芳宁、健雄职业技术学院王寅珏编写项目14。全书由苗向阳统稿。

本书承蒙常州工程职业技术学院丁敬敏教授主审。在编写过程中得到了化学工业出版社和各单位领导及老师们的大力支持。健雄职业技术学院孙科、解雪乔为书稿的校对做了大量工作。编写时参考了公开出版的相关教材。在此谨向所有关心、支持本书的朋友们致以衷心的感谢。

限于编者们对职教改革的理解与经验不足，书中可能存在疏漏之处，恳请专家和读者批评指正，不胜感激。

编者

2011 年 6 月

目　录

第一部分　技能训练项目

第二部分　单指标项目

第三部分 多指标项目

第一部分 技能训练项目

● 项目1 认识化学检验工岗位

项目1　认识化学检验工岗位

学习目标

【能力目标】

- 能按要求洗涤各种玻璃仪器；
- 能使用滴定管、容量瓶、移液管等滴定分析仪器；
- 能使用分析天平进行各种称量操作；
- 能独立查阅资料，尤其是标准的查找；
- 能按照分析检验要求采集样品；
- 能进行分析数据的记录和处理，得出检测报告。

【知识目标】

- 了解实验室纪律及安全守则；
- 掌握各种玻璃仪器的用途及洗涤方法；
- 掌握铬酸洗液等洗涤剂及分析用水的配制方法；
- 掌握常见滴定分析仪器及分析天平的使用方法；
- 了解各类样品的采集及制备方法；
- 初步掌握容量仪器的校准方法。

1.1　自学分析实验室规则

1.1.1　分析化学实验室规则

实验规则是人们从长期实验工作中总结出来的，它是防止意外事故、保证正常的实验环境和工作秩序、做好实验的重要环节，每个实验者都必须遵守。

① 实验前应认真预习，明确实验目的，弄懂实验原理，熟悉实验步骤，了解仪器使用方法，写好预习报告。

② 进入实验室后，应首先熟悉水、电开关及灭火器材等安全用具的放置地点和使用方法。常用灭火器及适用范围见表1-1。

③ 实验前应认真检查药品、仪器是否齐全，如发现有破损或缺少应立即报告实验教师，经教师同意后方可进行实验。

④ 实验室内严禁吸烟、饮食、嬉笑和打闹，保持实验室安静有序。在实验室中要遵守纪律，不得无故缺席，因故缺席未做的实验应补做。

⑤ 实验时要保持肃静，集中精力，认真操作，仔细观察，积极思考，如实记录，不得擅离岗位。

⑥ 对强腐蚀性、易燃易爆、刺激性、有毒物质的使用要严格遵守使用要求，防止出现意外。对于有可能发生危险的实验，应在防护屏后面进行或使用防护眼镜、面罩和手套等防护用具。

⑦ 煤气、高压气瓶、电气设备、精密仪器等使用前必须熟悉使用说明和要求，严格按

要求使用。

⑧ 实验中所用的任何化学药品，都不得随意散失、遗弃和污染，使用后必须放回原处，剩余有毒物质必须交给老师。实验后的残渣、废液等应倒入指定容器内统一处理，以免发生意外事故。

⑨ 实验结束后，应及时洗手，清理实验台面，关闭水、电开关，经教师检查合格后方可离开。

⑩ 填写实验报告需用统一的实验报告单，每次实验前将上次的实验报告交给教师，凡未参加实验者，其实验报告一律无效。

表 1-1　常用灭火器及适用范围

名　称	药液成分	适　用　范　围
泡沫灭火器	$Al_2(SO_4)_3$ 和 $NaHCO_3$	用于一般失火及油类着火。因为泡沫能导电，所以不能用于扑灭电气设备着火。火后现场清理较麻烦
四氯化碳灭火器	液态 CCl_4	用于电气设备及汽油、丙酮等着火。四氯化碳在高温下生成剧毒的光气，不能在狭小和通风不良的实验室使用。注意四氯化碳与金属钠接触将发生爆炸
二氧化碳灭火器	液态 CO_2	用于电气设备失火及忌水的物质及有机物着火。注意喷出的二氧化碳使温度骤降，手若握在喇叭筒上易被冻伤
干粉灭火器	$NaHCO_3$ 等盐类与适宜的润滑剂和防潮剂	用于油类、电气设备、可燃气体及遇水燃烧等物质着火

1.1.2　实验室 5S 管理

(1) 整理　区别要与不要的东西，只保留有用的东西，撤除不需要的东西。

(2) 整顿　把有用的东西按规定位置摆放整齐，并做好标识进行管理。

(3) 清扫　将不需要的东西清除掉，保持工作现场无垃圾、无灰尘、干净整洁。

(4) 清洁　将整理、整顿、清扫进行到底，并且制度化、规范化，维持其成果。

(5) 素养　通过上述 5S 活动，养成人人依规定行事的良好习惯。

1.2　认领仪器和洗涤仪器

1.2.1　认领仪器

项目训练

① 按照仪器清单清点个人仪器。

② 画出几个常用玻璃仪器：烧杯、容量瓶、移液管、滴定管、量筒、锥形瓶。

1.2.1.1　清点仪器

按照教师所给仪器清单清点个人仪器。化学实验常用玻璃仪器及其他器材的名称、图示和主要用途见表 1-2。

1.2.1.2　注意事项

① 凡磨口仪器注意塞子是否能打开转动，是否配套。取用时一律口朝上，防止塞子跌落。磨口仪器有容量瓶、酸式滴定管、称量瓶、试剂瓶、具塞锥形瓶、碘量瓶等。

② 一人一套仪器一个柜子，注意保管，防止丢失，每次实验完后清点并上锁。

③ 爱护仪器，仪器损坏或丢失需到任课老师处登记才能认领。

表 1-2　常用玻璃仪器和器材

名称与图示	主要用途	备注
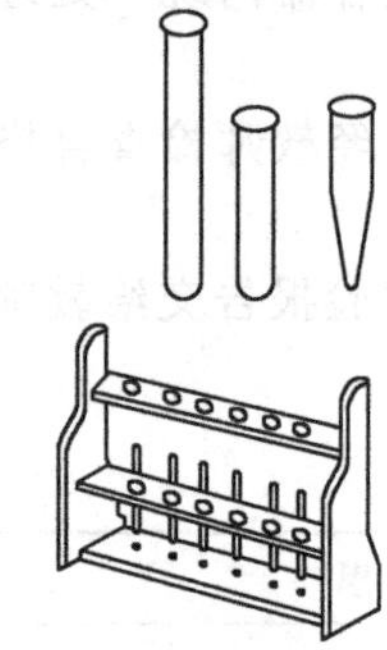 试管与试管架	用作少量试剂的反应容器或收集少量气体 试管架用于盛放试管	可直接加热
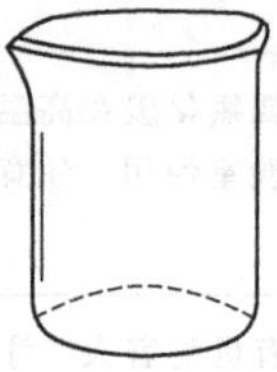 烧杯	用于溶解固体、配制溶液、加热或浓缩溶液等	可放在石棉网或电炉上直接加热
 锥形瓶	用于储存液体、混合溶液及少量溶液的加热，在滴定分析中作用滴定反应容器	可放在石棉网或电炉上直接加热，但不能用于减压蒸馏
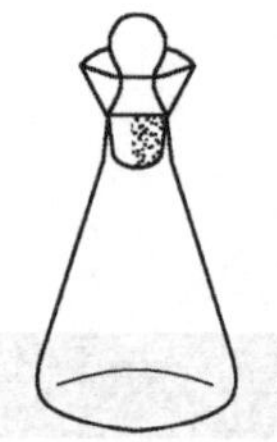 碘量瓶	用途与锥形瓶相同。因带有磨口塞，封闭较好，可用于防止溶体挥发和固体升华的实验	与锥形瓶相同
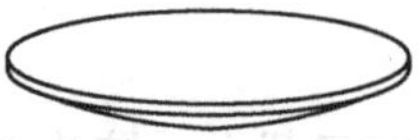 表面皿	用来盖在烧杯或蒸发皿上，防止液体溅出或落入灰尘。也可用作称取固体试剂的容器	不能用火直接加热
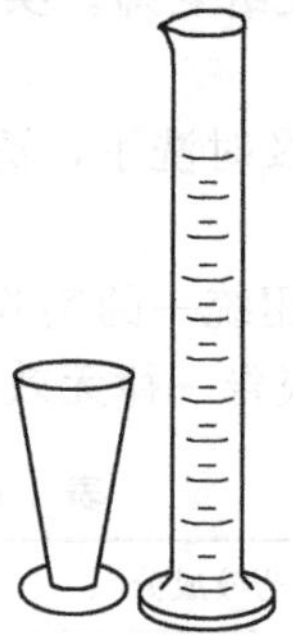 量筒和量杯	量取液体	不能加热，不能作反应容器
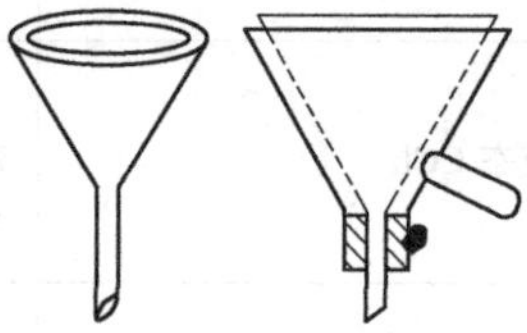 (a)　(b) 漏斗	(a)用于普通过滤或将液体倾入小口容器中 (b)用于保温过滤	(a)不能用火直接加热 (b)可用小火加热支管处
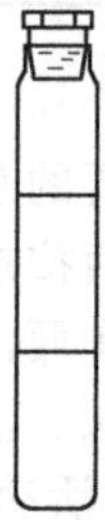 比色管	用于盛装溶液进行比色分析	a. 比色时必须选用质量和规格相同的一套比色管 b. 不能用毛刷擦洗，不能加热
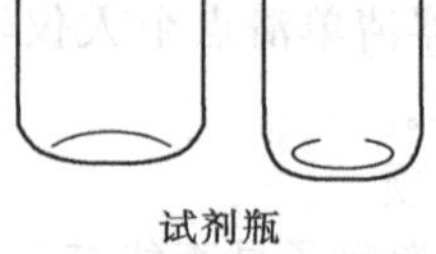 试剂瓶	可分为广口、细口、棕色和无色等几种 广口瓶用于盛放固体试剂。细口瓶用于盛放液体试剂。棕色瓶用于盛放见光易分解的试剂	a. 不能加热 b. 试剂瓶上标签必须保持完好，倾倒试剂时标签要对着手心

续表

名称与图示	主要用途	备注
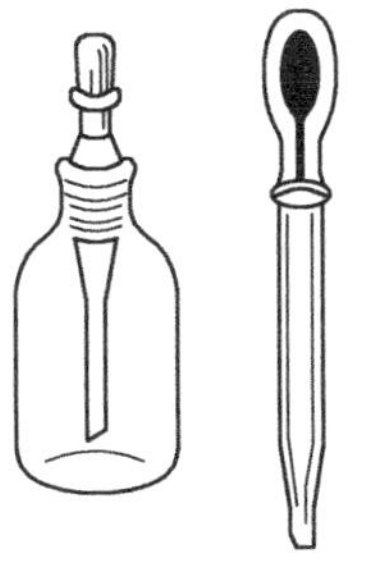 滴瓶　滴管	滴瓶用于盛放少量液体试剂 滴管用于取用少量液体试剂	滴管专用。不能倒置，应保证液体不进入胶帽
 称量瓶	在定量分析中用于盛放被称量的试剂或试样	a. 不能加热 b. 塞子不能互换 c. 不用时洗净，在磨口处垫上纸条
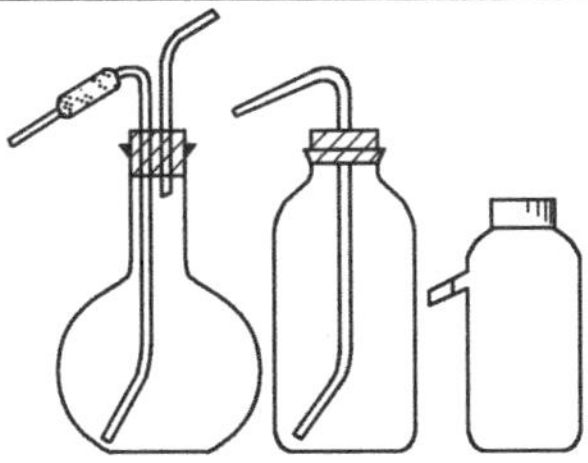 洗瓶	有玻璃瓶和塑料瓶两种。盛装蒸馏水，用于洗涤沉淀或冲洗容器内壁	
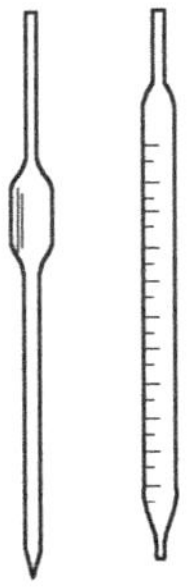 吸量管	用于准确量取一定体积的液体	不能加热
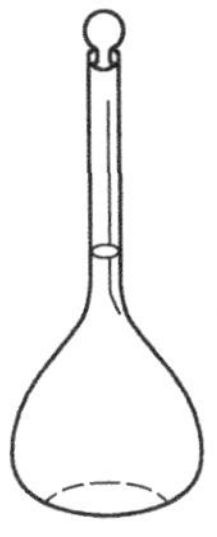 容量瓶	用于配制准确浓度的溶液	瓶塞配套使用，不能互换
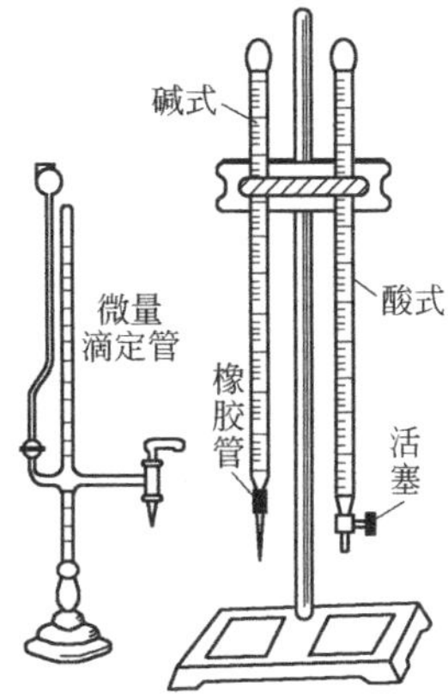 滴定管	用于滴定分析中准确测量溶液的体积	酸式滴定管的活塞不能互换，不能盛放碱溶液
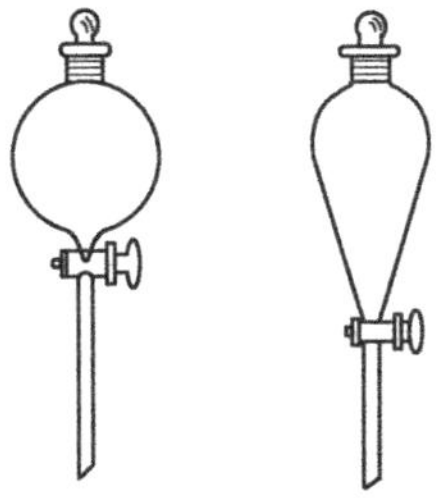 圆形分液漏斗　梨形分液漏斗 分液漏斗	用于液体的洗涤、萃取和分离。有时也可用于滴加液体	不能直接用火加热。活塞不能互换
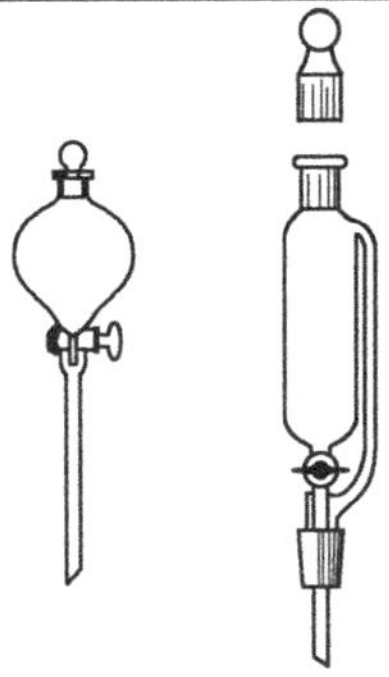 (a)　(b) 滴液漏斗	(a)用于滴加液体。 (b)为恒压滴液漏斗，当反应体系内有压力时，仍可顺利滴加液体	不能直接用火加热。活塞不能互换
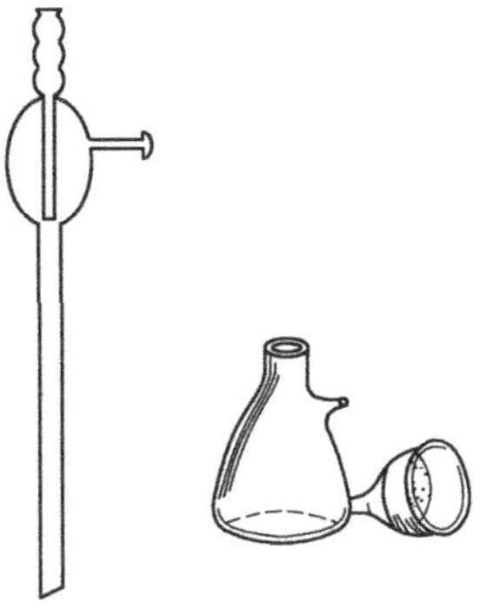 水泵　吸滤瓶　布氏漏斗	用于减压过滤	不能直接用火加热

续表

名称与图示	主要用途	备注
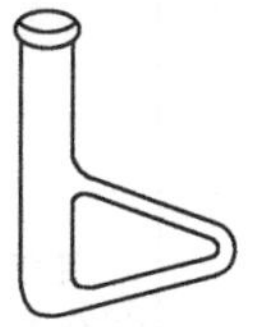 熔点测定管	用于测定熔点	
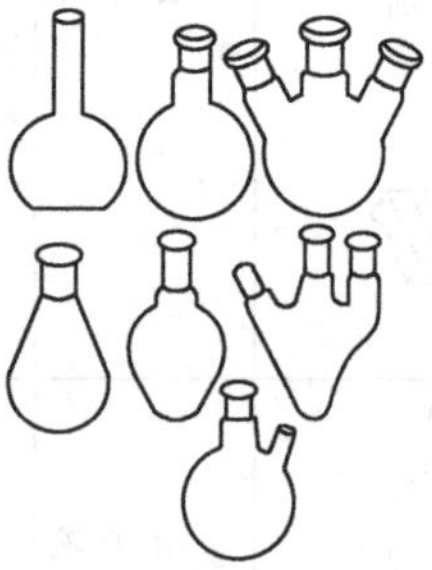 烧瓶	在常温或加热条例下作反应容器。多口的可装配温度计、冷凝管和搅拌器等	平底的不耐压，不能用于减压蒸馏
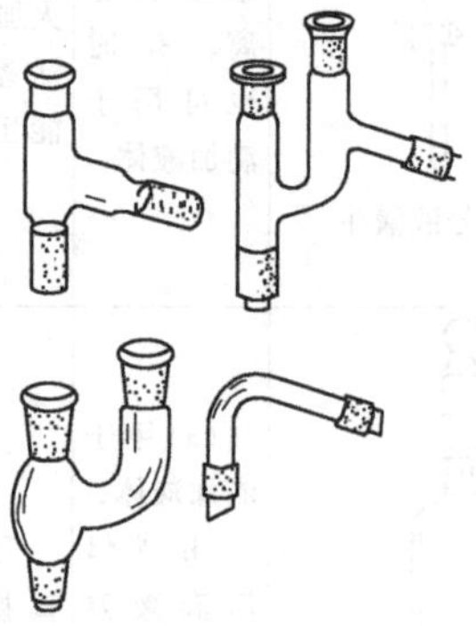 蒸馏头	与烧瓶组装后用于蒸馏	双口的为克氏蒸馏头，可作减压蒸馏用
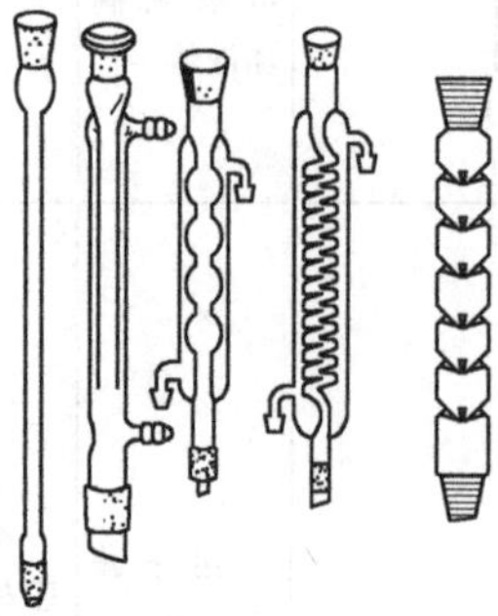 (a) (b) (c) (d) 冷凝管 分馏柱 (a)空气冷凝管；(b)直形冷凝管；(c)球形冷凝管；(d)蛇形冷凝管	冷凝管用于蒸馏、回流装置中 分馏柱用于分馏装置中	普通蒸馏常用直形冷凝管，回流常用球形冷凝管，沸点高于140℃时常用空气冷凝管，沸点很低时可用蛇形冷凝管
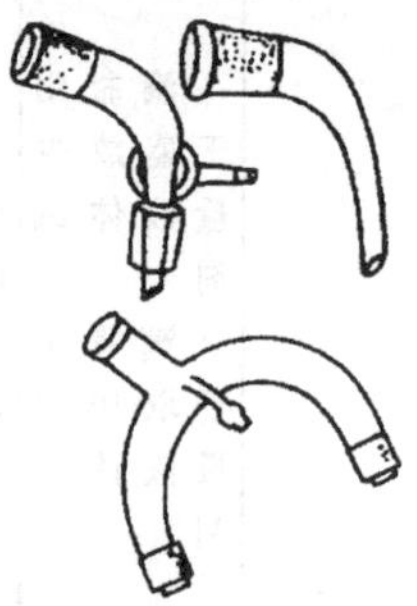 接液管	用于蒸馏中承接冷凝液。带支管的用于减压蒸馏中	
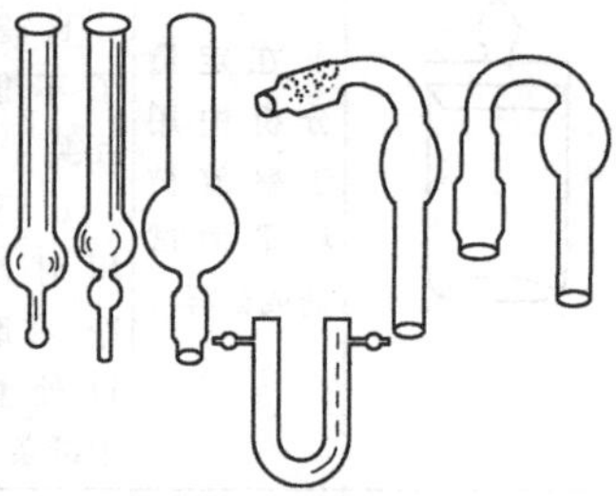 干燥管	盛放干燥剂，用于无水反应装置中	
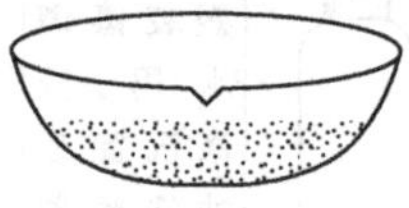 蒸发皿	蒸发或浓缩溶液用，也可用于灼烧固体	能耐高温，但不宜骤冷
 研钵	用于混合、研磨固体物质	常为玻璃或瓷质，不能加热
 水浴锅	用于盛装浴液	可加热
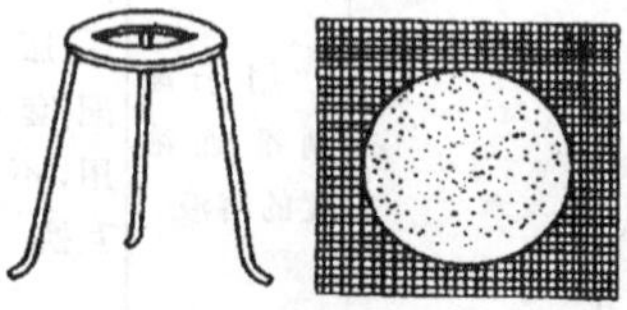 三脚架与石棉网	常配合使用，承放受热容器并使其受热均匀	

续表

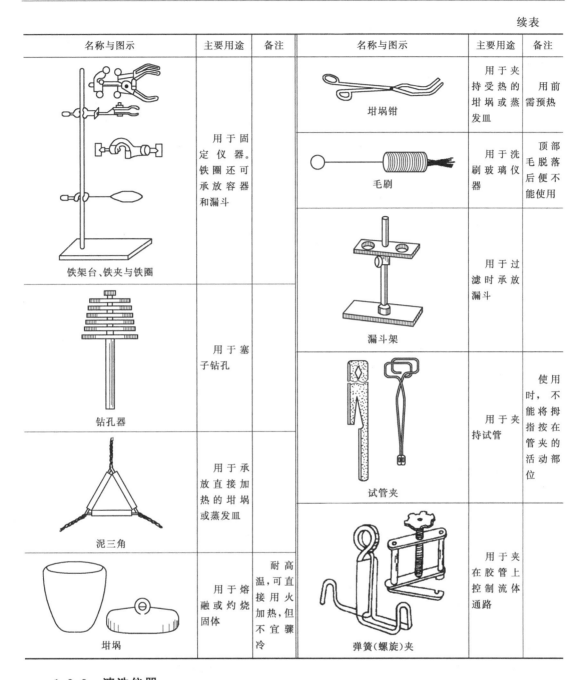

名称与图示	主要用途	备注
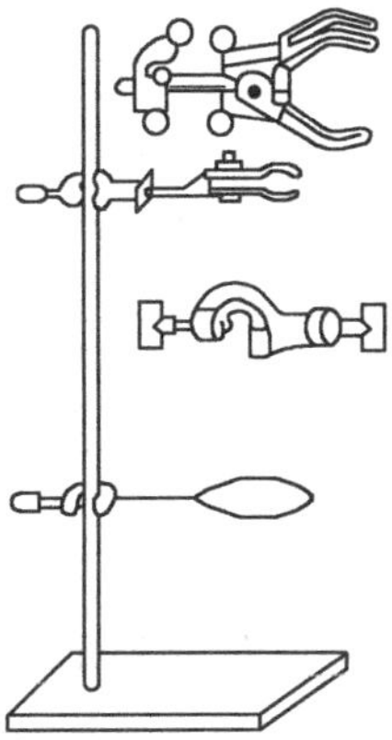 铁架台、铁夹与铁圈	用于固定仪器。铁圈还可承放容器和漏斗	
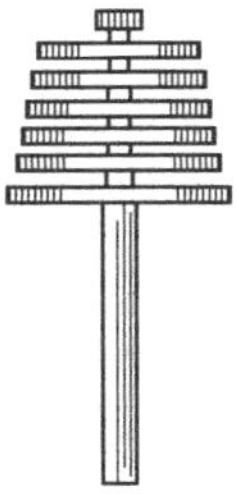 钻孔器	用于塞子钻孔	
 泥三角	用于承放直接加热的坩埚或蒸发皿	
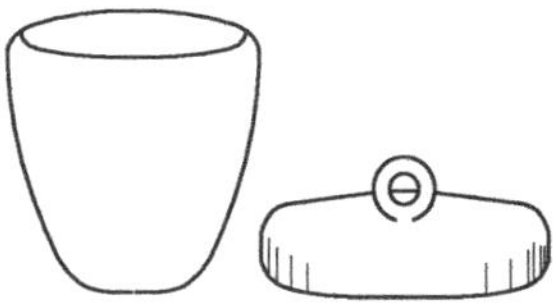 坩埚	用于熔融或灼烧固体	耐高温，可直接用火加热，但不宜骤冷
 坩埚钳	用于夹持受热的坩埚或蒸发皿	用前需预热
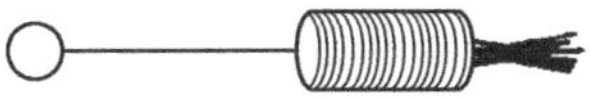 毛刷	用于洗刷玻璃仪器	顶部毛脱落后便不能使用
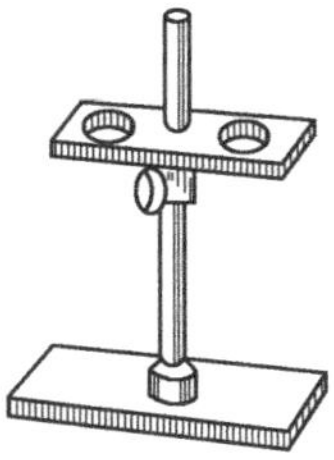 漏斗架	用于过滤时承放漏斗	
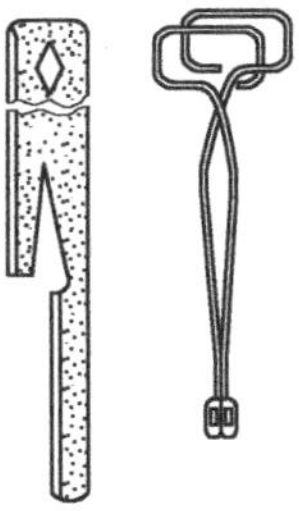 试管夹	用于夹持试管	使用时，不能将拇指按在管夹的活动部位
 弹簧(螺旋)夹	用于夹在胶管上控制流体通路	

1.2.2　清洗仪器

项目训练

① 根据仪器污染程度，酌情选用洗涤剂清洗烧杯、锥形瓶、滴定管、容量瓶和吸管。

② 配制铬酸洗液。

在分析工作中，洗涤玻璃仪器不仅是一项必须做的实验前的准备工作，也是一项技术性的工作。仪器洗涤是否符合要求，对检验结果的准确度和精密度均有影响。不同的分析工作（如工业分析、一般化学分析、微量分析等）有不同的仪器洗净要求，应养成及时清洗、干燥玻璃仪器的良好习惯。

1.2.2.1 洗涤不同玻璃仪器的步骤与要求

① 烧杯、锥形瓶、量筒、量杯等一般的常用玻璃器皿的洗涤法。可用毛刷蘸合成洗涤剂刷洗，再用自来水冲洗干净，然后用蒸馏水或去离子水润洗三次。

② 滴定管、移液管、吸量管、容量瓶等具有精确刻度的仪器的洗涤法。可用合成洗涤剂洗涤。常将配成0.1%～0.5%的洗涤剂倒入容器内，摇动几分钟，弃去，用自来水冲洗干净后，再用蒸馏水或去离子水润洗三次。如果未洗干净，可用铬酸洗液洗涤。

③ 比色皿的洗涤方法。光度法用的比色皿，是用光学玻璃制成的，不能用毛刷洗涤，应根据不同情况采用不同的洗涤方法。通常的洗涤方法是，将比色皿浸泡于热的洗涤液中一段时间后冲洗干净即可。

④ 做痕量金属分析的玻璃仪器，使用(1∶1)～(1∶9)HNO_3溶液浸泡，然后进行常法洗涤。

⑤ 进行荧光分析时，玻璃仪器应避免使用洗衣粉洗涤（因洗衣粉中含有荧光增白剂，会给分析结果带来误差）。

⑥ 分析致癌物质时，应选用适当洗液浸泡，然后再按常法洗涤。

1.2.2.2 玻璃仪器的洗涤方法

玻璃仪器的洗涤方法很多，应根据实验要求、污物性质、污染的程度来选用。一般说来，附着在仪器上的脏物有尘土和其他不溶性杂质、可溶性杂质、有机物和油污，针对这些情况可以分别用下列方法洗涤。

(1) 刷洗 用水和毛刷刷洗，除去仪器上的尘土及其他物质，注意毛刷的大小、形状要适合，如洗圆底烧瓶时，毛刷要作适当弯曲才能接触到全部内表面，脏、旧、秃头毛刷需及时更换，以免戳破、划破或沾污仪器。

(2) 用合成洗涤剂洗涤 洗涤时先将器皿用水润湿，再用毛刷蘸少许去污粉或洗涤剂，将仪器内外洗刷一遍，然后用水边冲边刷洗，直至干净为止。

(3) 用铬酸洗液洗涤 被洗涤器皿尽量保持干燥，倒少许洗液于器皿内，转动器皿使其内壁被洗液浸润（必要时可用洗液浸泡），然后将洗液倒回原装瓶内以备再用。再用水冲洗器皿内残存的洗液，直至干净为止。滴定管、移液管、吸量管、容量瓶等具有精确刻度的玻璃仪器，不能用毛刷刷洗，其内壁的污物最好用铬酸洗液洗涤。

铬酸洗液具有强酸性、强氧化性和强腐蚀性，使用时要注意以下几点：①被洗涤的仪器不宜有水，以免稀释洗液而失效；②洗液可以反复使用，用后倒回原瓶；③洗液的瓶塞要塞紧，以防吸水失效；④洗液具有强的腐蚀性，会灼伤皮肤、破坏衣物，如皮肤、衣物不慎洒上洗液，要立即用水冲洗；⑤当洗液的颜色由原来的深棕色变为绿色，即表示$K_2Cr_2O_4$已还原为$Cr_2(SO_4)_3$，失去氧化性，洗液失效而不能再用；⑥铬（Ⅵ）有毒，清洗残留在仪器上的洗液时，洗涤水不要倒入下水道，应回收处理。

铬酸洗液的配制方法：称取25g $K_2Cr_2O_7$置于500mL烧杯中，加水50mL，加热使之溶解，冷却，不断搅拌下缓慢加入400mL浓硫酸（注意试剂加入顺序），即得3%的铬酸洗液，冷却后储存于磨口试剂瓶中。

(4) 用酸性洗液洗涤

① 粗盐酸。可以洗去附在仪器壁上的氧化剂（如MnO_2）等大多数可溶于水的无机物。因此，在刷子刷洗不到或洗涤不宜用刷子刷洗的仪器，如吸管和容量瓶等情况下，可以用粗盐酸洗涤。灼烧过沉淀物的瓷坩埚可用盐酸（1∶1）洗涤。洗涤过的粗盐酸能回收继续使用。

② 盐酸-过氧化氢洗液。适用于洗去残留在容器上的MnO_2，例如过滤$KMnO_4$用的砂芯漏斗，可以用此洗液刷洗。

（5）用碱性洗液洗涤 适用于洗涤油脂和有机物。因它的作用较慢，一般要浸泡24h或用浸煮的方法。

① 氢氧化钠-高锰酸钾洗液。用此洗液洗过后，在器皿上会留下二氧化锰，可再用盐酸洗。

② 氢氧化钠（钾）-乙醇洗液。洗涤油脂的效力比有机溶剂高，但不能与玻璃器皿长期接触。使用碱性洗液时要特别注意，碱液有腐蚀性，不能溅到眼睛上。

洗涤容器时应符合少量（每次用少量的洗涤剂）多次的原则，既节约，又提高了效率。玻璃仪器洗净的标志是把玻璃仪器倒置时，有均匀的水膜顺器壁流下，不挂水珠。洗净后的仪器不能再用纸或布擦拭，以免纸或布的纤维再次污染仪器。

1.2.2.3 玻璃仪器的干燥

某些化学实验要求在无水条件下进行，需要使用干燥的仪器。玻璃仪器的干燥除水常用以下方法。

（1）自然干燥 对于不急用的仪器，可在洗净后，倒置在仪器架上，自然晾干。

（2）烘烤干燥 对于可直接用火加热的仪器，如试管、烧杯、烧瓶等，可先将仪器外壁擦干，然后用小火烘烤。

（3）热气干燥（如图1-1所示）

① 电吹风机。方法：先用热风吹，再用冷风吹。

② 气流干燥器。方法：将仪器倒置在气流干燥器的气孔柱上，打开干燥器的热风开关，气孔中排出的热气流即把仪器烘干。

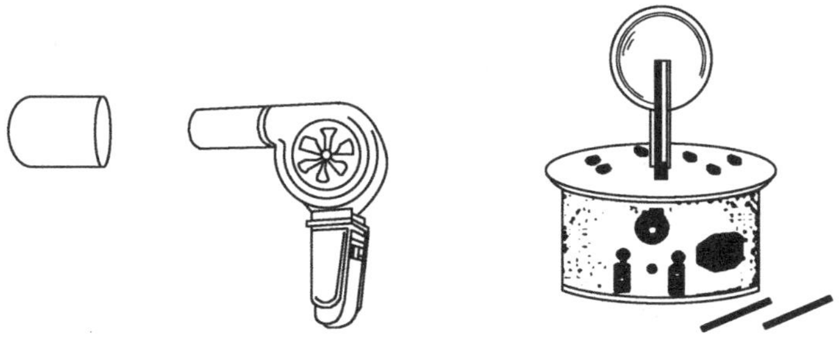

(a) 用电吹风吹干仪器 (b) 用气流干燥器烘干仪器

图1-1 热气干燥法

（4）烘箱干燥 将清洗过的仪器倒置沥水后，放入烘箱内，在105～110℃下恒温干燥约0.5h，即可烘干。一般应在烘箱温度自然下降后，再取出仪器。如因急用，在烘箱温度较高时取用仪器，应用干布垫上后取出，在石棉网上放置，冷却至室温后方可使用。烘箱又叫电热恒温干燥箱，其构造如图1-2所示。

注意：①有刻度的仪器（如量筒）和厚壁器皿（如吸滤瓶）等不耐高温，不宜用烘箱干燥；②使用烘箱前要熟读随箱所附的说明书；③玻璃仪器放入烘箱前，应尽量将水沥干，然后按瓶口朝下、自上而下的顺序放入；④易燃、易爆、易挥发、有毒、有腐蚀性的物质不能放入烘箱内干燥。

（5）有机溶剂干燥 对于一些不能加热的厚壁或有精密刻度的仪器，如试剂瓶、吸滤瓶、比色皿、容量瓶、滴定管和吸量管等，可加入少量易挥发且与水互溶的有机溶剂（如丙酮、无水乙醇等），转动仪器使溶剂浸润内壁后倒出。如此反复操作2～3次，便可借助残余溶剂的挥发将水分带走。如果实验中急用干燥的玻璃仪器，也可用此法进行快速干燥。

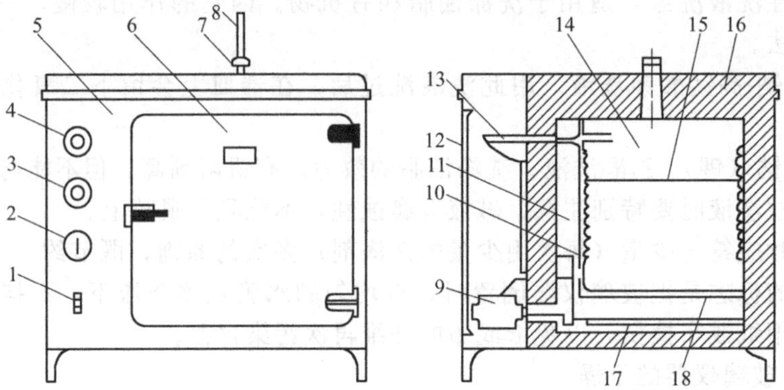

图 1-2 电热恒温干燥箱

1—鼓风开关；2—加热开关；3—指示灯；4—控温器旋钮；5—箱体；6—箱门；7—排气阀；8—温度计；9—鼓风电动机；10—隔板支架；11—风道；12—侧门；13—温度控制器；14—工作室；15—试样隔板；16—保温层；17—电热器；18—散热板

1.3 查找标准

项目训练

① 利用中国标准文献检索有关“农药测定和分析方法”的标准。

② 选择合适的方法查找有关硫酸的国际标准。

化学文献资料是有关化学方面的科学研究、生产实践等的记录和总结。分析化学文献按其出版形式可分为图书、期刊、科技报告、会议资料、学位论文、专利、技术标准等。对分析工作者来说，其分析对象往往是按标准组织生产的、具有一定质量标准的工业产品，因此认识标准和查找标准就显得尤为重要。

标准是科学、技术和实践经验的总结。标准的制定按使用范围划分有国际标准、区域标准、国家标准、专业标准、企业标准；按内容划分有基础标准、产品标准、辅助产品标准、原材料标准、方法标准；按成熟程度划分有法定标准、推荐标准、试行标准、标准草案。

1.3.1 印刷型标准文献的查找

这种文献主要是指利用各种标准目录获取标准号，然后通过标准号进一步获取标准全文。查找途径主要有分类、标准号和主题词三种。分类途径是按学科、专业体系查找的途径，常用的工具有“分类目录”、“分类索引”等；标准号途径是根据标准的序号进行查找的途径，有现行标准号、作废标准号等，知道所需标准的标准号后，查找标准十分方便；主题途径是通过文献内容的主题来检索，首先确定主题词，然后通过主题索引查找标准号。常用的印刷型化工标准文献有以下两种。

(1) 化工、石油化工产品国内外标准速检手册　中国标协、化工标准化协会编，1994年。该手册收集了国内外化工、石油化工标准约 30000 条，涉及无机化工、有机化工、精细化工等各专业的各类产品。在每个产品标准的项目下，分别编入现行国家标准、行业标准、与其配套的试验方法标准，以及相应的国际标准和国外先进标准。可根据实验需要进行检索查阅。

(2) 化学工业标准汇编　中国标准出版社出版。这套汇编汇集了国家技术监督局和原化学工业部批准发布的全国化工方面的国家标准和行业标准，共分无机化工、有机化工、橡胶、塑料、染料、涂料、化肥、农药、化学试剂、食品添加剂、化工综合及化学气体等 15 个分册。当进行精确度要求较高的实验或对某产品质量进行权威性检测时，可参照“标准”中规定方法操作。

印刷型标准文献的收藏主体是中国标准化研究院标准馆，它是国家级标准文献服务中心。此外各省市的科技情报所以及各个系统图书馆等文献情报机构、标准颁布单位一般均有收藏。

1.3.2　部分数字资源

(1) 中国标准服务网(http://www.cssn.net.cn/)

(2) 中国标准网(http://www.standardcn.com/)

(3) 中国标准下载网(http://www.biaozhunxiazai.cn/)

(4) 国家标准化管理委员会(http://www.sac.gov.cn/)

(5) 国际标准化组织(ISO)(http://www.iso.ch/cate/cat.html)

(6) 世界标准服务网(http://www.wssn.net/WSSN/)

(7) IEC 国际电工委员会标准检索(http://www.iec.ch/)

(8) IEEE/IEE 数据库(http://standards.ieee.org/)

(9) 美国国家标准协会(http://web.ansi.org/)

1.4　采集样品

1.4.1　分析试样的采集

项目训练

① 欲测学校池塘中水的化学耗氧量（COD），请用适当方法取样。

② 欲在货车车厢里进行铝矿石取样，请设计取样方法。

在实际分析工作过程中，首先要保证采集的试样均匀并具有代表性，否则，无论分析工作做得多么认真、准确，都毫无意义。因为这样的分析结果，仅能代表分析部分的组成。有时由于提供了无代表性试样的结果，则会带来难以估计的后果。例如，取了几块含金量很高的矿石作了分析，根据这个结果，去开采一个实际含金量很低、根本没有开采价值的矿山，必定导致人力、物力的浪费。

通常，分析的对象是大量的、很不均匀的（如矿石、土壤等），而分析所取的试样量很少（一般不足 1g）。另外，分析的对象也是多种多样，有气体、液体、固体等。在进行分析测定之前，必须根据具体情况，做好试样的采集和处理，然后再进行分析。

1.4.1.1　采样目的

根据 GB/T 6678—2003《化工产品采样总则》中的规定，采样的基本目的是从被检的总体物料中取得有代表性的样品，通过对样品的检测，得到在容许误差范围内的数据，从而求得被检物料的某一或某些特性的平均值及其变异性。采样的具体目的包括技术、商业、法律、安全等方面，要求各异，在设计具体采样方案之前，必须明确。

1.4.1.2　采样原则和要求

① 采样之前，对样品的环境和现场进行充分的调查，样品中的主要组分是什么，含量范围如何，样品中可能会存在的杂质组分是什么，采样完成后要做哪些分析测定项目等。

② 采样时，必须注意样品的代表性和均匀性，以确保所采样样品能代表整个供试材料的平均组成。

③ 采样的数量应能反映该批样品的质量要求和满足检验项目对试样量的需要，一式三

份供检验、复检和备查用。

④ 采样方法必须与分析目的保持一致。

⑤ 采样及样品制备过程中设法保持原有的理化指标，避免待测组分发生化学变化或丢失，要防止和避免待测组分的污染。

⑥ 样品的处理过程尽可能简单易行，所用样品处理装置尺寸应当与处理的样品量相适应。

⑦ 采样时，要认真填写采样记录，写明样品的生产日期、批号、采样条件、方法、数量、包装情况、保管条件等，并填写检验目的、项目及采样人。

1.4.1.3 样品数和样品量

在满足需要的前提下，能给出所需信息的最少样品数和最少样品量为最佳样品数和最佳样品量。

(1) 样品数 对一般化工产品，都可用多单元物料来处理。其单元界限可能是有形的，如容器，也可能是设想的，如流动物料的一个特定时间间隔。对多单元的被采物料，采样操作分两步：第一步，选取一定数量的采样单元；第二步，对每个单元按物料特性值的变异性类型分别进行采样。

总体物料的单元数小于500的，采样单元的选取数，推荐按表1-3的规定确定。总体物料的单元数大于500的，采样单元数的确定，推荐按总体单元数立方根的三倍数，即$3\sqrt[3]{N}$，其中N为总体的单元数，如遇有小数时，则进为整数。如单元数为538，则$3\sqrt[3]{538}\approx 24.4$，将24.4进为25，即选用25个单元。

表1-3 选取采样单元数的规定

总体物料的单元数	选取的最少单元数	总体物料的单元数	选取的最少单元数
1～10	全部单元	182～216	18
11～49	11	217～254	20
50～64	12	255～296	19
65～81	13	297～343	21
82～101	14	344～394	22
102～125	15	395～450	23
126～151	16	451～512	24
152～181	17		

(2) 样品量 在满足需要的前提下，样品量至少应满足以下要求：至少满足三次重复检测的需求；当需要留存备查样品时，应满足备查样品的需求；对采得的样品物料如需做制样处理时，应满足加工处理的需要。

1.4.1.4 采样的方法

(1) 随机抽样 样品的采集通常采用随机抽样的方法。随机抽样是指不带主观框架，在抽样过程中保证整批样品中的每一个单位产品（为检验需要而划分的产品最小的基本单位）都有被抽取的机会。抽取的样品必须均匀地分布在整批样品的各个部位。最常用的方法有简单随机抽样、系统随机抽样、分层随机抽样、分段随机抽样。

① 简单随机抽样。整批待测产品中的所有单位产品都以相同的可能性被抽到的方法，叫简单随机抽样，又称单纯随机抽样。

② 系统随机抽样。实行简单随机抽样有困难或对样品随时间和空间的变化规律已经了解时，可采取每隔一定时间或空间间隔进行抽样，这种方法叫系统随机抽样。

③ 分层随机抽样。按样品的某些特征把整批样品划分为若干小批，这种小批叫做层。同一层内的产品质量应尽可能均匀一致，各层间特征界限应明显。在各层内分别随机抽取一定数量的单位产品，然后合在一起即构成所需采取的原始样品，这种方法称为分层随机抽样。

④ 分段随机抽样。当整批样品由许多群组成，而每群又由若干组构成时，可用前三种方法中的任何一种方法，以群作为单位抽取一定数量的群，再从抽出的群中，按随机抽样方法抽取一定数量的组，再从每组中抽取一定数量的单位产品组成原始样品，这种抽样方法称为分段随机抽样方法。

上述方法并无严格界线，采样时可结合起来使用，在保证代表性的前提下，还应注意抽样方式的可行性和抽样技术的先进性。

(2) 样品的采取　被检物品可能有不同形态，如固态、液态、气态或二者混合态等。采样时，应根据具体情况和要求，按照相关的技术标准或操作规程所规定的方法进行。

① 气体试样的采取。按具体情况，采用相应的方法。例如大气样品的采取，通常选择距地面 50～180cm 的高度采样，采取高度与人的呼吸空气高度相同。对于烟道气、废气中某些有毒污染物的分析，可将气体样品采入空瓶或大型注射器中。一般运行的生产设备上安装有采样阀。气体采样装置一般有采样管、过滤器、冷却器及气体容器组成。

② 液体试样的采取。装在大容器里的液体物料，只要在储槽的不同深度取样后混合均匀即可作为分析试样；对于分装在小容器里的液体物料，应从每个容器里取样，然后混匀作为分析试样；流动液体可定时定量从输出的管口取样，混合后再采样。

③ 固体试样的采取。固体试样种类繁多，经常遇到的有矿石、合金和盐类等，它们的采样方法如下。

a. 矿石试样。在取样时要根据堆放情况，从不同部位和深度选取多个取样点。

储矿堆取样。对于堆放的矿样按图 1-3 所示的取样点分布（间隔 2m 左右）均匀取样（2kg），然后将各点取样收集混匀作为平均试样。

在汽车上取样。汽车中取样可按图 1-4 所示的 5 点法取样。

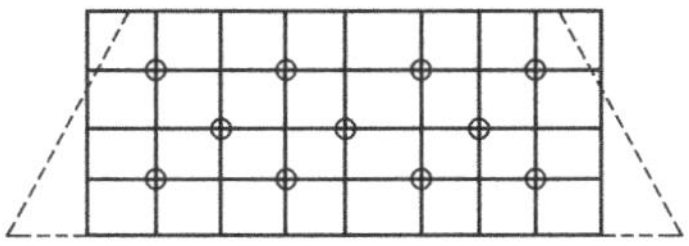

图 1-3　矿堆中取样点分布

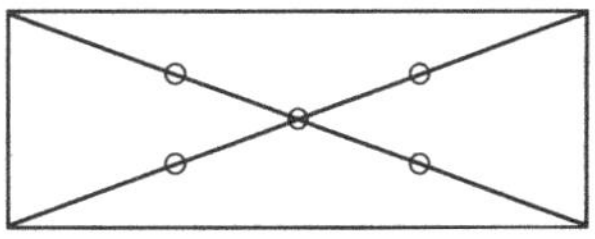

图 1-4　在汽车上取样点分布

矿样的粉碎和缩分。制备试样分为破碎、过筛、混匀和缩分四个步骤。大块矿样先用压碎机破碎成小的颗粒，再进行缩分，常用的缩分方法为“四分法”。将过筛后的试样混匀，堆为锥形后压为圆饼形状，通过中心分成四等份，弃去对角的两份，如图 1-5 所示。

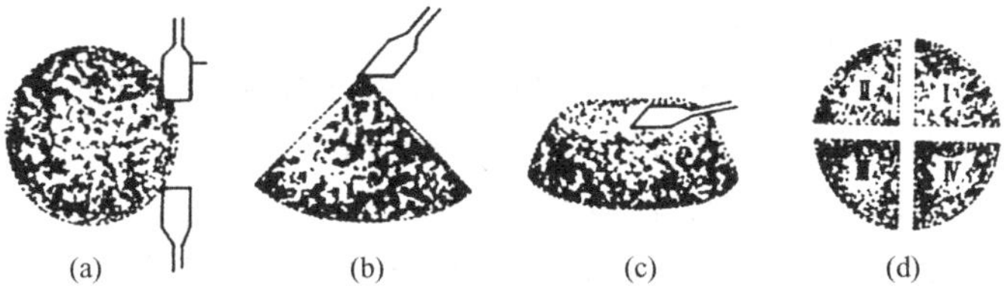

图 1-5　四分法缩分示意图

是否需要继续缩分，可按下述公式进行计算。

$$m_Q \geqslant kd^2$$

式中 m_Q——试样的最小质量，kg；

k——缩分常数的经验值，试样均匀度越差，经验值越大，通常在 0.05～1kg/mm² 之间；

d——试样的最大粒度直径，mm。

筛号与筛孔直径的对应关系见表 1-4。

表 1-4 标准筛的筛号与孔径大小

筛号/目	3	6	10	20	40	60	80	100	120	140	200
筛孔直径/mm	6.72	3.36	2.00	0.83	0.42	0.25	0.177	0.149	0.125	0.105	0.074

【例 1-1】 采集矿石样品，若试样的最大直径为 10mm，$k=0.2\text{kg/mm}^2$，则应采集多少试样？

解： $m_Q \geqslant kd^2 = 0.2\times 10^2 = 20$（kg）

【例 1-2】 有一样品 $m_Q=20\text{kg}$，$k=0.2\text{kg/mm}^2$，用 6 号筛过筛，应缩分几次？

解： $m_Q \geqslant kd^2 = 0.2\times 3.36^2 = 2.26$（kg）

缩分 1 次剩余试样为 $20\times 0.5=10$（kg），

缩分 2 次剩余试样为 $20\times 0.5^2=5$（kg），

缩分 3 次剩余试样为 $20\times 0.5^3=2.5$（kg）$\geqslant 2.26$，故缩分 3 次。

从分析成本考虑，样品量尽量少，从分析误差考虑，不能少于临界值 $m_Q \geqslant kd^2$。

b. 金属或金属制品试样。由于金属经过高温熔炼，组成比较均匀，因此，对于片状或丝状试样，剪取一部分即可进行分析。但对于钢锭和铸铁，由于表面和内部的凝固时间不同，铁和杂质的凝固温度也不一样，因此，表面和内部的组成是不均匀的。取样时应先将表面清理，然后用钢钻在不同部位、不同深度钻取碎屑混合均匀，作为分析试样。

c. 粉状或松散物料试样。常见的粉状或松散物料如盐类、化肥、农药和精矿等，其组成比较均匀，因此取样点可少一些，每点所取之量也不必太多。各点所取试样混匀即可作为分析样品。

1.4.2 分析试样的制备

项目训练

欲将 Na_2CO_3、ZnO、菜叶分解，制成分析试样，请分别设计试验方案。

在一般分析工作中，通常先要将试样分解，制成溶液。试样的分解工作是分析工作的重要步骤之一。在分解试样时必须注意：

① 试样分解必须完全，处理后的溶液中不得残留原试样的细屑或粉末；

② 试样分解过程中待测组分不应挥发；

③ 不应引入被测组分和干扰物质。当试样共存组分对待测组分的测定有干扰时，常用掩蔽剂消除干扰，而无合适的掩蔽方法时，必须进行分离。

由于试样的性质不同，分解的方法也有所不同。

(1) 溶解法（无机试样） 以水、酸、碱或混合酸作为溶剂。一般顺序为：H_2O→HCl→HNO_3→碱溶法→王水，还有硫酸、磷酸、高氯酸、氢氟酸等。

(2) 熔融法（无机试样） 将试样与固体熔剂混匀后置于特定材料制成的坩埚中，在高温下熔融，分解试样，再用水或酸浸取融块。$K_2S_2O_7$ 及 $KHSO_4$ 为酸性熔剂，用石英或铂坩埚。Na_2CO_3、NaOH、Na_2O_2 为碱性熔剂，用铁、银或刚玉坩埚。

(3) 灰化法（有机试样）

① 干式消化法。试样置于马弗炉或氧瓶中，高温分解或燃烧，有机物燃烧后留下的无机残渣用酸提取后制备成分析试液。此法具有试样分解完全、操作简便、快速，适用于少量试样等优点。

② 湿式消化法。硝酸和硫酸混合物作为溶剂与试样一同加热煮解，优点是简便、快速。

1.5　制备分析用水

项目训练

实验室经常要采用原子吸收光谱法做实验，该法对分析用水要求较高，请设计方案自制之。

水是化学实验中使用最多的试剂，也是最为常用的廉价溶剂和洗涤液。水质的好坏往往直接影响实验结果的准确性。天然水和自来水中通常溶有无机盐（如钙、镁的酸式碳酸盐、硫酸盐和氯化物等）、气体（如氧气、二氧化碳等）和某些低沸点易挥发的有机物等杂质。因此，天然水和自来水不能直接用于化学实验，必须经过净化处理，制备成较为纯净的实验室用水。

1.5.1　分析实验室用水规格

分析实验室用水共分为三个级别：一级水、二级水、三级水。国家标准规定分析实验室用水的技术指标见表 1-5。

表 1-5　分析实验室用水的技术指标（GB/T 6682—2008）

名称		一级	二级	三级
pH 值范围(25℃)		—	—	5.0～7.5
电导率(25℃)/(mS/m)	≤	0.01	0.10	0.50
可氧化物质(以 O 计)/(mg/L)	≤	—	0.08	0.4
吸光度(254nm,1cm 光程)	≤	0.001	0.01	—
蒸发残渣(105℃±2℃)/(mg/L)	≤	—	1.0	2.0
可溶性硅(以 SiO_2 计)/(mg/L)	≤	0.01	0.02	—

1.5.2　分析实验室用水的制备及用途

分析实验室用水的原水应为饮用水或适当纯度的水，其制备方法及用途见表 1-6。

表 1-6　分析实验室用水的制备及用途

级别	制备方法	用　　途
一级水	可用二级水经过石英设备蒸馏或离子交换混合床处理后，再经过 0.2μm 微孔滤膜过滤来制取	用于有严格要求的分析试验，包括对颗粒有要求的试验。如高压液相色谱分析用水
二级水	可用多次蒸馏或离子交换等方法制取	用于无机痕量分析等试验，如原子吸收光谱分析用水
三级水	可用蒸馏或离子交换等方法制取	用于一般化学分析试验

注：1. 由于在一级水、二级水的纯度下，难于测定其真实的 pH 值，因此，对一级水、二级水的 pH 值范围不做规定。

2. 一级水、二级水的电导率需用新制备的水“在线”测定。

3. 由于在一级水的纯度下，难于测定可氧化物质和蒸发残渣，对其限量不做规定，可用其他条件和制备方法来保证一级水的质量。

下面介绍实验室中常用的制纯水方法：蒸馏法和离子交换法。

1.5.2.1 蒸馏法

通过蒸馏器将天然水汽化后再冷凝下来，便可得到较为纯净的蒸馏水。天然水中大部分无机盐杂质因不挥发而被除去；有机物杂质可通过加入少量碱性高锰酸钾溶液予以破坏后，进行二次蒸馏除去；再经煮沸使溶于水中的 CO_2 和 O_2 逸出，便可得到 pH≈7 的高纯水。

1.5.2.2 离子交换法

离子交换法是利用离子交换树脂对水进行净化。离子交换树脂是分子中含有可交换的活性基团的固态高分子聚合物，包括阳离子交换树脂和阴离子交换树脂。其中阳离子交换树脂中含有酸性交换基团 H^+，可与水中的 Na^+、K^+、Ca^{2+}、Mg^{2+}、Fe^{3+} 等阳离子进行交换，使这些杂质离子结合到树脂上，而 H^+ 则进入水中；阴离子交换树脂中含有碱性交换基团 OH^-，可与水中的 Cl^-、SO_4^{2-}、CO_3^{2-}、HCO_3^- 等阴离子进行交换，除去这些杂质，而 OH^- 进入水中，交换出来的 H^+ 和 OH^- 结合成水。

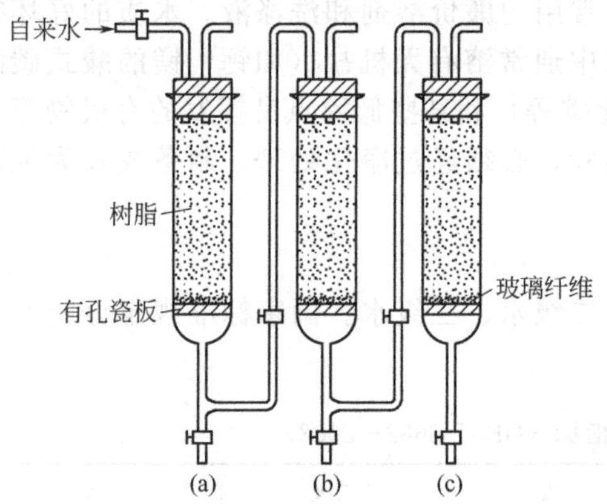

图 1-6 联合床式离子交换装置
(a) 阳离子交换柱；(b) 阴离子交换柱；(c) 混合交换柱

通过离子交换法制取的水叫做去离子水。实验室中制取去离子水是在离子交换柱（通常由有机玻璃材料制成）中进行的。交换柱的安装方法有复合床式、混合床式和联合床式等几种。其中复合床式由几个阳离子交换柱（内装阳离子交换树脂）和几个阴离子交换柱（内装阴离子交换树脂）交替串联而成，天然水（或自来水）经过几次阴、阳离子交换后得到净化。混合床式是将阴、阳离子交换树脂装在同一个交换柱内，水经过交换柱时，阴、阳离子的交换一次性完成。联合床式由一个阳离子交换柱、一个阴离子交换柱和一个混合柱组成，如图 1-6 所示。

天然水（或自来水）由阳离子交换柱的顶部进入柱中，从底部流出时，大部分阳离子杂质已被交换；再由顶部进入阴离子交换柱，从底部流出时，大部分阴离子杂质已被交换；最后由混合柱顶进入，经由混合柱时，残余的阴、阳离子被交换除去，从混合柱底部流出时，便成为纯度较高的去离子水了。

经蒸馏或离子交换制得的纯水可用物理和化学方法检验其质量（详见 GB/T 6682—2008《分析实验室用水规格和试验方法》）。

1.5.3 分析实验室用水的储存方法

各级分析用水均使用密闭的、专用的聚乙烯容器储存。三级水可使用密闭的、专用的玻璃容器。新容器在使用前需用 20%HCl 溶液浸泡 2～3 天，再用化验用水反复冲洗数次。

各级用水在储存期间，其污染的主要来源是容器可溶成分的溶解、空气中二氧化碳和其他杂质。因此，一级水不可储存，使用前制备。二级水、三级水可适量制备，分别储存在预先经同级水清洗过的相应容器中。各级用水在运输过程中应避免污染。

1.6 使用分析天平

1.6.1 分析天平的使用方法

项目训练

现有全自动机械加码 TG328A 电光分析天平，按照称量的一般程序检查分析天平后，启动天平并调好零点。

目前定量分析中用于称量的精密仪器是半自动电光分析天平、全自动电光分析天平和电子天平，它们一般可准确称量至0.1mg。

半自动电光分析天平，1g以下的砝码用机械加码装置加减，而1g以上的砝码装在砝码盒中，需用镊子夹取；全自动电光分析天平，全部砝码都由机械加码装置进行加减；电子天平较以上两种天平价格昂贵，但称量快速、简便，把物体放到称量盘上后，立即以数字形式显示出质量。

这里主要介绍全自动机械加码分析天平TG328A电光分析天平的结构与使用方法。TG328A电光分析天平的称量范围为0～200g，读数精度为0.1mg，可供工矿企业、科研机构、高等院校实验室、化验室作精密衡量分析之用。

1.6.1.1 TG328A型电光分析天平的构造

分析天平是根据杠杆原理制成的。天平由外框、立柱、横梁部分、悬挂系统、制动系统、光学读数系统和机械加码装置构成。图1-7为TG328A型电光分析天平。现将操作者经常触及的部件说明如下。

(1) 升降旋钮 升降旋钮属天平制动系统，顺时针转动升降枢旋钮，天平梁下降，启动天平；反时针转动升降枢旋钮，天平梁托起，休止天平。

(2) 平衡螺丝 平衡螺丝用来调节天平零点。

(3) 螺旋脚 螺旋脚用来调节天平水平。

(4) 加码器刻度盘 全部砝码分三组：10～190g组、1～9g组、10～990mg组。

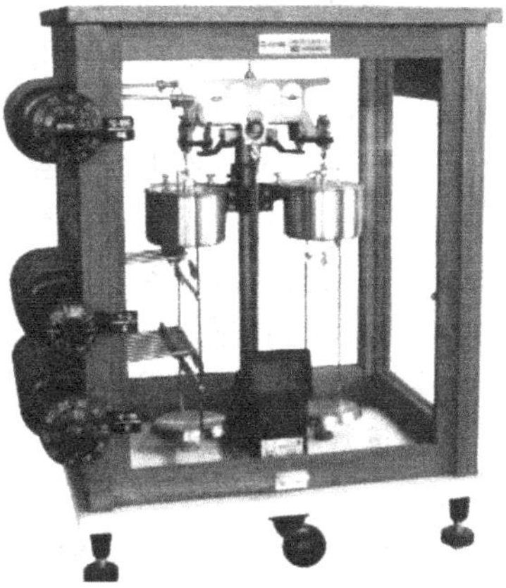

图1-7 TG328A型电光分析天平

(5) 指针和投影屏 指针固定在天平梁的中央。在投影屏的中央有一条纵向固定刻线，微分标尺的投影与刻线重合处即为天平的平衡位置。通过微分标尺在投影屏上的投影，可直接读出10mg以下的质量。

如图1-8，指数盘及微分标尺所示的读数为185.7863g。

1.6.1.2 TG328A型电光分析天平的使用方法

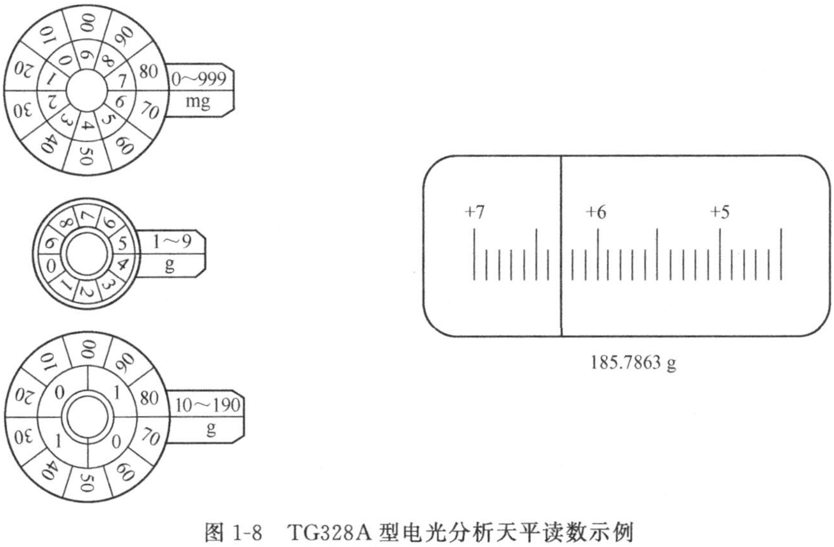

图1-8 TG328A型电光分析天平读数示例

分析天平是精密仪器，使用时要认真、仔细，要预先熟悉使用方法，否则容易出错，使得称量结果不准确或损坏天平部件。

(1) 称前检查 在使用天平之前，先将天平布罩取下叠好，检查天平放置是否水平，如不水平，应通过调节天平前边左、右两个螺旋足而使其达到水平状态。检查机械加码装置是否指示 0.00 位置；环码是否齐全，有无跳落；两盘是否空着；并用毛刷将天平盘清扫一下。

(2) 调节零点 天平的零点，指天平空载时的平衡点。每次称量之前都先测定天平的零点。测定时接通电源，轻轻开启升降枢（应全部开启旋钮），此时可以看到微分标尺的投影在光屏上移动。当标尺投影稳定后，若光屏上的刻线不与标尺 0.00 重合，可拨动扳手，移动光屏位置，使刻线与标尺 0.00 重合，零点即调好。若光屏移动到尽头刻线还不能与标尺 0.00 重合，则请教师通过旋转平衡螺丝来调整。

(3) 称量物体 在使用分析天平称量物体之前应将物体先在台秤上粗称，然后把要称量的物体放入天平右盘中央，根据粗称的数据由指数盘加环码至克位。半开天平，观察标尺移动的方向（微分标尺总是向重盘方向移动）以判断所加环码是否合适及如何调整。克组环码调定后，再依次调定百毫克组及十毫克组环码。

调整环码的顺序是：由大到小、折半加入、依次调定。环码未完全调定时不可完全开启天平，以免横梁过度倾斜，造成错位或吊耳脱落。

天平标尺既有正值刻度，也有负值刻度，称量时一般都使刻线落在正值范围内，以免计算总量时有加有减而发生错误。

(4) 读数 环码调定后，关闭天平门，全开天平，待标尺停稳后即可读数（均以克计）。

(5) 称后检查 称量完毕，记下物体质量，将物体取出。关好边门，环码指数盘恢复到 0.00 位置，拔下电插头，罩好天平罩。

1.6.1.3 分析天平的使用规则和维护

① 天平室应避免阳光照射，保持干燥，防止腐蚀性气体的侵袭。天平应放在牢固的台上避免震动。

② 天平箱内应保持清洁，要放置并定期烘干吸湿用的干燥剂（变色硅胶），以保持干燥。

③ 同一实验应使用同一台天平和砝码，以减少称量误差。称量时，应关好两个门。前门不得随意打开，它主要供装调天平时使用。

④ 称量物体不得超过天平的最大载重量（一般为 200g）。称量的样品，必须放在适当的容器中，不得直接放在天平盘上。

⑤ 不得在天平上称量过热、过冷或散发腐蚀性气体的物质。在天平中称量样品时，不要将试样失落在天平盘上。

⑥ 开关天平升降旋钮、开关侧门、加减砝码、放取被称物等操作，其动作都要轻缓，切不可用力过猛，否则，往往可能造成天平部件的脱位。加取物体和加减环码时，应先关闭天平的升降枢，不得在打开升降枢的情况下加取物体或加减环码，以免震动损坏天平的刀口。

⑦ 加减砝码必须用镊子夹取，严禁用手拿。取下的砝码应放在砝码盒内的固定位置上，不能到处乱放，也不能够用其他天平的砝码。

⑧ 称量的数据应及时写在记录本上，不得记在纸片或其他地方。

⑨ 称量完毕，关闭天平，取出被称量物和砝码，检查天平内外清洁，关好天平门，将指数盘拨回零位，罩上天平罩，切断电源。并检查盒内砝码是否完整无缺和清洁，最后在

天平使用登记本上写清使用情况。

⑩ 使用天平动作要轻，避免损坏天平刀口。称量时，必须戴细纱手套，不可用手直接触摸天平部件及砝码。

1.6.2　分析天平的称样方法

项目训练

① 采用直接法称量表面皿、称量瓶、小烧杯的质量。

② 采用递减法称量 0.2～0.3g 碳酸钠三份。

③ 采用固定质量称量法称量 0.5000g 碳酸钠三份。

④ 从滴瓶中取出磷酸试剂 1g、1.5g、3g，并准确称量。

称取试样的方法有三种：直接称样法、递减称样法（俗称差减法）和固定质量称样法。

（1）直接称样法　某些在空气中没有吸湿性的试样，可以用直接称样法称量。先在分析天平上称出表面皿或称量纸的质量 m_1，再将试样放在表面皿或称量纸上称出质量 m_2，m_2-m_1 即为该试样的质量。

（2）递减称样法　递减称样法是最常用的称样方法。其称取试样的质量由两次称量之差求得。先将试样装在称量瓶中，在分析天平上称出该称量瓶加试样的质量，取出称量瓶，打开瓶盖，将瓶身慢慢向下倾斜，这时原在瓶底的试样逐渐流向瓶口（如图 1-9 所示），再用瓶盖轻轻敲击瓶口边沿使试样慢慢落入容器中，接近需要量时，一边继续用瓶盖轻轻敲击瓶口，一边逐渐将瓶身竖直，盖好瓶盖，再将称量瓶放回天平称量质量，两次称量质量之差即为倒入容器中试样的质量。如此重复操作，直至倾出试样质量达到要求的范围为止。

（3）固定质量称样法　这种方法是为了称取指定质量的物质。将表面皿或称量纸放在分析天平左盘上准确称量其质量，再于分析天平右盘上增加所需称取试样质量的砝码，然后用药匙在表面皿或称量纸上逐渐加入试样，半开天平进行试称，直到所加试样只差很小量时（此量应小于微分标尺满刻度），便可开启天平，手持盛有试样的药匙，伸向表面皿或称量纸中心部位上方 2～3cm 处，以食指轻弹药匙（如图 1-10 所示），待微分标尺正好移到所需刻度时，立即停止抖入试样。

此项操作必须十分仔细，若不慎多加入试样，只能关闭升降枢纽，用药匙取出多加试样，再重复上述操作直到合乎要求为止。然后取出表面皿，将试样直接转入接受器中。

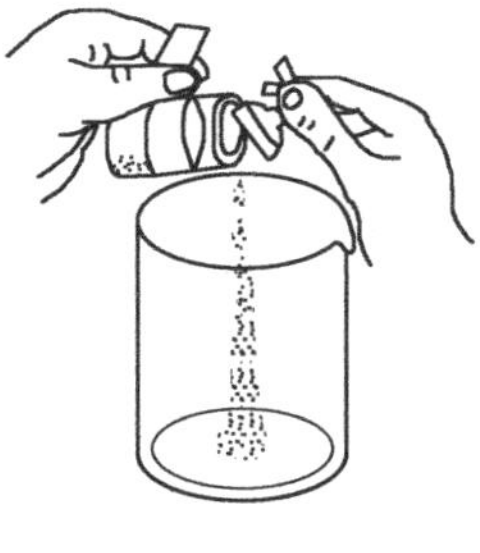

图 1-9　倾出试样的方法

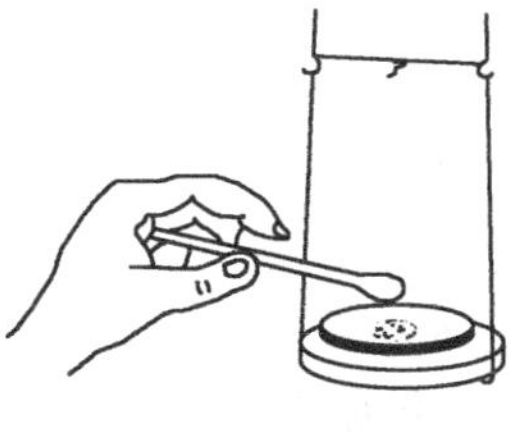

图 1-10　固定质量称样法

1.6.3　电子天平的使用方法

项目训练

以直接称量法和去皮称量法称量 0.2g 碳酸钠各一份。

以电磁力或电磁力矩平衡原理进行称量的天平称为电子天平。其特点是称量准确可靠、显示快速清晰并且具有自动检测系统、简便的自动校准装置以及超载保护等装置。由于电子天平具有机械天平无法比拟的优点，尽管其价格偏高，但也越来越广泛地应用于各个领域，并逐步取代机械天平。图 1-11 为 EP64C 型电子天平。

图 1-11 EP64C 型电子天平

使用电子天平时，要根据不同的称量对象和不同的天平，选用合适的称量方法操作。

1.6.3.1 电子天平的使用方法

(1) 称量前的检查

① 取下天平罩，叠好，放于天平后。

② 检查天平盘内是否干净，必要的话予以清扫。

③ 检查天平是否水平，若不水平，调节底座螺丝，使气泡位于水平仪中心。

④ 检查硅胶是否变色失效，若是，应及时更换。

(2) 开机 关好天平门，轻按“ON”键，LTD 指示灯全亮，松开手，天平先显示型号，稍后显示为 0.0000g，即可开始使用。

(3) 电子天平的一般使用方法 电子天平的使用方法较半自动电光天平来说大为简化，无需加减砝码调节质量，复杂的操作由程序代替。下面简单介绍电子天平的两种快捷称量方法。

① 直接称量。在 LTD 指示灯显示为 0.0000g 时，打开天平侧门，将被测物小心置于秤盘上，关闭天平门，待数字不再变动后即得被测物的质量。打开天平门，取出被测物，关闭天平门。

② 去皮称量。将容器置于秤盘上，关闭天平门，待天平稳定后按“TAR”键清零，LTD 指示灯显示重量为 0.0000g，取出容器，变动容器中物质的量，将容器放回秤盘上，不关闭天平门粗略读数，看质量变动是否达到要求，若在所需范围之内，则关闭天平门，读出质量变动的准确值。以质量增加为正，减少为负。

(4) 称量结束后的工作 称量结束后，按“OFF”键关闭天平，将天平还原。在天平的使用记录本上记下称量操作的时间和天平状态，并签名。整理好台面之后方可离开。

1.6.3.2 使用天平的注意事项

① 在开关门、放取称量物时，动作必须轻缓，切不可用力过猛或过快，以免造成天平损坏。

② 对于过热或过冷的称量物，应使其温度达到室温后方可称量。

③ 称量物的总质量不能超过天平的称量范围。在固定质量称量时要特别注意。

④ 所有称量物都必须置于（一定的）洁净干燥容器（如烧杯、表面皿、称量瓶等）中进行称量，以免沾染腐蚀天平。

⑤ 为避免手上的油脂汗液污染，不能用手直接拿取容器。称取易挥发或易与空气作用的物质时，必须使用称量瓶以确保在称量的过程中物质质量不发生变化。

1.7 使用常见滴定分析仪器

滴定管、容量瓶、移液管、吸量管等是化学分析实验中准确测量溶液体积的常用量器。

1.7.1 滴定管的使用

滴定管是滴定时用来准确测量流出滴定剂体积的量器。常量分析使用的滴定管容积为 50mL 和 25mL，最小分度值为 0.1mL，读数可估计至 0.01mL。实验室最常用的滴定管按用途不同分两种：一种是下部带有磨口玻璃活塞的酸式滴定管，如图 1-12 (a) 所示。另一种是下端连接一段橡皮软管，内放一玻璃球的碱式滴定管，如图 1-12 (b) 所示。

酸式滴定管只能用来盛放酸性、中性或氧化性溶液，不能盛放碱性溶液，以防磨口玻璃活塞被腐蚀。碱式滴定管用来盛放碱性溶液，不能盛放氧化性溶液如高锰酸钾、碘或硝酸银等，避免腐蚀橡皮管。

项目训练

① 按以下顺序进行酸式滴定管的使用练习：洗涤→涂油→试漏→装溶液（以水代替）→赶气泡→调零→滴定→读数。

② 按以下顺序进行碱式滴定管的使用练习：洗涤→试漏→装溶液（以水代替）→赶气泡→调零→滴定→读数。

1.7.1.1　滴定管使用前的准备

(1) 洗涤　洗涤前，关闭旋塞，倒入约 10mL 洗液，打开旋塞，放出少量洗液洗涤管尖，然后边转动边向管口倾斜，使洗液布满全管，最后从管口放出，然后用自来水冲净。也可用铬酸洗液浸洗，再用蒸馏水洗三次，每次 15mL。洗涤时以不损伤内壁为原则。

(2) 涂油　倒净滴定管中的水，抽出旋塞，用滤纸擦干旋塞和旋塞孔道内的水及油污，在旋塞两端各均匀地涂上薄薄一层凡士林，将旋塞插入旋塞孔道内，然后向同一个方向旋转，直至全部透明为止。最后用小乳胶圈套在玻璃旋塞小头槽内。

(3) 试漏　在涂好油的酸式滴定管中加水至 0 刻度，将其垂直夹在滴定管架上静置 2min，观察液面是否下降，滴定管下端管口及旋塞两端是否有水渗出。然后将旋塞转动 180°，再静置 2min，若前后两次均无漏水现象，即可使用，否则应重新处理。

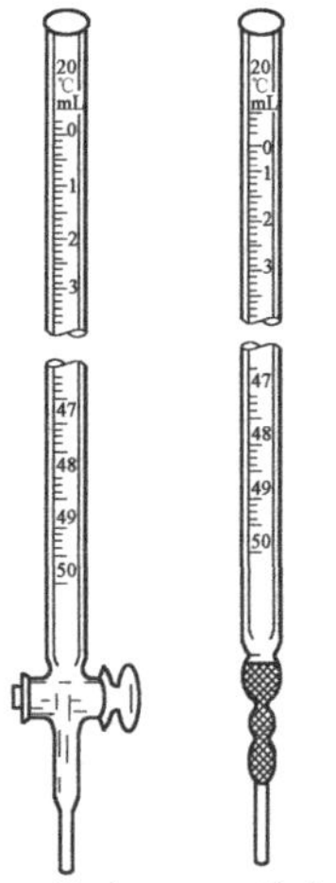

(a) 酸式　(b) 碱式

图 1-12　滴定管

碱式滴定管使用前要检查乳胶管长度是否合适，是否老化，要求乳胶管内玻璃珠大小合适，如发现不合要求，应重新装配玻璃珠和乳胶管。检查合格后，充满水直立 2min，若管尖处无水滴滴下即可使用。

(4) 装溶液　先将滴定管用少量待装溶液润洗三次以上（注意润洗时滴定管出口、入口以及整个滴定管的内壁都要润洗到），然后装入溶液至 0 刻度以上。

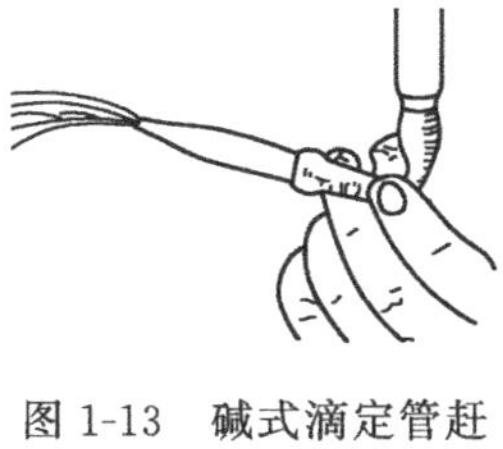
图 1-13　碱式滴定管赶除气泡的方法

(5) 赶气泡　酸式滴定管赶除气泡的方法：右手拿滴定管上部无刻度处，左手迅速打开旋塞使溶液冲出排除气泡。碱式滴定管赶除气泡的方法：用左手拇指和食指捏住玻璃珠所在部位稍偏上处，使乳胶管弯曲，出口管倾斜向上，然后轻轻捏挤乳胶管，溶液带着气泡一起从管口喷出（如图 1-13 所示）。

然后再一边捏乳胶管，一边将乳胶管放直，注意，待乳胶管放直后，才能松开左手拇指和食指，否则出口管仍会有气泡。排尽气泡后，补加溶液至 0 刻度以上，再调节液面在 0.00mL 刻度处，备用。

1.7.1.2　滴定管的使用

(1) 滴定管的操作　将滴定管垂直夹在滴定管架上。酸式滴定管的操作如图 1-14 (a) 所示，左手无名指和小指向手心弯曲，轻轻贴着出口管，手心空握，用其余三指转动旋塞。其中大拇指在管前，食指和中指在管后，三指平行地轻轻向内扣住旋塞柄转动旋塞。注意，手心要内凹，以防触动旋塞造成漏液。

碱式滴定管的操作如图 1-14 (b) 所示，用左手无名指和小指夹住出口管，拇指在前，食指在后，捏住乳胶管内玻璃珠偏上部，往一旁捏乳胶管，使乳胶管与玻璃珠之间形成一条缝隙，溶液即从缝隙处流出。注意，不要用力捏玻璃珠；也不能捏玻璃珠下部的乳胶管，以免空气进入形成气泡，停止滴定时，应先松开大拇指和食指，然后再松开无名指和小指。

（2）滴定操作　滴定一般在锥形瓶中进行。用右手前三指捏住瓶颈，无名指和小指辅助在瓶内侧，瓶底部离滴定台 2～3cm，使滴定管尖端伸入瓶口 1～2cm。左手按前述的规范动作滴加溶液，右手用腕力摇动锥形瓶，边滴定边摇动使溶液随时混合均匀，如图 1-14（c）所示。

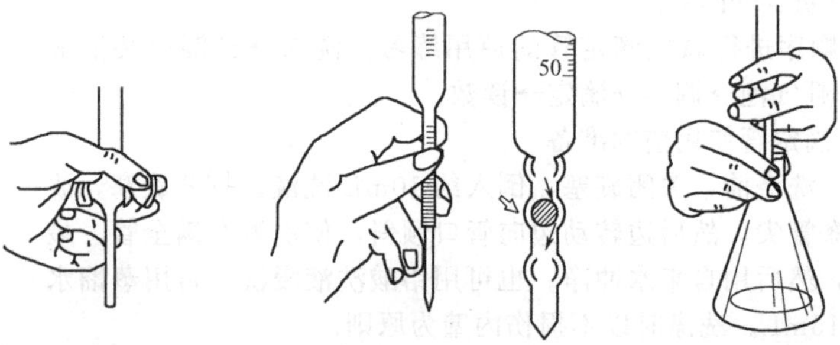

(a) 酸式滴定管的控制　(b) 碱式滴定管的控制　(c) 滴定姿势

图 1-14　滴定管与滴定操作

滴定开始前，应将滴定管尖挂着的液滴用锥形瓶外壁轻轻碰下。滴定操作时应注意速度要适当，刚开始可稍快，一般为每秒 3～4 滴，接近终点时速度要放慢，加一滴，摇几下，最后加半滴，摇动，直至到达终点。加半滴的方法是：微微转动旋塞，使溶液悬挂在管口尖嘴处形成半滴，用锥形瓶内壁将其靠落，再用洗瓶以少量水将附在瓶壁的溶液冲下。每次滴定开始前，都要装溶液调零点，滴定结束后停留 0.5～1min 再进行读数。

（3）滴定管读数　读数时将滴定管从滴定台上取下，用右手大拇指和食指捏住滴定管上部无刻度处，使滴定管自然下垂，眼睛平视液面，无色或浅色溶液读弯液面下缘实线最低点；有色溶液（如高锰酸钾、碘等）读液面两侧最高点；蓝线滴定管读溶液的两个弯液面与蓝线相交点，如图 1-15 所示。注意滴定管读数要读到小数点后第二位。

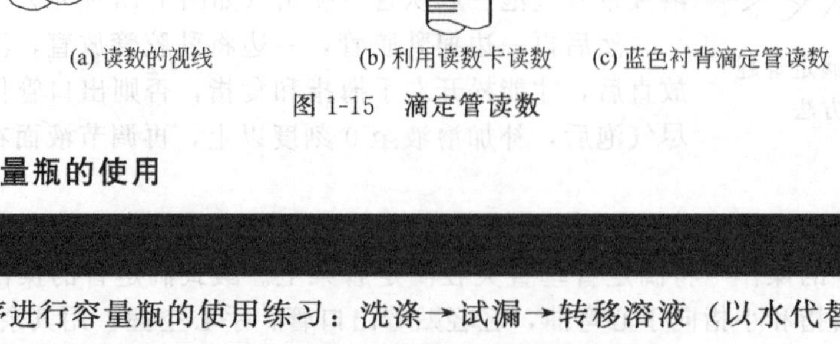

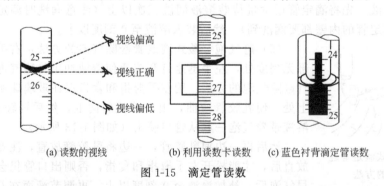

(a) 读数的视线　(b) 利用读数卡读数　(c) 蓝色衬背滴定管读数

图 1-15　滴定管读数

1.7.2　容量瓶的使用

项目训练

按以下顺序进行容量瓶的使用练习：洗涤→试漏→转移溶液（以水代替）→稀释至容量瓶容积 2/3→平摇→继续加水至距标线 1cm 处→调液面→摇匀。

容量瓶主要用于配制标准滴定溶液，也可用于将一定量的浓溶液稀释成准确浓度的稀溶液。

1.7.2.1　使用方法

(1) 试漏　容量瓶在使用前应先检查是否漏水，方法是加水至容量瓶的标线处，盖好瓶塞，一手用食指按住瓶塞，其余手指拿住瓶颈标线以上部分，另一手用指尖托住瓶底边缘，将瓶倒置2min，如图1-16 (a) 所示，然后用滤纸检查瓶塞周围是否有水渗出，如不漏水，将瓶直立，把瓶塞旋转180°后，再试漏，如仍不漏水，即可使用。

(2) 转移溶液　如用基准物质配制一定体积的标准滴定溶液，先将准确称取的固体物质置于小烧杯中，加水或其他溶剂使其完全溶解，再将溶液定量转移到容量瓶中。转移时，用右手将玻璃棒伸入容量瓶中，使其下端靠住瓶颈内壁，左手拿烧杯并将烧杯嘴边缘紧贴玻璃棒中下部，倾斜烧杯使溶液沿玻璃棒流入容量瓶，待溶液全部流完后，将烧杯沿玻璃棒轻轻上提，再直立烧杯，如图1-16 (b) 所示。残留在烧杯内和玻璃棒上的少许溶液要用洗瓶自上而下吹洗5～6次，每次洗涤液都需按上述方法全部转移至容量瓶中。

(3) 定容　完成定量转移后，加水至容量瓶容积2/3左右时，拿起容量瓶在水平方向摇动几圈，使溶液初步混匀，继续加水至距标线1cm处，放置1～2min，使附在瓶颈内壁的溶液流下，再用长滴管从容量瓶口沿边缘滴加水至弯液面下端与标线相切为止，盖紧瓶塞。

(4) 摇匀　定容后，用一只手食指按住瓶塞，其余四指拿住瓶颈标线上部，另一只手的指尖托住瓶底边缘将容量瓶反复倒置振摇多次，使溶液混匀，如图1-16 (c) 所示。

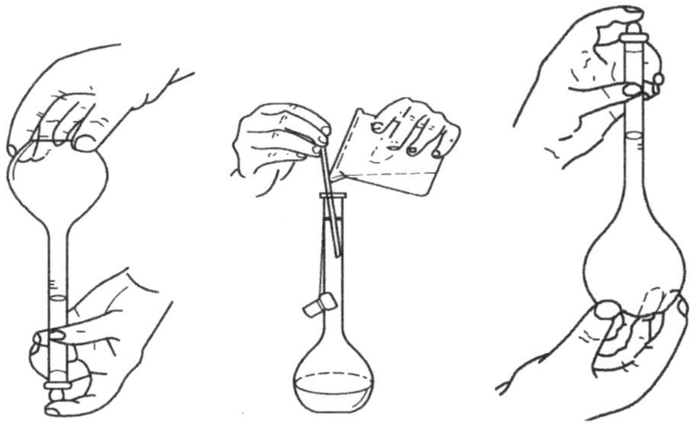

(a) 试漏　(b) 溶液转移　(c) 溶液混匀

图1-16　容量瓶操作

1.7.2.2　注意事项

① 摇匀溶液时，手心不可握住容量瓶的底部，以免使容量瓶内溶液受热发生体积变化。

② 容量瓶瓶塞要用橡皮筋系在瓶颈上，决不能放在桌面上，以防污染。

③ 容量瓶不得盛放热溶液，也不能放在烘箱内烘干。

1.7.3　吸管的使用

项目训练

① 按以下顺序进行25mL移液管的使用练习：洗涤→润洗→吸液（以容量瓶中的水代替）→调液面→放液至锥形瓶。

② 按以下顺序进行5mL吸量管的使用练习：洗涤→润洗→吸液（以容量瓶中的水代替）→调液面→放液(按不同刻度把溶液放至锥形瓶中)。

吸管是用来准确移取一定体积液体的玻璃量器，分单标线的移液管和具有均匀刻度的吸量管两类，如图1-17所示。

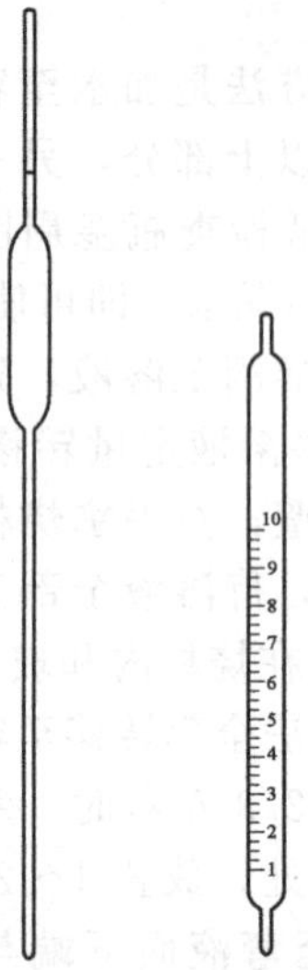

(a) 移液管 (b) 吸量管

图 1-17 吸管

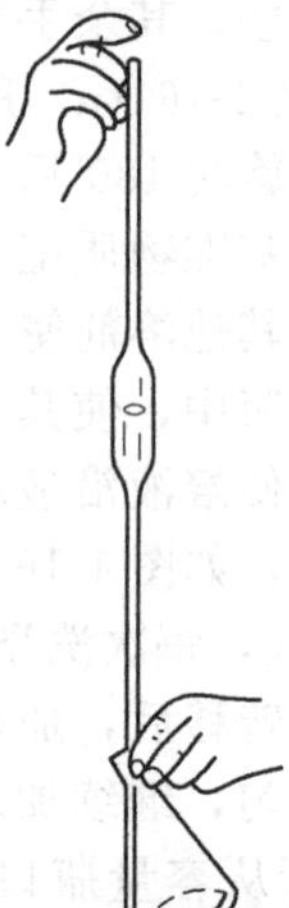

图 1-18 放溶液姿势

1.7.3.1 吸管的润洗

用吸管移取溶液前，需先用该溶液润洗：将待移取溶液倒入一干燥洁净的小烧杯中，用吸管吸入其容积的 1/3 左右，倾斜并慢慢转动吸管使溶液充分润洗吸管，然后从下口弃去溶液，如此重复操作 3 次。

1.7.3.2 吸管的操作

先用滤纸将吸管尖内外水吸干，用右手拇指和中指拿住管颈标线上方，将吸管插入待吸液下 2～3cm 处，左手拿吸耳球，先将吸耳球内空气排出，然后把球尖端紧按到吸管口上，慢慢松开握球的手指，溶液便逐渐被吸入管内。待溶液超过吸管标线时，移开吸耳球，迅速用右手食指按住管口，将管向上提起，离开液面。另取一洁净的烧杯，将管尖紧贴倾斜的小烧杯内壁，微微松动食指，同时用拇指和中指轻轻捻转吸管，使液面平稳下降直至溶液弯液面下端与标线相切时，立即用食指按住管口，使液滴不再流出。左手改拿接受容器（倾斜 30°），将管尖紧贴接受容器内壁，松开右手食指，使溶液自然流出，如图 1-18 所示，待液面下降到管尖后，再等待 15s 取出吸管。

有的吸量管上标有“吹”字，放完溶液后需用吸耳球将管尖溶液吹出；若没有“吹”字，则不可吹。

1.7.4 滴定终点的练习

项目训练

用盐酸溶液和氢氧化钠溶液进行滴定终点练习。

用盐酸溶液和氢氧化钠溶液分别润洗酸式、碱式滴定管，再分别装满溶液，赶去气泡，调好零点。

1.7.4.1 以酚酞为指示剂，用碱滴定酸

从酸式滴定管中放出 20.00mL 盐酸溶液于已洗净的 250mL 锥形瓶中，加入 2 滴酚酞指示剂，用氢氧化钠溶液滴定至溶液由无色变为浅粉红色 30s 内不褪为终点。记录氢氧化钠溶液用量，准确至 0.01mL。

再往锥形瓶中放入盐酸溶液 2.00mL，继续用氢氧化钠溶液滴定。注意碱液应逐滴或半

滴地滴入，挂在瓶壁上的碱液可用洗瓶中蒸馏水淋洗下去，直至被滴定溶液呈现浅粉红色。如此重复操作，每次放出 2.00mL 盐酸溶液，继续用氢氧化钠溶液滴定，直到放出盐酸溶液达 30.00mL 为止，记下每次滴定的终点读数。

1.7.4.2 以甲基橙为指示剂，用酸滴定碱

用移液管吸取碳酸钠溶液 25.00mL，放入 250mL 容量瓶中，用水稀释至刻度，摇匀。移取 25.00mL 稀释后的碳酸钠溶液，放入 250mL 锥形瓶中，加 1 滴甲基橙指示剂，用盐酸溶液滴定至橙色，记下消耗的盐酸溶液体积。平行测定 3 次，绝对偏差不得大于 0.05mL。

1.7.5 容量仪器使用的注意事项

① 移液管及刻度吸管一定用橡皮吸球（洗耳球）吸取溶液，不可用嘴吸取。

② 滴定管、量瓶、移液管及刻度吸管均不可用毛刷或其他粗糙物品擦洗内壁，以免造成内壁划痕，容量不准而损坏。每次用毕应及时用自来水冲洗，再用洗衣粉水洗涤（不能用毛刷刷洗），用自来水冲洗干净，再用纯化水冲洗 3 次，倒挂，自然沥干，不能在烘箱中烘烤。如内壁挂水珠，先用自来水冲洗，沥干后，再用重铬酸钾洗液洗涤，用自来水冲洗干净，再用纯化水冲洗 3 次，倒挂，自然沥干。

③ 需精密量取 5mL、10mL、20mL、25mL、50mL 等整数体积的溶液，应选用相应大小的移液管，不能用两个或多个移液管分取相加的方法来精密量取整数体积的溶液。

④ 使用同一移液管量取不同浓度溶液时要充分注意荡洗（3 次），应先量取较稀的一份，然后量取较浓的。在吸取第一份溶液时，高于标线的距离最好不超过 1cm，这样吸取第二份不同浓度的溶液时，可以吸得再高一些荡洗管内壁，以消除第一份的影响。

⑤ 容量仪器（滴定管、量瓶、移液管及刻度吸管等）需校正后再使用，以确保测量体积的准确性。

1.8 出具检测报告

1.8.1 实验数据的记录与处理

项目训练

完成以上（1.7.4）滴定终点练习的实验报告。

做完实验仅是完成实验的一半，更重要的是进行数据整理和结果分析，把感性认识提高到理性认识。要求做到：①认真、独立完成报告，对实验数据进行处理（包括计算、作图），得出分析测定结果；②将平行样的测定值之间或测定值与理论值之间进行比较，分析误差；③对实验中出现的问题进行讨论，提出自己的见解，对实验提出改进方案。

实验报告内容应包括实验目的、实验原理（简明）、实验步骤（简明）、数据处理、讨论等内容。根据实验类型不同，实验报告可以采取不同的格式。滴定分析实验报告格式示例如图 1-19 所示。

实验名称

日期__________ 室温________ 姓名__________

实验成绩________ 指导教师________

1. 目的要求
2. 实验原理
3. 实验用品
4. 实验步骤
5. 数据记录与处理
6. 问题与讨论

图 1-19 滴定分析实验报告格式示例

1.8.1.1　数据的记录与有效数字

（1）数据的记录　实验过程中，各种测量数据都应及时、准确、详细地记录下来。为确保记录真实可靠，实验者应备有专门的实验原始记录本，并按顺序编排页码，一般不得随意撕去造成缺页。原始记录是化学实验工作原始情况的真实记载，所记录的内容不能带有主观因素。原始数据不能缺项，不得随意涂改，更不能抄袭拼凑或伪造数据。如发现某数据因测错、记错或算错而需要改动时，可将该数据用一横线划去，并在其上方写上正确数值。

实验中所记录的测量值，不仅要表示出数量的大小，而且要正确地反映出测量的精确程度。例如用精确度为万分之一克的分析天平（其称量误差为±0.0001g）称得某份试样的质量为0.5780g，则该数值中0.578是准确的，其最后一位数字“0”是可疑的，可能有正负一个单位的误差，即该试样的实际质量是在（0.5780±0.0001）g范围内的某一数值。此时称量的绝对误差为±0.0001g，相对误差为：

$$\frac{\pm 0.0001}{0.5780}\times 100\% = \pm 0.02\%$$

若将上述称量结果记作0.578g，则意味着该份试样的实际质量是在（0.578±0.001）g范围内的某一数值，即称量的绝对误差为±0.001g，相对误差也将变为±0.2%。由此可见，在记录测量结果时，小数点后末位的“0”写与不写对于测量数据精确度的影响很大。

（2）有效数字　正确记录的数据应该是除最末一位数字为可疑的，可能有±1的偏差外，其余数字都是准确的。这样的数字称为有效数字。

应当注意，“0”在数字中有几种意义。数字前面的0只起定位作用，本身不算有效数字；数字之间的0和小数点末位的0都是有效数字，如用分析天平称量0.2030g，为四位有效数字；以0结尾的整数，最好用10的幂指数表示，这时前面的系数代表有效数字，如电离常数1.8×10^{-5}为两位有效数字；由于pH为氢离子浓度的负对数值，所以pH的小数部分才是有效数字，如pH=8.40，为两位有效数字。

对有效数字进行运算处理时，应遵循下列规则。

① 几个数字相加、减时，应以各数字中小数点后位数最少（即绝对误差最大）的数字为依据来决定结果的有效位数。

② 几个数字相乘、除时，应以各数字中有效数字位数最少（即相对误差最大）的数字为依据来决定结果的有效位数。若某个数字的第一位有效数字≥8，则有效数字的位数应多算一位。

③ 需要弃去多余数字时，按“四舍六入五取双”原则进行修约，即当尾数≤4时，舍去；当尾数≥6时，进入；当尾数为5而后面数为0时，若5的前一位是奇数则入，是偶数（包括0）则舍；若5后面还有不是0的任何数皆入。

应注意，若所拟舍去的为两位以上数字时，不得逐级多次修约，只能对原始数据进行一次修约到所需要的位数。

【例1-3】　完成下列计算：

（1）$34.37+6.3426+0.034=40.7466\xrightarrow{\text{修约}}40.75$

（2）$\dfrac{15.3\times 0.1988}{8.6}=0.35368\xrightarrow{\text{修约}}0.354$

练一练　将下列数据修约到两位有效数字：2.412，0.626，34.52，9.050，44.50。

1.8.1.2　定量分析的误差问题

定量分析要求结果准确可靠。分析者不仅要报出测定结果，还要对测定过程中引入的各类误差，按其性质不同采取措施，把误差降到最低。

(1) 准确度与误差　分析结果的准确度是指测得值与真实值 X_T 之间相符合的程度，可用绝对误差（absoluteerror，符号 E_a）与相对误差（relativeerror，符号 E_r）两种方法表示。

$$绝对误差=测得值-真实值$$

$$相对误差=\frac{绝对误差}{真实值}\times 100\%$$

绝对误差越小，测定结果越准确。相对误差表示误差在测定结果中所占的百分率，更具有实际意义。绝对误差和相对误差都有正值和负值。当误差为正值时，表示测定结果偏高；误差为负值时，表示测定结果偏低。

(2) 精密度与偏差　分析结果的精密度是指在相同条件下，对同一试样进行几次平行测定所得值互相符合的程度，通常用绝对偏差和相对偏差表示。

绝对偏差（d_i）是指单次测定值（X_i）与多次测定的算术平均值（$\overline{X}$）之差。

$$d_i=X_i-\overline{X}$$

绝对偏差与算术平均值之比叫相对偏差（Rd_i），通常以百分数表示。

$$Rd_i=\frac{d_i}{\overline{X}}\times 100\%$$

滴定分析测定常量组分时，分析结果的相对偏差一般应小于 0.2%。

在确定标准滴定溶液浓度时，常用“极差”表示精密度。“极差”是指一组平行测定值中最大值与最小值之差。

在化工产品标准中，常见“允差”的规定。“允差”是指某一项指标的平行测定结果之间的绝对偏差不得大于某一数值。

(3) 提高分析结果准确度的方法　定量分析全过程引入的误差，按其性质不同可分为系统误差和随机误差两大类。由于某些固定原因产生的分析误差叫系统误差。原因可能是试剂不纯、测量仪器不准、分析方法不妥、操作技术较差等。其显著特点是朝一个方向偏离。由于某些难以控制的偶然因素造成的误差叫随机误差。实验环境温度、湿度和气压的波动，仪器性能的微小变化等都会产生随机误差，其特点是符合正态分布。

只有消除或减小系统误差和随机误差，才能提高分析结果的准确度，可以采用以下方法。

① 对照试验　对照试验是将已知准确含量的标准样，按待测试样同样的方法进行分析，所得测定值与标准值比较，得一分析误差。用此误差校正待测试样的测定值，可使测定结果更接近真实值。对照试验是检验系统误差的有效方法。

② 空白试验　空白试验是不加试样，但与有试样时同样操作，试验所得的结果称为空白值。从试样的测定值扣除空白值，就能得到更准确的结果。

③ 校准仪器　对分析准确度要求较高的实验，应对测量仪器进行校正，并用校正值计算分析结果。

④ 增加平行测定次数　在消除系统误差的情况下，增加平行实验次数，可减小随机误差，对同一试样，一般要求平行测定 3～4 次。

⑤ 减少测量误差　分析天平称量的绝对偏差为±0.0001g，为了减小相对偏差，称量试样的质量不宜过少。用滴定分析法测定化工产品主成分含量时，消耗标准滴定溶液的体积一般设计在 35mL 左右，也是为了减小相对偏差。此外，在记录数据和计算过程中，必须严格按照有效数字的运算和修约规则进行。

(4) 可疑数据的取舍　在平行测定的过程中往往有个别数据与其他数据相差特大，这个（些）数据被称为可疑数据。对于确知原因的可疑数据，如称量时样品的洒落、滴定时滴定管漏液、原始数据的记录有误等，都必须要舍去。对于不知原因的可疑数据往往不能随意舍去，必须要根据随机误差的分布规律进行取舍。常用的方法有 $4\overline{d}$ 检验法、Q 检验法等，下面介绍 $4\bar{d}$ 检验法。

计算步骤如下：

① 除去可疑值外，将其余数据相加求其余测定值的平均值和平均偏差；

② 求出可疑值与平均值之间的差绝对值；

③ 将该绝对值与 4 倍的平均偏差相比较。即

$$|x_{可疑}-\bar{x}_{n-1}|>4\bar{d}_{n-1}$$

如果满足则应舍去可疑值，否则应保留。该方法用于 3 次以上测定值的检验。

【例 1-4】 用 Na_2CO_3 作基准试剂对 HCl 溶液的浓度进行标定，共做 6 次，其结果为 0.5050mol/L、0.5042mol/L、0.5086mol/L、0.5063mol/L、0.5051mol/L 和 0.5064mol/L。试问 0.5086 这个数据是否应舍去？

解：除去 0.5086，求其余数据的平均值和平均偏差：

$$\bar{X}_{n-1}=0.5054 \qquad \bar{d}_{n-1}=0.00076$$

根据 $|x_{可疑}-\bar{x}_{n-1}|>4\bar{d}_{n-1}$

$$\frac{|0.5086-0.5054|}{0.00076}=4.21>4$$

所以 0.5086 应该舍去。

1.8.2 检测报告出具的资质

产品质量检验报告能全面、客观地反映产品的质量信息，一般是由独立于供需双方的第三方专业检验机构完成的。第三方专业检验机构具有相对的独立性和公正性，有资格向社会出具公正数据（检验报告）。生产企业对自己生产的产品所做的检验报告，称为第一方（供方）检验报告，由于利益相关，没有向社会出具公正数据的资格。为了保证第三方检验机构的检验能力和检验工作的科学性和公正性，国家有关部门在确认了检验机构的计量能力后，授予计量认证合格证书，并允许其在检验报告上加盖 CMA 章（含计量证书编号和发证日期，证书有效期为五年，下同）。国家计量法规定，对没有取得计量合格证书而作出检验报告的行为，将给予罚款处理。国家有关部门在确认检验机构的检验能力后，授予检验机构的验收和授权证书，并允许其在检验报告上加盖 CAL 章（含证书编号和发证日期）。具有第三方公正地位的检验机构出具的检验报告，必须有以上两个章。对于国家级产品检验中心和省，直辖市的产品检验所，国家有关部门要求对其进行国家实验室认可。其他检验机构包括生产企业的实验室，也可申请自愿认可。对认可的实验室允许其使用“中国实验室国家认可”的证章（含编号和发证日期）。以上这些，都是检验机构资质的象征。商业企业在进货验收时，不仅要看检验报告的内容，更要看出具报告的检验机构的上述资质。其中前两个资质是必须的。证明这些资质的章都显示在检验报告的封面上，供使用检验报告的客户鉴别。检验报告样式见附录。

思考与练习

一、选择题

1. 下面移液管的使用正确的是（　　）。

A. 一般不必吹出残留液　　B. 用蒸馏水淋洗后即可移液

C. 用后洗净，加热烘干后即可再用　　D. 移液管只能粗略地量取一定量液体体积

2. 下列玻璃仪器使用时需要用操作溶液润洗的是（　　）。

A. 容量瓶、滴定管　　B. 滴定管、移液管

C. 锥形瓶、移液管　　D. 容量瓶、锥形瓶

3. 下列情况属于随机误差的是（　　）。

A. 试剂中含有微量被测离子　　B. 滴定管刻度不准

C. 称量中天平零点突然有变动　　D. 天平砝码被腐蚀

4. 各种试剂按纯度从高到低的代号顺序是（　　）。

A. A. R. ＞C. P. ＞G. R.　　B. G. R. ＞C. P. ＞A. R.

C. G. R. ＞A. R. ＞C. P.　　D. C. P. ＞A. R. ＞G. R.

5. 有关滴定管的使用错误的是（　　）。

A. 使用前应洗干净，并检漏　　B. 为保证标准溶液浓度不变，使用前可加热烘干

C. 要求较高时，要进行体积校正　　D. 滴定前应保证尖嘴部分无气泡

6. 在分析化学实验室常用的去离子水中，加入 1～2 滴酚酞指示剂，则应呈现（　）。

A. 蓝色　　B. 紫色　　C. 红色　　D. 无色

7. 称量易吸潮固体颗粒样品用（　　）。

A. 直接称样法　　B. 固定质量称样法　　C. 递减称样法　　D. 以上方法均可

8. 下列溶液稀释 10 倍后，pH 值变化最小的是（　　）。

A. 1mol/L HAc　　B. 1mol/L HAc 和 0.5mol/L NaAc

C. 1mol/L NH_3　　D. 1mol/L NH_4Cl

9. 天平是根据（　　）原理制造的一种仪器。

A. 质量守恒　　B. 杠杆　　C. 化学平衡　　D. 勒夏特列

10. 称量易吸湿的固体样应用（　　）盛装。

A. 研钵　　B. 表面皿　　C. 小烧杯　　D. 高型称量瓶

11. 在滴定分析法测定中出现的下列情况，能导致系统误差的是（　　）。

A. 滴定时有液滴溅出　　B. 砝码未经校正

C. 滴定管读数读错　　D. 试样未经混匀

12. 12.26＋7.21＋2.1341 三位数相加，由计算器所得结果为 21.6041，应修约为（　　）。

A. 21　　B. 21.6　　C. 21.60　　D. 21.604

13. 能准确量取一定量液体体积的仪器是（　　）。

A. 试剂瓶　　B. 刻度烧杯　　C. 移液管　　D. 量筒

14. 有关容量瓶的使用正确的是（　　）。

A. 通常可以用容量瓶代替试剂瓶使用

B. 先将固体药品转入容量瓶后加水溶解配制标准溶液

C. 用后洗净用烘箱烘干

D. 定容时，无色溶液弯月面下缘和标线相切即可

15. 高锰酸钾溶液应装在（　　）滴定管中。

A. 无色酸式　　B. 棕色酸式　　C. 无色碱式　　D. 棕色碱式

16. 天平零点相差较小时，可调节（　　）。

A. 指针　　B. 拨杆　　C. 感量螺丝　　D. 吊耳

二、填空题

1. 准确度是指在一定条件下，试样的真实值与________之间的符合程度。精确度是指在一定条件下，试样的真实值与________之间的符合程度。

2. 洗涤吸量管时，________持滴定管，________拿洗耳球把吸管插入洗涤液液面以下________深度（用烧杯盛洗涤液），洗涤液为吸量管的________左右。

3. 配制溶液的操作步骤有：________、________、________、________。

4. 在滴定分析中，指示剂变色时停止滴定的点，与化学计量点之间的差值，称为________。

5. 玻璃仪器洗净的标志是____________________________________。

6. 6.0149 修约为三位有效数字应为________，6.0150 修约为三位有效数字应为________，pH＝12.37 为________位有效数字。

7. 酚酞指示剂变色范围 pH 为________，颜色由________变为________。

8. 砝码或移液管未经校正，将使结果产生________误差，称量中天平零点突然有变动将使结果产生

________误差（填“系统”误差或“偶然”误差）。

三、简答题与计算题

1. 使用分析天平称取试样时，什么情况下采用递减称样法，什么情况下选用固定质量称样法？

2. 称量时，若投影屏上微分标尺光标向负值偏移，应加砝码还是减砝码？

3. 容量瓶如何试漏？用基准物质配制标准滴定溶液应如何转移、定容和摇匀？

4. 滴定管中有气泡存在时对滴定结果有何影响？如何除去气泡？

5. 滴定操作应注意哪些事项？如何控制和判断滴定终点？

6. 滴定管中装无色溶液、有色溶液，蓝线滴定管分别怎样读数？

7. 用分光光度法测水中铁含量时，平行 5 次测得数据（以 mg/L 表示）为 0.48、0.37、0.47、0.40、0.43。求算术平均值和相对偏差。

8. 测 Cu 合金中 Cu 含量为 81.16%、81.20%、81.18%，$X_T=81.13\%$，求 E_a、E_r。

9. 现有 2000mL 浓度为 0.1024mol/L 的某标准滴定溶液。欲将其浓度调整为 0.1000mol/L，需加入多少毫升水？

10. 氢氧化钠标准滴定溶液能否直接配制，为什么？标定其浓度时常用的基准试剂和指示剂分别是什么？请写出标定氢氧化钠的化学方程式。

11. 滴定操作应注意哪些事项？如何控制和判断滴定终点？

技能项目库

0.1mol/L 氢氧化钠标准滴定溶液的配制与标定

一、仪器与药品（请选择合适的仪器，在所选仪器后面的括号中打√）

仪器：托盘天平（　）；分析天平（　）；碱式滴定管（　）；酸式滴定管（　）；500mL 容量瓶（　）；100mL 容量瓶（　）；100mL 量筒（　）；10mL 量筒（　）；250mL 锥形瓶（　）；称量瓶（　）；玻璃棒（　）；小烧杯（　）。

药品：基准邻苯二甲酸氢钾、饱和氢氧化钠溶液、酚酞指示剂等。

二、操作过程

1. 氢氧化钠溶液[c(NaOH)=0.1mol/L]的配制

取 2.50mL 饱和 NaOH 溶液(用 5mL 吸量管吸取饱和 NaOH 溶液 5.00mL，从中放出 2.50mL)注入盛有约 150mL 纯水的烧杯中，搅匀后转移至 500mL 容量瓶中定容，摇匀，待标定。

2. 氢氧化钠溶液[c(NaOH)=0.1mol/L]的标定

用减量法称取邻苯二甲酸氢钾三份，每份 0.75g（称准至 0.0002g）分别置于三个 250mL 锥形瓶中，各加 50mL 不含 CO_2 的蒸馏水使之溶解。加酚酞指示液 2 滴，用待标定的 NaOH 溶液滴定至溶液由无色变为浅粉色 30s 不褪即为终点。记录滴定时消耗 NaOH 溶液的体积，平行测定三次，同时做空白试验。

三、数据记录与处理

项 目	1#	2#	3#
倾样前称量瓶+KHP 质量/g			
倾样后称量瓶+KHP 质量/g			
m/g			
标定用 V/mL			
空白用 V_0/mL			
c(NaOH)/(mol/L)			
$\bar{c}$(NaOH)/(mol/L)			
相对平均偏差/%			

$$c(NaOH)=\frac{m}{(V-V_0)\times 204.2}$$

式中　$c(NaOH)$——氢氧化钠标准滴定溶液的实际浓度，mol/L；

m——基准邻苯二甲酸氢钾的质量，g；

V——标定消耗氢氧化钠标准滴定溶液的体积，L；

V_0——空白消耗氢氧化钠标准滴定溶液的体积，L；

204.2——邻苯二甲酸氢钾（$KHC_8H_4O_4$）的摩尔质量，g/mol。

要求写出数据处理过程。

第二部分　单指标项目

- 项目2　工业盐酸总酸度测定
- 项目3　工业氢氧化钠含量测定
- 项目4　饮用天然矿泉水总硬度测定
- 项目5　工业硫酸铝含量测定
- 项目6　工业双氧水含量测定
- 项目7　地表Ⅴ类水化学需氧量测定
- 项目8　食用碘盐含碘量测定
- 项目9　生活饮用水中氯化物含量测定
- 项目10　食用葡萄糖中水分测定

项目 2　工业盐酸总酸度测定

学习目标

【能力目标】

- 能按照试样采样原则对盐酸试样进行采样；
- 能按要求规范配制各种溶液（化学试剂、辅助试剂、实验室用水等）；
- 会使用容量瓶和移液管等容量仪器及分析天平；
- 能正确选择仪器和药品（包括滴定剂、指示剂）；
- 能熟练判断滴定终点；
- 能根据相关标准，设计产品主要指标的检测步骤；
- 能根据产品质量标准要求，进行相应实验数据的计算、误差分析及结果的判断，并能规范书写产品检验报告；
- 能与其他组员进行良好沟通，并能根据实验检测情况进行方法变通，解决实际问题。

【知识目标】

- 理解滴定分析的基本术语，了解滴定分析法分类，掌握滴定分析的基本条件；
- 了解基准物质应具备的条件，掌握常用基准物质的名称和使用方法；
- 掌握标准溶液的配制和标定方法；
- 掌握酸碱滴定中各种玻璃仪器的使用要点。

项目背景

本项目的质量检验标准采用 GB 320—2006《工业用合成盐酸》。工业用合成盐酸为无色或浅黄色透明液体，应符合表 2-1 要求。

表 2-1　工业用合成盐酸的质量指标　　单位：%

项　　目		优等品	一等品	合格品
总酸度(以 HCl 计)的质量分数	≥		31.0	
铁(以 Fe 计)的质量分数	≤	0.002	0.008	0.01
灼烧残渣的质量分数	≤	0.05	0.10	0.15
游离氯(以 Cl 计)的质量分数	≤	0.004	0.008	0.01
砷的质量分数	≤		0.0001	
硫酸盐(以 SO_4^{2-} 计)的质量分数	≤	0.005	0.03	—

注：砷指标强制。

工业用盐酸样品的采样方法可以简化规定如下：①小瓶装产品（25～500mL），按采样方案随机采得若干瓶产品，各瓶摇匀后分别倒出等量液体混合均匀作为样品；②大瓶装产品（1～10L）和小桶装产品（约为19L），被采样的瓶或桶经人工搅拌或摇匀后，用适当的采样管采得混合样品；③大桶装产品（≈200L），在静止情况下用开口采样管采全液位样品或采部位样品混合成平均样品。在滚动或搅拌均匀后，用适当的采样管采得混合样品。如需知表面或底部情况时，可分别采得表面样品或底部样品。

盐酸总酸度（以HCl计）表示待测样品中氯化氢的含量，是盐酸质量指标中非常重要的指标。不管是工业盐酸还是试剂盐酸，其中的氯化氢含量都是用酸度来表示的。试样测定时以溴甲酚绿为指示剂，用氢氧化钠标准滴定溶液滴定至溶液由黄色变为蓝色为终点，反应式如下：

$$H^{+} + OH^{-} \longrightarrow H_2O$$

引导问题

（1）总酸度测定的原理是什么？

（2）GB 320—2006 工业用合成盐酸中盐酸总酸度的测定采用的是什么方法？该方法用到什么样的检测仪器？

项目导学

2.1　滴定分析概述

2.1.1　滴定分析的基本术语

（1）滴定分析　将已知准确浓度的标准溶液滴加到被测物质的溶液中直至所加溶液物质的量按化学计量关系恰好反应完全，然后根据所加标准溶液的浓度和所消耗的体积，计算出被测物质含量的分析方法。由于这种测定方法是以测量溶液体积为基础，故又称为容量分析。

（2）标准滴定溶液　在进行滴定分析过程中，已知准确浓度的试剂溶液称为标准滴定溶液。

（3）滴定　滴定时，将标准滴定溶液装在滴定管中（常称为滴定剂），通过滴定管逐滴加入到盛有一定量被测物溶液（称为被滴定剂）的锥形瓶（或烧杯）中进行测定，这一操作过程称为“滴定”。

（4）化学计量点　当加入的标准滴定溶液的量与被测物的量恰好符合化学反应式所表示的化学计量关系时，称反应到达“化学计量点”（以sp表示）。

（5）滴定终点　滴定时，指示剂改变颜色的那一点称为“滴定终点”（以ep表示）。

（6）终点误差　化学计量点与滴定终点之间的误差称为“终点误差”。

2.1.2　滴定分析的条件和分类

2.1.2.1　滴定分析的基本条件

不是任何化学反应都能用于滴定分析，适用于滴定分析的化学反应必须具备以下基本条件。

① 反应按化学计量关系定量进行，即严格按一定的化学方程式进行，不发生副反应。如果有共存物质干扰滴定反应，能够找到适当方法加以排除。

② 反应进行完全，即当滴定达到终点时，被测组分有99.9%以上转化为生成物，这样才能保证分析的准确度。

③ 反应速率快，即随着滴定的进行，能迅速完成化学反应。对于速率较慢的反应，可通过加热或加入催化剂等办法来加速反应，以使反应速率与滴定速率基本一致。

④ 有适当的指示剂或其他方法，简便可靠地确定滴定终点。

凡能满足上述要求的反应都可采用直接滴定法。

2.1.2.2　滴定分析分类

按照所用化学反应的类型不同，滴定分析方法分为以下四种。

（1）酸碱滴定法　它是以酸、碱之间质子传递反应为基础的一种滴定分析法。可用于测定酸、碱和两性物质。其基本反应为

$$H^{+}+OH^{-}=\!=\!=H_2O$$

（2）配位滴定法　它是以配位反应为基础的一种滴定分析法，可用于对金属离子进行测定。常用EDTA（乙二胺四乙酸二钠）溶液做滴定剂。若采用EDTA作配位剂，其反应为：

$$M^{n+}+Y^{4-}=\!=\!=MY^{(n-4)-}$$

式中，M^{n+}表示金属离子；Y^{4-}表示EDTA的阴离子。

（3）氧化还原滴定法　利用氧化还原反应为基础的一种滴定分析法，可用于对具有氧化还原性质的物质或某些不具有氧化还原性质的物质进行测定，如重铬酸钾法测定铁。其反应如下：

$$Cr_2O_7^{2-}+6Fe^{2+}+14H^{+}=\!=\!=2Cr^{3+}+6Fe^{3+}+7H_2O$$

常用高锰酸钾、碘溶液或硫代硫酸钠溶液做滴定剂测定具有还原性或氧化性的物质。

（4）沉淀滴定法　它是以沉淀生成反应为基础的一种滴定分析法，可用于对Ag^{+}、CN^{-}、SCN^{-}及类卤素等离子进行测定，如银量法。其反应如下：

$$Ag^{+}+Cl^{-}=\!=\!=AgCl\downarrow$$

常用硝酸银溶液做滴定剂测定卤素离子。

2.2　基准物质与标准滴定溶液

滴定分析中，标准滴定溶液的浓度和用量是计算待测组分含量的主要依据，因此正确配制标准滴定溶液，准确地确定标准滴定溶液的浓度以及对标准溶液进行妥善保存，对于提高滴定分析的准确度有重大意义。

2.2.1　基准物质

可用于直接配制标准溶液或标定溶液浓度的物质称为基准物质。作为基准物质必须具备以下条件。

① 组成恒定并与化学式相符。若含结晶水，例如$H_2C_2O_4\cdot 2H_2O$、$Na_2B_4O_7\cdot 10H_2O$等，其结晶水的实际含量也应与化学式严格相符。

② 纯度足够高（达99.9%以上），杂质含量应低于分析方法允许的误差限。

③ 性质稳定，不易吸收空气中的水分和CO_2，不分解，不易被空气所氧化。

④ 有较大的摩尔质量，以减少称量时的相对误差。

⑤ 试剂参加滴定反应时，应严格按反应式定量进行，没有副反应。

常用的基准物有$KHC_8H_4O_4$（邻苯二甲酸氢钾）、$H_2C_2O_4\cdot 2H_2O$、Na_2CO_3、$K_2Cr_2O_7$、NaCl、$CaCO_3$、金属锌等。基准物质使用前必须用适宜的方法进行干燥处理，并妥善保存。

2.2.2　标准滴定溶液的配制

标准溶液的配制方法有直接法和标定法两种。

（1）直接法　准确称取一定量的基准物质，经溶解后，定量转移于一定体积容量瓶中，用去离子水稀释至刻度。根据溶质的质量和容量瓶的体积，即可计算出该标准溶液的准确浓度。

（2）标定法　用来配制标准滴定溶液的物质大多数是不能满足基准物质条件的，如

HCl、NaOH、$KMnO_4$、I_2、$Na_2S_2O_3$ 等试剂，它们不适合用直接法配制成标准溶液，需要采用标定法（又称间接法）。这种方法是：先大致配成所需浓度的溶液（所配溶液的浓度值应在所需浓度值的±5%范围以内），然后用基准物质或另一种标准溶液来确定它的准确浓度。也可用另一种标准溶液标定，如 NaOH 标准滴定溶液可用已知准确浓度的 HCl 标准滴定溶液标定。方法是移取一定体积的已知准确浓度的 HCl 标准滴定溶液，用待定的 NaOH 标准溶液滴定至终点，根据 HCl 标准溶液的浓度和体积以及待定的 NaOH 标准溶液消耗体积来计算 NaOH 溶液的浓度。

2.2.3　标准滴定溶液浓度的表示方法

2.2.3.1　物质的量浓度

标准滴定溶液的浓度常用物质的量浓度表示。物质 B 的物质的量浓度是指单位体积溶液中所含溶质 B 的物质的量，用 c_B表示。即

$$c_B = n_B/V \tag{2-1}$$

式中，n_B表示溶液中溶质 B 的物质的量，mol(或 mmol)；V 为溶液的体积，L(或 mL)；浓度 c_B的常用单位为 mol/L，如 $c(HCl)=0.1012mol/L$。

由于物质的量 n_B的数值取决于基本单元的选择，因此，表示物质的量浓度时，必须指明基本单元，如 $c(1/5KMnO_4)=0.1000mol/L$。

基本单元的选择一般可根据标准溶液在滴定反应中的质子转移数（酸碱反应）、电子得失数（氧化还原反应）或反应的计量关系来确定。如在酸碱反应中常以 NaOH、HCl、$1/2H_2SO_4$为基本单元；在氧化还原反应中常以 $1/2I_2$、$Na_2S_2O_3$、$1/5KMnO_4$、$1/6KBrO_3$等为基本单元。即物质 B 在反应中的转移质子数或得失电子数为 Z_B 时，基本单元选 $1/Z_B$。显然

$$n\left(\frac{1}{Z_B}B\right) = Z_B n_B$$

因此有

$$c\left(\frac{1}{Z_B}B\right) = Z_B c_B \tag{2-2}$$

例如某 H_2SO_4 溶液的浓度，当选择 H_2SO_4 为基本单元时，其浓度 $c(H_2SO_4)=0.1mol/L$；当选择 $1/2H_2SO_4$ 为基本单元时，则其浓度应为 $c\left(\frac{1}{2}H_2SO_4\right)=0.2mol/L$。

2.2.3.2　滴定度

在工矿企业的例行分析中，有时也用"滴定度"表示标准滴定溶液的浓度。滴定度是指每毫升标准滴定溶液相当于被测物质的质量（g 或 mg）。例如，若每毫升 $KMnO_4$ 标准滴定溶液恰好能与 $0.005585gFe^{2+}$ 反应，则该 $KMnO_4$ 标准滴定溶液的滴定度可表示为 $T(Fe/KMnO_4)=0.005585g/mL$。

如果分析的对象固定，用滴定度计算其含量时，只需将滴定度乘以所消耗标准溶液的体积即可求得被测物的质量，计算十分简便。

2.2.4　滴定剂与被滴定剂之间的关系

设滴定剂 A 与被测组分 B 发生下列反应：

$$aA + bB = cC + dD$$

则被测组分 B 的物质的量 n_B与滴定剂 A 的物质的量 n_A之间的关系可用以下两种方式求得。

2.2.4.1　根据滴定剂 A 与被测组分 B 的化学计量数的比计算

由上述反应式可得：

$$n_A : n_B = a : b$$

因此有 $$n_A=\frac{a}{b}n_B \quad 或 \quad n_B=\frac{b}{a}n_A \tag{2-3}$$

$\frac{b}{a}$或$\frac{a}{b}$称为化学计量数比（也称摩尔比），它是该反应的化学计量关系，是滴定分析的定量测定的依据。

例如，用 HCl 标准滴定溶液滴定 Na_2CO_3 时，滴定反应为：

$$2HCl+Na_2CO_3 \xlongequal{} 2NaCl+CO_2\uparrow+H_2O$$

可得 $$n(Na_2CO_3)=\frac{1}{2}\times n(HCl)$$

2.2.4.2 根据等物质的量规则计算

等物质的量规则是指对于一定的化学反应，如选定适当的基本单元，那么在任何时刻所消耗的反应物的物质的量均相等。在滴定分析中，若根据滴定反应选取适当的基本单元，则滴定到达化学计量点时，被测组分的物质的量就等于所消耗标准滴定溶液的物质的量。即

$$n\left(\frac{1}{Z_B}B\right)=n\left(\frac{1}{Z_A}A\right) \tag{2-4}$$

如上例中 $K_2Cr_2O_7$ 的电子转移数为 6，以 $1/6K_2Cr_2O_7$ 为基本单元；Fe^{2+} 的电子转移数为 1，以 Fe^{2+} 为基本单元，则

$$n\left(\frac{1}{6}K_2Cr_2O_7\right)=n\ (Fe^{2+})$$

式（2-4）是滴定分析计算的基本关系式，利用它可以导出其他计算关系式。

2.3 酸碱标准滴定溶液的配制与标定

酸碱滴定法中常用的标准滴定溶液均由强酸或强碱组成。一般用于配制酸标准滴定溶液的主要有 HCl 和 H_2SO_4，其中最常用的是 HCl 溶液；若需要加热或在较高温度下使用，则用 H_2SO_4 溶液较适宜。一般用来配制碱标准滴定溶液的主要有 NaOH 与 KOH，实际分析中一般用 NaOH。酸碱标准滴定溶液通常配成 0.1mol/L，但有时也用到浓度高达 1.0mol/L 和低至 0.01mol/L 的。不过标准滴定溶液的浓度太高会消耗太多试剂而造成不必要的浪费，而浓度太低又会导致滴定突跃太小，不利于终点的判断，从而得不到准确的滴定结果。因此，实际工作中应根据需要配制合适浓度的标准溶液。

2.3.1 盐酸标准滴定溶液的配制与标定

2.3.1.1 配制

盐酸标准滴定溶液一般用间接法配制，即先用市售的盐酸试剂（分析纯）配制成接近所需浓度的溶液（其浓度值与所需配制浓度值的误差不得大于 5%），然后再用基准物质标定其准确浓度。由于浓盐酸具有挥发性，配制时所取 HCl 的量可稍多些。

2.3.1.2 标定

用于标定 HCl 标准溶液的基准物有无水碳酸钠和硼砂等。

（1）无水碳酸钠（Na_2CO_3） Na_2CO_3 容易吸收空气中的水分，使用前必须在 270～300℃高温炉中灼热至恒重（见 GB/T 601—2002），然后密封于称量瓶内，保存在干燥器中备用。称量时要求动作迅速，以免吸收空气中的水分而带入测定误差。

用 Na_2CO_3 标定 HCl 溶液的标定反应为：

$$2HCl+Na_2CO_3 \xlongequal{} H_2CO_3+2NaCl$$
$$H_2CO_3 \rightarrow CO_2+H_2O$$

滴定时用溴甲酚绿-甲基红混合指示剂指示终点（详细步骤见 GB/T 601—2002）。近终点时要煮沸溶液，赶除 CO_2 后继续滴定至暗红色，以避免由于溶液中 CO_2 过饱和而造成假

终点。

(2) 硼砂（$Na_2B_4O_7 \cdot 10H_2O$）　硼砂容易提纯，且不易吸水，由于其摩尔质量大（M=381.4g/mol），因此直接称取单份基准物作标定时，称量误差相当小。但硼砂在空气中相对湿度小于39%时容易风化失去部分结晶水，因此应把它保存在相对湿度为60%的恒湿器中。

用硼砂标定HCl溶液的标定反应为：

$$Na_2B_4O_7+2HCl+5H_2O \longrightarrow 4H_3BO_3+2NaCl$$

滴定时选用甲基红作指示剂，终点时溶液颜色由黄变红，变色较为明显。

2.3.2　氢氧化钠标准滴定溶液的配制与标定

2.3.2.1　配制

由于氢氧化钠具有很强的吸湿性，也容易吸收空气中的水分及CO_2，因此NaOH标准滴定溶液也不能用直接法配制，同样须先配制成接近所需浓度的溶液，然后再用基准物质标定其准确浓度。

NaOH溶液吸收空气中的CO_2生成CO_3^{2-}。而CO_3^{2-}的存在，在滴定弱酸时会带入较大的误差，因此必须配制和使用不含CO_3^{2-}的NaOH标准滴定溶液。

由于Na_2CO_3在浓的NaOH溶液中溶解度很小，因此配制无CO_3^{2-}的NaOH标准滴定溶液最常用的方法是先配制NaOH的饱和溶液（取分析纯NaOH约110g，溶于100mL无CO_2的蒸馏水中），密闭静置数日，待其中的Na_2CO_3沉降后取上层清液作储备液（由于浓碱腐蚀玻璃，因此饱和NaOH溶液应当保存在塑料瓶或内壁涂有石蜡的瓶中），其浓度约为20mol/L。配制时，根据所需浓度，移取一定体积的NaOH饱和溶液，再用无CO_2的蒸馏水稀释至所需的体积。配制成的NaOH标准滴定溶液应保存在装有虹吸管及碱石灰管的瓶中，防止吸收空气中的CO_2。放置过久的NaOH溶液，其浓度会发生变化，使用时重新标定。

2.3.2.2　标定

常用于标定NaOH标准滴定溶液浓度的基准物质有邻苯二甲酸氢钾与草酸。

① 邻苯二甲酸氢钾（KHC_8O_4，缩写KHP）　邻苯二甲酸氢钾容易用重结晶法制得纯品，不含结晶水，在空气中不吸水，容易保存，且摩尔质量大（M_{KHP}=204.2g/mol），单份标定时称量误差小，所以它是标定碱标准溶液较好的基准物质。标定前，邻苯二甲酸氢钾应于100～125℃时干燥后备用。干燥温度不宜过高，否则邻苯二甲酸氢钾会脱水而成为邻苯二甲酸酐。

用KHP标定NaOH溶液的反应如下：

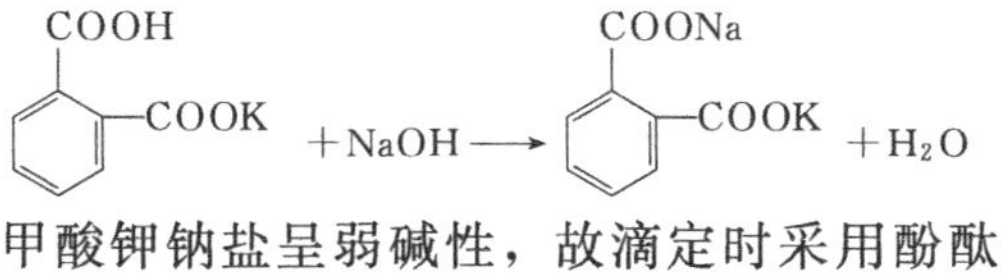

由于滴定产物邻苯二甲酸钾钠盐呈弱碱性，故滴定时采用酚酞作指示剂，终点时溶液由无色变至浅红。

② 草酸（$H_2C_2O_4 \cdot 2H_2O$）　草酸是二元酸（$pK_{a1}=1.25$，$pK_{a2}=4.29$），由于$\frac{K_{a1}}{K_{a2}}<10^5$，故与强碱作用时只能按二元酸一次被滴定到$C_2O_4^{2-}$，其标定反应如下：

$$H_2C_2O_4+2NaOH \longrightarrow Na_2C_2O_4+H_2O$$

由于草酸的摩尔质量较小[$M(H_2C_2O_4 \cdot 2H_2O)$=126.07g/mol]，因此为了减小称量误差，标定时宜采用“称大样法”标定。用草酸标定NaOH溶液可选用酚酞作指示剂，终点时溶液变色敏锐。

草酸固体比较稳定，但草酸溶液的稳定性却较差，溶液在长期保存后，其浓度逐渐降低。

项目训练

2.4 总酸度的测定——滴定法

2.4.1 仪器、药品及试剂准备

仪器：分析天平、酸式滴定管、500mL 容量瓶、量筒（10mL、100mL）、250mL 具塞锥形瓶、称量瓶、玻璃棒、小烧杯。

试剂：NaOH 固体；邻苯二甲酸氢钾（基准物），105～110℃烘至质量恒定；酚酞指示液（10g/L），1g 酚酞溶于 100mL 乙醇中；溴甲酚绿指示液，1g/L。

2.4.2 分析步骤

2.4.2.1 氢氧化钠标准滴定溶液的配制与标定

（1）1mol/L NaOH 溶液的配制 称取固体 NaOH 110g，溶于 100mL 无二氧化碳的水中，摇匀，注入聚乙烯容器中，密封放置至溶液清亮。用塑料管虹吸 54mL 上层清液，用无二氧化碳的水定容到 1000mL 容量瓶中，待标定。

（2）标定 用减量法称取于 105～110℃电烘箱中干燥至恒重的邻苯二甲酸氢钾三份，每份质量为 7.5g（称准至 0.0001g）分别置于三个 250mL 锥形瓶中，各加 80mL 不含二氧化碳的蒸馏水使之溶解。加酚酞指示液（10g/L）2 滴，用欲标定的 NaOH 溶液滴定，直至溶液由无色变为浅粉色 30s 不褪即为终点。记录滴定时消耗 NaOH 溶液的体积，平行测定三次，同时做空白试验。

计算 NaOH 溶液的浓度及标定的精密度。

2.4.2.2 试样分析

量取约 3mL 样品，置于内装有 15mL 水并已称量（精确至 0.0001g）的锥形瓶中，混匀并称量（精确至 0.0001g）。

向上述锥形瓶中加 2～3 滴溴甲酚绿指示液，用已标定的氢氧化钠标准滴定溶液滴定至溶液由黄色变为蓝色为终点。

2.4.3 数据记录与处理

（1）氢氧化钠标准滴定溶液的标定

项　目	1	2	3
称量瓶+$KHC_8H_4O_4$(倾样前)/g			
称量瓶+$KHC_8H_4O_4$(倾样后)/g			
$m(KHC_8H_4O_4)$/g			
$V(NaOH)$/mL			
V_0/mL			
$c(NaOH)$/(mol/L)			
$\bar{c}(NaOH)$/(mol/L)			
相对平均偏差/%			

$$c(\mathrm{NaOH})=\frac{m(\mathrm{KHC_8H_4O_4})\times 1000}{[V(\mathrm{NaOH})-V_0]M(\mathrm{KHC_8H_4O_4})}$$

式中 $c(\mathrm{NaOH})$——NaOH 标准滴定溶液的浓度，mol/L；

$V(\mathrm{NaOH})$——滴定时消耗 NaOH 标准滴定溶液的体积，mL；

V_0——空白实验滴定时消耗 NaOH 标准滴定溶液的体积，mL；

$m(KHC_8H_4O_4)$——邻苯二甲酸氢钾基准物的质量，g；
$M(KHC_8H_4O_4)$——邻苯二甲酸氢钾的摩尔质量，g/mol。

注：如果经较长时间终点的浅粉色褪去，那是因为溶液吸收了空气中的 CO_2 所致。

（2）试样工业盐酸浓度测定

项目	1	2	3
加试样前 m_1/g			
加试样后 m_2/g			
试样质量 m_0/g			
$V(NaOH)$/mL			
V_0/mL			
$w(HCl)$/%			
盐酸平均浓度/%			

$$w(HCl)=\frac{(V/1000)c(NaOH)M}{m_0}\times 100=\frac{Vc(NaOH)M}{10m_0}$$

式中　w（HCl）——工业盐酸的浓度，%；
V——氢氧化钠标准滴定溶液的体积的，mL；
c(NaOH）——氢氧化钠标准滴定溶液的浓度，mol/L；
m_0——试样的质量，g；
M——氯化氢的摩尔质量(M=36.461)，g/mol。

平行测定结果之差的绝对值不能大于0.2%，取平行测定结果的算术平均值为报告结果。

自主项目

食醋总酸度的测定

一、检测标准

GB 18187—2000　酿造食醋

GB/T 5009.41—2003　食醋卫生标准的分析方法

二、食醋中总酸度的技术要求

总酸（以乙酸计）(g/100mL)：≥3.50。

三、检验方案设计

由于产品的性质决定用常规的酸碱指示液不能准确地指示滴定终点，在滴定过程中必须要用酸度计准确指示滴定的终点。

吸取5.0mL试样，置于100mL容量瓶中，加水至刻度，混匀后吸取20.0mL，置于200mL烧杯中，加水60mL，开动磁力搅拌器，用氢氧化钠标准溶液[c(NaOH)=0.050mol/L]滴定至酸度计指示pH为8.2，记下氢氧化钠标准滴定溶液(0.05mol/L)的毫升数，可计算总酸含量。

加入10.0mL甲醛溶液(36%)，混匀。再用氢氧化钠标准滴定溶液(0.05mol/L)继续滴定至pH为9.2，记下消耗氢氧化钠标准滴定溶液(0.05mol/L)的体积。

同时取80mL水，先用氢氧化钠标准溶液[c(NaOH)=0.050mol/L]滴定至酸度计指示pH为8.2，再加入10.0mL甲醛溶液(36%)，用氢氧化钠标准滴定溶液(0.05mol/L)继续滴定至pH为9.2，同时做试剂空白试验。

思考：本方法为什么和测定盐酸酸度时用的方法有所不同？

思考与练习

1. 本实验中为什么要使用无二氧化碳的水？滴定终点为什么要求粉红色维持 30s 不褪？

2. 酸碱滴定方式有哪些？各适用于什么情况？

3. 某试剂盐酸密度为 1.19g/mL。移取 5.00mL，用酸碱滴定法测出其中 HCl 含量为 0.995g。求该试剂中 HCl 的质量分数和质量浓度。

4. 今有 0.2000mol/L HCl 溶液，实验需用 0.05moL/L HCl 溶液 250mL，应如何配制？

5. 称取工业草酸 1.680g，溶解后于 250mL 容量瓶中定容。从容量瓶中移取 25.00mL，以 0.1024mol/L 氢氧化钠溶液滴定，消耗 24.65mL。求工业草酸的纯度。

技能项目库

0.1mol/L 盐酸标准滴定溶液的配制与标定

一、仪器与药品（请选择合适的仪器，在所选仪器后面的括号中打✓）

仪器：托盘天平（ ）；分析天平（ ）；碱式滴定管（ ）；酸式滴定管（ ）；500mL 容量瓶（ ）；100mL 容量瓶（ ）；100mL 量筒（ ）；10mL 量筒（ ）；250mL 锥形瓶（ ）；称量瓶（ ）；电炉（ ）；玻璃棒（ ）；小烧杯（ ）。

药品：无水碳酸钠（基准试剂）、浓盐酸（分析纯）、酚酞指示剂、溴甲酚绿-甲基红混合指示剂。

二、操作过程

1. 盐酸溶液[$c(HCl)=0.1mol/L$]的配制

用洁净量筒量取 4.5mL 浓盐酸，倾入预先盛有一定量蒸馏水的容量瓶中，用水稀释至 500mL，摇匀，贴上标签待标定。

2. 盐酸溶液[$c(HCl)=0.1mol/L$]的标定

用递减法称取基准无水碳酸钠 0.2g(称准至 0.0001g)，于 250mL 锥形瓶中，用 50mL 蒸馏水溶解，加 10 滴溴甲酚绿-甲基红混合指示剂，用配制的盐酸溶液滴定至溶液由绿色变为暗红色，煮沸 2min，冷却后继续滴定至暗红色。记下消耗的体积。

平行标定三份，同时做空白试验。

三、数据记录与处理

项　目	1#	2#	3#
倾样前称量瓶+基准 Na_2CO_3 质量/g			
倾样后称量瓶+基准 Na_2CO_3 质量/g			
m/g			
标定用 V/mL			
空白用 V_0/mL			
$c(HCl)/(mol/L)$			
$\bar{c}(HCl)/(mol/L)$			
相对平均偏差/%			

$$c(HCl)=\frac{m}{52.99\times(V-V_0)}$$

式中 $c(HCl)$——盐酸标准滴定溶液的实际浓度，mol/L；

m——基准无水碳酸钠的质量，g；

V——标定消耗盐酸溶液的体积，L；

V_0——空白试验消耗盐酸溶液的体积，L；

52.99——$1/2Na_2CO_3$ 的摩尔质量，g/mol。

写出数据处理过程。

项目 3　工业氢氧化钠含量测定

学习目标

【能力目标】

- 能按照试样采样原则对工业氢氧化钠样品进行采集与制备；
- 能正确地使用分析天平、容量瓶、移液管、滴定管等分析仪器；
- 能熟练地进行递减法称取样品的操作；
- 能解读国家标准并进行相关含量的测定；
- 能根据标准的要求，进行实验数据的整理与计算、误差分析及结果的判断，并能规范书写实验报告；
- 能独立地完成整个项目的测定工作，具有一定的解决问题的能力。

【知识目标】

- 熟练掌握酸碱滴定的原理及应用范围；
- 掌握酸碱滴定曲线的绘制及指示剂的选择方法；
- 了解常用指示剂的变色范围；
- 理解氯化钡法测定工业氢氧化钠含量的原理和方法；
- 理解双指示剂法测定混合碱各组分的原理和方法。

项目背景

本项目的质量检验标准采用 GB 209—2006《工业用氢氧化钠》和 GB/T 4348.1—2000《工业用氢氧化钠中氢氧化钠和碳酸钠含量的测定》。工业用固体（包括片状、粒状、块状等）氢氧化钠主体为白色、有光泽，允许微带颜色。工业用固体氢氧化钠（包括片碱）应符合表 3-1 要求。

表 3-1　工业用固体氢氧化钠的质量指标　　单位：%

项　目	型　号　规　格														
	IS-IT						IS-DT						IS-CT		
	Ⅰ			Ⅱ			Ⅰ			Ⅱ			Ⅰ		
	优等品	一等品	合格品	优等品	一等品	合格品	优等品	一等品	合格品	优等品	一等品	合格品	优等品	一等品	合格品
氢氧化钠（以 NaOH 计）的质量分数	≥99.0	≥98.5	≥98.0	72.0±2.0			≥96.0		≥95.0	72.0±2.0			≥97.0		≥94.0
碳酸钠（以 Na_2CO_3 计）的质量分数≤	0.5	0.8	1.0	0.3	0.5	0.8	1.2	1.3	1.6	0.4	0.8	1.0	1.5	1.7	2.5
氯化钠（以 NaCl 计）的质量分数≤	0.03	0.05	0.08	0.02	0.0	0.08	2.5	2.7	3.0	2.0	2.5	2.8	1.1	1.2	3.5
三氧化二铁（以 Fe_2O_3 计）的质量分数≤	0.005	0.008	0.01	0.005	0.008	0.01	0.008	0.01	0.02	0.008	0.01	0.02	0.008	0.01	0.01

液体氢氧化钠呈黏稠状，工业用液体氢氧化钠应符合表 3-2 要求。

表 3-2　工业用液体氢氧化钠的质量指标　　单位：%

项目	型号规格													
	IL-IT						IL-DT					IL-CT		
	Ⅰ			Ⅱ			Ⅰ			Ⅱ		Ⅰ		
	优等品	一等品	合格品	优等品	一等品	合格品	优等品	一等品	合格品	一等品	合格品	优等品	一等品	合格品
氢氧化钠（以 NaOH 计）的质量分数　≥	45.0			30.0			42.0			30.0		45.0		42.0
碳酸钠（以 Na_2CO_3 计）的质量分数　≤	0.5	0.8	1.0	0.3	0.5	0.8	1.2	1.3	1.6	0.3	0.5	1.0	1.2	1.6
氯化钠（以 NaCl 计）的质量分数　≤	0.03	0.05	0.08	0.02	0.0	0.08	2.5	2.7	3.0	4.6	5.0	0.7	0.8	1.0
三氧化二铁（以 Fe_2O_3 计）的质量分数　≤	0.005	0.008	0.01	0.005	0.008	0.01	0.008	0.01	0.02	0.005	0.008	0.01	0.02	0.03

注：CT——通常指苛化法生产的氢氧化钠，但不限于此工艺；
DT——通常指隔膜法生产的氢氧化钠，但不限于此工艺；
IT——通常指离子交换膜法生产的氢氧化钠，但不限于此工艺；
IL——液体氢氧化钠；
IS——固体氢氧化钠。

工业生产的氢氧化钠几乎都是 50% 的水溶液，不到 2% 的企业生产固态即无水状态的氢氧化钠。

工业氢氧化钠样品的采样方法。产品按批检验。铁桶包装的固体氢氧化钠产品以每锅包装量为一批。待装的片状、粒状、块状等固体氢氧化钠产品以每天或每一生产周期生产量为一批。液体氢氧化钠产品以储槽或槽车所盛量为一批。用户以每次收到的同规格同批次的氢氧化钠产品为一批。

工业用固体氢氧化钠样品的采取。铁桶包装的固体氢氧化钠产品按单批总桶数的 5% 随机抽样，小批量时不得少于 3 桶，顺桶竖接口处剖开桶皮，将氢氧化钠劈开，自上、中、下三处迅速采取有代表性的样品，装于清洁、干燥的聚乙烯瓶或具塞的广口瓶中，密封。样品量约 500g。

生产企业可在包装前采取有代表性的熔融氢氧化钠为实验室样品进行检验。按每批装桶数的 5%（包括首末两桶）进行取样，将取得的实验室样品放在清洁、干燥带塞的广口瓶中，密封。取样量不得少于 500g。

对于片状、粒状、块状等袋装固体氢氧化钠从批量总袋数中按国标规定的采样方法采样。将采取的样品混匀，装于清洁、干燥的聚乙烯瓶或具塞的广口瓶中，密封。样品量约 500g。

生产企业可在包装线上采取有代表性的氢氧化钠为实验室样品，进行检验。

工业用液体氢氧化钠样品的采取。工业用液体氢氧化钠样品的采取应从槽车或储槽的上、中、下三处（上部离页面 1/10 液层、下部离底层 1/10 液层）取出等量样品，将取出的样品混匀，装于干燥、清洁带胶塞的广口瓶或聚乙烯瓶中。取样量不得少于 55mL。

生产企业可在充分混匀的成品储槽取样口采取有代表性的氢氧化钠为实验室样品，进行检验。

工业氢氧化钠中氢氧化钠和碳酸钠含量的测定。混合碱的组分主要有 NaOH、Na_2CO_3、$NaHCO_3$，由于 NaOH 与 $NaHCO_3$ 不可能共存，因此混合碱的组成或者为 3 种组分中任一种，或者为 Na_2CO_3 与 NaOH 的混合物，或者为 Na_2CO_3 与 $NaHCO_3$ 的混合物。若是单一组分的化合物，用 HCl 标准溶液直接滴定即可；若是两种组分的混合物，则一般可用氯化钡法与双指示剂法进行测定。

工业用氢氧化钠中氢氧化钠和碳酸钠含量的测定属于混合碱测定，可用氯化钡法和双指示剂法进行测定。

(1) 氯化钡法　试样溶液中先加入氯化钡，则碳酸钠转化为碳酸钡沉淀，然后以酚酞为指示剂，用盐酸标准溶液滴定至终点，反应如下：

$$Na_2CO_3 + BaCl_2 \longrightarrow BaCO_3\downarrow + 2NaCl$$

$$NaOH + HCl \longrightarrow NaCl + H_2O$$

(2) 双指示剂法　Na_2CO_3 相当于二元弱碱，用酸滴定时其滴定曲线上有两个 pH 突跃，因此可利用“双指示剂”法分别指示第一、第二化学计量点的到达，根据到达两个化学计量点时消耗的 HCl 标准溶液的体积，便可判别试样的组成及计算各组分含量。

在混合碱试样中加入酚酞指示剂，此时溶液呈红色，用 HCl 标准溶液滴定到溶液由红色恰好变为无色时，则试液中所含 NaOH 完全被中和，Na_2CO_3 则被中和到 $NaHCO_3$，设滴定用去的 HCl 标准溶液的体积为 V_1(mL)，反应如下：

$$NaOH + HCl \longrightarrow NaCl + H_2O$$

$$Na_2CO_3 + HCl \longrightarrow NaCl + NaHCO_3$$

再加入甲基橙指示剂，继续用 HCl 标准溶液滴定到溶液由黄色变为橙色（也可用溴甲酚绿-甲基红混合指示剂，由绿色滴至暗红色为终点）。此时试液中的 $NaHCO_3$（第一步被中和生成）被中和成 CO_2 和 H_2O。

$$NaHCO_3 + HCl \longrightarrow NaCl + CO_2 + H_2O$$

此时，又消耗的 HCl 标准溶液的体积为 V_2(mL)。

当试样为 Na_2CO_3 与 NaOH 的混合物时，$V_1 > V_2$，中和 Na_2CO_3 所需 HCl 是分两批加入的，两次用量应该相等。即滴定 Na_2CO_3 所消耗的 HCl 的体积为 $2V_2$，而中和 NaOH 所消耗的 HCl 的体积为$(V_1 - V_2)$，故计算 NaOH 和 Na_2CO_3 的含量公式应为：

$$NaOH(\%) = \frac{(V_1 - V_2)c(HCl)M(NaOH)}{1000m_s} \times 100\% \tag{3-1}$$

引导问题

(1) 采用氯化钡法和双指示剂法测定工业氢氧化钠中氢氧化钠和碳酸钠含量的最终结果是否会有区别？从原理来说哪个更加精确？

(2) 什么是指示剂？指示剂有哪几种类型？原理分别是什么？

(3) 什么是滴定曲线？如何根据酸碱滴定曲线选择合适的指示剂？

(4) 酸碱滴定反应的终点是如何判断的？在近终点时应如何操作滴定管？

(5) 如何计算酸碱水溶液中 H^+ 的浓度？

项目导学

3.1　酸碱指示剂

3.1.1　指示剂变色原理

酸碱滴定法要用酸碱指示剂来指示滴定终点是否到达。酸碱指示剂一般是结构较为复杂的有机弱酸或弱碱，它们的酸式体和碱式体具有不同的颜色。在一定 pH 时，酸式体给出 H^+ 转化为碱式体，或碱式体接受 H^+ 转化为酸式体，所伴随的外部效果是溶液颜色的变化。

例如，甲基橙在水溶液中存在如下电离平衡：

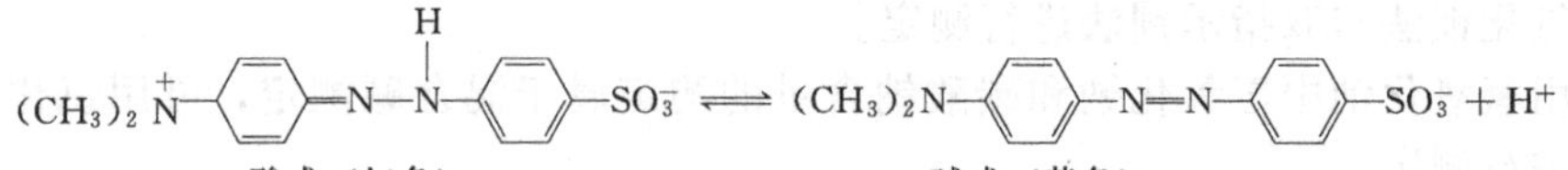

酸式（红色） 碱式（黄色）

当溶液的 pH≤3.1 时，甲基橙主要以酸式体存在，显红色；当 pH≥4.4 时主要以碱式体存在，显黄色；而在 pH＝3.1～4.4 时显示过渡的橙色。指示剂由酸式色转变为碱式色的 pH 范围，叫做指示剂的变色范围。

3.1.2 常用酸碱指示剂的变色范围

现以 HIn 代表指示剂酸式，以 In^- 代表指示剂碱式，在溶液中指示剂的离解平衡可用下式表示：

$$HIn \rightleftharpoons H^+ + In^-$$

$$K_{HIn}=\frac{[H^+][In^-]}{[HIn]} \tag{3-2}$$

$$\frac{K_{HIn}}{[H^+]}=\frac{[In^-]}{[HIn]} \tag{3-3}$$

当 $[H^+]=K_{HIn}$，上式中 $[In^-]/[HIn]=1$，两者浓度相等，溶液表现出酸式色和碱式色的中间颜色，此时 $pH=pK_{HIn}$，这一点称为指示剂的理论变色点。

一般来说，如果 $[In^-]/[HIn]>10$，观察到的是 In^- 的颜色；当 $[In^-]/[HIn]=10$ 时，可在 In^- 的颜色中勉强看出 HIn 的颜色，此时 $pH=pK_{HIn}+1$；当 $[In^-]/[HIn]<10$ 时，观察到的是 HIn 的颜色；当 $[In^-]/[HIn]=1/10$ 时，可在 HIn 颜色中勉强看出 In^- 的颜色，此时 $pH=pK_{HIn}-1$。

由上述讨论可知，当溶液的 pH 由 $pH=pK_{HIn}-1$ 到 $pK_{HIn}+1$ 逐渐变化时，理论上人眼可以看到指示剂由酸式色逐渐过渡到碱式色。这种理论上可以看到的引起指示剂颜色变化的 pH 间隔称为指示剂的理论变色范围。所以，指示剂的理论变色范围为 $pK_{HIn}\pm1$，为 2 个单位。但实际观察到的大多数指示剂的变化范围小于 2 个 pH 单位，且指示剂的理论变色点不是变色范围的中间点。这是由于人们对不同颜色的敏感程度的差别造成的。

酸碱指示剂种类较多，表 3-3 列出了常用酸碱指示剂和混合指示剂的变色范围及其使用性能。变色范围很窄的混合指示剂用于某些酸碱滴定中，它们使滴定终点指示更加敏锐。

表 3-3 酸碱指示剂

指示剂	变色域 pH	颜色变化	质量浓度	用量/(滴/10mL 试液)
甲基黄	2.9～4.0	红～黄	1g/L 乙醇溶液	1
溴酚蓝	3.0～4.4	黄～紫	1g/L 乙醇(1+4)溶液或其钠盐水溶液	1
甲基橙	3.1～4.4	红～黄	1g/L 水溶液	1
溴甲酚绿	3.8～5.4	黄～蓝	1g/L 乙醇(1+4)溶液或其钠盐水溶液	1～2
甲基红	4.4～6.2	红～黄	1g/L 乙醇(3+2)溶液或其钠盐水溶液	1
溴百里酚蓝	6.2～7.6	黄～蓝	1g/L 乙醇(1+4)溶液或其钠盐水溶液	1
中性红	6.8～8.0	红～橙黄	1g/L 乙醇(3+2)溶液	1
酚酞	8.0～9.8	无色～红	10g/L 乙醇溶液	1～2
百里酚酞	9.4～10.6	无色～蓝	1g/L 乙醇溶液	1～2

3.2　滴定曲线与指示剂的选择

为选择酸碱滴定中适用的指示剂，需要研究滴定过程中溶液 pH 的变化。以加入的滴定剂体积 V 为横坐标，溶液的 pH 为纵坐标，描述滴定过程溶液 pH 变化情况的曲线称滴定曲线。

从滴定曲线上可以发现，在化学计量点附近有很明显的 pH 突跃，这个滴定突跃就是选择指示剂的依据。凡指示剂变色点在滴定突跃范围以内或指示剂变色范围在滴定突跃范围以内或占据一部分均可选用。

3.2.1　强碱（酸）滴定强酸（碱）

以 0.1000mol/L NaOH 溶液滴定 20.00mL0.1000mol/L HCl 溶液为例进行讨论。各不同滴定阶段溶液的 pH 值变化如下。

（1）滴定开始前，即 $V(NaOH)=0$　溶液的 pH 值取决于 HCl 的原始浓度，$[H^+]=c_a=0.1000mol/L$，则 $pH=1.00$。

（2）滴定开始至化学计量点前　溶液的 pH 由剩余 HCl 物质的量决定。如滴定至化学计量点前 0.1%时，加入 NaOH 溶液为 19.98mL，溶液中

$$[H^+]=\frac{剩余\ HCl\ 溶液的体积}{溶液总体积}c_a=\frac{20.00-19.98}{20.00+19.98}\times 0.1=5.0\times 10^{-5}\ mol/L$$，则 $pH=4.30$。

（3）化学计量点时　在化学计量点时 NaOH 与 HCl 恰好全部中和完全，此时溶液中 $[H^+]=[OH^-]=\sqrt{K_w}=10^{-7}mol/L$，则 $pH=7.00$。

（4）化学计量点后　如 NaOH 滴至化学计量点后 0.1%，即加入 NaOH20.02mL，溶液中 $[OH^-]=\frac{过量\ NaOH\ 溶液的体积}{溶液总体积}c_b=\frac{20.02-20.00}{20.00+20.02}\times 0.1=5.0\times 10^{-5}\ mol/L$，则 $pOH=4.30$，$pH=9.70$。

按上述方法计算出滴定过程中各点的 pH 值，绘制出强碱滴定一元强酸的滴定曲线，如图 3-1。

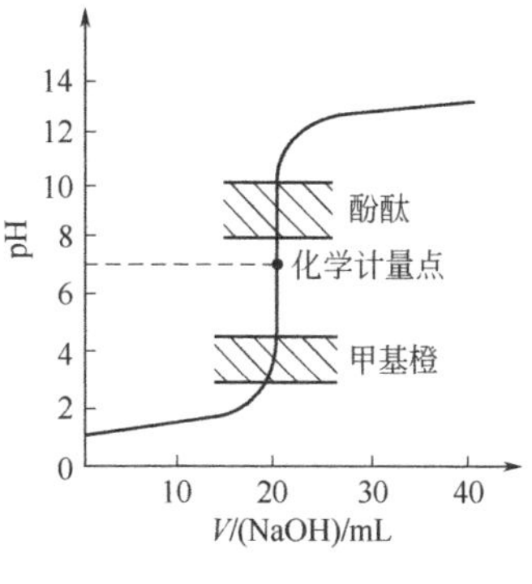

图 3-1　0.1000mol/L 氢氧化钠溶液滴定 20.00mL 0.1000mol/L 盐酸溶液的滴定曲线

从图 3-1 可知，滴定开始到化学计量点前 0.1%（即 NaOH 加入体积为 19.98mL），溶液 pH 仅改变了 3.30 个单位，曲线比较平坦，再加入一滴（0.04mL）NaOH 溶液，则 NaOH 将过量 0.02mL，溶液由酸性变为碱性，pH 由 4.30 变为 9.70，增加了 5.40 个 pH 单位，此时再继续加入 NaOH 溶液，溶液的 pH 变化越来越小，曲线又变平坦。在整个滴定过程中，只有在化学计量点附近很小的范围内溶液 pH 变化最大，通常将化学计量点前后±0.1%的 pH 范围称为滴定突跃范围。

滴定突跃范围是选择指示剂的依据。选择指示剂的原则有两点：一是指示剂的变色范围全部或部分地落入滴定范围内；二是指示剂变色点尽量靠近化学计量点。从图 3-1 中可以看出能在 pH 突跃范围内变色的指示剂，酚酞和甲基橙原则上都可以选用。

已知甲基橙的变色范围 pH=3.1～4.4，最佳变色点 pH=3.45；甲基红的变色范围pH=4.4～6.2，最佳变色点 pH=5.1；酚酞的变色范围 pH=8.0～10.0，最佳变色点pH=9.1。以下讨论不同浓度下的酸碱滴定对指示剂的选择（如图 3-2 所示）。

（1）以 1.0000mol/L NaOH 溶液滴定 20.00mL1.0000mol/L HCl 溶液。

（2）以 0.1000mol/L NaOH 溶液滴定 20.00mL0.1000mol/L HCl 溶液。

（3）以 0.0100mol/L NaOH 溶液滴定 20.00mL0.0100mol/L HCl 溶液。

用强酸滴定强碱时，可以得到恰好与上述 pH 变化方向相反的滴定曲线，其 pH 突跃范围和指示剂选择，与强碱滴定强酸的情况相同。

3.2.2　弱酸或弱碱的滴定

图 3-3 是以 0.1000mol/L NaOH 溶液滴定 20.00mL 0.1000mol/L HAc 溶液的滴定曲线。

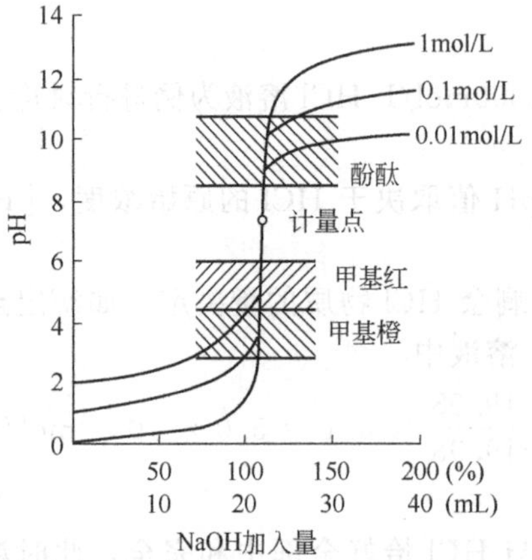

图 3-2　不同浓度的强碱滴定强酸的曲线

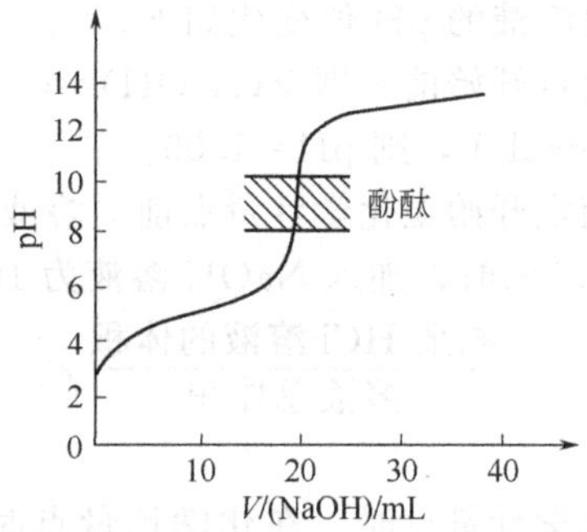

图 3-3　0.1000mol/L 氢氧化钠溶液滴定 20.00mL 0.1000mol/L 醋酸溶液的滴定曲线

从图 3-3 可以看出，在滴定开始前，溶液的 pH 值是由 HAc 决定的，由于 HAc 是弱酸，所以 pH 值起点较高；开始滴定后 H^+ 浓度下降，pH 值上升；但随着 NaOH 的滴加，生成的 NaAc 增多，溶液形成 HAc-NaAc 的缓冲体系，pH 变化变小，到接近化学计量点时，溶液中 HAc 大量减少，溶液的缓冲能力急剧下降，pH 变化又变大，在化学计量点前后±0.1%时，pH 变化最为明显，由 7.76 变至 9.70；继续滴加 NaOH 溶液，溶液的 pH 变化又变小。

由于醋酸是弱酸（$K_a=1.8\times10^{-5}$），与 NaOH 反应生成 NaAc，其水溶液呈碱性，导致滴定曲线的突跃范围较窄，并且落入碱性区，因此应选用碱性区内变色的指示剂，如酚酞等。

用强酸滴定弱碱时，其滴定曲线 pH 变化方向与强碱滴定弱酸恰好相反，即化学计量点附近 pH 突跃较小且处于酸性区内，应选用酸性区内变色的指示剂，如甲基橙、甲基红等。

像碳酸钠（Na_2CO_3）这样的水解性盐，其水溶液呈明显的碱性，相当于弱碱，也可以用标准酸溶液直接滴定。

项目训练

3.3　氯化钡法

3.3.1　仪器、药品及试剂准备

仪器：分析天平、酸式滴定管、500mL 容量瓶、量筒（10mL、100mL）、250mL 锥形瓶、称量瓶、玻璃棒、小烧杯和磁力搅拌器。

试剂：

（1）无水碳酸钠（基准试剂）。

（2）浓盐酸，分析纯。

（3）酚酞指示液，10g/L 乙醇溶液。

（4）氯化钡溶液，100g/L。使用前，以酚酞为指示剂，用氢氧化钠标准溶液调至微红色。

（5）溴甲酚绿-甲基红混合指示剂，将三份溴甲酚绿乙醇溶液（0.1g/L）和一份甲基红乙醇溶液（0.2g/L）混合。

（6）不含二氧化碳的蒸馏水或相应纯度的水。

3.3.2　分析步骤

（1）盐酸溶液[c(HCl)＝0.1mol/L]的配制　用洁净量筒量取4.5mL浓盐酸，倾入预先盛有一定量蒸馏水的容量瓶中，用水稀释至500mL，摇匀，贴上标签待标定。

（2）盐酸溶液[c(HCl)＝0.1mol/L]的标定　用递减法称取基准无水碳酸钠0.2g(称准至0.0001g)，于250mL锥形瓶中，用50mL蒸馏水溶解，加10滴溴甲酚绿-甲基红混合指示剂，用配制的盐酸溶液滴定至溶液由绿色变为暗红色，煮沸2min，冷却后继续滴定至暗红色。记下消耗的体积。

平行标定3份，同时做空白试验。

（3）试样溶液的制备　用已知质量的称量瓶，迅速称取固体氢氧化钠(36±1)g或液体氢氧化钠(50±1)g，称准至0.01g，放入1000mL容量瓶(瓶内已盛有约300mL水)中，加水溶解，稀释至接近刻度，冷却到室温后稀释至刻度，摇匀。

（4）氢氧化钠含量的测定　吸取5.0mL试样溶液，注入250mL具塞磨口锥形瓶中，加入1mL氯化钡溶液(100g/L)，再加入2～3滴酚酞指示剂溶液(10g/L)，在磁力搅拌器搅拌下，用盐酸标准溶液[c(HCl)＝0.1mol/L]密闭滴定至溶液呈微红色为终点。

（5）氢氧化钠和碳酸钠含量的测定　吸取5.0mL试样溶液，注入250mL具塞磨口锥形瓶中，加10滴溴甲酚绿-甲基红混合指示剂溶液，在磁力搅拌器搅拌下，用盐酸标准溶液[c(HCl)＝0.1mol/L]密闭滴定至溶液呈酒红色为终点。

3.3.3　数据记录与处理

（1）盐酸溶液的标定　见表3-4。

表3-4　氯化钡法盐酸溶液的标定数据记录表

项　目	1#	2#	3#
倾样前称量瓶＋基准 Na_2CO_3 质量/g			
倾样后称量瓶＋基准 Na_2CO_3 质量/g			
m(基准 Na_2CO_3)/g			
标定用 V(HCl)/mL			
空白用 V_0(HCl)/mL			
c(HCl)/(mol/L)			
$\bar{c}$(HCl)/(mol/L)			
相对平均偏差/%			

$$c(\mathrm{HCl})=\frac{1000m}{52.99\times(V-V_0)} \tag{3-4}$$

式中　c(HCl)——盐酸标准滴定溶液的实际浓度，mol/L；

m——基准无水碳酸钠的质量，g；

V——标定消耗盐酸溶液的体积，mL；

V_0——空白试验消耗盐酸溶液的体积，mL。

（2）工业氢氧化钠中 NaOH 与 Na_2CO_3 含量的测定 见表 3-5。

表 3-5 氯化钡法 NaOH 含量的测定记录表

项 目	1#	2#	3#
样品总质量 m/g			
c(HCl)/(mol/L)			
滴定用 V_1(HCl)/mL			
X(NaOH)/%			

氢氧化钠（NaOH）含量的质量分数 X 计算公式：

$$X=\frac{cV\times 0.040}{m\times\frac{50}{1000}}\times 100=\frac{cV}{m}\times 80 \tag{3-5}$$

式中 V——盐酸标准溶液的体积，mL；

c——盐酸标准溶液的实际浓度，mol/L；

m——试样的质量，g；

0.040——氢氧化钠的毫摩尔质量[M(NaOH)]，g/mmol。

氢氧化钠（NaOH）含量平行测定结果的绝对值之差不超过 0.10%。

3.4 双指示剂法

3.4.1 仪器、药品及试剂准备

仪器：分析天平、酸式滴定管、500mL 容量瓶、量筒（10mL、100mL）、250mL 锥形瓶、称量瓶、玻璃棒、小烧杯。

试剂：

（1）无水碳酸钠（基准试剂）；

（2）浓盐酸（分析纯）；

（3）甲基橙指示剂（1g/L 水溶液）；

（4）酚酞指示剂（10g/L 乙醇溶液）；

（5）溴甲酚绿-甲基红混合指示剂（将 1g/L 的溴甲酚绿乙醇溶液与 2g/L 的甲基红乙醇溶液按 3∶1 体积混合）。

3.4.2 分析步骤

（1）盐酸溶液[c(HCl)=0.1mol/L]的配制和标定 见 3.3.2（1）、（2）。

（2）试样溶液的制备 用已知质量的称量瓶，迅速称取固体氢氧化钠（36±1）g 或液体氢氧化钠（50±1）g，称准至 0.01g，放入 1000mL 容量瓶（瓶内已盛有约 300mL 水）中，加水溶解，稀释至接近刻度，冷却到室温后稀释至刻度，摇匀。

（3）氢氧化钠含量的测定 吸取 5.0mL 试样溶液，注入 250mL 锥形瓶中，用 50mL 蒸馏水溶解，加 2 滴酚酞指示剂，用盐酸标准滴定溶液滴定至红色近乎消失（消耗体积 V_1）。再加 10 滴溴甲酚绿-甲基红混合指示剂，继续用盐酸标准滴定溶液滴定，当溶液由绿色变为暗红色，煮沸 2min，冷却后继续滴定至暗红色为终点（消耗体积 V_2）。平行测定 3 份。

3.4.3 数据记录与处理

（1）盐酸溶液的标定 见表 3-4。

(2) 工业氢氧化钠中 NaOH 与 Na_2CO_3 含量的测定　见表 3-6。

表 3-6　双指示剂法 NaOH 的测定

项　目	1#	2#	3#
样品总质量 m/g			
c(HCl)/(mol/L)			
滴定用 V_1(HCl)/mL			
滴定用 V_2(HCl)/mL			
X(NaOH)/%			

$$X(\mathrm{NaOH})=\frac{c(\mathrm{HCl})(V_1-V_2)\times 40.01}{1000m}\times 100\% \tag{3-6}$$

式中　c(HCl)——盐酸标准滴定溶液的实际浓度，mol/L；

X(NaOH)——混合碱中 NaOH 的质量分数，%；

V_1——酚酞终点消耗盐酸标准滴定溶液的体积，mL；

V_2——溴甲酚绿-甲基红混合指示剂终点消耗盐酸标准滴定溶液的体积，mL；

40.01——NaOH 摩尔质量，g/mol；

m——试样的质量，g。

自主项目

饼干中碱度的测定

1. 检测标准

GB/T 20980—2007《饼干》

2. 阿司匹林的技术要求

酥性饼干、韧性饼干、发酵饼干、压缩饼干的碱度（以碳酸钠计）不大于 0.4%，曲奇饼干、威化饼干、蛋圆饼干、蛋卷、煎饼、水泡饼干不大于 0.3%。

3. 检验方案设计

检验方案请参照如下步骤设计：

(1) 盐酸溶液[c(HCl)=0.05mol/L]的配制　用洁净量筒量取 2.25mL 浓盐酸，倾入预先盛有一定量蒸馏水的容量瓶中，用水稀释至 500mL，摇匀，贴上标签待标定。

(2) 盐酸溶液[c(HCl)=0.05mol/L]的标定　用递减法称取基准无水碳酸钠 0.1g（称准至 0.0001g），于 250mL 锥形瓶中，用 50mL 蒸馏水溶解，加 10 滴溴甲酚绿-甲基红混合指示剂，用配制的盐酸溶液滴定至溶液由绿色变为暗红色，煮沸 2min，冷却后继续滴定至暗红色。记下消耗的体积。

平行标定三份，同时做空白试验。

(3) 甲基橙指示液配制　称取甲基橙 0.1g 溶于 70℃ 的蒸馏水中，冷却，稀释至 100mL。

(4) 碱度测定　准确称取 5.0g 饼干，用不含 CO_2 的去离子水溶解，定量转移到 250mL 容量瓶中，并稀释至刻度，摇匀，静置。小心用移液管移取 50mL 上层清液于 250mL 锥形瓶中，加入甲基橙指示液 2 滴，用盐酸标准溶液[c(HCl)=0.05mol/L]滴定至微红色出现，记录耗用盐酸标准溶液的体积。同时用蒸馏水做空白试验。

（5）分析结果表示 饼干的碱度 X 以 100g 试样中所含碳酸钠的克数表示：

$$X=\frac{c(V_1-V_2)\times 0.053\times \frac{250}{50}}{m}\times 100$$

式中 X——碱度，g/100g；

c——盐酸标准溶液的实际浓度；

V_1——滴定试样时消耗盐酸标准溶液的体积，mL；

V_2——空白试验时消耗盐酸标准溶液的体积，mL；

m——样品的准确质量，g。

思考与练习

一、选择题

1. 在滴定分析中，指示剂变色时停止滴定的点，与化学计量点的差值，称为（ ）。

A. 滴定终点　B. 滴定　C. 化学计量点　D. 滴定误差

2. 在滴定分析法测定中出现的下列情况，哪种导致系统误差？（ ）

A. 滴定时有液滴溅出　B. 砝码未经校正　C. 滴定管读数读错　D. 试样未经混匀

3. 下列物质中可用于直接配制标准溶液的是（ ）。

A. 固体 NaOH(G. R.)　B. 固体 $K_2Cr_2O_7$(G. R.)

C. 固体 $Na_2S_2O_3$(A. R.)　D. 浓 HCl(A. R.)

4. 有关容量瓶的使用正确的是（ ）。

A. 通常可以用容量瓶代替试剂瓶使用

B. 先将固体药品转入容量瓶后加水溶解配制标准溶液

C. 用后洗净用烘箱烘干

D. 定容时，无色溶液弯月面下缘和标线相切即可

5. 标定 HCl 溶液常用的基准物质是（ ）。

A. $H_2C_2O_4$　B. 无水 Na_2CO_3　C. $CaCO_3$　D. 邻苯二甲酸氢钾

6. 双指示剂法测混合碱，加入酚酞指示剂时，消耗 HCl 标准滴定溶液体积为 25.72mL；加入甲基橙作指示剂，继续滴定又消耗了 HCl 标准溶液 15.20mL，那么溶液中存在（ ）

A. $NaOH+Na_2CO_3$　B. $Na_2CO_3+NaHCO_3$

C. $NaHCO_3$　D. Na_2CO_3

7. 称量易吸湿的固体样应用（ ）盛装。

A. 研钵　B. 表面皿　C. 小烧杯　D. 高型称量瓶

8. 12.26＋7.21＋2.1341 三位数相加，由计算器所得结果为 21.6041 应修约为（ ）。

A. 21　B. 21.6　C. 21.60　D. 21.604

9. 酸碱滴定中选择指示剂的原则是（ ）。

A. $K_a=K_{HIn}$

B. 指示剂应在 pH＝7.00 时变色

C. 指示剂的变色范围与化学计量点完全符合

D. 指示剂的变色范围全部或大部分落在滴定的 pH 突跃范围内

10. 用 0.10mol/L 的 HCl 滴定 0.10mol/L 的 Na_2CO_3 至终点，Na_2CO_3 的基本单元是（ ）。

A. 1/3 Na_2CO_3　B. 1/2 Na_2CO_3　C. Na_2CO_3　D. 2 Na_2CO_3

二、填空题

1. 酚酞指示剂变色范围 pH 为________，颜色由________变为________。

2. 甲基橙指示剂的变色范围 pH 为________，颜色由________变为________再变为________。

3. 用吸收了 CO_2 的标准 NaOH 溶液测定工业 HAc 的含量时，会使分析结果________；如以甲基橙

为指示剂，用此 NaOH 溶液测定工业 HCl 的含量时，对分析结果________（填偏高，偏低，无影响）。

4. 双指示剂法测定混合碱，在同一份溶液中测定，判断在下列五种情况下试样的组成：

(a) $V_1=0$ ____________　(b) $V_2=0$ ____________　(c) $V_1=V_2>0$

(d) $V_1>V_2$ ____________________　(e) $V_1<V_2$ ____________________

5. 0.1mol/L HCl 溶液的 pH 值等于________；0.01mol/L KOH 溶液的 pH 值是________；NH_4Cl 水溶液显________性。

6. 玻璃仪器洗净的标志是____________________________。

三、简答题

1. 测定混合碱时，酚酞褪色前，由于滴定速度太快，摇动不均匀，使滴入的 HCl 局部过浓致使 $NaHCO_3$ 迅速转变为 H_2CO_3 并分解为 CO_2，当酚酞恰好褪色时，记下 HCl 体积 V_1，这对测定结果有何影响？

2. 盐酸标准滴定溶液能否用直接法配制，为什么？标定其浓度时常用的指示剂是什么？请写出标定盐酸溶液的化学方程式。

3. 氢氧化钠标准滴定溶液能否直接配制，为什么？标定其浓度时常用的基准试剂和指示剂分别是什么？请分别写出标定氢氧化钠的化学方程式。

技能项目库

混合碱的测定

一、仪器与药品（请选择合适的仪器，在所选仪器后面的括号中打✓）

仪器：托盘天平（　　）；分析天平（　　）；碱式滴定管（　　）；酸式滴定管（　　）；500mL 容量瓶（　　）；100mL 容量瓶（　　）；100mL 量筒（　　）；10mL 量筒（　　）；250mL 锥形瓶（　　）；称量瓶（　　）；玻璃棒（　　）；小烧杯（　　）。

药品：0.1mol/L 盐酸标准滴定溶液、混合碱、酚酞指示剂、溴甲酚绿-甲基红混合指示剂。

二、操作过程

用递减法称取 0.2g 纯碱试样（称准至 0.0001g），于 250mL 锥形瓶中，用 50mL 蒸馏水溶解，加 2 滴酚酞指示剂，用盐酸标准滴定溶液滴定至红色近乎消失（消耗体积 V_1）。再加 10 滴溴甲酚绿-甲基红混合指示剂，继续用盐酸标准滴定溶液滴定，当溶液由绿色变为暗红色，煮沸 2min，冷却后继续滴定至暗红色为终点（消耗体积 V_2）。平行测定 3 份。

三、数据记录与处理

项　目	1#	2#	3#
倾样前称量瓶＋混合碱质量/g			
倾样后称量瓶＋混合碱质量/g			
混合碱质量 m/g			
$c(HCl)/(mol/L)$			
滴定用 $V_1(HCl)/mL$			
滴定用 $V_2(HCl)/mL$			
$w(Na_2CO_3)/(g/L)$			
$w(NaHCO_3)/(g/L)$			
$\overline{w}(Na_2CO_3)/\%$			
$\overline{w}(NaHCO_3)/\%$			

$$w(Na_2CO_3)=\frac{c(HCl)\times 2V_1\times 52.99}{m},w(NaHCO_3)=\frac{c(HCl)(V_2-V_1)\times 84.01}{m}$$

式中 $w(Na_2CO_3)$——混合碱中 Na_2CO_3 的质量分数，%；

$w(NaHCO_3)$——混合碱中 $NaHCO_3$ 的质量分数，%；

V_1——酚酞终点消耗盐酸标准滴定溶液的体积，L；

V_2——溴甲酚绿-甲基红混合指示剂终点消耗盐酸标准滴定溶液的体积，L；

52.99——$\frac{1}{2}Na_2CO_3$ 摩尔质量，g/mol；

84.01——$NaHCO_3$ 的摩尔质量，g/mol；

m——试样的质量，g；

$c(HCl)$——盐酸标准滴定溶液的准确浓度，mol/L。

写出数据处理过程：

项目 4　饮用天然矿泉水总硬度测定

学习目标

【能力目标】

- 能按照试样采样原则进行对天然矿泉水的采集与保存；
- 能按要求配制各种溶液（化学试剂、辅助试剂、实验室用水等）；
- 会使用容量瓶和移液管等容量仪器及电子天平；
- 能根据国标，设计天然矿泉水的主要指标的检测步骤；
- 能根据国标规定的方法，对水的硬度等相应实验数据的计算、误差分析及结果的判断，并能规范书写检验报告。

【知识目标】

- 掌握 EDTA 法测定天然矿泉水硬度的原理和方法；
- 掌握影响配位平衡反应的因素；
- 掌握滴定酸度条件的选择和配位滴定在水质分析中的应用；
- 掌握 EDTA 溶液的配制和标定方法；
- 了解测定天然矿泉水硬度的意义和我国常用的硬度表示方法；
- 了解金属指示剂的特点，并掌握铬黑 T 和钙指示剂的性质、应用及终点时颜色的变化。

项目背景

本项目的质量检验标准采用 GB 8537—2008《饮用天然矿泉水》和 GB T8538—2008《饮用天然矿泉水检验方法》。

天然矿泉水是在地下深处，经几十年甚至上千年的长期地质作用形成的有限的宝贵矿产资源。天然水的硬度主要由 Ca^{2+}、Mg^{2+} 组成。水的硬度的表示方法很多，其中一种方法是用“$mgCaCO_3/L$”表示，它是将每升水中所含的 Ca^{2+}、Mg^{2+} 都折合成 $CaCO_3$ 的质量，这种表示方法美国使用较多。

配位滴定法是以生成配位化合物的反应为基础的滴定分析方法。例如，用 $AgNO_3$ 溶液滴定 CN^-（又称氰量法）时，Ag^+ 与 CN^- 发生配位反应，生成配离子$[Ag(CN)_2]^-$，其反应式如下：

$$Ag^+ + 2CN^- \rightleftharpoons [Ag(CN)_2]^-$$

当滴定到达化学计量点后，稍过量的 Ag^+ 与$[Ag(CN)_2]^-$结合生成 $Ag[Ag(CN)_2]$白色沉淀，使溶液变浑浊，指示终点的到达。

能用于配位滴定的配位反应必须具备一定的条件：①配位反应必须完全，生成配合物的稳定常数足够大；②反应按一定的反应式定量进行，即金属离子与配位剂的比例要恒定；③反应速率快；④有适当的方法检出终点。

直接滴定法。用 EDTA 标准溶液直接滴定被测离子是配位滴定中常用的滴定方式。直接滴定法方便、快速，引入的误差较小。只要配位反应能符合滴定分析的要求，有合适的指示剂，应当尽量采用直接滴定法。

例如：钙与镁经常共存，常需测定两者的含量。钙、镁的测定常用 EDTA 直接滴定的方法：先在 pH＝10 的氨性溶液中，以 EBT 为指示剂，用 EDTA 滴定，测得 Ca^{2+}、Mg^{2+} 总量。另取同量试液，加入 NaOH 至 pH＞12，此时镁以 $Mg(OH)_2$ 沉淀形式被掩蔽，选用钙指示剂用 EDTA 滴定 Ca^{2+}。前后两次测定之差即为镁含量。以下情况不宜直接滴定：

① 待测离子与 EDTA 的配位反应很慢，例如 Al^{3+} 和 Cr^{3+} 等的配合物虽稳定，但在常温下反应进行得很慢；

② 待测离子与 EDTA 不形成或形成的配合物不稳定；

③ 在滴定条件下，待测金属离子水解或生成沉淀，滴定过程中沉淀不易溶解，也不能用加入辅助配位剂的方法防止这种现象的发生；

④ 没有适当的指示剂，或金属离子对指示剂有严重的封闭或僵化现象。

总硬度的测定原理。当水样中有铬黑 T 指示剂存在时，与钙、镁离子形成紫红色螯合物，这些螯合物的不稳定常数大于乙二胺四乙酸钙和镁螯合物的不稳定常数。当 pH＝10 时，乙二胺四乙酸二钠先与钙离子、再与镁离子形成螯合物，滴定终点时，溶液呈现出铬黑 T 指示剂的天蓝色。

由于钙离子与铬黑 T 指示剂在滴定到达等当点时的反应不能呈现出明显的颜色转变，所以当水样中镁的含量很小时，需要加入已知量的镁盐，以使等当点颜色转变清晰，在计算结果时，再减去加入的镁盐量，或者在缓冲溶液中加入少量配合性乙二胺四乙酸镁盐，以保证明显的终点。

水样中存在干扰元素铁、锰、铝、铜、镍和钴等金属离子，能使指示剂褪色或终点不明显，硫化钠及氰化钾可掩蔽重金属的干扰，盐酸羟胺可使高价铁离子和锰离子还原为低价离子而消除干扰。

引导问题

(1) 描述样品采集的步骤。

(2) 样品保存时要注意的事项有哪些?

(3) 配制标定 EDTA 溶液时，采用何种天平称量? 为什么?

(4) 铬黑 T 指示剂是怎样指示滴定终点的?

(5) 配位滴定中为什么要加入缓冲溶液?

(6) 用 EDTA 法测定水的硬度时，哪些离子的存在有干扰? 如何消除?

(7) 配位滴定与酸碱滴定法相比，有哪些不同点? 操作中应注意哪些问题?

(8) 查阅资料，水的硬度表示方法有哪些种类?

项目导学

4.1 乙二胺四乙酸

4.1.1 EDTA

乙二胺四乙酸（通常用 H_4Y 表示）简称 EDTA，其结构式如下：

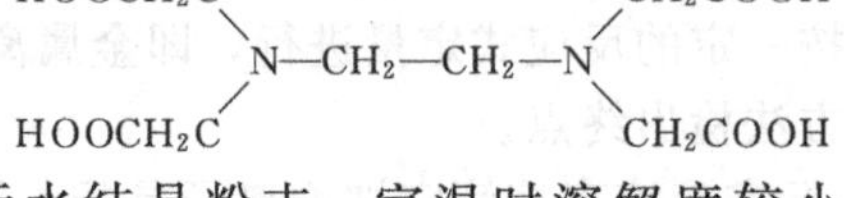

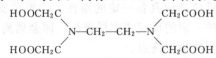

乙二胺四乙酸为白色无水结晶粉末，室温时溶解度较小（22℃时溶解度为 0.02g/

100mL H_2O)，难溶于酸和有机溶剂，易溶于碱或氨水中形成相应的盐。由于乙二胺四乙酸溶解度小，因而不适于用作滴定剂。

EDTA 二钠盐（$Na_2H_2Y \cdot 2H_2O$，也简称为 EDTA，相对分子质量为 372.26）为白色结晶粉末，室温下可吸附水分 0.3%，80℃时可烘干除去。在 100～140℃时将失去结晶水而成为无水的 EDTA 二钠盐（相对分子质量为 336.24）。EDTA 二钠盐易溶于水（22℃时溶解度为 11.1g/100mL H_2O，浓度约 0.3mol/L，pH≈4.4），因此通常使用 EDTA 二钠盐作滴定剂。

乙二胺四乙酸在水溶液中，具有双偶极离子结构

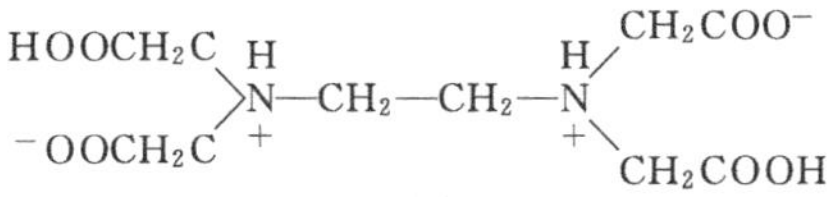

因此，当 EDTA 溶解于酸度很高的溶液中时，它的两个羧酸根可再接受两个 H^+ 形成 H_6Y^{2+}，这样，它就相当于一个六元酸，有六级离解常数，见表 4-1。

表 4-1　EDTA 的六级离解常数

K_{a1}	K_{a2}	K_{a3}	K_{a4}	K_{a5}	K_{a6}
$10^{-0.9}$	$10^{-1.6}$	$10^{-2.0}$	$10^{-2.67}$	$10^{-6.16}$	$10^{-10.26}$

EDTA 在水溶液中总是以 H_6Y^{2+}、H_5Y^+、H_4Y、H_3Y^-、H_2Y^{2-}、HY^{3-} 和 Y^{4-} 七种型体存在。在 pH<1 的强酸溶液中，EDTA 主要以 H_6Y^{2+} 型体存在；在 pH 为 2.75～6.24 时，主要以 H_2Y^{2-} 型体存在；仅在 pH>10.34 时才主要以 Y^{4-} 型体存在。值得注意的是，在七种型体中只有 Y^{4-}（为了方便，以下均用符号 Y 来表示 Y^{4-}）能与金属离子直接配位。Y 分布系数越大，即 EDTA 的配位能力越强。而 Y 分布系数的大小与溶液的 pH 密切相关，所以溶液的酸度便成为影响 EDTA 配合物稳定性及滴定终点敏锐性的一个很重要的因素。

4.1.2　EDTA 的螯合物

能与金属离子形成螯合物的试剂，称为螯合剂。EDTA 就是一种常用的螯合剂。EDTA 分子中有六个配位原子，此六个配位原子恰能满足它们的配位数，在空间位置上均能与同一金属离子形成环状化合物，即螯合物。EDTA 与金属离子的配合物有如下特点：

① EDTA 具有广泛的配位性能，几乎能与所有金属离子形成配合物，因而配位滴定应用很广泛，但如何提高滴定的选择性是配位滴定的一个重要问题；

② EDTA 配合物的配位比简单，多数情况下都形成 1∶1 配合物，个别离子如 Mo(Ⅴ) 与 EDTA 配合物 [$(MoO_2)_2Y^{2-}$] 的配位比为 2∶1；

③ EDTA 配合物的稳定性高，能与金属离子形成具有多个五元环结构的螯合物；

④ EDTA 配合物易溶于水，使配位反应较迅速；

⑤ 大多数金属-EDTA 配合物无色，这有利于指示剂确定终点。但 EDTA 与有色金属离子配位生成的螯合物颜色则加深。因此滴定这些离子时，要控制其浓度勿过大，否则，使用指示剂确定终点将发生困难。

4.2　EDTA 标准滴定溶液的配制与标定

4.2.1　EDTA 标准滴定溶液的配制

乙二胺四乙酸难溶于水，实际工作中，通常用它的二钠盐配制标准溶液。乙二胺四乙酸二钠盐（也简称 EDTA）是白色微晶粉末，易溶于水，经提纯后可作基准物质，直接配

制标准溶液，在实验室中使用的标准溶液一般采用间接法配制。

4.2.1.1　配制方法

常用的 EDTA 标准溶液的浓度为 0.01～0.05mol/L。称取一定量（按所需浓度和体积计算）EDTA($Na_2H_2Y \cdot 2H_2O$, M=372.2g/mol)，用适量蒸馏水溶解（必要时可加热），溶解后稀释至所需体积，并充分混匀，转移至试剂瓶中待标定。

EDTA 二钠盐溶液的 pH 正常值为 4.8，当室温较低时易析出乙二胺四乙酸。配制溶液时，可用 pH 试纸检查，若溶液 pH 较低，可加几滴 0.1mol/L NaOH 溶液，使溶液的 pH 在 5～6.5 之间直至变清为止。

4.2.1.2　蒸馏水质量

在配位滴定中，使用的蒸馏水质量应符合要求（GB/T 6682—2008 中分析实验室用水规格）。若配制溶液的蒸馏水中含有 Al^{3+}、Fe^{3+}、Cu^{2+} 等，会使指示剂封闭，影响终点观察。若蒸馏水中含有 Ca^{2+}、Mg^{2+}、Pb^{2+} 等，在滴定中会消耗一定量的 EDTA，对结果产生影响。因此在配位滴定中，所用蒸馏水一定要进行质量检查。为了保证水的质量，常用二次蒸馏水或去离子水来配制溶液。

4.2.1.3　EDTA 溶液的储存

配制好的 EDTA 溶液应储存在聚乙烯塑料瓶或硬质玻璃瓶中。若储存在软质玻璃瓶中，EDTA 会不断地溶解玻璃中的 Ca^{2+}、Mg^{2+} 等离子，形成配合物，使其浓度不断降低。

4.2.2　EDTA 标准滴定溶液的标定

4.2.2.1　标定 EDTA 的基准试剂

用于标定 EDTA 溶液的基准试剂很多，常用的基准试剂见表 4-2。表中所列的纯金属，如 Bi、Cd、Cu、Zn、Mg、Ni、Pb 等，要求纯度在 99.99%以上。金属表面如有一层氧化膜、应先用酸洗去，再用水或乙醇洗涤，并在 105℃烘干数分钟后再称量。金属氧化物或其盐类，如 Bi_2O_3、$CaCO_3$、MgO、$MgSO_4 \cdot 7H_2O$、ZnO、$ZnSO_4$ 等试剂，在使用前应预先处理。

实验室中常用金属锌或氧化锌为基准物，由于它们的摩尔质量不大，标定时通常采用“称大样”法，即先准确称取基准物，溶解后定量转移入一定体积的容量瓶中配制，然后再移取一定量溶液标定。

表 4-2　标定 EDTA 的常用基准试剂

基准试剂	基准试剂处理	滴定条件		终点颜色变化
		pH	指示剂	
铜片	稀 HNO_3 溶解，除去氧化膜，用水或无水乙醇充分洗涤，在 105℃烘箱中，烘 3min，冷却后称量，以(1+1)HNO_3 溶解，再以 H_2SO_4 蒸发除去 NO_2	4.3 $HAc-Ac^-$缓冲溶液	PAN	红→黄
铅	稀 HNO_3 溶解，除去氧化膜，用水或无水乙醇充分洗涤，在 105℃烘箱中烘 3min，冷却后称量，以(1+2)HNO_3 溶解，加热除去 NO_2	10 $NH_3-NH_4^+$缓冲溶液	铬黑 T	红→蓝
		5～6 六次甲基四胺	二甲酚橙	红→黄
锌片	用(1+5)HCl 溶解，除去氧化膜，用水或无水乙醇充分洗涤，在 105℃烘箱中，烘 3min，冷却后称量，以(1+1)HCl 溶解	10 $NH_3-NH_4^+$缓冲溶液	铬黑 T	红→蓝
		5～6 六次甲基四胺	二甲酚橙	红→黄
$CaCO_3$	在 105℃烘箱中，烘 120min，冷却后称量，以(1+1)HCl 溶解	12.5～12.9KOH ≥12.5	甲基百里酚蓝 钙指示剂	蓝→灰 酒红→蓝
MgO	在 1000℃灼烧后，以(1+1)HCl 溶解	10 $NH_3-NH_4^+$缓冲溶液	铬黑 T K-B	红→蓝

4.2.2.2 标定的条件

为了使测定结果具有较高的准确度，标定的条件与测定的条件应尽可能相同。在可能的情况下，最好选用被测元素的纯金属或化合物为基准物质。这是因为不同的金属离子与 EDTA 反应完全的程度不同，允许的酸度不同，因而对结果的影响也不同。如 Al^{3+} 与 EDTA 的反应，在过量 EDTA 存在下，控制酸度并加热，配位率也只能达到 99%左右，因此要准确测定 Al^{3+} 含量，最好采用纯铝或含铝标样标定 EDTA 溶液，使误差抵消。又如，由实验用水中引入的杂质（如 Ca^{2+}、Pb^{2+}）在不同条件下有不同影响。在碱性溶液中滴定时两者均会与 EDTA 配位；在弱酸性溶液中则只有 Pb^{2+} 与 EDTA 配位；在强酸溶液中则两者均不与 EDTA 配位。因此，若在相同酸度下标定和测定，这种影响就可以被抵消。

4.2.2.3 标定方法

在 pH＝4～12 时 Zn^{2+} 均能与 EDTA 定量配位，多采用的方法有：①在 pH＝10 的 NH_3-NH_4Cl 缓冲溶液中以铬黑 T 为指示剂，直接标定；②在 pH＝5 的六次甲基四胺缓冲溶液中以二甲酚橙为指示剂，直接标定。

4.3 金属指示剂

4.3.1 常用金属指示剂的种类

(1) 铬黑 T（EBT） 铬黑 T 在溶液中有如下平衡：

$$\underset{\text{(紫红色)}}{H_3In} \xrightleftharpoons{pK_{a1}=3.9} \underset{\text{(紫红色)}}{H_2In^-} \xrightleftharpoons{pK_{a2}=6.3} \underset{\text{(蓝色)}}{HIn^{2-}} \xrightleftharpoons{pK_{a3}=11.6} \underset{\text{(橙色)}}{In^{3-}}$$

因此在 pH＜6.3 时，EBT 在水溶液中呈紫红色；pH＞11.6 时 EBT 呈橙色，而 EBT 与二价离子形成的配合物颜色为红色或紫红色，所以只有在 pH 为 7～11 范围内使用，指示剂才有明显的颜色，实验表明最适宜的酸度是 pH 为 9～10.5。铬黑 T 是在弱碱性溶液中滴定 Mg^{2+}、Zn^{2+}、Pb^{2+} 等离子的常用指示剂。

(2) 二甲酚橙（XO） 二甲酚橙为多元酸，在 pH 为 0～6.0 之间，二甲酚橙呈黄色，它与金属离子形成的配合物为红色，是酸性溶液中许多离子配位滴定所使用的极好指示剂。常用于锆、铪、钍、钪、铟、钇、铋、铅、锌、镉、汞的直接滴定法中。

(3) PAN PAN 与 Cu^{2+} 的显色反应非常灵敏，但很多其他金属离子如 Ni^{2+}、Co^{2+}、Zn^{2+}、Pb^{2+}、Bi^{3+}、Ca^{2+} 等与 PAN 反应慢或显色灵敏度低。所以有时利用 Cu-PAN 作间接指示剂来测定这些金属离子。Cu-PAN 指示剂是 CuY^{2-} 和少量 PAN 的混合液。将此液加到含有被测金属离子 M 的试液中时，发生如下置换反应：

$$\underset{\text{(黄)}}{CuY+PAN}+M \rightleftharpoons MY+\underset{\text{(紫红)}}{Cu\text{-}PAN}$$

此时溶液呈现紫红色。当加入的 EDTA 定量与 M 反应后，在化学计量点附近 EDTA 将夺取 Cu-PAN 中的 Cu^{2+}，从而使 PAN 游离出来：

$$\underset{\text{(紫红)}}{Cu\text{-}PAN}+Y \rightleftharpoons CuY+\underset{\text{(黄)}}{PAN}$$

溶液由紫红变为黄色，指示终点到达。因滴定前加入的 CuY 与最后生成的 CuY 是相等的，故加入的 CuY 并不影响测定结果。

在几种离子的连续滴定中，若分别使用几种指示剂，往往发生颜色干扰。由于 Cu-PAN 可在很宽的 pH 范围（pH 为 1.9～12.2）内使用，因而可以在同一溶液中连续指示终点。

类似 Cu-PAN 这样的间接指示剂，还有 Mg-EBT 等。

(4) 其他指示剂 除前面所介绍的指示剂外，还有磺基水杨酸、钙指示剂（NN）等常用指示剂。磺基水杨酸（无色）在 pH＝2 时，与 Fe^{3+} 形成紫红色配合物，因此可用作滴定

Fe^{3+}的指示剂。钙指示剂（蓝色）在 pH=12.5 时，与Ca^{2+}形成紫红色配合物，因此可用作滴定钙的指示剂。

4.3.2 金属指示剂的作用原理

金属指示剂是一种有机染料，也是一种配位剂，能与某些金属离子反应，生成与其本身颜色显著不同的配合物以指示终点。

在滴定前加入金属指示剂（用 In 表示金属指示剂的配位基团），则 In 与待测金属离子 M 有如下反应（省略电荷）：

$$\underset{\text{甲色}}{M+In} \rightleftharpoons \underset{\text{乙色}}{MIn}$$

这时溶液呈 MIn（乙色）的颜色。当滴入 EDTA 溶液后，Y 先与游离的 M 结合。至化学计量点附近，Y 夺取 MIn 中的 M：

$$MIn+Y \rightleftharpoons MY+In$$

使指示剂 In 游离出来，溶液由乙色变为甲色，指示滴定终点的到达。

4.3.3 金属指示剂应具备的条件

作为金属指示剂必须具备以下条件。

① 金属指示剂与金属离子形成的配合物的颜色，应与金属指示剂本身的颜色有明显的不同，这样才能借助颜色的明显变化来判断终点的到达。

② 金属指示剂与金属离子形成的配合物 MIn 要有适当的稳定性。如果 MIn 稳定性过高（K_{MIn}太大），则在化学计量点附近，Y 不易与 MIn 中的 M 结合，终点推迟，甚至不变色，得不到终点。通常要求 $K_{MY}/K_{MIn} \geqslant 10^2$。如果稳定性过低，则未到达化学计量点时 MIn 就会分解，变色不敏锐，影响滴定的准确度。一般要求 $K_{MIn} \geqslant 10^4$。

③ 金属指示剂与金属离子之间的反应要迅速、变色可逆，这样才便于滴定。

④ 金属指示剂应易溶于水，不易变质，便于使用和保存。

项目训练

4.4 指标检测

4.4.1 仪器、药品及试剂的准备

分析天平、酸式滴定管、移液管（25mL）、容量瓶（100mL、100mL）、量筒（10mL、100mL）、150mL 锥形瓶、移液管（50mL、25mL、5mL）、称量瓶、玻璃棒、小烧杯、托盘天平、刚果红试纸、钙指示剂。

（1）缓冲溶液（pH=10） 将 67.5g 氯化铵溶于 300mL 蒸馏水中，加 570mL 氢氧化铵（ρ=0.90g/mL，20℃），用纯水稀释至 1000mL。

（2）铬黑 T 指示剂（5g/L） 称取 0.5g 铬黑 T 溶于 100mL 三乙醇胺中。

（3）硫化钠溶液（50g/L） 称取 5.0g 硫化钠（含结晶水）溶于纯水中并稀释至 100mL。

（4）盐酸羟胺溶液（10g/L） 称取 1.0g 盐酸羟胺溶于纯水中并稀释至 100mL。

（5）氰化钾溶液（100g/L） 称取 10.0g 氰化钾溶于纯水中并稀释至 100mL。（溶液剧毒）

（6）乙二胺四乙酸钠标准溶液 （$Na_2H_2Y \cdot 2H_2O$）称取 3.72g 乙二胺四乙酸二钠溶解于 1000mL 蒸馏水并采用锌标准溶液标定其准确浓度。

（7）锌标准溶液 称取 0.6～0.7g 纯金属锌，溶于盐酸溶液（1+1）中，置于水浴上温热至完全溶解，移入容量瓶中定容至 1000mL。

计算锌标准溶液的浓度。

$$c_{Zn}=\frac{m}{65.38} \tag{4-1}$$

式中 c_{Zn}——锌标准浓度，mol/L；

m——锌的质量，mg；

65.38——锌的摩尔质量，g/mol。

(8) EDTA 标准溶液 吸取 25.00mL 锌标准溶液于 150mL 锥形瓶中，加入 25mL 蒸馏水，加入几滴氨水至微弱氨味，再加 5mL 缓冲溶液和 4 滴铬黑 T 指示剂在不断振荡下用 EDTA 标准溶液滴定至不变的天蓝色，同时做空白试验。

4.4.2 分析步骤

(1) 总硬度的测定（钙、镁离子总量测定） 用移液管移取水样 50.00mL 于 150mL 锥形瓶中，(若硬度过大，可少取水样，用纯水稀释至 50mL，若硬度过低，改用 100mL)。加入缓冲溶液 1～2mL，5 滴铬黑 T 指示剂，立即用 EDTA 标准溶液滴定。接近终点时，滴定速度宜慢，并充分摇动，直到溶液由紫红色刚变为天蓝色为终点，记下消耗的体积 V_1。平行测定 3 份，同时做空白试验。

若水样中含有金属干扰离子，使滴定终点延迟或颜色发暗，可另取水样，加入 0.5mL 盐酸羟胺及 1mL 硫化钠溶液或 0.5mL 氰化钾溶液再滴定。

水样中钙镁含量较大时，要预先酸化水样，加热除去二氧化碳，以防碱化后生成碳酸盐沉淀，滴定时不易转化。

(2) 钙离子含量测定 吸取水样 100.00mL 于 250mL 锥形瓶中，加入刚果红试纸一小块，用盐酸溶液（6mol/L）酸化至试纸变为蓝紫色，煮沸 2～3min，冷却至 40～50℃，加入氢氧化钠溶液（4mol/L）4mL，再加入少量钙指示剂，用 EDTA 标准溶液（0.02mol/L）滴定至溶液由红色变为纯蓝色为终点，记下 EDTA 标准溶液的体积 V_2，平行测定 3 次，同时做空白试验。

4.4.3 数据记录与处理

(1) EDTA 溶液的标定

项目	1	2	3
m_{Zn}/g			
$V_{终}$(EDTA)/mL			
$V_{始}$(EDTA)/mL			
V_1/mL			
V_0/mL			
c(EDTA)/(mol/L)			
$\bar{c}$(EDTA)/(mol/L)			
相对平均偏差/%			

EDTA 标准溶液的浓度按下式计算：

$$c(\text{EDTA})=\frac{c_{Zn}V_2}{V_1-V_0} \tag{4-2}$$

式中 c(EDTA)——EDTA 标准溶液的浓度，mol/L；

c_{Zn}——锌标准溶液的浓度，mol/L；

V_2——锌标准溶液的体积，25mL；

V_1——消耗 EDTA 标准溶液的体积，mL；

V_0——空白实验消耗 EDTA 标准溶液的体积，mL。

（2）天然矿泉水总硬度测定

项　目	1	2	3
$V_{水样}$/mL	50.00	50.00	50.00
$\bar{c}$(EDTA)/(mol/L)			
$V_{终}$(EDTA)/mL			
$V_{始}$(EDTA)/mL			
V_1/mL			
$\bar{V}_1$/mL			
V_0/mL			
$\rho(CaCO_3)$/(mg/L)			

总硬度计算

$$\rho(CaCO_3)=\frac{(V_1-V_0)c(EDTA)\times 100.09}{V_{水样}}\times 1000 \tag{4-3}$$

式中　$\rho(CaCO_3)$——总硬度，mg/L；

V_1——消耗 EDTA 标准溶液的体积，mL；

V_0——空白试验消耗 EDTA 标准溶液的体积，mL；

c(EDTA)——EDTA 标准溶液的浓度，mol/L；

100.09——与 1.00mL EDTA 标准溶液 c(EDTA)＝1.000mol/L 相当的以克表示的碳酸钙的质量；

$V_{水样}$——水样体积，mL。

（3）天然矿泉水钙离子测定

项　目	1	2	3
$V(H_2O)$/mL	50.00	50.00	50.00
$\bar{c}$(EDTA)/(mol/L)			
$V_{终}$(EDTA)/mL			
$V_{始}$(EDTA)/mL			
V_2/mL			
$\bar{V}_2$/mL			
V_0/mL			
$c(Ca^{2+})$/(mg/L)			
$c(Mg^{2+})$/(mg/L)			

$$c(Ca^{2+})=\frac{c(EDTA)(V_2-V_0)\times 40.8}{V_{水样}}\times 10^3 \tag{4-4}$$

式中　c(EDTA)——EDTA 标准滴定溶液的浓度，mol/L；

V_2——滴定钙离子消耗 EDTA 标准溶液的体积，L；

V_0——空白消耗 EDTA 标准溶液的体积，L；

40.8——与 1.00mL EDTA 标准溶液 c(EDTA)＝1.000mol/L 相当的以克表示

的钙的质量；

$V_{水样}$——水样体积，mL。

思考与练习

一、选择题

1. 欲配制 pH＝10.0 缓冲溶液应选用的一对物质是（　　）。

A. HAc($K_a=1.8\times10^{-5}$)-NaAc　　B. HAc-NH_4Ac

C. NH_3H_2O($K_b=1.8\times10^{-5}$)-NH_4Cl　　D. KH_2PO_4-Na_2HPO_4

2. 某溶液主要含有 Ca^{2+}、Mg^{2+} 及少量 Fe^{3+}、Al^{3+}，今在 pH＝10 的该溶液中加入三乙醇胺，以 EDTA 滴定，用铬黑 T 为指示剂，则测出的是（　　）。

A. Mg^{2+} 量　　B. Ca^{2+} 量

C. Ca^{2+}、Mg^{2+} 总量　　D. Ca^{2+}、Mg^{2+}、Fe^{3+}、Al^{3+} 总量

3. 下面移液管的使用正确的是（　　）。

A. 一般不必吹出残留液　　B. 用蒸馏水淋洗后即可移液

C. 用后洗净，加热烘干后即可再用　　D. 移液管只能粗略地量取一定量液体体积

4. 下列玻璃仪器使用时需要用操作溶液润洗的是（　　）。

A. 容量瓶、滴定管　　B. 滴定管、移液管

C. 锥形瓶、移液管　　D. 容量瓶、锥形瓶

5. 有关滴定管的使用错误的是（　　）。

A. 使用前应洗干净，并检漏　　B. 滴定前应保证尖嘴部分无气泡

C. 要求较高时，要进行体积校正　　D. 为保证标准溶液浓度不变，使用前可加热烘干

6. 称量易吸潮固体颗粒样品用（　　）。

A. 直接称样法　　B. 固定质量称样法　　C. 递减称样法　　D. 以上方法均可

7. EDTA 滴定 Zn^{2+} 时，加入 NH_3-NH_4Cl 可（　　）。

A. 防止干扰　　B. 控制溶液的 pH 值

C. 使金属离子指示剂变色更敏锐　　D. 加大反应速率

8. 配位滴定终点所呈现的颜色是（　　）。

A. 游离金属指示剂的颜色

B. EDTA 与待测金属离子形成配合物的颜色

C. 金属指示剂与待测金属离子形成配合物的颜色

D. 上述 A 与 C 的混合色

9. 产生金属指示剂的僵化现象是因为（　　）。

A. 指示剂不稳定　　B. MIn 溶解度小　　C. $K'_{MIn}<K'_{MY}$　　D. $K'_{MIn}>K'_{MY}$

10. 产生金属指示剂的封闭现象是因为（　　）

A. 指示剂不稳定　　B. MIn 溶解度小　　C. $K'_{MIn}<K'_{MY}$　　D. $K'_{MIn}>K'_{MY}$

11. 基准物质应具备下列条件的（　　）。

①组成与化学式相符　②有足够高的纯度　③有较小的摩尔质量

④稳定　⑤易溶于水　⑥有较大的摩尔质量　⑦性质活泼

A. ①②③④　　B. ①②④⑥　　C. ①②③④⑤⑦　　D. ②④⑤⑥⑦

12. 欲配 1000mL 0.01mol/L 的 EDTA 溶液，合适的量器和存液容器为（　　）。

A. 量筒和容量瓶　　B. 移液管和试剂瓶　　C. 量筒和试剂瓶　　D. 移液管和容量瓶

13. 测定矿泉水的总硬度时，所用指示剂为（　　）。

A. K-B 指示剂　　B. 二甲酚橙　　C. 铬黑 T　　D. 钙指示剂

14. 测定矿泉水的总硬度时，滴定终点的颜色应为（　　）。

A. 蓝色　　B. 红色　　C. 橙色　　D. 黄色

15. 关于水总硬度的说法中，正确的是（　　）。

A. 水硬度是指水的软硬程度

B. 水硬度是指水中所有离子的总含量
C. 水硬度是指水中所有金属离子的总含量
D. 水的硬度是指水中二价及多价金属离子的总含量
16. 测定矿泉水的总硬度，下列说法中正确的是（　　）。
A. 装自来水的锥形瓶要用自来水润洗
B. 滴定管洗净后要用蒸馏水润洗再用自来水润洗
C. 自来水需定容后才能移取
D. 移液管用自来水洗净后可直接移取自来水
17. 标定用于测定矿泉水总硬度的 EDTA 溶液时，最适当的基准物是（　　）。
A. ZnO　　B. $MgSO_4 \cdot 7H_2O$　　C. $CaCO_3$　　D. Zn
18. 测定矿泉水的总硬度时，加入 NH_3-NH_4Cl 溶液的作用是（　　）。
A. 作为配位剂
B. 控制溶液酸度，提高配合物稳定性
C. 作为掩蔽剂
D. 保持溶液的酸度基本不变和使钙镁离子都被准确滴定
19. 测定矿泉水的总硬度时，用来掩蔽 Fe^{3+}、Al^{3+} 等离子干扰的试剂是（　　）。
A. 铬黑 T　　B. 三乙醇胺　　C. 盐酸　　D. EDTA

二、填空题

1. EDTA 的化学名称为________。配位滴定常用水溶性较好的________来配制标准滴定溶液。

2. EDTA 标准滴定溶液常采用间接法配制，用____________作基准物，在 pH＝10 的____________缓冲溶液中，以____________作指示剂来标定其浓度。

3. 砝码或移液管未经校正，将使结果产生____________误差，称量中天平零点突然有变动将使结果产生____________误差（填“系统”误差或“偶然”误差）。

4. 6.0150 修约为三位有效数字应为____________，pH＝12.37 为____________位有效数字。

5. 命名下列配合物：
$H_2[SiF_6]$________________________________；
$[Fe(CO)_5]$________________________________；
$K_3[Fe(CN)_6]$____________________，俗称____________________；
$[Cr(OH)(C_2O_4)(en)(H_2O)]$________________________________。

6. 从配位滴定曲线上看，pH 值越大，滴定突跃越____________（填“大”或“小”），越有利于滴定。

三、简答题

1. 钙、镁离子总量测定是在 Mg^{2+} 测定条件下反应，测得结果为何为二者总量？

2. 测定水的总硬度（即钙镁总含量）时，吸取水样 100.00mL，以铬黑 T 为指示剂，在 pH＝10 时滴定，用去 0.0100mol/L EDTA 标准溶液 2.14mL。计算水的硬度（μg/mL CaO）。

3. 什么叫水的硬度？水的硬度单位有几种表示方法？

4. 钙、镁离子总量测定是在 Mg^{2+} 测定条件下反应，测得结果为何为二者总量？

5. 测定含少量 Fe^{3+} 的水样硬度时，若不加掩蔽剂掩蔽之，会有什么后果？

6. 吸取自来水水样时，移液管和锥形瓶是否要用去离子水润洗？

技能项目库

0.02mol/L EDTA 标准滴定溶液的配制与标定

一、仪器与药品（请选择合适的仪器，在所选仪器后面的括号中打√）

仪器：托盘天平（　）；分析天平（　）；碱式滴定管（　）；酸式滴定管（　）；500mL 容量瓶（　）；250mL 容量瓶（　）；100mL 量筒（　）；10mL 量筒（　）；250mL 锥形瓶（　）；25mL 移液管（　）；10mL 移液管（　）；1mL 吸量管（　）；称量瓶（　）；玻璃棒（　）；小烧杯（　）。

药品：乙二胺四乙酸二钠（$Na_2H_2Y \cdot 2H_2O$）、基准氧化锌（需在800℃灼烧至恒重）、盐酸溶液（1+1）、氨水溶液（1+1）、铬黑T指示剂、NH_3-NH_4Cl缓冲溶液。

二、操作过程

1. EDTA溶液［c(EDTA)=0.02mol/L］的配制

粗称3.8～4.0g乙二胺四乙酸二钠，溶于300mL水中（可加热溶解）。冷却后转移到容量瓶中，用水稀释至500mL，摇匀，贴上标签待标定。

2. EDTA溶液［c(EDTA)=0.02mol/L］的标定

称取基准氧化锌0.42g（称准至0.0001g），用少量水润湿，滴加3mL20%盐酸溶液至氧化锌溶解，再定量移入250mL容量瓶中定容。

用移液管移取25.00mL锌标准溶液于250mL锥形瓶中，加50mL水，滴加10%氨水至溶液刚出现浑浊（此时溶液pH=8），再加入10mL NH_3-NH_4Cl缓冲溶液（pH=10），加5滴铬黑T指示剂，用配制的EDTA溶液滴定至溶液由酒红色变为纯蓝色为终点。

平行标定3份，同时做空白试验，记录于表格中。

三、数据记录与处理

EDTA溶液的标定

项　目	1#	2#	3#
倾样前称量瓶+ZnO质量/g			
倾样后称量瓶+ZnO质量/g			
m 基准 ZnO/g			
标定用 V(EDTA)/mL			
空白用 V_0(EDTA)/mL			
c(EDTA)/(mol/L)			
$\bar{c}$(EDTA)/(mol/L)			
相对平均偏差/%			

$$c(\mathrm{EDTA})=\frac{m\times\frac{25}{250}}{(V-V_0)\times 81.38}$$

式中　c(EDTA)——EDTA标准滴定溶液的实际浓度，mol/L；

m——基准氧化锌的质量，g；

V——标定消耗EDTA溶液的体积，L；

V_0——空白试验消耗EDTA溶液的体积，L；

81.38——ZnO的摩尔质量，g/mol。

写出数据处理过程：

项目5 工业硫酸铝含量测定

学习目标

【能力目标】

- 能按要求配制各种溶液（化学试剂、辅助试剂、实验室用水等）；
- 会使用容量瓶和移液管等容量仪器及电子天平；
- 能根据国标，设计工业硫酸铝含量测定的主要指标的检测步骤；
- 能根据国标规定的方法，对工业硫酸铝含量等相应实验数据进行计算、误差分析及结果的判断，并能规范书写检验报告。

【知识目标】

- 掌握影响滴定突跃的因素；
- 掌握准确滴定金属离子的条件；
- 掌握置换滴定法测定铝盐的原理和方法；
- 掌握二甲酚橙指示剂的应用条件和终点颜色判断；
- 掌握选择性滴定待测离子适宜酸度的控制方法；
- 掌握掩蔽法消除常见共存离子干扰；
- 掌握 EDTA 标准溶液的标定方法和标定条件；
- 了解配位滴定方法的应用示例。

项目背景

本项目的质量检验标准采用 HGT 2225—2001《工业硫酸铝》。固体工业硫酸铝为白色、浅灰绿色或浅黄色片状或块状固体。液体工业硫酸铝为浅绿色或浅黄色液体。应符合表 5-1 要求。

表 5-1 工业硫酸铝质量指标要求

项目	指标					
	固体					液体
	Ⅰ型		Ⅱ型		Ⅲ型	
	一等品	合格品	一等品	合格品		
氧化铝含量(Al_2O_3)/%	15.80	15.60	15.80	15.80	17.00	6.0
铁(Fe)含量/%	0.30	0.50	0.005	0.010	0.010	0.20
水不溶物含量/%	0.10	0.20	0.20	0.20	0.10	—
pH 值(1%水溶液)	3.0	3.0	3.0	3.0	3.0	3.0

在下列情况下可以用返滴定法。①待测离子（如 Ba^{2+}、Sr^{2+} 等）虽能与 EDTA 形成稳定的配合物，但缺少变色敏锐的指示剂。②待测离子（如 Al^{3+}、Cr^{3+} 等）与 EDTA 的反应速率慢，本身又易水解或对指示剂有封闭作用。

返滴定法是在待测溶液中先加入定量且过量的 EDTA，使待测离子完全反应。然后用其他金属离子标准溶液回滴过量的 EDTA。根据两种标准溶液的浓度和用量，求得被测物质的含量。例如测定 Al^{3+} 时，加入定量且过量的 EDTA 标准溶液，煮沸 10min 使反应完全，冷却后，用 Cu^{2+} 或 Zn^{2+} 标准溶液返滴定过量的 EDTA。

返滴定剂（如标准锌溶液）所生成的配合物应有足够的稳定性，但不宜超过被测离子配合物的稳定性太多。否则在滴定过程中，返滴定剂会置换出被测离子，引起误差，而且终点不敏锐。

引导问题

（1）测定步骤中加入氨水和六次甲基四胺的目的是什么？可否可用其中一种调酸度？

（2）滴定过程中，为什么要两次加热？

（3）第一次用锌盐标准滴定溶液滴定 EDTA，为什么不记体积？若此时锌盐溶液过量，对分析结果有何影响？

（4）列出铝含量的计算公式。若以 $Al_2(SO_4)_3 \cdot 18H_2O$ 计，其计算公式如何（按置换滴定法计算）？

（5）置换滴定法中所用的 EDTA 溶液是否必须是标准滴定溶液？

项目导学

5.1　金属指示剂的理论变色点

如果金属指示剂与待测金属离子形成 1∶1 有色配合物，其配位反应为：

$$M+In \rightleftharpoons MIn$$

考虑指示剂的酸效应，则

$$K'_{MIn}=\frac{[MIn]}{[M][In']} \tag{5-1}$$

$$\lg K'_{MIn}=p[M]+\lg\frac{[MIn]}{[In']} \tag{5-2}$$

与酸碱指示剂类似，当 $[MIn]=[In']$ 时，溶液呈现 MIn 与 In 的混合色。此时 pM 即为金属指示剂的理论变色点 pM_t。

$$pM_t=\lg K'_{MIn}=\lg K_{MIn}-\lg\alpha_{In(H)} \tag{5-3}$$

金属指示剂是弱酸，存在酸效应。式(5-3) 说明，指示剂与金属离子 M 形成配合物的条件稳定常数 K'_{MIn} 随 pH 变化而变化，它不可能像酸碱指示剂那样有一个确定的变色点。因此，在选择指示剂时应考虑体系的酸度，使变色点 pM_t 尽量靠近滴定的化学计量点 pM_{sp}。实际工作中，大多采用实验的方法来选择合适的指示剂，即先试验其终点颜色变化的敏锐程度，然后检查滴定结果是否准确，这样就可以确定指示剂是否符合要求。

5.2　使用金属指示剂中存在的问题

（1）指示剂的封闭现象（blocking of indicator）　有的指示剂与某些金属离子生成很稳定的配合物（MIn），其稳定性超过了相应的金属离子与 EDTA 的配合物（MY），即 $\lg K_{MIn}>\lg K_{MY}$。例如 EBT 与 Al^{3+}、Fe^{3+}、Cu^{2+}、Ni^{2+}、Co^{2+} 等生成的配合物非常稳定，若用 EDTA 滴定这些离子，过量较多的 EDTA 也无法将 EBT 从 MIn 中置换出来。因此滴定这些离子不用 EBT 作指示剂。如滴定 Mg^{2+} 时有少量 Al^{3+}、Fe^{3+} 杂质存在，到化学计量点仍不能变色，这种现象称为指示剂的封闭现象。解决的办法是加入掩蔽剂，使干扰离子生成更稳定的配合物，从而不再与指示剂作用。Al^{3+}、Fe^{3+}对铬黑T的封闭可加三乙醇胺予以消除；Cu^{2+}、Co^{2+}、Ni^{2+}可用KCN掩蔽；Fe^{3+}也可先用抗坏血酸还原为Fe^{2+}，再加KCN掩蔽。若干扰离子的量太大，则需预先分离除去。

(2) 指示剂的僵化现象（ossification of indicator）　有些指示剂或金属指示剂配合物在水中的溶解度太小，使得滴定剂与金属-指示剂配合物（MIn）交换缓慢，终点拖长，这种现象称为指示剂僵化。解决的办法是加入有机溶剂或加热，以增大其溶解度。例如用PAN作指示剂时，经常加入酒精或在加热下滴定。

(3) 指示剂的氧化变质现象　金属指示剂大多为含双键的有色化合物，易被日光、氧化剂、空气所分解，在水溶液中多不稳定，日久会变质。若配成固体混合物则较稳定，保存时间较长。例如铬黑T和钙指示剂，常用固体NaCl或KCl作稀释剂来配制。

5.3　配位滴定曲线

配位滴定的情况与酸碱滴定相似。在一定pH条件下，随着配位滴定剂的加入，金属离子不断与配位剂反应生成配合物，其浓度不断减少。当滴定到达化学计量点时，金属离子浓度（pM）发生突变。若将滴定过程各点pM与对应的配位剂的加入体积绘成曲线，即可得到配位滴定曲线。配位滴定曲线反映了滴定过程中，配位滴定剂的加入量与待测金属离子浓度之间的变化关系。

5.3.1　曲线绘制

配位滴定曲线可通过计算来绘制，也可用仪器测量来绘制。现以pH＝12时，用0.0100mol/L的EDTA溶液滴定20.00mL 0.0100mol/L的Ca^{2+}溶液为例，通过计算滴定过程中的pM，说明配位滴定过程中配位滴定剂的加入量与待测金属离子浓度之间的变化关系。

由于Ca^{2+}既不易水解也不与其他配位剂反应，因此在处理此配位平衡时只需考虑EDTA的酸效应。即在pH为12.00条件下，CaY^{2-}的条件稳定常数为：

$$\lg K'_{CaY}=\lg K_{CaY}-\lg\alpha_{Y(H)}=10.69-0=10.69$$

(1) 滴定前　溶液中只有Ca^{2+}，$[Ca^{2+}]=0.01000$mol/L，所以pCa＝2.00。

(2) 化学计量点前　溶液中有剩余的金属离子Ca^{2+}和滴定产物CaY^{2-}。由于$\lg K'_{CaY}$较大，剩余的Ca^{2+}对CaY^{2-}的离解又有一定的抑制作用，可忽略CaY^{2-}的离解，按剩余的金属离子Ca^{2+}浓度计算pCa值。

当滴入的EDTA溶液体积为18.00mL时：

$$[Ca^{2+}]=\frac{2.00\times0.01000}{20.00+18.00}=5.26\times10^{-4}(\text{mol/L})$$

即
$$pCa=-\lg[Ca^{2+}]=3.28$$

当滴入的EDTA溶液体积为19.98mL时

$$[Ca^{2+}]=\frac{0.01\times0.02}{20.00+19.98}=5\times10^{-6}(\text{mol/L})$$

即
$$pCa=-\lg[Ca^{2+}]=5.3$$

当然在十分接近化学计量点时，剩余的金属离子极少，计算pCa时应该考虑CaY^{2-}的离解，有关内容这里就不讨论了。在一般要求的计算中，化学计量点之前的pM可按此方法计算。

(3) 化学计量点时　Ca^{2+}与EDTA几乎全部形成CaY^{2-}，所以

$$[CaY^{2-}]=0.01\times\frac{20.00}{20.00+20.00}=5\times10^{-3}(\text{mol/L})$$

因为pH≥12，$\lg\alpha_{Y(H)}=0$，所以$[Y^{4-}]=[Y]_{总}$；同时，$[Ca^{2+}]=[Y^{4-}]$

则
$$\frac{[CaY^{2-}]}{[Ca^{2+}]^2}=K'_{MY}$$

因此
$$\frac{5\times10^{-3}}{[Ca^{2+}]^2}=10^{10.69}$$
$$[Ca^{2+}]=3.2\times10^{-7}(mol/L)$$
即
$$pCa=6.5$$

(4) 化学计量点后　当加入的 EDTA 溶液为 20.02mL 时，过量的 EDTA 溶液为 0.02mL。

此时
$$[Y]_{总}=\frac{0.01\times0.02}{20.00+20.02}=5\times10^{-6}(mol/L)$$
则
$$\frac{5\times10^{-3}}{[Ca^{2+}]\times5\times10^{-6}}=10^{10.69}$$
$$[Ca^{2+}]=10^{-7.69}(mol/L)$$
即
$$pCa=7.69$$

将所得数据列于表 5-2。

表 5-2　pH=12 时用 0.0100mol/L EDTA 滴定 20.00mL 0.0100mol/L Ca^{2+} 时溶液中 pCa 的变化

EDTA 加入量		Ca^{2+} 被滴定的体积分数/%	EDTA 过量的体积分数/%	pCa
/mL	/%			
0	0			2.0
10.8	90.0	90.0		3.3
9.80	99.0	99.0		4.3
19.98	99.9	99.9		5.3 } 突跃范围
20.00	100.0	100.0		6.5 } 突跃范围
20.02	100.1		0.1	7.7 } 突跃范围
20.20	101.0		1.0	8.7
40.00	200.0		100	10.7

根据表 5-2 所列数据，以 pCa 值为纵坐标，加入 EDTA 的体积为横坐标作图，得到如图 5-1 所示的滴定曲线。

从表 5-2 或图 5-1 可以看出，在 pH=12 时，用 0.0100mol/L EDTA 滴定 0.01000mol/L Ca^{2+}，计量点时的 pCa 为 6.5，滴定突跃的 pCa 为 5.3～7.7。可见滴定突跃较大，可以准确滴定。

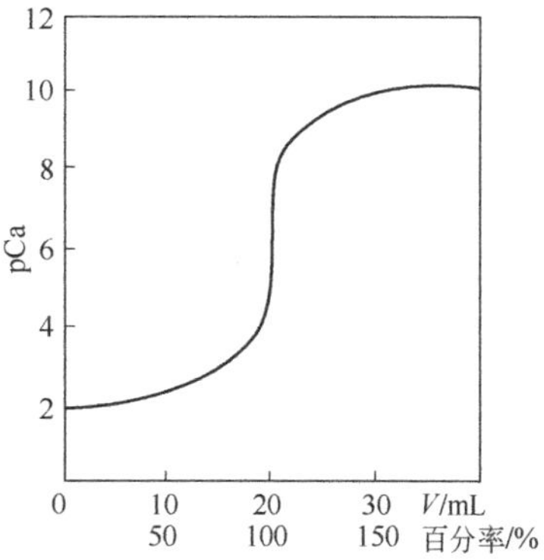

图 5-1　pH=12 时 0.0100mol/L EDTA 滴定 0.0100mol/L Ca^{2+} 的滴定曲线

由上述计算可知配位滴定比酸碱滴定复杂，不过两者有许多相似之处，酸碱滴定中的一些处理方法也适用于配位滴定。

5.3.2　滴定突跃范围

配位滴定中滴定突跃越大，就越容易准确地指示终点。上例计算结果表明，配合物的条件稳定常数和被滴定金属离子的浓度是影响突跃范围的主要因素。

(1) 配合物的条件稳定常数对滴定突跃的影响　图 5-2 是金属离子浓度一定的情况下，不同 $\lg K'_{MY}$时的滴定曲线。由图可看出配合物的条件稳定常数 $\lg K'_{MY}$越大，滴定突跃（ΔpM）越大。决定配合物 $\lg K'_{MY}$大小的因素，首先是绝对稳定常数 $\lg K_{MY}$（内因），但对某一指定的金属离子来说绝对稳定常数 $\lg K_{MY}$是一常数，此时溶液酸度、配位掩蔽剂及其他辅助配位剂的配位作用将起决定作用。

① 酸度 酸度高时，$\lg\alpha_{Y(H)}$大，$\lg K'_{MY}$变小，因此滴定突跃就减小。

② 其他配位剂的配位作用 滴定过程中加入掩蔽剂、缓冲溶液等辅助配位剂的作用会增大 $\lg\alpha_{M(L)}$ 值，使 $\lg K'_{MY}$变小，因而滴定突跃就减小。

（2）浓度对滴定突跃的影响 图 5-3 是用 EDTA 滴定不同浓度溶液时的滴定曲线。由图 5-3 可以看出金属离子 c_M越大，滴定曲线起点越低，因此滴定突跃越大。反之则相反。

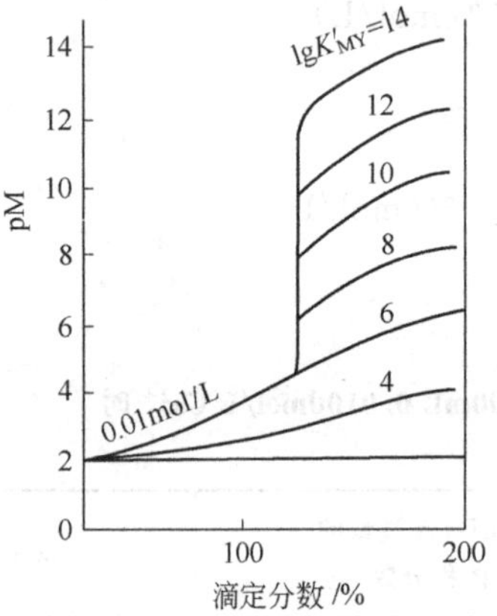

图 5-2 不同 $\lg K'_{MY}$的滴定曲线

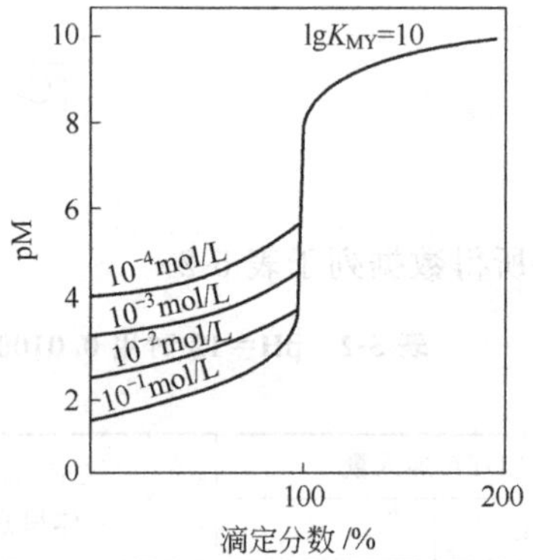

图 5-3 EDTA 滴定不同浓度溶液的滴定曲线

5.4 单一离子的滴定

5.4.1 单一离子准确滴定的判别式

滴定突跃的大小是准确滴定的重要依据之一。而影响滴定突跃大小的主要因素是 c_M 和 K'_{MY}，那么 c_M、K'_{MY}值要多大才有可能准确滴定金属离子呢？

金属离子的准确滴定与允许误差和检测终点方法的准确度有关，还与被测金属离子的原始浓度有关。设金属离子的原始浓度为 c_M（对终点体积而言），用等浓度的 EDTA 滴定，滴定分析的允许误差为 E_t，在化学计量点时：

① 被测定的金属离子几乎全部发生配位反应，即 $[MY]=c_M$；

② 被测定的金属离子的剩余量应符合准确滴定的要求，即 $c_{M(余)}\leqslant c_M E_t$；

③ 滴定时过量的 EDTA，也符合准确度的要求，即 $c_{EDTA(余)}\leqslant c(EDTA)E_t$。

将这些数值代入条件稳定常数的关系式得：

$$K'_{MY}=\frac{[MY]}{c_{M(余)}c_{EDTA(余)}}$$

$$K'_{MY}\geqslant\frac{c_M}{c_M E_t c(EDTA)E_t}$$

由于 $c_M=c(EDTA)$，不等式两边取对数，整理后得

$$\lg(c_M K'_{MY})\geqslant-2\lg E_t$$

若允许误差 E_t 为 0.1%，得

$$\lg(c_M K'_{MY})\geqslant6 \tag{5-4}$$

式(5-4) 为单一金属离子准确滴定的可行性条件。

在金属离子的原始浓度 c_M 为 0.010mol/L 的特定条件下，则

$$\lg K'_{MY}\geqslant8 \tag{5-5}$$

式(5-5) 是在上述条件下准确滴定 M 时，$\lg K'_{MY}$的允许低限。

与酸碱滴定相似，若降低分析准确度的要求，或改变检测终点的准确度，则滴定要求的 $\lg(c_M K'_{MY})$ 也会改变，例如

$E_t = \pm 0.5\%$，$\Delta pM = \pm 0.2$，$\lg(c_M K'_{MY}) = 5$ 时也可以滴定；

$E_t = \pm 0.3\%$，$\Delta pM = \pm 0.2$，$\lg(c_M K'_{MY}) = 6$ 时也可以滴定。

用 EDTA 滴定金属离子，若要准确滴定必须选择适当的 pH。因为酸度是金属离子被准确滴定的重要影响因素。

5.4.2　单一离子滴定的最低酸度（最高 pH）与最高酸度（最低 pH）

稳定性高的配合物，溶液酸度略微高些亦能准确滴定。而对于稳定性较低的，酸度高于某一值，就不能被准确滴定了。通常较低的酸度条件对滴定有利，但为了防止一些金属离子在酸度较低的条件下发生羟基化反应甚至生成氢氧化物，必须控制适宜的酸度范围。

5.4.2.1　最高酸度（最低 pH 值）

若滴定反应中除 EDTA 酸效应外，没有其他副反应，则根据单一离子准确滴定的判别式，在被测金属离子的浓度为 0.01mol/L 时，$\lg K'_{MY} \geqslant 8$

因此　$$\lg K'_{MY} = \lg K_{MY} - \lg \alpha_{Y(H)} \geqslant 8$$

即　$$\lg \alpha_{Y(H)} \leqslant \lg K_{MY} - 8 \qquad (5\text{-}6)$$

将各种金属离子的 $\lg K_{MY}$代入式（5-6），即可求出对应的最大 $\lg \alpha_{Y(H)}$ 值，再从表 4-3 查得与它对应的最小 pH。例如，对于浓度为 0.01mol/L 的 Zn^{2+} 溶液的滴定，以 $\lg K_{ZnY} = 16.50$ 代入式（5-6）得

$$\lg \alpha_{Y(H)} \leqslant 8.5$$

从表 4-3 可查得 pH≥4.0，即滴定 Zn^{2+} 允许的最小 pH 为 4.0。将金属离子的 $\lg K_{MY}$ 值与最小 pH［或对应的 $\lg \alpha_{Y(H)}$ 与最小 pH］绘成曲线，称为酸效应曲线（或称 Ringboim 曲线），如图 5-4 所示。

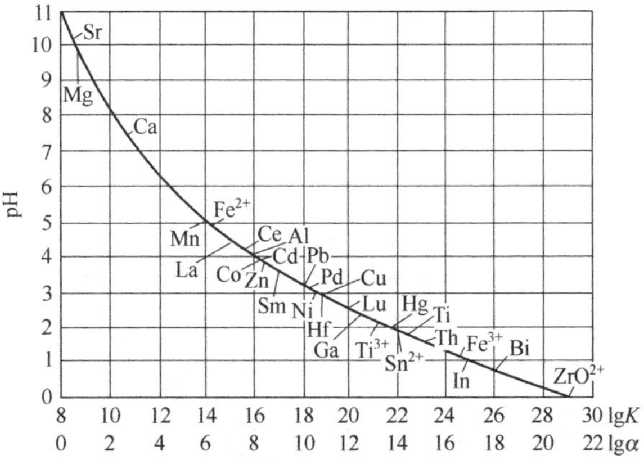

图 5-4　EDTA 酸效应曲线

实际工作中，利用酸效应曲线可查得单独滴定某种金属离子时所允许的最低 pH；还可以看出混合离子中哪些离子在一定 pH 范围内有干扰（这部分内容将在下面讨论）。另外，酸效应曲线还可当 $\lg \alpha_{Y(H)}$-pH 曲线使用。

必须注意，使用酸效应曲线查单独滴定某种金属离子的最低 pH 的前提是：金属离子浓度为 0.01mol/L；允许测定的相对误差为±0.1%；溶液中除 EDTA 酸效应外，金属离子未发生其他副反应。如果前提变化，曲线将发生变化，因此要求的 pH 也会有所不同。

5.4.2.2 最低酸度（最高 pH）

为了能准确滴定被测金属离子，滴定时酸度一般都大于所允许的最小 pH，但溶液的酸度不能过低，因为酸度太低，金属离子将会发生水解形成 $M(OH)_n$ 沉淀。除影响反应速率使终点难以确定之外，还影响反应的计量关系，因此需要考虑滴定时金属离子不水解的最低酸度（最高 pH）。

在没有其他配位剂存在下，金属离子不水解的最低酸度可由 $M(OH)_n$ 的溶度积求得。如前例中为防止开始时形成 $Zn(OH)_2$ 的沉淀必须满足下式：

$$[OH]=\sqrt{\frac{K_{sp}[Zn(OH)_2]}{[Zn^{2+}]}}=\sqrt{\frac{10^{-15.3}}{2\times10^{-2}}}=10^{-6.8}$$

即 $$pH=7.2$$

因此，EDTA 滴定浓度为 0.01mol/L Zn^{2+} 溶液应在 pH 为 4.0～7.2 范围内，pH 越接近高限，K'_{MY}就越大，滴定突跃也越大。若加入辅助配位剂（如氨水、酒石酸等），则 pH 还会更高些。例如在氨性缓冲溶液存在下，可在 pH=10 时滴定 Zn^{2+}。

若加入酒石酸或氨水，可防止金属离子生成沉淀。但由于辅助配位剂的加入会导致 K'_{MY}降低，因此必须严格控制其用量，否则将因为 K'_{MY}太小而无法准确滴定。

5.4.3 用指示剂确定终点时滴定的最佳酸度

以上是从滴定主反应讨论滴定适宜的酸度范围，但实际工作中还需要用指示剂来指示滴定终点，而金属指示剂只能在一定的 pH 范围内使用，且由于酸效应，指示剂的变色点不是固定的，它随溶液的 pH 而改变，因此在选择指示剂时必须考虑体系的 pH。指示剂变色点与化学计量点最接近时的酸度即为指示剂确定终点时滴定的最佳酸度。当然，是否合适还需要通过实验来检验。

5.4.4 配位滴定中缓冲剂的作用

配位滴定过程中会不断释放出 H^+，即

$$M^{n+}+H_2Y^{2-}=\!=\!=MY^{(4-n)-}+2H^+$$

使溶液酸度增高而降低 K'_{MY}值，影响到反应的完全程度，同时还会减小 K'_{MIn}值使指示剂灵敏度降低。因此配位滴定中常加入缓冲剂控制溶液的酸度。

在弱酸性溶液（pH=5～6）中滴定，常使用醋酸缓冲溶液或六次甲基四胺缓冲溶液；在弱碱性溶液（pH=8～10）中滴定，常采用氨性缓冲溶液。在强酸中滴定（如 pH=1 时滴定 Bi^{3+}）或强碱中滴定（如 pH=13 时滴定 Ca^{2+}），强酸或强碱本身就是缓冲溶液，具有一定的缓冲作用。在选择缓冲剂时，不仅要考虑缓冲剂所能缓冲的 pH 范围，还要考虑缓冲剂是否会引起金属离子的副反应而影响反应的完全程度。例如，在 pH=5 时用 EDTA 滴定 Pb^{2+}，通常不用醋酸缓冲溶液，因为 Ac^- 会与 Pb^{2+} 配位，降低 PbY 的条件形成常数。此外，所选的缓冲溶液还必须有足够的缓冲容量才能控制溶液 pH 基本不变。

项目训练

5.5 指标检测

5.5.1 仪器、药品及试剂准备

① EDTA 溶液 $c(EDTA)=0.02mol/L$。

② 锌盐标准溶液 $c(Zn^{2+})=0.02mol/L$：可用标定 EDTA 所配制的 Zn^{2+} 溶液，标定方法同上章 EDTA 标准溶液的标定。

③ 百里酚蓝指示液（1g/L）：0.10g 百里酚蓝溶于 20%乙醇，用 20%乙醇稀释

至100mL。

④ 二甲酚橙指示液（2g/L）：0.20g二甲酚橙溶于水，稀释至100mL。

⑤ HCl(1+1)：盐酸与水按1∶1体积比混合。

⑥ 氨水（1+1）。

⑦ 六次甲基四胺（200g/L）：20g六次甲基四胺溶于少量水，稀释至100mL。

⑧ 固体NH_4F。

⑨ 硫酸铝试样。

5.5.2 分析步骤

准确称取硫酸铝试样0.5g，加3mL（1+1）HCl，用50mL水溶解，定量移入100mL容量瓶中，稀释至刻度，摇匀。

用移液管移取上述试液10.00mL，放入锥形瓶中，加20mL水和30.00mL c(EDTA)=0.02mol/L EDTA溶液，再加4～5滴百里酚蓝指示液，以氨水（1+1）中和至黄色(pH=3～3.5)，煮沸2min，取下，加入20%六次甲基四胺溶液20mL或固体六次甲基四胺4g使试液pH=5～6，用力振荡，以流水冷却。然后加入2滴二甲酚橙指示液，用$c(Zn^{2+})$=0.02mol/L的锌盐标准滴定溶液滴定至溶液由黄色变成紫红色（不记体积，为什么?）。在溶液中加入2g固体NH_4F，加热煮沸2min，冷却，用锌盐标准滴定溶液滴定至溶液由黄色变紫红色为终点，平行测定三次。

结果计算：

$$\omega(\mathrm{Al})=\frac{c(\mathrm{Zn}^{2+})V(\mathrm{Zn}^{2+})\times10^{-3}M(\mathrm{Al})}{m(\text{样品})\times\frac{10}{100}}\times100\%$$

式中 $\omega(\mathrm{Al})$——Al的质量分数，%；

$c(Zn^{2+})$——Zn^{2+}标准滴定溶液的浓度，mol/L；

$V(Zn^{2+})$——滴定时消耗Zn^{2+}标准滴定溶液的体积，mL；

m(样品)——铝盐试样的质量，g；

$M(\mathrm{Al})$——Al的摩尔质量，g/mol。

5.5.3 数据记录与处理

项 目	1	2	3
称量瓶+样品(倾样前)/g			
称量瓶+样品(倾样后)/g			
m(试样)/g			
取试液体积/mL			
$V(Zn^{2+})$/mL			
$c(Zn^{2+})$/(mol/L)			
$w(\mathrm{Al})$/%			
Al的平均质量分数/%			
Al相对平均偏差			

自主项目

钙片中钙含量的测定

一、检测标准

GBT 5009.92—2003《食品中钙的测定》

二、钙片中钙含量的技术要求

以醋酸钙片为例，应为标示量的 93.0%～107.0%。

三、检验方案设计

1. EDTA 浓度的标定。

2. 钙制剂中钙含量的测定。

准确称取钙制剂 2g 左右，加 6mol/L HCl 5mL，加热溶解完全后，定量转移到 250mL 容量瓶中，用水稀释到刻度，摇匀。

用移液管移取上述试液 25.00mL，加三乙醇胺溶液 5mL，加 5mol/L NaOH 5mL，加水 25mL，摇匀，加钙指示液 3～4 滴，用 0.01mol/L EDTA 标准滴定溶液滴定至溶液由红色变为蓝色即为终点，记下消耗 EDTA 的体积。

平行测定三份，并做空白试验。

思考与练习

一、选择题

1. EDTA 的配位原子数是 en 的（　　）倍。

A. 1　　B. 2　　C. 3　　D. 4

2. 中心离子的配位数等于（　　）。

A. 配体总数　　B. 配体原子总数　　C. 配位原子总数　　D. 多基配体总数

3. 反应 $AgCl+2NH_3 \rightleftharpoons [Ag(NH_3)_2]^+ + Cl^-$ 的平衡常数为（　　）。

A. K_{sp}/K_f　　B. K_f/K_{sp}　　C. $(K_f \cdot K_{sp})_p^{-1}$　　D. $K_f \cdot K_{sp}$

4. 利用酸效应曲线可以确定单独滴定金属离子时的（　　）。

A. 最低 pH　　B. 最高 pH　　C. 最低酸度　　D. 最低金属离子浓度

5. 对于电对 Fe^{3+}/Fe^{2+}，加入 NaF 后，其电极电位将（　　）。

A. 增大　　B. 降低　　C. 不变　　D. 无法确定

6. 下列配体中能作螯合剂的是（　　）。

A. $S_2O_3^{2-}$　　B. $C_2O_4^{2-}$　　C. H_2O　　D. NH_3

7. 某配合物的实验式为 $NiCl_2 \cdot 3H_2O$，在其溶液中加入过量的 $AgNO_3$，该化合物 1mol 能产生 1mol AgCl 沉淀，则该配合物的内界是（　　）。

A. $[NiCl_2(H_2O)_2]$　　B. $[NiCl(H_2O)_3]^+$　　C. $[Ni(H_2O)_4]^{2+}$　　D. $[NiCl_2(H_2O)_2]$

8. EDTA 与金属离子形成配合物的螯合比为（　　）。

A. 1∶1　　B. 1∶2　　C. 1∶3　　D. 1∶4

9. 在含有过量配位剂 L 的配合物 ML 溶液中，$c(M)=a$ mol/L，加入等体积的水后，$c(M)$ 约等于（　　）。

A. a　　B. $a/2$　　C. $2a$　　D. $2/a$

10. 金属指示剂 In 在滴定的 pH 条件下，本身颜色必须（　　）。

A. 无色　　B. 蓝色　　C. 深色　　D. 与 MIn 不同

二、简答题

1. 配位滴定有哪些方式？如何应用这些方式？

2. 滴定过程中，为什么要两次加热？

3. 第一次用锌盐标准滴定溶液滴定 EDTA，为什么不记体积？若此时锌盐溶液过量，对分析结果有何影响？

4. 列出铝含量的计算公式。若以 $Al_2(SO_4)_3 \cdot 18H_2O$ 计，其计算公式如何？(按置换滴定法计算)

5. 置换滴定法中所用 EDTA 溶液是否必须是标准滴定溶液？

三、计算题

1. 将 100mL 0.020mol/L Cu^{2+} 溶液与 100mL 0.280mol/L 氨水混合，求混合溶液中 Cu^{2+} 的平衡浓度。

2. 9mL 0.05mol/L$[Ag(NH_3)_2]^+$ 溶液与 1mL 0.1mol/L NaCl 混合，此溶液的氨水浓度为多少时，才能防止 AgCl 沉淀？

3. 滴定 25.00mL 0.0100mol/L $CaCO_3$ 标准溶液需用 20.00mL EDTA。用该 EDTA 测定水硬度，取水样 75mL，需 30.00mL EDTA 溶液，计算水样中 CaO 的含量和水的硬度。

技能项目库

酸性溶液中镍含量的测定（2010 年全国化学检验工大赛试题）

一、仪器与药品（请选择合适的仪器，在所选仪器后面的括号中打√）

仪器：托盘天平（　）；分析天平（　）；碱式滴定管（　）；酸式滴定管（　）；500mL 容量瓶（　）；250mL 容量瓶（　）；100mL 量筒（　）；10mL 量筒（　）；250mL 锥形瓶（　）；25mL 移液管（　）；10mL 移液管（　）；1mL 吸量管（　）；称量瓶（　）；玻璃棒（　）；小烧杯（　）。

药品：镍试样、盐酸溶液（1+1）、氨水溶液（1+1）、NH_3-NH_4Cl 缓冲溶液、浓氨水、紫脲酸铵混合指示剂、0.05mol/L EDTA 标准溶液、基准氧化锌（需在 800℃ 灼烧至恒重）、铬黑 T 指示剂、硫酸溶液（1+1）。

二、操作过程

1. EDTA 标准溶液标定　准确称取 1.5g 于 (850±50)℃ 灼烧至恒重的工作基准试剂氧化锌于 100mL 小烧杯中，用少量水润湿，加入 15mL（1+1）盐酸溶解后定容于 250mL 容量瓶中。

移取 25.00mL 上述溶液于 250mL 容量瓶中，加入 75mL 水，用（1+1）氨水调节 pH 值 7～8，加入 10mL NH_3-NH_4Cl 缓冲溶液（pH=10），5 滴铬黑 T 指示液（5g/L），用待标定的 EDTA 标准滴定溶液，滴定由紫色变为纯蓝色，同时做空白试验，平行做三次。

2. 酸性溶液中镍含量的测定　准确称取 4g 含镍试样于 250mL 锥形瓶中，加入 70mL 水，利用所给试剂控制溶液 pH=10，加入 0.2g 紫脲酸铵混合指示剂，摇匀，用所给 0.05mol/L EDTA 标准溶液，滴定溶液呈蓝紫色，平行做三次。

三、数据记录与处理

1. EDTA 溶液的标定

项　目	1#	2#	3#
倾样前称量瓶+ZnO 质量/g			
倾样后称量瓶+ZnO 质量/g			
m/g			
标定用 V/mL			
空白用 V_0/mL			
c(EDTA)/(mol/L)			
$\bar{c}$(EDTA)/(mol/L)			
相对平均偏差/%			

$$c(\mathrm{EDTA})=\frac{m\times\frac{25}{250}}{(V-V_0)\times 81.38}$$

式中　c(EDTA)——EDTA标准滴定溶液的实际浓度，mol/L；

m——基准氧化锌的质量，g；

V——标定消耗EDTA溶液的体积，L；

V_0——空白试验消耗EDTA溶液的体积，L；

81.38——ZnO的摩尔质量，g/mol。

写出数据处理过程：

2. 酸性镍试样含量测定

项　目	1#	2#	3#
取样前滴瓶质量/g			
取样后滴瓶质量/g			
m(试样)/g			
标定用V(EDTA)/mL			
空白用V_0/mL			
c(EDTA)/(mol/L)			
w(Ni)/(g/kg)			
$\overline{w}$(Ni)/(g/kg)			
相对平均偏差/%			

写出数据处理过程：

项目 6　工业双氧水含量测定

学习目标

【能力目标】

- 按照试样采样原则对液体试样进行采集与制备；
- 按要求配制各种溶液（化学试剂、辅助试剂、实验室用水等）；
- 会使用容量瓶和移液管等容量仪器及分析天平；
- 根据双氧水的质量标准，设计主要指标的检测步骤；
- 根据质量要求，进行相应实验数据的计算、误差分析及结果的判断，并能规范书写质量检验报告；
- 能与其他组员进行良好沟通，并能根据实验检测情况进行方法变通，解决实际问题，培养团队协作精神。

【知识目标】

- 了解氧化还原滴定法的特点；
- 了解氧化还原滴定指示剂的类型和氧化还原指示剂变色原理、变色范围、变色点，掌握氧化还原指示剂的选择依据和使用方法；
- 掌握高锰酸钾法的原理与应用条件。

项目背景

本项目的质量检验标准采用 GB 1616—2003《工业过氧化氢》。工业过氧化氢外观为无色透明液体。工业过氧化氢应符合表 6-1 要求。

表 6-1　工业过氧化氢的质量指标

项　　目		指　　标					
		27.5%		30%	35%	50%	70%
		优等品	合格品				
过氧化氢的质量分数/%	⩾	27.5	27.5	30.0	35.0	50.0	70.0
游离酸(以 H_2SO_4 计)的质量分数/%	⩽	0.040	0.050	0.040	0.040	0.040	0.050
不挥发物的质量分数/%	⩽	0.08	0.10	0.08	0.08	0.08	0.12
稳定度/%	⩾	97.0	90.0	97.0	97.0	97.0	97.0
总碳(以 C 计)的质量分数/%	⩽	0.030	0.040	0.025	0.025	0.035	0.050
硝酸盐(以 NO_3^- 计)的质量分数/%	⩽	0.020	0.020	0.020	0.020	0.025	0.030

注：过氧化氢的质量分数、游离酸、不挥发物、稳定度为强制性要求。

氧化还原滴定法是以氧化还原反应为基础的滴定分析法。该法比酸碱滴定要复杂得多，因氧化还原反应是基于电子转移，机理比较复杂，有些反应的完全程度很高，但反应速率很慢，有时由于副反应的发生使反应物之间没有确定的计量关系。因此，在氧化还原滴定中，必须控制适当的反应条件和滴定条件。氧化还原滴定可以用氧化剂作滴定剂，也可以用还原剂作滴定剂。可用于测定氧化剂或还原剂，也可用于测定不具有氧化性或还原性的物质。氧化还原滴定法以氧化剂或还原剂作为标准溶液，据此分为高锰酸钾法、重铬酸钾法、碘量法等多种滴定方法。各种滴定方法都有其特点和应用范围。目前国家标准分析方法中很多都采用了氧化还原滴定法。

双氧水中过氧化氢含量的测定。在酸性溶液中，H_2O_2 被 MnO_4^- 定量氧化：

$$5H_2O_2+2MnO_4^-+6H^+ \xlongequal{} 2Mn^{2+}+8H_2O+5O_2\uparrow$$

此反应在室温下即可顺利进行，开始时反应较慢，随着 Mn^{2+} 的生成而加速反应，也可以先加入少量 Mn^{2+} 作催化剂。若 H_2O_2 中含有有机物，后者会消耗 $KMnO_4$ 溶液，使测定结果偏高。此时，应改用碘量法或铈量法测定 H_2O_2 含量。碱金属或碱土金属过氧化物，可采用同样方法进行测定。

引导问题

(1) 常用氧化还原滴定法有哪几类？写出这些方法的基本反应和滴定条件。

(2) 高锰酸钾法的滴定条件和适用范围如何？

(3) 高锰酸钾法常用什么作指示剂？如何指示终点？

项目导学

6.1 高锰酸钾法

氧化还原滴定法是利用氧化还原反应进行滴定分析的方法。氧化还原反应的实质是反应物间发生电子转移。

$$还原剂1-ne^- \rightleftharpoons 氧化剂1$$

$$氧化剂2+ne^- \rightleftharpoons 还原剂2$$

$$还原剂1+氧化剂2 \rightleftharpoons 氧化剂1+还原剂2$$

6.1.1 方法概述

$KMnO_4$ 法是以 $KMnO_4$ 标准溶液作滴定剂进行的氧化还原滴定法。$KMnO_4$ 是一种强氧化剂，其氧化能力和还原产物都与溶液的酸度有关。

(1) 在强酸性介质中，MnO_4^- 被还原为 Mn^{2+}

半反应为：$MnO_4^-+8H^++5e^- \xlongequal{} Mn^{2+}+4H_2O$　$\varphi^\ominus(MnO_4^-/Mn^{2+})=1.51V$，由于在强酸性介质中，$KMnO_4$ 氧化性更强，因而 $KMnO_4$ 滴定法一般多在 0.5～1mol/L H_2SO_4 的强酸性介质中使用。

(2) 在弱酸性、中性或碱性溶液中，MnO_4^- 被还原为 MnO_2

半反应为：$MnO_4^-+2H_2O+3e^- \xlongequal{} MnO_2\downarrow+4OH^-$　$\varphi^\ominus(MnO_4^-/MnO_2)=0.588V$，由于在弱酸性、中性或碱性溶液中，还原产物 MnO_2 是棕色沉淀，影响终点的观察，所以很少使用。

(3) 在强碱性介质中，MnO_4^- 被还原为 MnO_4^{2-}

半反应为：$MnO_4^-+e^- \xlongequal{} MnO_4^{2-}$　$\varphi^\ominus(MnO_4^-/MnO_4^{2-})=0.564V$，由于在强碱性介质中，$KMnO_4$ 氧化有机物的反应速率比在酸性条件下更快，所以用高锰酸钾法测定有机物时，大多在强碱性溶液（大于 2mol/L 的 NaOH 溶液）中进行。

6.1.2 $KMnO_4$ 法的特点

(1) $KMnO_4$ 的氧化能力强，应用广泛，可直接或间接地测定多种无机物和有机物。

例如可直接滴定许多还原性物质，如 Fe^{2+}、As(Ⅲ)、Sb(Ⅲ)、W(Ⅴ)、U(Ⅳ)、

H_2O_2、$C_2O_4^{2-}$、NO_2^- 等以及一些还原性有机化合物；应用返滴定法可测定 MnO_2、PbO_2 等物质；也可以通过 MnO_4^- 与 $C_2O_4^{2-}$ 的反应间接测定一些非氧化性或非还原性物质，如 Ca^{2+}、Th^{4+} 等。

(2) $KMnO_4$ 溶液呈紫红色，可作自身指示剂，当试液为无色或颜色很浅时，不需要外加指示剂。

用稀 $KMnO_4$ 滴定液（0.002mol/L）滴定时，为使终点容易观察，可选用氧化还原指示剂。用邻二氮菲为指示剂，终点由红色变浅蓝色，用二苯胺磺酸钠为指示剂，终点由无色变紫色。

(3) 由于 $KMnO_4$ 的氧化能力强，故该法的选择性欠佳，且反应历程复杂，易发生副反应。

(4) $KMnO_4$ 标准溶液不能直接配制，且标准溶液不够稳定，不能久置，需经常标定。

(5) $KMnO_4$ 法不能在 HCl 和 HNO_3 介质中进行，只能在 H_2SO_4 介质中应用。

6.1.3 $KMnO_4$ 标准溶液的制备（GB/T 601—2002）

(1) 配制　市售 $KMnO_4$ 试剂常含有少量的 MnO_2 及其他杂质，使用的蒸馏水中也常含有少量还原性物质，这些物质都能使 $KMnO_4$ 还原，因此 $KMnO_4$ 标准溶液不能直接配制，通常先配制成近似浓度的溶液后再进行标定。配制时，首先称取稍多于理论用量的 $KMnO_4$，溶于一定体积的蒸馏水中，缓慢煮沸 15min，冷却，于暗处放置两周，使溶液中可能存在的还原性物质完全氧化，然后过滤除去析出的沉淀，储存于棕色试剂瓶中。

(2) 标定　标定 $KMnO_4$ 溶液的基准物质很多，有 $Na_2C_2O_4$、$H_2C_2O_4 \cdot 2H_2O$ 和 $(NH_4)_2Fe(SO_4)_2 \cdot 6H_2O$ 等。其中最常用的是 $Na_2C_2O_4$，因为它易于提纯，性质稳定，不含结晶水。$Na_2C_2O_4$ 在 105～110℃烘干至恒重，即可使用。

在 H_2SO_4 介质中，MnO_4^- 与 $C_2O_4^{2-}$ 标定反应为：

$$2MnO_4^- + 5C_2O_4^{2-} + 16H^+ = 2Mn^{2+} + 10CO_2\uparrow + 8H_2O$$

为使标定反应定量进行，标定时应注意以下滴定条件。

① 温度　标定反应在室温下速率极慢，需加热至 70～85℃再进行滴定。温度不能超过 90℃，否则 $H_2C_2O_4$ 分解，导致标定结果偏高。

$$H_2C_2O_4 \longrightarrow H_2O + CO_2\uparrow + CO\uparrow$$

② 酸度　溶液应保持一定的酸度，一般控制溶液酸度约为 0.5～1mol/L。若酸度过低，则 MnO_4^- 易被部分还原成 MnO_2 沉淀；若酸度过高，则又会促进 $H_2C_2O_4$ 的分解。

③ 滴定速率　MnO_4^- 与 $C_2O_4^{2-}$ 的反应开始时速率很慢，当有 Mn^{2+} 离子生成之后，反应速率逐渐加快。因此，开始滴定时，应等加入第一滴 $KMnO_4$ 溶液褪色后，再加第二滴。因反应生成的 Mn^{2+} 有自催化作用而加快了反应速率，随之可适当加快滴定速率。但不宜过快，否则滴入的 $KMnO_4$ 溶液来不及与 $C_2O_4^{2-}$ 反应，就在热的酸性溶液中分解，导致标定结果偏低。若在滴定前加入少量 $MnSO_4$ 为催化剂，则在滴定的最初阶段就可以较快的速率进行。

$$4MnO_4^- + 12H^+ \longrightarrow 4Mn^{2+} + 6H_2O + 5O_2\uparrow$$

④ 滴定终点　用 $KMnO_4$ 溶液滴定至溶液呈淡粉红色 30s 不褪即为终点。溶液在放置过程中，空气中的还原性物质能使 $KMnO_4$ 还原而褪色。标定好的溶液在放置一段时间后，若发现有 $MnO(OH)_2$ 沉淀析出，应重新过滤并标定。

6.1.4 $KMnO_4$ 法的应用

(1) 直接滴定法——H_2O_2 的测定　在酸性溶液中，H_2O_2 被 MnO_4^- 定量氧化：

$$5H_2O_2 + 2MnO_4^- + 6H^+ \longrightarrow 2Mn^{2+} + 8H_2O + 5O_2\uparrow$$

此反应在室温下即可顺利进行，开始时反应较慢，随着 Mn^{2+} 的生成而加速反应，也可以先加入少量 Mn^{2+} 作催化剂。若 H_2O_2 中含有有机物质，后者会消耗 $KMnO_4$ 溶液，使测定结果偏高。此时，应改用碘量法或铈量法测定 H_2O_2 的含量。碱金属或碱土金属的过氧化物，可采用同样的方法进行测定。

(2) 间接滴定法——Ca^{2+} 的测定 Ca^{2+}、Th^{4+} 等离子在溶液中无可变价态，但可通过生成草酸盐沉淀，采用 $KMnO_4$ 法间接测定。以 Ca^{2+} 的测定为例，先沉淀为 CaC_2O_4，再经过滤、洗涤后，将沉淀溶于热的稀 H_2SO_4 溶液中，最后用 $KMnO_4$ 标准溶液滴定 $H_2C_2O_4$。根据所消耗的 $KMnO_4$ 的量，间接求得 Ca^{2+} 的含量。反应式如下：

$$Ca^{2+} + C_2O_4^{2-} \longrightarrow CaC_2O_4 \downarrow$$

$$CaC_2O_4 + 2H^+ \longrightarrow Ca^{2+} + H_2C_2O_4$$

$$5H_2C_2O_4 + 2MnO_4^- + 6H^+ \longrightarrow 2Mn^{2+} + 8H_2O + 10CO_2 \uparrow$$

(3) 返接滴定法——MnO_2 的测定 软锰矿中 MnO_2 含量的测定是利用 MnO_2 与 $C_2O_4^{2-}$ 在酸性溶液中反应，其反应式为：

$$MnO_2 + C_2O_4^{2-} + 4H^+ \longrightarrow Mn^{2+} + 2H_2O + 2CO_2 \uparrow$$

加入一定量的过量的 $Na_2C_2O_4$ 于磨细的矿样中，加 H_2SO_4 并加热（温度不能过高，否则将使 $Na_2C_2O_4$ 分解，影响测定结果的准确度），当试样中无棕黑色颗粒存在时，表示试样分解完全。然后用 $KMnO_4$ 标准溶液趁热返滴定剩余的草酸。反应式如下：

$$5C_2O_4^{2-} + 2MnO_4^- + 16H^+ \longrightarrow 2Mn^{2+} + 8H_2O + 10CO_2 \uparrow$$

根据 $Na_2C_2O_4$ 的加入量和 $KMnO_4$ 标准溶液消耗量之差，求出 MnO_2 的含量。

(4) 化学需氧量（COD_{Mn}）的测定 化学需氧量 COD（chemi-oxygen demand）是衡量水体受还原性物质（无机的或有机的）污染程度的综合性指标。它是指在一定条件下，1L 水中还原性物质被氧化时所消耗的氧化剂的量，换算成氧的质量浓度，通常用 COD_{Mn}（O，mg/L）来表示。还原性物质包括有机物、亚硝酸盐、亚铁盐和硫化物等，但多数水体受有机物污染极为普遍，因此，化学需氧量可作为有机物污染程度的指标，目前 COD 已成为环境监测分析的主要项目之一。

COD_{Mn}的测定方法是：在酸性条件下，加入过量的 $KMnO_4$ 标准溶液，将水样中的某些有机物及还原性物质氧化，反应后在剩余的 $KMnO_4$ 溶液中加入过量的 $Na_2C_2O_4$ 使其还原，再用 $KMnO_4$ 标准溶液返滴定过量的 $Na_2C_2O_4$，从而计算出水样中所含还原性物质所消耗的 $KMnO_4$，再换算为 COD_{Mn}。反应式如下：

$$4MnO_4^- + 5C + 12H^+ \longrightarrow 4Mn^{2+} + 6H_2O + 5CO_2 \uparrow$$

$$2MnO_4^- + 5C_2O_4^{2-} + 16H^+ \longrightarrow 2Mn^{2+} + 8H_2O + 10CO_2 \uparrow$$

$KMnO_4$ 法适用于地表水、饮用水等较为清洁水样 COD 值的测定。

(5) 有机物的测定 在强碱性溶液中，过量 $KMnO_4$ 能定量地氧化某些有机物。自身被还原为绿色的 MnO_4^{2-}。利用该反应，可测定这些有机物。例如甲酸含量的测定，在含有甲酸的强碱性试样中加入一定量过量的 $KMnO_4$ 标准溶液，则会发生如下反应：

$$HCOO^- + 2MnO_4^- + 3OH^- \longrightarrow 2MnO_4^{2-} + 2H_2O + CO_3^{2-}$$

反应完全后，将溶液酸化，MnO_4^{2-} 歧化为 MnO_4^- 和 MnO_2，准确加入一定量过量的 $FeSO_4$ 标准溶液，将所有高价锰离子全部还原为 Mn^{2+}，再用 $KMnO_4$ 标准溶液滴定剩余的 $FeSO_4$。有关反应式为：

$$3MnO_4^{2-} + 4H^+ \longrightarrow 2MnO_4^- + MnO_2 \downarrow + 2H_2O$$

$$7Fe^{2+} + MnO_4^- + MnO_2 + 12H^+ \longrightarrow 2Mn^{2+} + 7Fe^{3+} + 6H_2O$$

$$MnO_4^- + 5Fe^{2+} + 8H^+ \longrightarrow Mn^{2+} + 5Fe^{3+} + 4H_2O$$

然后，由两次加入 $KMnO_4$ 的量及 $FeSO_4$ 的量计算甲酸的含量。此法还可用于甲醇、甲醛、甘油、甘醇酸、酒石酸、柠檬酸、苯酚、水杨酸、葡萄糖等有机物含量的测定。

6.2　氧化还原滴定终点的确定

在氧化还原滴定中，除了用电位法确定终点以外，还可以利用指示剂来确定滴定终点。氧化还原滴定法中常用的指示剂有以下三种类型。

(1) 自身指示剂　在氧化还原滴定中，有些标准溶液或被滴定的物质本身有颜色，反应的生成物为无色或颜色很浅，则滴定时就无需另加指示剂，反应物颜色的变化可用来指示滴定终点的到达，这类物质称为自身指示剂。例如，$KMnO_4$ 标准溶液本身显紫红色，在酸性溶液中滴定无色或浅色的还原剂时，MnO_4^- 被还原为无色的 Mn^{2+}，因而滴定到达化学计量点时，稍微过量的 $KMnO_4$ 就使溶液出现粉红色，实验证明，$KMnO_4$ 的浓度约为 2×10^{-6} mol/L 时，就可观察到溶液的粉红色，以指示滴定终点的到达。

(2) 专属指示剂　有的物质本身不具有氧化还原性，但它能与滴定剂或被测组分产生特殊的颜色，从而达到指示滴定终点的目的，这类指示剂称为专属指示剂或显色指示剂。例如，可溶性淀粉与游离 I_2 生成深蓝色配合物的反应就是专属反应。当 I_2 被还原为 I^- 时，蓝色消失；当 I^- 被氧化为 I_2 时，蓝色出现。实验证明，当 I_2 的浓度约为 2×10^{-6} mol/L 时，即能看到蓝色。因此，可用蓝色的出现或消失来指示滴定终点的到达。碘量法中常用可溶性淀粉溶液作为指示剂。

(3) 氧化还原指示剂　这类指示剂本身就是氧化剂或还原剂，其氧化型和还原型具有不同的颜色，在滴定过程中能发生氧化还原反应，随着电极电位的变化而发生颜色的改变，从而指示滴定终点。

现以用 In(Ox) 和 In(Red) 分别表示指示剂的氧化型和还原型，则这一电对的半反应如下：$In(Ox)+ne^-=In(Red)$，其电极电位 $\varphi(In)$ 为：

$$\varphi(\mathrm{In})=\varphi'(\mathrm{In})+\frac{0.059}{n}\lg\frac{c[\mathrm{InOx}]}{c[\mathrm{In(Red)}]}$$

式中 $\varphi'(In)$ 为指示剂的条件电极电位。在滴定过程中，随着滴定体系电位的变化，指示剂氧化型和还原型的浓度比也发生改变，因而使溶液的颜色发生变化。

当 $c[In(Ox)]/c[In(Red)]\geqslant10$ 时，溶液中呈现氧化型的颜色，此时

$$\varphi(\mathrm{In})=\varphi'(\mathrm{In})+\frac{0.059}{n}\lg10=\varphi'(\mathrm{In})+\frac{0.059}{n}$$

当 $c[In(Ox)]/c[In(Red)]\geqslant1/10$ 时，溶液中呈现还原型的颜色，此时

$$\varphi(\mathrm{In})=\varphi'(\mathrm{In})+\frac{0.059}{n}\lg\frac{1}{10}=\varphi'(\mathrm{In})-\frac{0.059}{n}$$

故指示剂变色的电位范围为：

$$\varphi'(\mathrm{In})\pm\frac{0.059}{n}\mathrm{V}$$

必须注意，指示剂不同，其 $\varphi'(In)$ 不同；即使同一种指示剂，在不同的介质中，其 $\varphi'(In)$ 也不同。表 6-2 列出了部分常用的氧化还原指示剂。

氧化还原指示剂不仅对某种离子有特效，而且对氧化还原反应普遍适用，因而是一种通用指示剂，应用范围比较广泛。选择这类指示剂的原则是：指示剂变色点的电位应处在滴定体系的电位突跃范围内。例如，在 1mol/L 的 H_2SO_4 溶液中，用 Ce^{4+} 滴定 Fe^{2+}，前面已经计算出化学计量点时的电位突跃范围是 0.86～1.26V。显然，选择邻苯氨基苯甲酸和邻二氮菲亚铁是合适的。还应当指出，指示剂本身会消耗滴定剂。例如，0.1mL 0.2%二苯胺磺酸

表 6-2　常用氧化还原指示剂

指示剂	$\varphi'(In)/V$ ($[H^+]=1mol/L$)	颜色变化	
		氧化型	还原型
亚甲基蓝	0.36	蓝色	无色
二苯胺	0.76	紫色	无色
二苯胺磺酸钠	0.84	紫红	无色
邻苯氨基苯甲酸	0.89	紫红	无色
邻二氮菲亚铁	1.06	浅蓝	红色
硝基邻二氮菲亚铁	1.25	浅蓝	紫红

钠会消耗 0.1mL 0.017mol/L 的 $K_2Cr_2O_7$ 溶液，因此，当 $K_2Cr_2O_7$ 溶液的浓度是 0.01mol/L 或更稀时，则应做指示剂的空白校正。

项目训练

6.3　指标检测

6.3.1　仪器、药品及试剂准备

分析天平、棕色酸式滴定管、吸量管（2mL）、移液管（25mL）、容量瓶（500mL、250mL）、量筒（10mL、100mL）、250mL 锥形瓶、具塞锥形瓶、小烧瓶、玻璃棒、小烧杯、托盘天平、玻璃滤埚。

$KMnO_4$（A.R.）、基准草酸钠（需于 110℃烘至恒重）、硫酸溶液（8+92）、硫酸溶液（1+15）、双氧水。

（1）$KMnO_4$ 溶液 $\left[c\left(\frac{1}{5}KMnO_4\right)=0.1mol/L\right]$ 的配制　称取 3.3g $KMnO_4$，溶于 1050mL 水中，缓慢煮沸 15min，冷却后置于暗处保存二周。用已处理过的 4 号玻璃滤埚过滤，储存于棕色瓶中。玻璃滤埚的处理是指玻璃滤埚在同样浓度的 $KMnO_4$ 溶液中缓缓煮沸 5min。

（2）$KMnO_4$ 溶液 $\left[c\left(\frac{1}{5}KMnO_4\right)=0.1mol/L\right]$ 的标定　用递减法称取基准草酸钠 0.25g（称准至 0.0001g）于 250mL 锥形瓶中，加 100mL 硫酸溶液（8+92）使其溶解，用配制的 $KMnO_4$ 溶液滴定。注意，加入第一滴 $KMnO_4$ 溶液后，褪色较慢，要等粉红色褪去后才可接着加下一滴，滴定逐渐加快。接近终点时将溶液加热至 65～75℃（溶液开始冒蒸气），再缓慢滴定至溶液呈粉红色 30s 不褪为终点。平行标定 3 份，同时做空白试验。

6.3.2　分析步骤

用 10～25mL 的滴瓶以减量法称取各种规格的试样，质量分数为 27.5%～30%的过氧化氢称取 0.15～0.20g；35%的过氧化氢称取 0.12～0.16g，精确至 0.0002g，置于已加有 100mL 硫酸溶液的 250mL 锥形瓶中。50%～70%的过氧化氢称取 0.8～1.0g，精确至 0.0002g，置于 250mL 容量瓶中稀释至刻度，用移液管移取 25mL 稀释后的溶液于已加有 100mL 硫酸溶液（1+15）的 250mL 锥形瓶中。用约 0.1mol/L 的 $KMnO_4$ 标准滴定溶液滴定至溶液呈粉红色，并在 30s 内不消失即为终点。平行测定 3 次。

6.3.3　数据记录与处理

（1）高锰酸钾溶液的标定

项　目	1#	2#	3#
倾样前称量瓶＋基准 $Na_2C_2O_4$ 质量			
倾样后称量瓶＋基准 $Na_2C_2O_4$ 质量			
m(基准 $Na_2C_2O_4$)/g			
标定用 $V(KMnO_4)$/mL			
空白用 $V_0(KMnO_4)$/mL			
$c\left(\frac{1}{5}KMnO_4\right)$/(mol/L)			
$\bar{c}\left(\frac{1}{5}KMnO_4\right)$/(mol/L)			
相对平均偏差/%			

$$c\left(\frac{1}{5}KMnO_4\right)=\frac{m}{(V-V_0)\times 67.00}$$

式中 $c\left(\frac{1}{5}KMnO_4\right)$——$KMnO_4$ 标准滴定溶液的浓度，mol/L；

V——标定消耗 $KMnO_4$ 溶液的体积，L；

V_0——空白试验消耗 $KMnO_4$ 溶液的体积，L；

m——基准 $Na_2C_2O_4$ 的质量，g；

67.00——$\frac{1}{2}Na_2C_2O_4$ 的摩尔质量，g/mol。

(2) 双氧水中过氧化氢含量的测定

项　目	1#	2#	3#
称量瓶质量/g			
称量瓶＋2.00mL H_2O_2 质量/g			
m(H_2O_2 质量)/g			
标定用 $V(KMnO_4)$/mL			
$w(H_2O_2)$/%			
$\bar{w}(H_2O_2)$/%			
相对平均偏差/%			

27.5%～35%的过氧化氢的质量分数 w_1，数值以%表示，按式(6-1) 计算：

$$w_1=\frac{VcM/2000}{m}\times 100=\frac{1.701Vc}{m} \tag{6-1}$$

50%～70%的过氧化氢的质量分数 w_2，数值以%表示，按式(6-2) 计算：

$$w_2=\frac{VcM/2000}{m\times\frac{25}{250}}\times 100=\frac{17.01Vc}{m} \tag{6-2}$$

式中 V——滴定消耗 $KMnO_4$ 标准溶液的体积，mL；

c——$KMnO_4$ 标准溶液的浓度，mol/L；

M——过氧化氢的摩尔质量 (M=34.02)，g/mol；

m——试料的质量，g。

思考与练习

一、选择题

1. 对于反应 $I_2+2ClO_3^- \longrightarrow 2IO_3^-+Cl_2$，下面说法中不正确的是（ ）。

A. 此反应为氧化还原反应　B. I_2 氧化数由 0 增至+5，Cl_2 氧化数由+5 降为 0

C. I_2 是还原剂，ClO_3^- 是氧化剂　D. I_2 得到电子，ClO_3^- 失去电子

2. 对于 $KMnO_4$ 与 $H_2C_2O_4$ 的反应，随着反应的进行，反应速率越来越快，随后，由于反应物浓度越来越低，反应速率又逐渐降低，这是因为（ ）。

A. $KMnO_4$ 浓度逐渐降低有利反应加快进行

B. $H_2C_2O_4$ 浓度逐渐降低有利反应加快进行

C. 生成的 Mn^{2+} 具有催化作用

D. 生成的 CO_2 具有催化作用

3. $KMnO_4$ 法可用来测定（ ）。

A. 氧化性物质　B. 还原性物质　C. 非氧化还原性物质　D. 以上三类物质

4. 已知 25℃时电极反应 $MnO_4^-+8H^++5e^- \longrightarrow Mn_2^++4H_2O$ 的 $\varphi^\ominus=1.51V$。若此时 $c(H^+)$ 由 1mol/L 减小到 10^{-4}mol/L，则该电对的电极电势变化值为（ ）。

A. 上升 0.38V　B. 上升 0.047V　C. 下降 0.38V　D. 下降 0.047V

5. 下列电对中 $\varphi^\ominus$ 最大的是（ ）。

A. $\varphi^\ominus(AgI/Ag)$　B. $\varphi^\ominus(AgCl/Ag)$

C. $\varphi^\ominus[Ag(NH_3)_2{}^+/Ag]$　D. $\varphi^\ominus(Ag^+/Ag)$

6. 在酸性介质中，用 $KMnO_4$ 溶液滴定草酸盐，滴定应（ ）。

A. 像酸碱滴定那样快速进行　B. 在开始时缓慢进行，以后逐渐加快

C. 始终缓慢地进行　D. 开始时快，然后缓慢

二、判断题

（ ）1. 标准电极电势表中的 $\varphi^\ominus$ 值是以氢电极作参比电极而测得的电势值。

（ ）2. 在一定温度下，电动势 $E^\ominus$ 只取决于原电池的两个电极，而与电池中各物质的浓度无关。

（ ）3. 电对 MnO_4^-/Mn^{2+} 和 Cr_2O_7/Cr^{3+} 的电极电势随着溶液的 pH 值减小而增大。

（ ）4. 条件电极电势是考虑溶液中存在副反应及离子强度影响之后的实际电极电势。

三、填空题

标定 $KMnO_4$ 溶液时，溶液温度应保持在 75～85℃，温度过高会使________部分分解，酸度太低会产生________，使反应及计量关系________，在热的酸性溶液中 $KMnO_4$ 滴定过快，会使________发生分解。

四、计算与问答题

1. MnO_4^- 在酸性溶液中的半反应为：

$$MnO_4^-+8H^++5e^- \longrightarrow Mn^{2+}+4H_2O \qquad \varphi^\ominus(MnO_4^-/Mn^{2+})=1.51V$$

已知 $c(MnO_4^-)=0.10mol/L$，$c(Mn^{2+})=0.001mol/L$，$c(H^+)=1.0mol/L$，计算该电对的电极电位。

2. 配制 $KMnO_4$ 标准滴定溶液为什么要煮沸并放置两周后过滤？能否使用滤纸过滤？

3. 用草酸钠作基准物标定 $KMnO_4$ 溶液应注意哪些反应条件？

技能项目库

高锰酸钾标准滴定溶液的标定

一、仪器与药品（请在所选合适仪器的括号中打√）

仪器：托盘天平（ ）；分析天平（ ）；碱式滴定管（ ）；酸式滴定管（ ）；500mL 容量瓶（ ）；100mL 容量瓶（ ）；100mL 量筒（ ）；10mL 量筒（ ）；250mL 锥形瓶（ ）；25mL 移液管（ ）；10mL 移液管（ ）；2mL 吸量管（ ）；称量瓶（ ）；玻璃棒（ ）；小烧杯（ ）。

药品：$KMnO_4$ 标准滴定溶液 $\left[c\left(\frac{1}{5}KMnO_4\right)=0.1mol/L\right]$、基准草酸钠（需于110℃烘至恒重）、硫酸溶液（8+92）。

二、操作过程

用递减法称取基准 $Na_2C_2O_4$ 0.2g（称准至0.0001g）于250mL锥形瓶中，加100mL硫酸溶液（8+92）使其溶解，用给定的 $KMnO_4$ 溶液滴定。注意，加入第一滴 $KMnO_4$ 溶液后，褪色较慢，要等粉红色褪去后才可接着加下一滴，滴定逐渐加快。接近终点时将溶液加热至65～75℃（溶液开始冒蒸气），再缓慢滴定至溶液呈粉红色30s不褪为终点。

平行标定3份，同时做空白试验。

三、数据记录与处理

项　目	1#	2#	3#
倾样前称量瓶+基准 $Na_2C_2O_4$ 质量/g			
倾样后称量瓶+基准 $Na_2C_2O_4$ 质量/g			
m(基准 $Na_2C_2O_4$)/g			
标定用 $V(KMnO_4)$/mL			
空白用 $V_0(KMnO_4)$/mL			
$c\left(\frac{1}{5}KMnO_4\right)$/(mol/L)			
$\bar{c}\left(\frac{1}{5}KMnO_4\right)$/(mol/L)			
相对平均偏差/%			

$$c\left(\frac{1}{5}KMnO_4\right)=\frac{m}{(V-V_0)\times 67.00}$$

式中　$c\left(\frac{1}{5}KMnO_4\right)$——高锰酸钾标准滴定溶液的实际浓度，mol/L；

V——标定消耗高锰酸钾溶液的体积，L；

V_0——空白试验消耗高锰酸钾溶液的体积，L；

m——基准草酸钠的质量，g；

67.00——$\frac{1}{2}Na_2C_2O_4$ 的摩尔质量，g/mol。

写出数据处理过程。

双氧水中过氧化氢含量的测定

一、仪器与药品（请在所选合适仪器后面的括号中打√）

仪器：托盘天平（　）；分析天平（　）；碱式滴定管（　）；酸式滴定管（　）；500mL容量瓶（　）；100mL容量瓶（　）；100mL量筒（　）；10mL量筒（　）；250mL锥形瓶（　）；25mL移液管（　）；10mL移液管（　）；2mL吸量管（　）；称

量瓶（ ）；具塞锥形瓶（ ）；玻璃棒（ ）；小烧杯（ ）。

药品：高锰酸钾标准滴定溶液$\left[c\left(\frac{1}{5}KMnO_4\right)=0.0913mol/L\right]$、硫酸（6mol/L）、$H_2O_2$（30%）。

二、操作过程

用吸量管量取2mL 30%的H_2O_2，注入已知质量的具塞小锥形瓶中，准确称量至0.0001g，加适量水后移入250mL容量瓶定容。

用移液管移取25mL试液于锥形瓶中，加硫酸溶液（6mol/L）10mL，用标定好的$KMnO_4$标准溶液滴定至溶液呈淡红色并保持30s不褪色为终点，记下消耗的体积。

平行测定3份。(记录于表格中)

三、数据记录与处理

项　目	1#	2#	3#
具塞锥形瓶质量/g			
具塞锥形瓶+2.00mL H_2O_2 质量/g			
$m(H_2O_2$ 质量$)$/g			
标定用$V(KMnO_4)$/mL			
$w(H_2O_2)$/%			
$\overline{w}(H_2O_2)$/%			
相对平均偏差/%			

$$w(H_2O_2)=\frac{c\left(\frac{1}{5}KMnO_4\right)V(KMnO_4)M\left(\frac{1}{2}H_2O_2\right)10^{-3}}{\frac{25}{250}m}$$

式中 $c\left(\frac{1}{5}KMnO_4\right)$——$KMnO_4$标准溶液的实际浓度，mol/L；

$V(KMnO_4)$——滴定消耗$KMnO_4$标准溶液的体积，mL；

m——试样的质量，g；

$M\left(\frac{1}{2}H_2O_2\right)$——$H_2O_2$的摩尔质量，g/mol$\left[M\left(\frac{1}{2}H_2O_2\right)=17.01\right]$。

写出数据处理过程：

项目 7　地表Ⅴ类水化学需氧量测定

学习目标

【能力目标】

- 能按照试样采样原则对地表Ⅴ类水水样进行采集；
- 能按要求配制各种溶液（化学试剂、辅助试剂、实验室用水等）；
- 能根据 GB 11914—1989 设计水样化学需氧量指标的检测步骤；
- 能根据地表Ⅴ类水化学需氧量测定方案，进行相应实验数据的计算、误差分析及结果的判断，并能规范书写地表Ⅴ类水化学需氧量的检验报告；
- 能与其他组员进行良好沟通，并能根据实验检测情况进行方法变通，解决实际问题。

【知识目标】

- 理解电极电势的概念；
- 掌握能斯特方程及电极电位的计算；
- 利用电极电位的大小来判断氧化还原反应的方向和反应次序；
- 理解影响氧化还原反应速率的因素。

项目背景

本项目的质量检验标准采用 GB 3838—2002《地表水环境质量标准》和 GB 11914—1989《水质　化学需氧量的测定　重铬酸钾法》。地表五类水水质化学需氧量应满足表 7-1。

表 7-1　地表水环境质量标准基本项目标准限值　　　　单位：mg/L

序号	分类	Ⅰ类	Ⅱ类	Ⅲ类	Ⅳ类	Ⅴ类
…	…			…		
5	化学需氧量(COD)	15	15	20	30	40
…	…			…		

地表水Ⅳ类，主要适用于一般工业用水区及人体非直接接触的娱乐用水区；Ⅴ类，主要适用于农业用水区及一般景观要求水域。

作为水质监测分析中最常测定的项目，COD 是评价水体污染的重要指标之一。对于河流和工业废水的研究及污水处理厂的处理效果评价来说，它是一个重要而相对易得的参数，表示了水中还原性物质的多少，是环境监测中的必测项目。目前，实验室测定 COD 仍然大都采用标准法，即重铬酸钾硫酸回流法（GB 11914—1989），该方法测定结果准确、重现性高，适用于各类型的 COD 值大于 30mg/L 的水样，对未经稀释的水样检测限为 700mg/L。

引导问题

（1）地表水如何取样？

（2）GB 11914—1989 规定了对地表Ⅴ类水化学需氧量测定用重铬酸钾法，这种方法有何特点？

（3）重铬酸钾法测定水样的化学需氧量条件是什么？如何消除水样中杂质对测定化学需氧量的干扰？

（4）化学需氧量的测定除了用重铬酸钾法之外，有没有其他的方法？

（5）请评价重铬酸钾法与其他方法测定化学需氧量的优缺点。

项目导学

7.1 重铬酸钾法

7.1.1 方法概述

$K_2Cr_2O_7$ 是一种常用的强氧化剂，在酸性介质中，$Cr_2O_7^{2-}$ 被还原为 Cr^{3+}。其电极反应为：

$$Cr_2O_7^{2-}+14H^{+}+6e^{-} = 2Cr^{3+}+7H_2O \quad \varphi^{\ominus}(Cr_2O_7^{2-}/Cr^{3+})=1.33V$$

$K_2Cr_2O_7$ 的氧化能力不如 $KMnO_4$ 强，因此，$K_2Cr_2O_7$ 法的应用范围不如 $KMnO_4$ 法广泛，但与 $KMnO_4$ 法相比，$K_2Cr_2O_7$ 法有如下优点。

① $K_2Cr_2O_7$ 易于提纯，在 140～150℃干燥 2h 后，即可准确称量，直接配制标准溶液，不必标定。

② $K_2Cr_2O_7$ 标准溶液相当稳定，保存在密闭容器中，其浓度可长期保持不变。

③ 室温下，当 HCl 溶液浓度低于 3mol/L 时，$Cr_2O_7^{2-}$ 不会诱导氧化 Cl^{-}，因此滴定可在 HCl 介质中进行。

④ $K_2Cr_2O_7$ 法选择性较 $KMnO_4$ 法高。$Cr_2O_7^{2-}$ 的还原产物是 Cr^{3+}，呈绿色，终点时无法辨别出过量 $Cr_2O_7^{2-}$ 的黄色，因而须加入指示剂指示滴定终点，常用的指示剂为二苯胺磺酸钠。

7.1.2 $K_2Cr_2O_7$ 标准溶液的制备

（1）直接法 $K_2Cr_2O_7$ 标准溶液可用直接法配制，但在配制前应将 $K_2Cr_2O_7$ 基准试剂在 105～110℃温度下烘至恒重。

（2）间接法（GB/T 601—2002） 若使用分析纯的 $K_2Cr_2O_7$ 试剂配制标准溶液，则需进行标定，其标定原理是：移取一定体积的 $K_2Cr_2O_7$ 溶液，加入过量的 KI 和 H_2SO_4，用已知准确浓度的 $Na_2S_2O_3$ 标准溶液进行滴定，以淀粉指示液指示滴定终点。其反应式为：

$$Cr_2O_7^{2-}+6I^{-}+14H^{+} \longrightarrow 2Cr^{3+}+3I_2+7H_2O$$

$$I_2+2S_2O_3^{2-} \longrightarrow S_4O_6^{2-}+2I^{-}$$

然后根据 $Na_2S_2O_3$ 标准溶液的浓度和滴定消耗的体积、$K_2Cr_2O_7$ 溶液的体积计算出 $K_2Cr_2O_7$ 溶液的准确浓度。

7.1.3 $K_2Cr_2O_7$ 法的应用

7.1.3.1 铁矿石中全铁量的测定

$K_2Cr_2O_7$ 法是测定铁矿石中全铁量的标准方法。根据预氧化还原方法的不同，分为 $SnCl_2$-$HgCl_2$ 法和 $SnCl_2$-$TiCl_3$ 法（无汞测定法）。

（1）$SnCl_2$-$HgCl_2$ 法 将试样用热浓 HCl 溶液溶解，用 $SnCl_2$ 趁热将 Fe^{3+} 还原为 Fe^{2+}。冷却后，过量的 $SnCl_2$ 用 $HgCl_2$ 氧化，再用水稀释，并加入 H_2SO_4-H_3PO_4 混合酸和二苯胺磺酸钠指示剂，立即用 $K_2Cr_2O_7$ 标准溶液滴定至溶液由浅绿色（Cr^{3+} 绿色）变为紫红色，即为滴定终点。其主要反应式为：

$$Fe_2O_3 + 6HCl \longrightarrow 2FeCl_3 + 3H_2O$$

$$2Fe^{3+} + Sn^{2+} \longrightarrow 2Fe^{2+} + Sn^{4+}$$

$$Sn^{2+} + 2HgCl_2 \longrightarrow Sn^{4+} + 2Cl^- + Hg_2Cl_2 \downarrow \text{(白色)}$$

$$6Fe^{2+} + Cr_2O_7^{2-} + 14H^+ \longrightarrow 6Fe^{3+} + 2Cr^{3+} + 7H_2O$$

在滴定前加入 H_3PO_4 的目的是：使 Fe^{3+} 生成稳定的 $Fe(HPO_4)_2^-$，而降低 Fe^{3+}/Fe^{2+} 电对的电位，增大突跃范围，使指示剂二苯胺磺酸钠变色点的电位落在滴定突跃范围之内，减小终点误差；同时，由于 $Fe(HPO_4)_2^-$ 是无色的，消除了 Fe^{3+} 黄色的干扰，有利于滴定终点的观察。

若试样中含有 Cu^{2+}、Mo^{6+}、As(Ⅴ)、Sb(Ⅴ) 等离子时，这些离子既能被 $SnCl_2$ 还原，又会被 $K_2Cr_2O_7$ 氧化，影响铁的测定。若试样中硅含量高时，宜采用 HF-H_2SO_4 分解，以消除 Si 的干扰。若有 NO_3^- 存在，则应加入 H_2SO_4 加热除去。此法简便、快速又准确，在生产中广泛应用。但因预还原用的汞盐有毒，引起环境污染，近年来研究出了无汞测铁法。

(2) $SnCl_2$-$TiCl_3$ 法（无汞测定法）　试样用热浓 HCl 溶解后，趁热用 $SnCl_2$ 将大部分 Fe^{3+} 还原为 Fe^{2+}，再以 Na_2WO_4 为指示剂，滴加 $TiCl_3$ 还原剩余的 Fe^{3+}。反应式为：

$$2Fe^{3+} + Sn^{2+} \longrightarrow 2Fe^{2+} + Sn^{4+}$$

$$Fe^{3+} + Ti^{3+} \longrightarrow Fe^{2+} + Ti^{4+}$$

当 Fe^{3+} 定量还原为 Fe^{2+} 后，稍过量的 $TiCl_3$ 就使溶液中作为指示剂的 W（Ⅵ）还原为蓝色的 W（Ⅴ），后者俗称“钨蓝”，此时溶液呈现蓝色。再加水稀释后，滴加 $K_2Cr_2O_7$ 溶液至蓝色刚好褪去。或以 Cu^{2+} 为催化剂，利用水中的溶解氧，氧化稍过量的 $TiCl_3$ 以及钨蓝，使蓝色褪去。最后以二苯胺磺酸钠为指示剂，用 $K_2Cr_2O_7$ 标准溶液滴定溶液中的 Fe^{2+}，至溶液由浅绿色（Cr^{3+} 绿色）变为紫红色，即为滴定终点。

必须注意，如果 $SnCl_2$ 过量，测定结果将偏高；如果 $TiCl_3$ 加入量过多，用水稀释时，常出现四价态盐沉淀，影响测定。用 $TiCl_3$ 还原 Fe^{3+} 时，当溶液出现蓝色后再加一滴 $TiCl_3$ 即可，否则钨蓝褪色太慢，加入催化剂 $CuSO_4$，必须等钨蓝褪色 1min 后才能进行滴定，因为稍过量的 Ti^{3+} 未除尽，会多消耗 $K_2Cr_2O_7$ 标准溶液的用量，使测定结果偏高。

7.1.3.2　化学耗氧量（COD_{Cr}）的测定

$KMnO_4$ 法测定的化学耗氧量（COD_{Mn}）只适用于较为清洁水样的测定。若测定污染严重的生活污水和工业废水，则需要用 $K_2Cr_2O_7$ 法。$K_2Cr_2O_7$ 法测定的化学耗氧量用 COD_{Cr}（O，mg/L）表示。COD_{Cr}是衡量污水被污染程度的重要指标。

在水样中加入一定量过量的 $K_2Cr_2O_7$ 标准溶液，在强酸性（H_2SO_4）介质中，以 Ag_2SO_4 为催化剂，加热回流 2h，使 $K_2Cr_2O_7$ 充分氧化废水中的有机物和其他还原性物质，待氧化作用完全后，以邻二氮菲-亚铁为指示剂，用 $FeSO_4$ 标准溶液滴定剩余的 $K_2Cr_2O_7$。其滴定反应为：

$$6Fe^{2+} + Cr_2O_7^{2-} + 14H^+ \longrightarrow 6Fe^{3+} + 2Cr^{3+} + 7H_2O$$

如果水样中 Cl^- 含量高时，则需加入 $HgSO_4$ 以消除干扰。该法适用范围广泛，可用于污染严重的生活污水和工业废水，缺点是测定过程中需使用 Cr(Ⅵ)、Hg^{2+} 等有害物质，废液需处理。

7.1.3.3　利用 $Cr_2O_7^{2-}$ 和 Fe^{2+} 的反应测定其他物质

$Cr_2O_7^{2-}$ 和 Fe^{2+} 的反应具有可逆性强、速率快、计量关系好、无副反应、指示剂变色明显等优点，利用此反应还可以测定其他氧化性或还原性的物质。

(1) 测定氧化剂　NO_3^-（或 ClO_3^-）等氧化剂被还原的反应速率较慢，测定时可加入过

量的 Fe^{2+} 标准溶液与其反应：

$$3Fe^{2+}+NO_3^-+4H^+ \longrightarrow 3Fe^{3+}+NO+2H_2O$$

待反应完全后，用 $K_2Cr_2O_7$ 标准溶液返滴定剩余的 Fe^{2+}，即可求得 NO_3^- 含量。

(2) 测定还原剂　一些强还原剂，如 Ti^{3+} 等，极不稳定，易被空气中的氧所氧化。为使测定准确，可将氧化生成的 Ti^{4+} 流经还原柱，然后用盛有 Fe^{3+} 溶液的锥形瓶接收，此时发生如下反应：

$$Fe^{3+}+Ti^{3+} \longrightarrow Fe^{2+}+Ti^{4+}$$

置换出的 Fe^{2+} 再用 $K_2Cr_2O_7$ 标准溶液滴定。

(3) 测定非氧化性还原物质　测定 Pb^{2+}（或 Ba^{2+}）等物质时，一般先将其沉淀为 $PbCrO_4$，然后过滤沉淀，沉淀经洗涤后溶于酸中，再以 Fe^{2+} 标准溶液滴定 $Cr_2O_7^{2-}$，从而间接求出 Pb^{2+} 的含量。

7.2 影响氧化还原反应速率的因素

根据电极电位的大小，只能判断氧化还原反应进行的方向和程度，这只能说明反应发生的可能性，不能说明反应速率的快慢。而在滴定分析中，要求氧化还原反应必须定量、迅速地进行。多数氧化还原反应较复杂，通常需要一定时间和一定条件才能完成。因此，必须对氧化还原反应速率的影响因素进行讨论，以便控制和改变这些影响因素，使反应速率能够满足滴定分析的需要。

(1) 反应物浓度的影响　根据质量作用定律，反应速率与反应物浓度的乘积成正比。但许多氧化还原反应是分步进行的，整个反应的速率由最慢的一步决定。因此，不能从总的反应方程式来判断浓度对反应速率的影响程度。但一般来说，增加反应物浓度，可以加快反应速率。例如，在酸性溶液中 $K_2Cr_2O_7$ 和 KI 反应：

$$Cr_2O_7^{2-}+6I^-+14H^+ \longrightarrow 2Cr^{3+}+3I_2+7H_2O$$

此反应速率较慢，增大 I^- 浓度或提高溶液酸度，可加快反应速率。实验证明，在 $c(H^+)=0.4mol/L$ 时，KI 过量 5 倍，放置 5min，反应即可进行完全。但酸度不能太大，否则也加快空气中的氧对 I^- 的氧化速率，造成分析误差。

(2) 温度的影响　对大多数反应来说，升高反应温度可以加快反应速率，通常溶液温度每增高 10℃，反应速率可增大 2～3 倍。例如，在酸性溶液中用 MnO_4^- 与 $C_2O_4^{2-}$ 的反应：

$$2MnO_4^-+5C_2O_4^{2-}+16H^+ \longrightarrow 2Mn^{2+}+10CO_2+8H_2O$$

在室温下，反应速率很慢，如果将溶液温度加热至 75～85℃时，反应速率就大大加快，滴定便可顺利进行。但是，提高温度并不是对所有氧化还原反应都是有利的。上面介绍的 $K_2Cr_2O_7$ 和 KI 反应，就不能用加热的方法来加快反应速率，因为生成的 I_2 会挥发而引起损失。又如，草酸溶液加热的温度过高，或加热时间过长，草酸将分解而引起误差。有些还原性物质如 Fe^{2+}、Sn^{2+} 等会因加热而更容易被空气中的氧所氧化。因此，对于那些加热引起挥发或加热易被空气中氧所氧化的反应不能用升高温度来加速，只能采用其他方法来加快反应速率。

(3) 催化剂的影响　催化剂的使用是提高反应速率的有效方法。催化反应的机理非常复杂。由于催化剂的存在，在反应过程中产生一些不稳定的中间态离子、游离基或活泼的中间配合物，改变了原来的反应历程，使反应速率发生了改变。例如，在酸性溶液中 $KMnO_4$ 与 $H_2C_2O_4$ 的反应，即使将溶液的温度升高，在滴定的初始阶段，$KMnO_4$ 褪色仍很慢，如果加入少许 Mn^{2+}，反应就能很快进行，这主要是 Mn^{2+} 的催化作用。

因此，在实际应用中也可不外加催化剂 Mn^{2+}，因为在酸性介质中，MnO_4^- 与 $C_2O_4^{2-}$

反应的生成物 Mn^{2+} 起催化剂作用，随着 Mn^{2+} 浓度逐渐增大，反应速率也将加快。这种由生成物本身引起催化作用的反应称为自催化反应。这类反应有一个特点，就是开始时反应速率较慢，随着生成物逐渐增多，反应速率逐渐加快。经过一个最高点后，由于反应物浓度越来越低，反应速率又逐渐降低。

(4) 诱导反应的影响 有些氧化还原反应，在通常情况下并不发生，或者进行得非常缓慢，但在另一氧化还原反应进行时能促进这一反应的进行。这种由一个氧化还原反应的发生促进另一氧化还原反应进行的现象称为诱导作用，该反应称为诱导反应。例如，在酸性溶液中 $KMnO_4$ 氧化 Cl^- 的反应速率极慢，但当溶液中同时存在 Fe^{2+} 时，MnO_4^- 与 Fe^{2+} 的反应将加速 MnO_4^- 与 Cl^- 的反应。因此，把 MnO_4^- 和 Fe^{2+} 的反应称为诱导反应，MnO_4^- 与 Cl^- 的反应称为受诱反应。Fe^{2+} 称为诱导体，MnO_4^- 称为作用体，Cl^- 称为受诱体。

诱导反应与催化反应不同，催化反应中，催化剂参加反应后恢复到原来的状态；而诱导反应中，诱导体参加反应后生成其他物质，受诱体也参加反应，以致增加了作用体的消耗量。因此，用 $KMnO_4$ 测定 Fe^{2+} 时，当有 Cl^- 存在时，将使 $KMnO_4$ 溶液消耗量增加，测定结果产生误差。如果确需在 HCl 介质中测定时，应在溶液中加入 $MnSO_4$-H_3PO_4-H_2SO_4 混合溶液，可防止 Cl^- 对 MnO_4^- 的还原作用，以获得正确的测定结果。

项目训练

7.3 指标检测

7.3.1 仪器、药品及试剂准备

仪器：锥形瓶、回流冷凝管、烧杯、玻璃棒、250mL 容量瓶、吸量管、酸式滴定管、电子天平、电热煲。

试剂：硫酸银、硫酸汞（$HgSO_4$）、硫酸（H_2SO_4）、重铬酸钾、硫酸亚铁铵、邻苯二甲酸氢钾、七水合硫酸亚铁、邻菲咯啉。

7.3.2 分析步骤

① 取 20.00mL 混合均匀的水样（或适量水样稀释至 20.00mL）置于 250mL 磨口的回流锥形瓶中，准确加入 10mL 重铬酸钾标准溶液及数粒小玻璃珠或沸石，连接磨口回流冷凝管，从冷凝管上口慢慢地加入 30mL 硫酸-硫酸银溶液，轻轻摇动锥形瓶使溶液混匀，加热回流 2h（自开始沸腾计时）。

对于化学需氧量高的废水样，可先取上述操作所需体积的 1/10 的废水样和试剂于 15mm×150mm 硬质玻璃试管中，摇匀，加热后观察是否呈绿色。如果溶液呈绿色，再适当减少废水取样量，直至溶液不变绿色为止，从而确定废水样分析时应取用的体积。稀释时，所取废水样量不得少于 5mL，如果化学需氧量很高，则废水样应多次稀释。废水中氯离子含量超过 30mg/L 时，应先把 0.4g 硫酸汞加入回流锥形瓶中，再加入 20.00mL 废水（或适量废水稀释至 20.00mL），摇匀。

② 冷却后，用 90.00mL 水冲洗冷凝管壁，取下锥形瓶。溶液总体积不得少于 140mL，否则因酸度太大，滴定终点不明显。

③ 溶液再度冷却后，加 3 滴试亚铁灵指示液，用硫酸亚铁铵标准溶液滴定，溶液的颜色由黄色经蓝绿色至红褐色即为终点，记录硫酸亚铁铵标准溶液的用量。

④ 测定水样的同时，取 20.00mL 重蒸馏水，按同样操作步骤做空白试验。记录滴定空白时硫酸亚铁铵标准溶液的用量。

7.3.3 数据处理

$$COD_{Cr}(O_2, mg/L) = 8 \times 1000(V_0 - V_1)c$$

式中　c——硫酸亚铁铵标准溶液的浓度，mol/L；
V_0——滴定空白时硫酸亚铁铵标准溶液用量，mL；
V_1——滴定水样时硫酸亚铁铵标准溶液用量，mL；
V——水样的体积，mL；
8——氧$\left(\frac{1}{2}O\right)$摩尔质量，g/mol。

7.4　实验注意事项

① 使用0.4g硫酸汞配合氯离子的最高量可达40mg，如取用20.00mL水样，即最高可配合2000mg/L氯离子浓度的水样。若氯离子的浓度较低，也可少加硫酸汞，保持硫酸汞与氯离子的质量比为10∶1。若出现少量氯化汞沉淀，并不影响测定。

② 水样取用体积可在10.00～50.00mL范围内，但试剂用量及浓度需按表7-2进行相应调整，也可得到满意的结果。

表7-2　水样取用量和试剂用量

水样体积/mL	0.25000mol/L $K_2Cr_2O_7$溶液/mL	H_2SO_4-Ag_2SO_4溶液/mL	$HgSO_4$/g	$(NH_4)_2Fe(SO_4)_2$的浓度/(mol/L)	滴定前总体积/mL
10.0	5.0	15	0.2	0.050	70
20.0	10.0	30	0.4	0.100	140
30.0	15.0	45	0.6	0.150	210
40.0	20.0	60	0.8	0.200	280
50.0	25.0	75	1.0	0.250	350

③ 对于化学需氧量小于50mg/L的水样，应改用0.0250mol/L重铬酸钾标准溶液。回滴时用0.01mol/L硫酸亚铁铵标准溶液。

④ 水样加热回流后，溶液中重铬酸钾剩余量应为加入量的1/5～4/5为宜。

⑤ 用邻苯二甲酸氢钾标准溶液检查试剂的质量和操作技术时，由于每克邻苯二甲酸氢钾的理论COD_{Cr}为1.176g，所以溶解0.4251g邻苯二甲酸氢钾（$HOOCC_6H_4COOK$）于重蒸馏水中，转入1000mL容量瓶，用重蒸馏水稀释至标线，使之成为500mg/L的COD_{Cr}标准溶液。用时新配。

⑥ COD_{Cr}的测定结果应保留三位有效数字。

⑦ 每次实验时，应对硫酸亚铁铵标准滴定溶液进行标定，室温较高时尤其注意其浓度的变化。

7.5　出具检测报告

实验室各种原始记录主要是实验室内部质量控制有关图表、分析试剂配制表、标定记录表、有关分析项目的校准曲线、分析检验记录及分析结果记录表等。由于水和污水分析项目多，分析方法多，分析仪器各不相同，各种原始记录表格可自行设计，但主要的记录项目不可缺少。如样品名称、样品编号、采样地点、采样时间、分析方法、分析仪器名称及型号、测定项目、分析时间、室温、水温、标准溶液名称和浓度及配制日期、取样体积、计量单位、测定值、计算公式等。总之，实验室各种原始记录要求详尽、真实、清晰。

思考与练习

一、选择题

1. 在滴定分析法测定中出现的下列情况，哪种导致系统误差？（　　）

A. 滴定时有液滴溅出　B. 砝码未经校正　C. 滴定管读数读错　D. 试样未经混匀

2. 间接碘量法若在碱性介质下进行，由于（　）歧化反应，将影响测定结果。

A. $S_2O_3^{2-}$　B. I^-　C. I_2　D. $S_4O_6^{2-}$

3. 有关滴定管的使用错误的是（　）。

A. 使用前应洗干净，并检漏

B. 滴定前应保证尖嘴部分无气泡

C. 要求较高时，需进行体积校正

D. 为保证标准溶液浓度不变，使用前可加热烘干

4. 对于反应 $I_2 + 2ClO_3^- = 2IO_3^- + Cl_2$，下面说法中不正确的是（　）。

A. 此反应为氧化还原反应

B. I_2 得到电子，ClO_3^- 失去电子

C. I_2 是还原剂，ClO_3^- 是氧化剂

D. 碘的氧化数由 0 增至＋5，氯的氧化数由＋5 降为 0

5. 在间接碘法测定中，下列操作正确的是（　）。

A. 边滴定边快速摇动

B. 加入过量 KI，并在室温和避免阳光直射的条件下滴定

C. 在 70～80℃恒温条件下滴定

D. 滴定一开始就加入淀粉指示剂

6. 在间接碘量法中，滴定终点的颜色变化是（　）。

A. 蓝色恰好消失　B. 出现蓝色　C. 出现浅黄色　D. 黄色恰好消失

7. 间接碘量法要求在中性或弱酸性介质中进行测定，若酸度太高，将会（　）。

A. 反应不定量　B. I_2 易挥发

C. 终点不明显　D. I^- 被氧化，$Na_2S_2O_3$ 被分解

8. 在碘量法中，淀粉是专属指示剂，当溶液呈蓝色时，这是（　）。

A. 碘的颜色　B. I^- 的颜色

C. 游离碘与淀粉生成物的颜色　D. I^- 与淀粉生成物的颜色

9. 配制 I_2 标准溶液时，是将 I_2 溶解在（　）中。

A. 水　B. KI 溶液　C. HCl 溶液　D. KOH 溶液

二、填空题

1. 9.050 修约为两位有效数字应为________，6.0150 修约为三位有效数字应为________，pH＝12.37 为________位有效数字。

2. 氧化还原滴定法是依据________原理进行滴定分析的，其反应实质是________。

3. 以淀粉为指示剂滴定时，直接碘量法的终点颜色变化是由________变为________，间接碘量法是由________变为________。

4. 砝码或移液管未经校正，将使结果产生________误差，称量中天平零点突然有变动将使结果产生________误差（填“系统”误差或“偶然”误差）。

5. 直接碘量法是利用________作标准滴定溶液来直接滴定一些________物质的方法，反应只能在________性或________性溶液中进行。

6. 氧化还原反应的实质是____________________，其特征是____________________，每个氧化还原反应都可以采用适当的方法设计成一个原电池，原电池就是____________________，它是由________组成的。在原电池中，正极发生________反应。

7. 氧化还原滴定法习惯上分为 $KMnO_4$ 法、________法、碘量法等滴定方法，其中碘量法一般采用外加________作为指示剂。

8. Cu|$CuSO_4$（aq）和 Zn|$ZnSO_4$（aq）用盐桥连接构成原电池，它的正极是________，负极是________。在 $CuSO_4$ 溶液中加入过量氨水，溶液颜色变为________，这时电动势________，在 $ZnSO_4$ 溶液中加入过量氨水时电池的电动势________。

9. $K_2Cr_2O_7$ 法测定铁是先用________将 Fe^{3+} 进行________，除去过量________后加入________混合溶

液和指示剂________，用 $K_2Cr_2O_7$ 溶液滴定至指示剂变为稳定的紫色。

三、简答题与计算题

1. 完成并配平以下方程式。

(1) $Cr_2O_7^{2-}+I^-+H^+ =\!=\!=$

(2) $I_2+S_2O_3^{2-} \longrightarrow$

2. 用重铬酸钾标定硫代硫酸钠溶液时，下列做法的原因是什么？

(1) 加入 KI 后于暗处放置 10min。

(2) 滴定前加 150mL 水。

(3) 近终点时加淀粉指示剂。

3. 已知 $E^{\ominus}(Cu^{2+}/Cu)=0.337V$，$E^{\ominus}(Cu^{2+}/Cu^+)=0.159V$。

(1) 计算反应 $Cu+Cu^{2+} \rightleftharpoons 2Cu^+$ 的平衡常数。

(2) 已知 $K_{sp}^{\ominus}(CuCl)=1.2\times10^{-6}$，计算反应 $Cu+Cu^{2+}+2Cl^- \rightleftharpoons 2CuCl$ (s) 的平衡常数。

4. 测定钢样中铬的含量。称取 0.1650g 不锈钢样，溶解并将其中的铬氧化成 $Cr_2O_7^{2-}$，然后加入 $c(Fe^{2+})=0.1050mol/L$ 的 $FeSO_4$ 标准溶液 40.00mL，过量的 Fe^{2+} 在酸性溶液中用 $c(KMnO_4)=0.02004mol/L$ 的 $KMnO_4$ 溶液滴定，用去 25.10mL，计算试样中铬的含量。

5. 为测定水体中的化学耗氧量 (COD)，常采用 $K_2Cr_2O_7$ 法，在一次测定中取废水样 100.0mL，用硫酸酸化后，加入 25.00mL 0.02000mol/L 的 $K_2Cr_2O_7$ 溶液，在 Ag_2SO_4 存在下煮沸以氧化水样中还原性物质，再以试亚铁灵为指示剂，用 0.1000mol/L 的 $FeSO_4$ 溶液滴定剩余的 $Cr_2O_7^{2-}$，用去 18.20mL，计算废水样中的化学耗氧量 (mg/L)。

6. 过氧化氢可用 $KMnO_4$ 标准溶液滴定，其反应方程式为：$5H_2O_2+2MnO_4^-+6H^+ =\!=\!= 5O_2+2Mn^{2+}+8H_2O$。根据下列实验数据计算试样中 H_2O_2 的质量浓度：取 10.00mL 试样溶液稀释到 100.0mL (溶液 A)，加 5mL 质量分数 $w(H_2SO_4)=0.50$ 的 H_2SO_4 溶液至 20.00mL 溶液 A 中，用 32.85mL $KMnO_4$ 溶液滴定到终点。已知 23.41mL 该 $KMnO_4$ 溶液相当于 0.1683g $Na_2C_2O_4$，空白测定消耗了 0.20mL $KMnO_4$，计算滴定过程产生的体积（标准状态）。

技能项目库

硫代硫酸钠标准滴定溶液的标定

一、仪器与药品（请选择合适的仪器，在所选仪器后面的括号中打√）

仪器：托盘天平（　）；分析天平（　）；碱式滴定管（　）；酸式滴定管（　）；500mL 容量瓶（　）；100mL 容量瓶（　）；100mL 量筒（　）；10mL 量筒（　）；250mL 锥形瓶（　）；25mL 移液管（　）；10mL 移液管（　）；碘量瓶（　）；称量瓶（　）；具塞锥形瓶（　）；玻璃棒（　）；小烧杯（　）。

药品：硫代硫酸钠溶液 [$c(Na_2S_2O_3)=0.1mol/L$]、基准重铬酸钾（$K_2Cr_2O_7$，需于 130℃烘至恒重）、硫酸溶液（1+8）、碘化钾（KI）、淀粉指示液（5g/L 水溶液：将 0.5g 可溶性淀粉，加 10mL 水调成糊状，在搅拌下倒入 90mL 沸水中，煮沸 1～2min，冷却备用）。

二、操作过程

称取基准重铬酸钾 0.15g（称准至 0.0001g）于碘量瓶中，加 25mL 水使其溶解。加 2g 碘化钾及 20mL 硫酸溶液，盖上瓶塞轻轻摇匀，以少量水封住瓶口，于暗处放置 10min。取出，用洗瓶冲洗瓶塞及瓶内壁，加入 150mL 水，用配制的 $Na_2S_2O_3$ 溶液滴定，接近终点时（溶液为浅黄绿色），加入 3mL 淀粉指示液，继续滴定至溶液由蓝色变为亮绿色为终点，记下所用体积。

平行测定 3 份，记录于表格中。

三、数据记录与处理

项　　目	$1^{\#}$	$2^{\#}$	$3^{\#}$
倾样前称量瓶＋基准 $K_2Cr_2O_7$ 质量/g			
倾样后称量瓶＋基准 $K_2Cr_2O_7$ 质量/g			
m/g			
标定用 V/mL			
空白用 V_0/mL			
$c(Na_2S_2O_3)$/(mol/L)			
$\bar{c}(Na_2S_2O_3)$/(mol/L)			
相对平均偏差/%			

$$c(Na_2S_2O_3)=\frac{m\times 1000}{(V-V_0)M\left(\frac{1}{6}K_2Cr_2O_7\right)}$$

式中　m——$K_2Cr_2O_7$ 的质量，g；

V——滴定时消耗 $Na_2S_2O_3$ 标准溶液的体积，mL；

V_0——空白试验消耗 $Na_2S_2O_3$ 标准溶液的体积，mL；

$M\left(\frac{1}{6}K_2Cr_2O_7\right)$——以 $\frac{1}{6}K_2Cr_2O_7$ 为基本单元的 $K_2Cr_2O_7$ 摩尔质量（49.03g/mol）。

写出数据处理过程：

项目 8　食用碘盐含碘量测定

学习目标

【能力目标】

- 能按照试样采样原则对食用碘盐试样进行采集与制备；
- 能按要求配制各种溶液（化学试剂、辅助试剂、实验室用水等）；
- 会使用容量瓶和移液管等容量仪器及分析天平；
- 能根据食品质量要求，进行相应实验数据的计算、误差分析及结果的判断，并能规范书写食品检验报告；
- 能与其他组员进行良好沟通，并能根据实验检测情况进行方法变通，解决实际问题。

【知识目标】

- 掌握氧化还原滴定法的基本原理及应用；
- 掌握碘量法的原理与应用；
- 掌握间接滴定法的基本原理及应用。

项目背景

本项目的质量检验标准采用 QSYS 001—2003《硒碘盐》和 GB/T 5009.42—2003《食盐卫生标准的分析方法》。食用碘盐外观为白色固体，应符合表 8-1 的要求。

表 8-1　食用碘盐技术要求

指标			精制硒碘盐			粉洗硒碘盐	
			优级	一级	二级	一级	二级
物理指标	白度/度	≥	80	75	67	55	
	粒度/%	≥	0.15～0.85mm			0.5～2.5mm	
化学指标(湿基)/%	氯化钠	≥	99.10	98.50	97.00	97.00	95.50
	水分	≤	0.30	0.50	0.80	2.10	3.20
	水不溶物	≤	0.50	0.10	0.20	0.10	0.20
	水溶性杂质	≤	—	—	2.00	0.80	1.10
卫生指标/(mg/kg)	铅(以 Pb 计)	≤	1.0				
	砷(以 As 计)	≤	0.5				
	氟(以 F 计)	≤	5.0				
	钡(以 Ba 计)①	≤	15.0				
碘酸钾/(mg/kg)	碘(以 I 计)		35±15(20～50)				
亚硒酸钠/(mg/kg)	硒(以 Se 计)		7.6±3.1(4.5～10.7)				
抗结剂/(mg/kg)	亚铁氰化钾(以$[Fe(CN)_6]^{4-}$计)	≤	10				

① 此项测定只限于天然含钡卤水为原料制得的食用盐。

食盐加碘是防治碘缺乏病最安全、最经济、最有效的一种方法。加碘盐就是以普通食盐为载体加入一定量的碘酸钾，经混合均匀制作而成的食盐。它既有盐的物理化学性质，也有碘的物理化学性质。长期食用加碘盐可同时起到补充人体必备的元素和健身、防病、治病的作用。从1996年1月1日起，全国开始实行全民食用加碘盐，我国有关法令中规定：不添加碘的食盐不许出售。

引导问题

（1）碘量法测定碘盐中碘含量的原理是什么？

（2）市场碘盐品种较多，如何取样？

（3）碘量法测定碘盐中碘含量的条件是什么？

（4）除了碘量法测定碘盐中碘含量外，有没有其他的测定方法？

（5）国标GB/T 500942—2003中规定了碘盐中碘含量测定的方法，这种方法有何特点？

项目导学

8.1　碘量法

8.1.1　方法概述

碘量法是利用I_2的氧化性和I^-的还原性来进行滴定的分析方法。由于固体I_2在水中的溶解度很小（298K时为0.0012mol/L），且易于挥发，因此，通常将I_2溶解于KI溶液中，此时I_2是以I_3^-配离子形式存在于溶液中，其半反应为：

$$I_2 + I^- \rightleftharpoons I_3^-$$

$$I_3^- + 2e \rightleftharpoons 3I^- \quad \varphi^{\ominus}(I_3^-/I^-) = 0.545V$$

由电对的$\varphi^{\ominus}$值可以看出，I_2是较弱的氧化剂，能与较强的还原剂作用；I^-是中等强度的还原剂，能与许多氧化剂作用。因此，碘量法可用直接滴定或间接滴定两种方式进行。

8.1.1.1　直接碘量法

将I_2配成标准溶液，以此为滴定剂，直接滴定一些电极电势值比$\varphi^{\ominus}$（I_3^-/I^-）小的还原性物质，如S^{2-}、SO_3^{2-}、$S_2O_3^{2-}$、Sn^{2+}、AsAs（Ⅲ）和维生素C等，这种碘量法称为直接碘量法，又称为碘滴定法。直接碘量法不能在碱性溶液中进行，因为碘与碱发生歧化反应。

$$I_2 + 2OH^- = IO^- + I^- + H_2O$$

$$3IO^- = IO_3{}^- + 2I^-$$

8.1.1.2　间接碘量法

间接碘量法又称滴定碘法，它是利用I^-的还原性与氧化性物质反应，定量析出I_2，然后用$Na_2S_2O_3$标准溶液进行滴定，从而间接地测定氧化性物质含量的方法。间接碘量法的基本反应为：

$$2I^- - 2e^- \rightleftharpoons I_2$$

$$I_2 + 2S_2O_3^{2-} \rightleftharpoons 2I^- + S_4O_6^{2-}$$

利用这一方法可以测定很多氧化性物质，如Cu^{2+}、CrO_4^{2-}、$Cr_2O_7^{2-}$、IO_3^-、BrO_3^-、AsO_4^{3-}、ClO^-、NO_2^-、H_2O_2、MnO_4^-和Fe^{3+}等。

间接碘量法必须在中性或弱酸性溶液中进行，因为在碱性溶液中I_2与$S_2O_3^{2-}$将发生如下反应：

$$S_2O_3^{2-} + 4I_2 + 10OH^- = 2SO_4^{2-} + 8I^- + 5H_2O$$

同时，I_2 在碱性溶液中还会发生歧化反应：

$$3I_2+6OH^- = IO_3^-+5I^-+3H_2O$$

在强酸性溶液中，$Na_2S_2O_3$ 溶液会发生分解反应：

$$S_2O_3^{2-}+2H^+ = SO_2+S\downarrow+H_2O$$

同时，I^- 在酸性溶液中易被空气中的 O_2 氧化：

$$4I^-+4H^++O_2 = 2I_2+2H_2O$$

8.1.1.3 碘量法终点指示——淀粉指示液

I_2 与淀粉呈现蓝色，其显色灵敏度除与 I_2 的浓度有关外，还与淀粉的性质、加入的时间、温度及反应介质等条件有关。因此在使用淀粉指示液指示终点时必须注意以下几点。

① 所用的淀粉必须是可溶性淀粉。

② I_3^- 与淀粉的蓝色在热溶液中会消失，因此不能在热溶液中进行滴定。

③ 要注意反应介质的条件，淀粉在弱酸性溶液中灵敏度很高，显蓝色；当 pH＜2 时，淀粉会水解成糊精，与 I_2 作用显红色；当 pH＞9 时，I_2 转变为 IO^-，与淀粉不显色。

④ 直接碘量法用淀粉指示液指示终点时，应在滴定开始时加入，终点时溶液由无色变为蓝色。

⑤ 间接碘量法用淀粉指示液指示终点时，应在 $Na_2S_2O_3$ 标准溶液滴定到 I_2 的黄色很浅时，再加入淀粉指示液，终点时溶液由蓝色变为无色。若过早地加入淀粉指示液，则淀粉及淀粉与 I_2 形成的蓝色配合物就会吸留部分 I_2，使滴定终点提前而且不显色。

⑥ 淀粉指示液（5g/L）的用量一般为 2～5mL。

8.1.1.4 碘量法的误差来源及防止措施

碘量法的误差来源主要有两个方面：一是 I_2 易挥发；二是在酸性溶液中 I^- 易被空气中的 O_2 氧化。因此，应采取措施，以提高分析结果的准确度。

为了防止 I_2 的挥发，应采取以下措施：

① 加入过量的 KI（一般比理论值大 2～3 倍），由于生成了 I_3^-，可减少 I_2 的挥发；

② 反应时溶液的温度不能高，一般在室温下进行；

③ 滴定开始时不要剧烈摇动溶液，尽量轻摇、慢摇，但必须摇匀，局部过量的 $Na_2S_2O_3$ 会自行分解，当 I_2 的黄色已经很浅时，加入淀粉指示液后再充分摇动；

④ 使用碘量瓶，为使间接碘量法的滴定反应进行完全，加入 KI 后要放置约 5min，放置时用水封住瓶口。

为了防止 I^- 被空气中 O_2 氧化，应采取以下措施：

① 在酸性溶液中，用 I^- 还原氧化剂时，应避免阳光照射，可用棕色试剂瓶储存 I^- 标准溶液；

② Cu^{2+}、NO_2^- 等离子能催化空气对 I^- 的氧化，应设法消除干扰；

③ 析出 I_2 后，应立即用 $Na_2S_2O_3$ 标准溶液滴定；

④ 滴定速度要适当快些。

8.1.2 碘量法标准溶液的制备

8.1.2.1 $Na_2S_2O_3$ 标准溶液的制备（GB/T 601—2002）

(1) $Na_2S_2O_3$ 标准溶液的配制 市售硫代硫酸钠（$Na_2S_2O_3\cdot5H_2O$）一般都含有少量杂质，如 S、Na_2SO_3、Na_2SO_4、Na_2CO_3 及 NaCl 等，同时在空气中易风化和潮解，因此不能用直接法配制，只能用间接法。

配制好的 $Na_2S_2O_3$ 溶液在空气中不稳定，容易分解，这主要是由于在水中的微生物、CO_2、空气中的 O_2 作用下发生以下反应：

$$Na_2S_2O_3 = Na_2SO_3 + S\downarrow$$

$$3Na_2S_2O_3 + 4CO_2 + 3H_2O = 2NaHSO_4 + 4NaHCO_3 + 4S\downarrow$$

$$2Na_2S_2O_3 + O_2 = 2Na_2SO_4 + 2S\downarrow$$

此外，水中微量的 Cu^{2+} 或 Fe^{3+} 等离子也能促进 $Na_2S_2O_3$ 溶液分解。

因此，配制 $Na_2S_2O_3$ 溶液一般采取如下步骤：称取需要量的 $Na_2S_2O_3 \cdot 5H_2O$，溶于新煮沸并冷却的蒸馏水中，并加入少量 Na_2CO_3，使溶液保持弱碱性，可抑制微生物的生长，防止 $Na_2S_2O_3$ 的分解。

配制的 $Na_2S_2O_3$ 溶液应储于棕色瓶中，置于暗处约两周，过滤除去沉淀，再进行标定。标定后的 $Na_2S_2O_3$ 溶液在保存过程中，如发现溶液变浑浊，应重新标定，或弃去重配。

(2) $Na_2S_2O_3$ 标准溶液的标定 标定 $Na_2S_2O_3$ 溶液的基准物有 $K_2Cr_2O_7$、KIO_3、$KBrO_3$ 及升华 I_2 等。除 I_2 外，其他物质都需在酸性溶液中与 KI 作用析出 I_2 后，再用已配制的 $Na_2S_2O_3$ 溶液滴定。以 $K_2Cr_2O_7$ 作基准物为例，$K_2Cr_2O_7$ 在酸性溶液中与 I^- 发生如下反应：

$$Cr_2O_7^{2-} + 6I^- + 14H^+ = 2Cr^{3+} + 3I_2 + 7H_2O$$

反应析出的 I_2 以淀粉为指示剂，用待标定的 $Na_2S_2O_3$ 溶液滴定。

$$I_2 + 2S_2O_3^{2-} = 2I^- + S_4O_6^{2-}$$

用 $K_2Cr_2O_7$ 标定 $Na_2S_2O_3$ 溶液时应注意：$Cr_2O_7^{2-}$ 与 I^- 反应较慢，为加速反应，需加入过量 KI 并提高溶液酸度，但酸度太大，I^- 易被空气中的 O_2 氧化，一般以控制酸度 0.2～0.4mol/L 为宜，并使用碘量瓶，在暗处放置 10min，待反应完全后，再进行滴定。

根据称取的 $K_2Cr_2O_7$ 质量及滴定时消耗 $Na_2S_2O_3$ 溶液的体积，可计算出 $Na_2S_2O_3$ 溶液的准确浓度。

8.1.2.2 I_2 标准溶液的制备 (GB/T 601—2002)

(1) I_2 标准溶液的配制 用升华法制得的纯碘可作为基准物质直接配制成标准溶液，但市售的碘常含有杂质，必须采用间接法配制。

由于 I_2 难溶于水，易溶于 KI 溶液，所以配制时将 I_2 与过量 KI 共置于研钵中，加少量水研磨，待溶解后再稀释至一定体积，配制成近似浓度的溶液，然后再进行标定。I_2 标准溶液应保存在棕色瓶中，避免与橡皮接触，并防止日光照射、受热等。

(2) I_2 标准溶液的标定 I_2 溶液的准确浓度，一般常用已知准确浓度的 $Na_2S_2O_3$ 标准滴定溶液标定（即比较法）；也可用基准物质 As_2O_3（砒霜，有剧毒）标定。As_2O_3 难溶于水，可用 NaOH 溶液溶解，使之生成亚砷酸钠，反应式为：

$$As_2O_3 + 6OH^- = 2AsO_3^{3-} + 3H_2O$$

然后以酚酞为指示剂，用 H_2SO_4 中和剩余的 NaOH 至中性或微酸性，再用 I_2 标准溶液滴定 AsO_3^{3-}，反应式为：

$$AsO_3^{3-} + I_2 + H_2O = AsO_4^{3-} + 2I^- + 2H^+$$

此反应为可逆反应，为使溶液快速定量地向右进行，可加入 $NaHCO_3$ 中和反应中生成的 H^+，以保持溶液的 $pH \approx 8$。

根据称取的 As_2O_3 质量及滴定时消耗 I_2 溶液的体积，可计算出 I_2 溶液的准确浓度。

8.1.3 碘量法的应用

8.1.3.1 水中溶解氧的测定

溶解于水中的氧称为溶解氧，常以 DO 表示。水中溶解氧的含量与大气压力、水的温度有密切关系。大气压力减小，溶解氧含量也减小；温度升高，溶解氧含量显著下降。溶解氧的含量常以 1L 水中溶解的氧气量（O_2，mg/L）表示。

清洁的水样一般采用碘量法测定。若水样有色或含有氧化还原性物质、藻类、悬浮物时将干扰测定，则需采用叠氮化钠修正的碘量法等其他方法测定。

碘量法测定溶解氧的原理是：在水样中加入 $MnSO_4$ 和碱性 KI 溶液，使其生成白色的 $Mn(OH)_2$ 沉淀。$Mn(OH)_2$ 性质极不稳定，迅速与水中的溶解氧化合，生成棕色的 $MnMnO_4$ 沉淀。

$$MnSO_4 + 2NaOH = Mn(OH)_2 \downarrow (白色沉淀) + Na_2SO_4$$

$$Mn(OH)_2 + O_2 = H_2MnO_4 \downarrow (棕色沉淀)$$

$$Mn(OH)_2 + H_2MnO_4 = MnMnO_4 \downarrow (棕色沉淀) + 2H_2O$$

加入 H_2SO_4 酸化，使已经化合的溶解氧与溶液中所加入的 I^- 进行氧化还原反应，析出与溶解氧相当量的 I_2。溶解氧越多，析出的 I_2 越多，溶液的颜色越深。

$$MnMnO_4 + 4H_2SO_4 + 4KI = 2MnSO_4 + 2K_2SO_4 + 2I_2 + 4H_2O$$

最后取出一定量反应完毕的水样，以淀粉为指示剂，用 $Na_2S_2O_3$ 标准溶液滴定至终点。滴定反应为：

$$I_2 + 2S_2O_3^{2-} = 2I^- + S_4O_6^{2-}$$

该法广泛用于清洁水样 DO 值的测定。

8.1.3.2 维生素 C 的测定

维生素 C 又称为抗坏血酸，其分子式为 $C_6H_8O_6$，摩尔质量为 176.12g/mol。由于维生素 C 分子中的烯二醇基具有还原性，所以它能被 I_2 定量地氧化成二酮基，其反应式为：

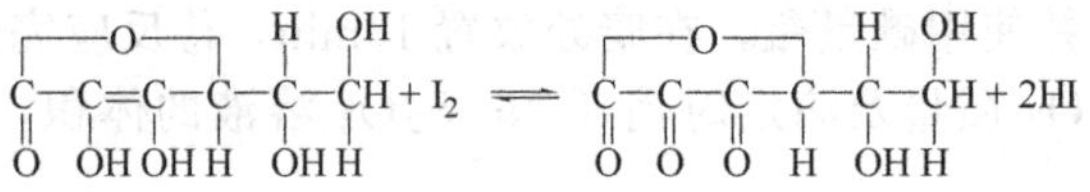

维生素 C 的半反应式为：

$$C_6H_6O_6 + 2H^+ + 2e^- \rightleftharpoons C_6H_8O_6 \qquad \varphi^{\ominus}(C_6H_6O_6/C_6H_8O_6) = 0.18V$$

维生素 C 的还原性很强，在空气中易被氧化，尤其在碱性介质中更容易被氧化，测定时应加入 HAc 使溶液呈现弱酸性，以减少维生素 C 的副反应。

维生素 C 含量的测定方法是：准确称取含维生素 C 的试样，溶解在新煮沸并冷却的蒸馏水中，以 HAc 酸化，加入淀粉指示液，迅速用 I_2 标准溶液滴定至终点（呈现稳定的蓝色）。

必须注意：维生素 C 在空气中极易被氧化，因此在 HAc 酸化后应立即滴定。由于蒸馏水中溶解有氧，必须事先煮沸，否则会使测定结果偏低。如果试液中有能被 I_2 直接氧化的物质存在，则对测定有干扰。

8.1.3.3 铜合金中 Cu 含量的测定

将铜合金（黄铜或青铜）试样溶于 $HCl + H_2O_2$ 溶液中，加热分解除去剩余的 H_2O_2。在弱酸性溶液中，Cu^{2+} 与过量 KI 作用，定量地析出 I_2，然后用 $Na_2S_2O_3$ 标准溶液滴定。反应式为：

$$Cu + 2HCl + H_2O_2 = CuCl_2 + 2H_2O$$

$$2Cu^{2+} + 4I^- = 2CuI \downarrow + I_2$$

$$I_2 + 2S_2O_3^{2-} = 2I^- + S_4O_6^{2-}$$

加入过量 KI，Cu^{2+} 的还原可趋于完全。由于 CuI 沉淀表面强烈地吸附一些 I_2，使测定结果偏低，因此在滴定近终点时，应加入适量 KSCN，使 CuI 沉淀转化为溶解度更小的 CuSCN：

$$CuI + SCN^- = CuSCN \downarrow + I^-$$

以减少 CuI 对 I_2 的吸附。

测定过程中必须注意以下几点。

① SCN^-只能在近终点时加入，否则会直接还原铜离子，使结果偏低。

② 溶液的酸度应控制在pH＝3.3～4.0。若pH＞4.0，则Cu^{2+}水解，使反应不完全，结果偏低；酸度过高，则I^-被空气中的O_2氧化为I_2（Cu^{2+}催化此反应），使结果偏高。

③ 合金中的杂质As、Sb在溶样时氧化为As(Ⅴ)、Sb(Ⅴ)，当酸度过大时，As(Ⅴ)、Sb(Ⅴ)能与I^-作用析出I_2，干扰测定。控制适宜的酸度可消除其干扰。

④ Fe^{3+}能氧化I^-而析出I_2，可用NH_4HF_2掩蔽（生成$[FeF_6]^{3-}$）。同时NH_4HF_2又是缓冲剂，可使溶液的pH保持在3.3～4.0。

⑤ 淀粉指示液应在近终点时加入，过早加入会影响终点观察。

8.1.3.4　H_2S或S^{2-}的测定

在酸性溶液中，I_2能氧化H_2S或S^{2-}：

$$H_2S+I_2 \longrightarrow S\downarrow+2I^-+2H^+$$

因此可用淀粉为指示剂，用碘标准溶液直接滴定H_2S。

为了防止H_2S的挥发，可将试液加入到一定量且过量的酸性I_2标准溶液中，再用$Na_2S_2O_3$标准溶液回滴多余的I_2。

能与酸作用生成H_2S的物质，如含硫矿石、石油和废水中的硫化物、钢铁中的硫以及某些有机化合物中的硫等，可用Zn^{2+}的氨性溶液吸收生成，再用上述方法测定其中的硫含量。

8.2　氧化还原滴定曲线

在氧化还原滴定中，随着滴定剂的加入，溶液中氧化剂或还原剂的浓度逐渐改变，有关电对的电位也随之不断变化，这种变化可用滴定曲线来描述。其横坐标为标准溶液的加入量，纵坐标为电对的电极电位。滴定过程中各点的电位可用仪器方法测量，也可以根据能斯特公式计算。

现以在1mol/L H_2SO_4溶液中，用0.1000mol/L的$Ce(SO_4)_2$标准溶液滴定20.00mL 0.1000mol/L的$FeSO_4$溶液为例，计算滴定过程中电极电位的变化情况。

滴定反应为：$Ce^{4+}+Fe^{2+} \longrightarrow Ce^{3+}+Fe^{3+}$

$$\varphi^{\ominus}(Ce^{4+}/Ce^{3+})=1.44V \quad \varphi^{\ominus}(Fe^{3+}/Fe^{2+})=0.68V$$

8.2.1　滴定开始至化学计量点前

在此阶段，溶液中同时存在Ce^{4+}/Ce^{3+}、Fe^{3+}/Fe^{2+}两个电对。因加入的Ce^{4+}几乎全部被还原为Ce^{3+}，达到平衡时，Ce^{4+}的浓度$c(Ce^{4+})$很小，电位值不易直接求得。但如果知道了滴定的百分数，就可求得$c(Fe^{3+})/c(Fe^{2+})$，即可利用电对Fe^{3+}/Fe^{2+}来计算电位值。

$$\varphi(Fe^{3+}/Fe^{2+})=\varphi^{\ominus}(Fe^{3+}/Fe^{2+})+0.059\lg\frac{c(Fe^{3+})}{c(Fe^{2+})}$$

(1) 当滴入10.00mL $Ce(SO_4)_2$溶液时　将有50%的Fe^{2+}被氧化为Fe^{3+}，Fe^{3+}还剩余50%。此时$c(Fe^{3+})/c(Fe^{2+})=50\%/50\%$。则

$$\begin{aligned}\varphi(Fe^{3+}/Fe^{2+})&=\varphi^{\ominus}(Fe^{3+}/Fe^{2+})+0.059\lg\frac{c(Fe^{3+})}{c(Fe^{2+})}\\&=0.68+0.059\lg(50\%/50\%)\\&=0.68(V)\end{aligned}$$

(2) 当滴入18.00mL $Ce(SO_4)_2$溶液时　即有90%的Fe^{2+}被氧化为Fe^{3+}，Fe^{3+}还剩余10%。此时$c(Fe^{3+})/c(Fe^{2+})=90\%/10\%$。则

$$\varphi(Fe^{3+}/Fe^{2+})=\varphi^{\ominus}(Fe^{3+}/Fe^{2+})+0.059\lg\frac{c(Fe^{3+})}{c(Fe^{2+})}$$

$$=0.68+0.059\lg(90\%/10\%)$$
$$=0.74(V)$$

(3) 当滴入 19.80mL $Ce(SO_4)_2$ 溶液时　即有 99%的 Fe^{2+} 被氧化为 Fe^{3+}，Fe^{3+} 还剩余 1.0%。此时 $c(Fe^{3+})/c(Fe^{2+})=99\%/1\%$。则

$$\varphi(Fe^{3+}/Fe^{2+})=\varphi^{\ominus}(Fe^{3+}/Fe^{2+})+0.059\lg\frac{c(Fe^{3+})}{c(Fe^{2+})}$$
$$=0.68+0.059\lg(99\%/1\%)$$
$$=0.80(V)$$

(4) 当滴入 19.98mL $Ce(SO_4)_2$ 溶液时　即有 99.9%的 Fe^{2+} 被氧化为 Fe^{3+}，Fe^{3+} 还剩余 0.1%。此时 $c(Fe^{3+})/c(Fe^{2+})=99.9\%/0.1\%$。则

$$\varphi(Fe^{3+}/Fe^{2+})=\varphi^{\ominus}(Fe^{3+}/Fe^{2+})+0.059\lg\frac{c(Fe^{3+})}{c(Fe^{2+})}$$
$$=0.68+0.059\lg(99.9\%/0.1\%)$$
$$=0.86(V)$$

8.2.2　化学计量点时

当加入 20.00mL 0.1000mol/L 的 $Ce(SO_4)_2$ 标准溶液时，Ce^{4+} 和 Fe^{2+} 分别定量地转变为 Ce^{3+} 和 Fe^{3+}，即到达了化学计量点，两电对 Fe^{3+}/Fe^{2+} 和 Ce^{4+}/Ce^{3+} 的电位值相等。故可按化学计量点时电位的计算公式来求出电位值。

设化学计量点的电位值为 φ_{sp}，则

$$\varphi_{sp}=\frac{n_1\varphi_1^{\ominus}+n_2\varphi_2^{\ominus}}{n_1+n_2}$$

对于 $Ce(SO_4)_2$ 标准溶液滴定 $FeSO_4$ 溶液，则化学计量点的电位值为：

$$\phi_{sp}=\frac{\phi^{\ominus}(Ce^{4+}/Ce^{3+})+\phi^{\ominus}(Fe^{3+}/Fe^{2+})}{1+1}=\frac{1.44+0.68}{2}=1.06(V)$$

8.2.3　化学计量点后

化学计量点后，Fe^{2+} 几乎全部被氧化成 Fe^{3+}。由于 $Ce(SO_4)_2$ 过量，溶液电极电位的变化可由 Ce^{4+}/Ce^{3+} 电对进行计算。

$$\varphi(Ce^{4+}/Ce^{3+})=\varphi^{\ominus}(Ce^{4+}/Ce^{3+})+0.059\lg\frac{c(Ce^{4+})}{c(Ce^{3+})}$$

(1) 当滴入 20.02mL $Ce(SO_4)_2$ 溶液时　即有 0.1%的 Ce^{4+} 过量，Ce^{3+} 为 100%，此时 $c(Ce^{4+})/c(Ce^{3+})=0.1\%/100\%$。则

$$\varphi(Ce^{4+}/Ce^{3+})=\varphi^{\ominus}(Ce^{4+}/Ce^{3+})+0.059\lg\frac{c(Ce^{4+})}{c(Ce^{3+})}$$
$$=1.44+0.059\lg(0.1\%/100\%)$$
$$=1.26(V)$$

(2) 当滴入 20.20mL $Ce(SO_4)_2$ 溶液时　即有 1%的 Ce^{4+} 过量，Ce^{3+} 为 100%，此时 $c(Ce^{4+})/c(Ce^{3+})=1\%/100\%$。则

$$\varphi(Ce^{4+}/Ce^{3+})=\varphi^{\ominus}(Ce^{4+}/Ce^{3+})+0.059\lg\frac{c(Ce^{4+})}{c(Ce^{3+})}$$
$$=1.44+0.059\lg(1\%/100\%)$$
$$=1.32(V)$$

将滴定过程中不同滴定点电位的计算结果列于表 8-2，并以 $Ce(SO_4)_2$ 溶液加入量的百分数为横坐标，以电位值为纵坐标，绘制的氧化还原滴定曲线如图 8-1 所示。

表 8-2　在 1mol/L H_2SO_4 溶液中，用 0.1000mol/L 的 $Ce(SO_4)_2$ 标准溶液滴定 20.00mL 0.1000mol/L 的 $FeSO_4$ 溶液时的电位变化

加入 Ce^{4+} 标准溶液		剩余 Fe^{2+}		过量 Ce^{4+} 标准溶液		电位/V
/mL	/%	/mL	/%	/mL	/%	
0.00	0.00	20.00	100.0			—
1.00	5.0	19.00	95.0			0.60
2.00	10.0	18.00	90.0			0.62
4.00	20.0	16.00	80.0			0.64
8.00	40.0	12.00	60.0			0.67
10.00	50.0	10.00	50.0			0.68
18.00	90.0	2.00	10.0			0.74
19.80	99.0	0.20	1.0			0.80
19.98	99.9	0.02	0.1			0.86 } 突跃范围
20.00	100.0					1.06 } 突跃范围
20.02	100.1			0.02	0.1	1.26 } 突跃范围
20.20	101.0			0.20	1.0	1.32
22.00	110.1			2.00	10.0	1.38

从表 8-2 和图 8-1 可得出如下结果。

① 当 $Ce(SO_4)_2$ 标准溶液滴入 50%时的电位等于还原剂电对的条件电极电位；当 $Ce(SO_4)_2$ 标准溶液滴入 200%时的电位等于氧化剂电对的条件电极电位。当滴入 $Ce(SO_4)_2$ 标准溶液 99.9%～100.1%时，电极电位变化范围为 1.26V－0.86V＝0.4V，即滴定曲线的电位突跃是 0.4V，这为判断氧化还原滴定的可能性和选择指示剂提供了依据。

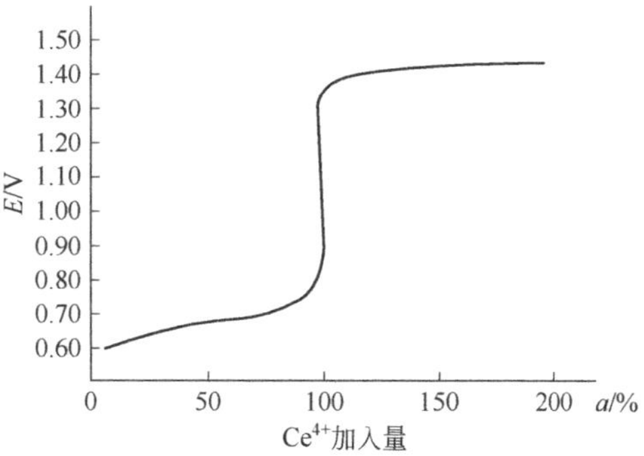

图 8-1　0.1000mol/L Ce^{4+} 滴定 0.1000mol/L Fe^{2+} 的滴定曲线（1mol/L H_2SO_4）

② 化学计量点附近电位突跃的大小取决于两个电对的条件电位差和电子转移数。两个电对的条件电位差越大，滴定突跃越大，如 Ce^{4+} 滴定 Fe^{2+} 的突跃大于 $Cr_2O_7^{2-}$ 滴定 Fe^{2+}；电对的电子转移数越小，滴定突跃越大，如 Ce^{4+} 滴定 Fe^{2+} 的突跃大于 MnO_4^- 滴定 Fe^{2+}。

③ 当两电对的电子转移数相等时，即 $n_1=n_2$，则化学计量点处于滴定突跃的中间，化学计量点前后的滴定曲线是对称的，故将 $n_1=n_2$ 的电对称为对称电对。当两电对的电子转移数不相等时，即 $n_1\neq n_2$，则化学计量点不在滴定突跃的中间，而是偏向电子转移数较多的电对一方，滴定曲线在化学计量点前后是不对称的，故将 $n_1\neq n_2$ 的电对称为不对称电对。

必须指出的是：对于不可逆电对，它们的电位计算不遵从能斯特公式，因此计算绘制的滴定曲线与实际滴定曲线有较大差异，故不可逆氧化还原体系的滴定曲线都是通过实验测定的。

项目训练

8.3　指标检测

8.3.1　仪器、药品及试剂准备

电子分析天平、碘量瓶、滴定管、洗瓶、烧杯等滴定分析所需仪器。

硫代硫酸钠（$Na_2S_2O_3\cdot5H_2O$ 或 $Na_2S_2O_3$）、基准重铬酸钾（$K_2Cr_2O_7$，需于 130℃

烘至恒重）、硫酸溶液（1+8）、碘化钾（KI）、磷酸溶液（1mol/L）、碳酸钠饱和溶液。

（1）淀粉指示液（5g/L 水溶液） 将 0.5g 可溶性淀粉，加 10mL 水调成糊状，在搅拌下倒入 90mL 沸水中，煮沸 1～2min，冷却备用。

（2）$c(Na_2S_2O_3)$ =0.1mol/L 硫代硫酸钠溶液的配制 称取 13g 结晶硫代硫酸钠（$Na_2S_2O_3 \cdot 5H_2O$）或 8g 无水硫代硫酸钠，加 0.2g 无水碳酸钠，溶于 500mL 水中，缓缓煮沸 10min，冷却。放置两周后过滤，待标定。

（3）$c(Na_2S_2O_3)$=0.1mol/L 硫代硫酸钠溶液的标定 称取基准重铬酸钾 0.15g（称准至 0.0001g）于碘量瓶中，加 25mL 水使其溶解。加 2g 碘化钾及 20mL 硫酸溶液，盖上瓶塞轻轻摇匀，以少量水封住瓶口，于暗处放置 10min。取出，用洗瓶冲洗瓶塞及瓶内壁，加入 150mL 水，用配制的 $Na_2S_2O_3$ 溶液滴定，接近终点时（溶液为浅黄绿色），加入 3mL 淀粉指示液，继续滴定至溶液由蓝色变为亮绿色为终点，记下所用体积。平行标定三份，同时做空白试验。

8.3.2 分析步骤

（1）感官检查 将试样均匀铺在一张白纸上，观察其颜色，应为白色，或白色带淡灰色或淡黄色，加有抗结剂铁氰化钾的为淡蓝色，因其来源而异，不应含有肉眼可见的外来机械杂质。约取 20g 试样于瓷乳钵中研碎后，立即检查，不应有气味。约取 5g 试样，用 100mL 温水溶解，其水溶液应具有纯净的咸味，无其他异味。

（2）碘含量测定 称取 10.0000g 试样，置于 25mL 锥形瓶中，加水溶解，加 1mL 磷酸摇匀。滴加饱和溴水至溶液呈浅黄色，边滴边振摇至黄色不褪为止（约 6 滴），溴水不宜过多，在室温放置 15min，在放置期内，如发现黄色褪去，应再滴加溴水至淡黄色。放入玻璃珠 4～5 粒，加热煮沸至黄色褪去，再继续煮沸 5min，立即冷却。加 2mL 碘化钾溶液（50g/L），摇匀，立即用硫代硫酸钠标准溶液（0.0020mol/L，将上述溶液稀释 50 倍：取上述溶液 2mL 于 100mL 容量瓶中稀释到刻度线。）滴定至浅黄色，加入 1mL 淀粉指示剂（5g/L），继续滴定至蓝色刚消失即为终点。如盐样含杂质过多，应先取盐样加水 150mL 溶解，过滤，取 100mL 滤液至 250mL 锥形瓶中，然后进行操作。

平行测定三份。

8.3.3 结果计算

$$x=\frac{Vc\times 21.15\times 1000}{m}$$

式中 x——试样中碘的含量，mg/kg；

V——测定用试样消耗硫代硫酸钠标准滴定溶液的体积，mL；

c——硫代硫酸钠标准滴定溶液浓度，mol/L；

m——试样质量，g；

21.15——与 1.0mL 硫代硫酸钠标准溶液［$c(Na_2S_2O_3)$ =1.000mol/L］相当的碘的质量，mg。

计算结果保留两位有效数字。

8.4 实验注意事项

① 操作条件对滴定碘法的准确度影响很大。为防止碘的挥发和碘离子的氧化，必须严格按分析规程谨慎操作。

② 用重铬酸钾标定硫代硫酸钠溶液时，滴定完了的溶液放置一定时间可能又变为蓝色。如果放置 5min 后变蓝，是由于空气中 O_2 的氧化作用所致，可不予考虑；如果很快变蓝，说明 $K_2Cr_2O_7$ 与 KI 的反应没有定量进行完全，必须弃去重做。

思考与练习

1. 用 $Na_2S_2O_3$ 标准溶液滴定 I_2 溶液，必须在________性和________性溶液中进行，其滴定反应为：________。

2. 配制 $Na_2S_2O_3$ 标准溶液的方法是采用________并________的蒸馏水，溶解所需量的 $Na_2S_2O_3$，然后加入少量________，使溶液呈________，以抑制________生长，密闭储于暗处存放________天，目的是让水中残余的________与 $Na_2S_2O_3$________，使 $Na_2S_2O_3$ 浓度________，然后标定。

3. 氧化还原滴定中，化学计量点时的电极电势计算式是什么？

4. 称取 0.1082g $K_2Cr_2O_7$，溶解后，酸化并加入过量 KI，生成的 I_2 需用 21.98mL $Na_2S_2O_3$ 溶液滴定。问 $Na_2S_2O_3$ 溶液的浓度为多少？

5. 有 0.200g 含铜样品，用碘量法测含铜量，如果析出的 I_2 需要用 20.00mL 0.100mol/L 的 $Na_2S_2O_3$ 溶液滴定，计算样品中含铜百分含量。(Cu 摩尔质量为 63.55g/mol)

反应方程式：　$2Cu^{2+} + 4I^- = 2CuI + I_2$　　$I_2 + 2Na_2S_2O_3 = Na_2S_4O_6 + 2NaI$

6. 将 0.1936g $K_2Cr_2O_7$ 溶于水，酸化后加入过量 KI，析出 I_2 需用 33.61mL $Na_2S_2O_3$ 滴定，问 $Na_2S_2O_3$ 溶液的物质的量浓度为多少？($K_2Cr_2O_7$ 摩尔质量为 294.2g/mol)

反应方程式为：

$$Cr_2O_7^{2-} + 6Fe^{2+} + 14H^+ = 2Cr^{3+} + 6Fe^{3+} + 7H_2O$$

$$I_2 + 2Na_2S_2O_3 = Na_2S_4O_6 + 2NaI$$

7. 用含硫量为 0.051%的标准钢样来标定 I_2 溶液，标样质量为 0.500g，滴定消耗 I_2 液 11.8mL，求碘溶液的滴定度。

技能项目库

碘盐中碘含量的测定

一、仪器与药品（请选择合适的仪器，在所选仪器后面的括号中打√）

仪器：托盘天平（　）；分析天平（　）；碱式滴定管（　）；酸式滴定管（　）；500mL 容量瓶（　）；100mL 容量瓶（　）；100mL 量筒（　）；10mL 量筒（　）；250mL 锥形瓶（　）；25mL 移液管（　）；10mL 移液管（　）；碘量瓶（　）；称量瓶（　）；玻璃棒（　）；小烧杯（　）。

药品：硫代硫酸钠标准滴定溶液［$c(Na_2S_2O_3)=0.1mol/L$］、磷酸溶液（1mol/L）、碘化钾溶液（50g/L）、淀粉指示液（5g/L 水溶液：将 0.5g 可溶性淀粉，加 10mL 水调成糊状，在搅拌下倒入 90mL 沸水中，煮沸 1～2min，冷却备用）。

二、操作过程

称取碘食盐试样 10g（称准至 0.0001g），于 250mL 锥形瓶中，加 80mL 水溶解。加 2mL 磷酸（1mol/L）和 5mL 碘化钾（50g/L），充分摇匀，用 $c(Na_2S_2O_3)=0.002mol/L$ 硫代硫酸钠标准溶液滴定，直到溶液呈现淡黄色，加 5mL 淀粉指示液，继续滴定至蓝色消失为终点，记下所用体积。

平行测定三份，记录于表格中。

三、数据记录与处理

项　目	1#	2#	3#
倾样前称量瓶＋碘盐质量/g			
倾样后称量瓶＋碘盐质量/g			
m/g			
滴定用 V/mL			
$w(I)$/%			
$\overline{w}(I)$/%			
相对平均偏差/%			

$$w(\mathrm{I})=\frac{c(\mathrm{Na_2S_2O_3})VM\left(\frac{1}{6}\mathrm{I}\right)}{m}$$

式中 $c(\mathrm{Na_2S_2O_3})$——硫代硫酸钠标准滴定溶液的实际浓度，mol/L；

V——滴定消耗硫代硫酸钠标准滴定溶液的体积，L；

$M\left(\frac{1}{6}\mathrm{I}\right)$——$\frac{1}{6}\mathrm{I}$的摩尔质量$\left[M\left(\frac{1}{6}\mathrm{I}\right)=126.904/6\right]$，g/mol；

m——碘盐试样质量，g。

写出数据处理过程：

项目 9　生活饮用水中氯化物含量测定

学习目标

【能力目标】

- 能按照试样采样原则对生活饮用水样品进行采集与制备；
- 能正确使用分析天平、容量瓶、移液管、滴定管等分析仪器；
- 能熟练地进行递减法称取样品的操作；
- 能解读国家标准并进行相关含量的测定；
- 能根据标准的要求，进行实验数据的整理与计算、误差分析及结果的判断，并能规范书写实验报告；
- 能独立完成整个项目的测定工作，具有一定的解决问题的能力。

【知识目标】

- 熟练掌握沉淀滴定的原理及应用范围；
- 理解银量法滴定终点的确定方法；
- 了解佛尔哈德法和法扬司法的机理及指示剂；
- 理解硝酸银法测定水中氯化物含量的原理和方法；
- 理解硝酸汞法测定水中氯化物含量的原理和方法。

项目背景

本项目的质量检验标准采用 GB 5749—2006《生活饮用水卫生标准》和 GB/T 5750—85《生活饮用水标准检验方法》。生活饮用水的水质应符合表 9-1 的卫生要求。

表 9-1　水质常规指标及限值（感官性状和一般化学指标部分）

指　　标	限　　值
…	…
氯化物/(mg/L)	250
…	…

生活饮用水（drinking water），是指供人生活的饮水和生活用水。氯化物几乎存在于所有的饮用水中，而来自城镇自来水厂的生活饮用水中更带有消毒处理后的余氯，当饮用水中的氯离子含量超过 4.0g/L 时，将有害于人的健康，因此对水中氯含量的测定就显得相当重要，其常用的测定方法有硝酸银滴定法和硝酸汞滴定法。

硝酸银滴定法。以测定 Cl^- 为例，K_2CrO_4 作指示剂，用 $AgNO_3$ 标准溶液滴定，其反应为：

$$Ag^+ + Cl^- \xlongequal{} AgCl\downarrow \quad \text{白色}$$

$$2Ag^+ + CrO_4^{2-} \xlongequal{} Ag_2CrO_4\downarrow \quad \text{砖红色}$$

这个方法的依据是多级沉淀原理，由于 AgCl 的溶解度比 Ag_2CrO_4 的溶解度小，因此在用 $AgNO_3$ 标准溶液滴定时，AgCl 先析出沉淀，当滴定剂 Ag^+ 与 Cl^- 达到化学计量点时，微过量的 Ag^+ 与 CrO_4^{2-} 反应析出砖红色的 Ag_2CrO_4 沉淀，指示滴定终点的到达。硝酸银滴定法操作简单，但终点不甚明显，要注意滴定时的条件控制。

硝酸汞滴定法。水样经酸化后，用硝酸汞标准溶液滴定，以二苯卡巴腙作指示剂，其反应为：

$$Hg^{2+}+2Cl^- \xlongequal{} HgCl_2\downarrow \quad 白色$$

生成氯化汞白色沉淀，达到滴定计量点后，过量的 Hg^{2+} 与二苯卡巴腙形成蓝紫色配合物，指示滴定终点的到达。硝酸汞滴定法终点敏锐，但测定要求控制在 pH＝3.0 左右。

引导问题

(1) 采用硝酸银法和硝酸汞滴定法测定生活饮用水中氯化物的含量的最终结果是否会有区别？实际应用时要注意哪些条件的选择？

(2) 什么叫沉淀滴定法？用于沉淀滴定的反应必须符合哪些条件？

(3) 何谓银量法？银量法主要用于测定哪些物质？目前银量法滴定终点的确定有哪些方法，各有哪些局限性？

(4) 什么是吸附指示剂？指示机理是什么？要注意什么？

(5) 沉淀滴定反应的终点是如何判断的？在近终点时应如何操作滴定管？

(6) 如何计算水溶液中 [Cl^-] 的浓度？

项目导学

9.1 沉淀滴定法

沉淀滴定法（precipition titrimetry）是以沉淀反应为基础的一种滴定分析方法。虽然沉淀反应很多，但是能用于滴定分析的沉淀反应必须符合以下条件：

① 生成的沉淀应具有恒定的组成，而且溶解度必须很小；

② 沉淀反应必须迅速定量进行；

③ 有适当的指示剂或其他方法确定滴定的终点；

④ 沉淀的吸附现象不影响滴定终点的确定。

由于上述条件的限制，能用于沉淀滴定法的反应并不多，目前有实用价值的主要是形成难溶性银盐的反应，例如：

$$Ag^+ + Cl^- \xlongequal{} AgCl\downarrow \quad (白色)$$

$$Ag^+ + SCN^- \xlongequal{} AgSCN\downarrow \quad (白色)$$

这种利用生成难溶银盐反应进行沉淀滴定的方法称为银量法（argentimetry）。用银量法可以测定 Cl^-、Br^-、I^-、Ag^+、CN^-、SCN^- 等离子及含卤素的有机化合物。

根据滴定方式的不同，银量法可分为直接法和间接法。直接法是用 $AgNO_3$ 标准溶液直接滴定待测组分；间接法是于待测试液中先加入已知过量的 $AgNO_3$ 标准溶液，再用 NH_4SCN 标准溶液来滴定剩余的 $AgNO_3$ 溶液。

沉淀滴定法中可以用指示剂确定终点，根据所采用的指示剂不同，有莫尔法（Mohr method）、佛尔哈德法（Volhard method）和法扬司法（Fajans method），也可以用电位滴定确定终点。

9.2 水样采集

① 采样容器 用来存放水样的容器称采样容器。常用的有无色硬质玻璃磨口瓶和具塞

的聚乙烯瓶两种。由于玻璃容器有溶解现象，如硅、钠、钾、硼等溶解进入水样中，因此玻璃容器不适宜用来存放测定这些微量元素成分的水样；而聚乙烯瓶会吸附重金属、磷酸盐和有机物等，长期存放水样时，细菌、藻类容易繁殖。

② 取样器　用来采集水样的装置称为取样器。采集天然水样时，有表面取样器、不同深度取样器和泵式取样器等，如图 9-1 所示；采集管道或设备中水样时，取样器安装在管道或装置中，如图 9-2 所示。采集水样时，应根据试验目的、水样性质、周围条件选用最适宜的取样器。

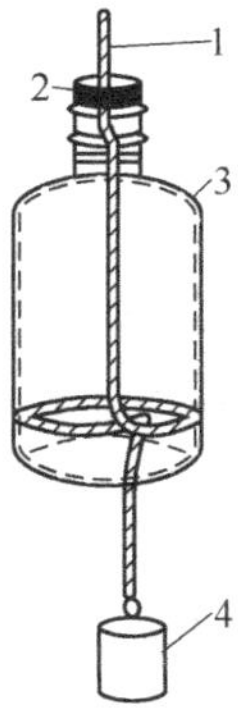

图 9-1　表面或不同深度取样器

1—绳子；2—采样瓶塞；3—采样瓶；4—重物

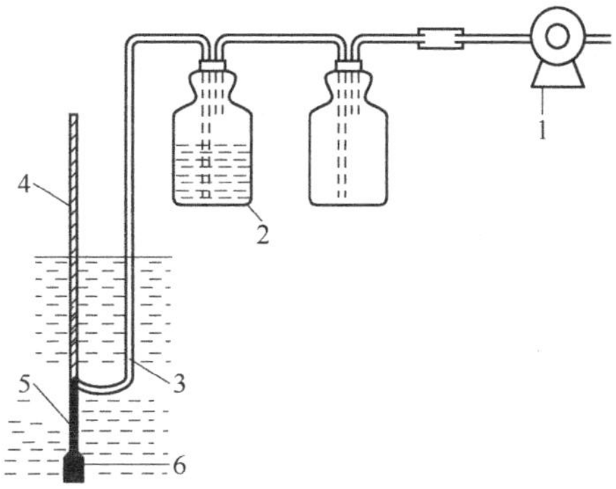

图 9-2　泵式取样器

1—真空泵；2—采样瓶；3—采样用管；4—绳子；5—取样口（玻璃或软质尼龙制造）；6—重物

③ 取样方法　先将采样瓶彻底清洗干净，采样时再用水样冲洗三次以上。采集不同的水样，需要采用不同的方法，采集地表水时，将取样瓶浸入水下面 50cm 处，并在不同地点采样混合成供分析用的水样，并注明季节、气候等影响条件；采集不同深度水样时，应使用不同深度取样器，对不同部位的水样进行采集；从管道中取样时，选择有代表性部位安装取样器。

④ 取样量　采集水样的数量应满足试验和复核需要，生活饮用水中常规检验指标做全分析的水样不得少于 5L，供单项分析用的水样不得少于 0.3L。

⑤ 水样的保存　水样在放置过程中，由于各种原因，其中某些成分可能发生变化，所以采样后应及时分析，尽量缩短存放与运送时间。一般未受污染的水可以存放 72h，受污染的水可以存放 12～24h。

存放与运送水样要注意以下几点：

a. 检查水样是否封闭严密，水样瓶应在阴凉处存放。

b. 冬季应防止水样冰冻，夏季应防止水样受阳光暴晒。

c. 应在报告中注明存放的时间或温度等条件。

⑥ 水样的预处理　对水样进行分析时，常根据不同情况进行一些预处理，如过滤、浓缩、蒸馏、消解等。在采样时或采样后不久，用滤纸、滤膜或砂芯漏斗、玻璃纤维等过滤样品或将样品离心分离都可以除去其中的悬浮物、沉淀藻类及其他微生物。在分析时，过滤的目的主要是区分过滤态和不可过滤态，在滤器的选择上要注意可能的吸附损失，如测有机项目时一般选用砂芯漏斗和玻璃纤维过滤，而在测定无机项目时则常用 0.45μm 的滤膜过滤。

总之，水样采集后最好立即分析，无法立即分析的项目要采取一些保存和预处理的措施，以确保分析结果的可靠性。

项目训练

9.3 硝酸银法

9.3.1 仪器、药品及试剂准备

仪器：分析天平、台秤、50mL 酸式滴定管、500mL 棕色细口瓶、容量瓶（250mL、100mL）、25mL 移液管、量筒（10mL、100mL）、250mL 锥形瓶、称量瓶、玻璃棒、小烧杯。

试剂：

① 固体 $AgNO_3$（A. R.）。

② 基准 NaCl，于 500～600℃灼烧至恒重。

③ K_2CrO_4 指示液（50g/L），称取 5g K_2CrO_4，溶于适量水中，稀释至 100mL。

④ $AgNO_3$ 标准滴定溶液 $c(AgNO_3)=0.01mol/L$，用移液管吸取或滴定管量取标定好的（0.1mol/L）$AgNO_3$ 溶液 25.00mL，于 250mL 容量瓶中稀释至刻度，摇匀。

9.3.2 分析步骤

（1）$AgNO_3$ 溶液 $c(AgNO_3)=0.1mol/L$ 的配制　称取 8.5g $AgNO_3$，溶于 500mL 不含 Cl^- 的蒸馏水中，储于棕色瓶中，摇匀。置暗处保存，待标定。

（2）$AgNO_3$ 溶液的标定　准确称取 0.12～0.15g 基准 NaCl 于锥形瓶中，加 50mL 水，加 1mL K_2CrO_4 指示液，在不断摇动下，用 $AgNO_3$ 标准滴定溶液滴定至溶液微呈淡橙色即为终点。平行测定三次，同时做空白试验。

（3）水中氯含量的测定　用 100mL 容量瓶移取水样 100.00mL 放于锥形瓶中，加 K_2CrO_4 指示液 2mL，在充分摇动下，用 $c(AgNO_3)=0.01mol/L$ $AgNO_3$ 标准滴定溶液滴定至溶液由黄色变为淡橙色，即为终点。平行测定三次，同时做空白试验。

（4）实验注意事项

① K_2CrO_4 溶液浓度至关重要，一般以 $5\times10^{-3}mol/L$ 为宜。

② 滴定反应必须在中性或弱碱性溶液中进行，最适宜的酸度为 pH＝6.5～10.5。

③ 由于生成的 AgCl 沉淀容易吸附溶液中过量的 Cl^-，故滴定时必须剧烈摇动，使被吸附的 Cl^- 释出。

9.3.3 数据记录与处理

（1）$AgNO_3$ 标准溶液的标定

项　目	1#	2#	3#
倾样前称量瓶＋基准 NaCl 质量/g			
倾样后称量瓶＋基准 NaCl 质量/g			
$m(NaCl)$/g			
滴定前初读数/mL			
滴定后终读数/mL			
标定用 $V(AgNO_3)$/mL			
空白用 $V_0(AgNO_3)$/mL			
$c(AgNO_3)$/(mol/L)			
$\bar{c}(AgNO_3)$/(mol/L)			
相对平均偏差/%			

$$c(AgNO)_3=\frac{m(NaCl)\times 1000}{[V(AgNO_3)-V_0(AgNO_3)]M(NaCl)}$$

式中　$m(NaCl)$——基准 NaCl 质量，g；

$V(AgNO_3)$——消耗 $AgNO_3$ 标准溶液的体积，mL；

$V_0(AgNO_3)$——空白消耗 $AgNO_3$ 标准溶液的体积，mL；

$M(NaCl)$——NaCl 的摩尔质量，g/mol。

（2）水中氯含量的测定

项　目	1#	2#	3#
滴定前初读数/mL			
滴定后终读数/mL			
滴定用 $V(AgNO_3)$/mL			
空白用 V_0/mL			
$\rho(Cl)$/(mg/L)			
$\bar{\rho}(Cl)$/(mg/L)			
相对平均偏差/%			

$$\rho(Cl)=\frac{c(AgNO_3)[V(AgNO_3)-V_0]M(Cl)}{V(\text{水样})}\times 1000$$

式中　$\rho(Cl)$——饮用水中氯含量，mg/L；

$c(AgNO_3)$——$AgNO_3$ 标准溶液浓度，mol/L；

$V(AgNO_3)$——消耗 $AgNO_3$ 标准溶液的体积，mL；

V_0——空白消耗 $AgNO_3$ 标准溶液的体积，mL；

$M(Cl)$——Cl 的摩尔质量，g/mol；

$V(\text{水样})$——移取的水样体积，mL。

9.4　硝酸汞法

9.4.1　仪器、药品及试剂准备

仪器：分析天平、台秤、50mL 酸式滴定管、500mL 棕色细口瓶、容量瓶（250mL、100mL）、25mL 移液管、量筒（10mL、100mL）、250mL 锥形瓶、称量瓶、玻璃棒、小烧杯。

试剂：

① 固体 $Hg(NO_3)_2$(A. R.)。

② 基准 NaCl，于 500～600℃灼烧至恒重。

③ 混合指示剂，称取 0.5g 二苯卡巴腙和 0.05g 溴酚蓝，溶于 100mL95%乙醇，储于棕色瓶中，放冰箱中保存。

④ 1.0mol/L HNO_3，吸取 6.3 硝酸，加入纯水中，并稀释至 100mL；0.1mol/L HNO_3：将 1.0mol/L HNO_3 溶液稀释 10 倍。

9.4.2　分析步骤

（1）$Hg(NO_3)_2$ 溶液 $c[Hg(NO_3)_2]=0.007$mol/L 的配制　准确称取 2.3g $Hg(NO_3)_2$，溶于含 0.25mL 浓硝酸的 100mL 纯水中，再定容至 1000mL。

(2) $Hg(NO_3)_2$溶液的标定 准确称取0.08～0.10g基准NaCl于锥形瓶中，加50mL水，加0.5mL混合指示剂，用1.0mol/L HNO_3调节水样，使颜色刚由蓝变黄，再加0.1mol/LHNO_3 0.6mL，此时pH值为3.0±0.2；在不断摇动下，用$Hg(NO_3)_2$标准溶液滴定至溶液刚呈现淡橙色而泡沫呈淡紫色，即为终点。平行测定三次，同时做空白试验。

(3) 水中氯含量的测定 用100mL容量瓶移取水样100.00mL放于锥形瓶中，加1.0mL混合指示剂，用1.0mol/L HNO_3调节水样，使颜色刚由蓝变黄，再加0.1mol/L $HNO_3$0.6mL，在充分摇动下，用$Hg(NO_3)_2$标准溶液滴定至溶液刚呈现淡橙色而泡沫呈淡紫色，即为终点。平行测定三次，同时做空白试验。计算水中氯以mg/L表示。

(4) 实验注意事项

① 要严格控制pH值，酸度过大，硝酸汞配合氯离子的能力下降，使结果偏高；反之，在溶液中尚有较多氯离子时即形成有色配合物，则测定结果偏低。

② 若测定结果的$Hg(NO_3)_2$标准溶液用量大于10mL，应另取更少量水样稀释后重新测定。

③ 由于生成的$HgCl_2$沉淀容易吸附溶液中过量的Cl^-，故滴定时必须剧烈摇动，使被吸附的Cl^-释出。

9.4.3 数据记录与处理

(1) $Hg(NO_3)_2$标准溶液的标定

项 目	1#	2#	3#
倾样前称量瓶+基准NaCl质量/g			
倾样后称量瓶+基准NaCl质量/g			
m(基准NaCl)/g			
滴定前初读数/mL			
滴定后终读数/mL			
标定用$V[Hg(NO_3)_2]$/mL			
空白用V_0/mL			
$c[Hg(NO_3)_2]$/(mol/L)			
$\bar{c}[Hg(NO_3)_2]$/(mol/L)			
相对平均偏差/%			

$$c[Hg(NO_3)_2]=\frac{m(NaCl)\times 1000}{2\{V[Hg(NO_3)_2]-V_0\}M(NaCl)}$$

式中 $c[Hg(NO_3)_2]$——$Hg(NO_3)_2$标准溶液浓度，mol/L；

$m(NaCl)$——基准NaCl质量，g；

$V[Hg(NO_3)_2]$——消耗$Hg(NO_3)_2$标准溶液的体积，mL；

V_0——空白消耗$Hg(NO_3)_2$标准溶液的体积，mL；

$M(NaCl)$——NaCl的摩尔质量，g/mol。

(2) 水中氯含量的测定

项　目	1#	2#	3#
滴定前初读数/mL			
滴定后终读数/mL			
滴定用 $V[Hg(NO_3)_2]$/mL			
空白用 V_0/mL			
ρ(Cl)/(mg/L)			
$\bar{\rho}$(Cl)/(mg/L)			
相对平均偏差/%			

$$\rho(Cl)=\frac{2\times1000\times c[Hg(NO_3)_2]\{V[Hg(NO_3)_2]-V_0\}\times M(Cl)}{V(\text{水样})}$$

式中　ρ(Cl)——饮用水中氯含量，mg/L；

$c[Hg(NO_3)_2]$——$Hg(NO_3)_2$ 标准溶液浓度，mol/L；

$V[Hg(NO_3)_2]$——消耗 $Hg(NO_3)_2$ 标准溶液的体积，mL；

V_0——空白消耗 $Hg(NO_3)_2$ 标准溶液的体积，mL；

M(Cl)——Cl 的摩尔质量，g/mol；

V(水样)——移取的水样体积，mL。

自主项目

酱油中氯化钠含量的测定

酿造酱油是指以大豆或小麦为原料，经微生物发酵制成的具有特殊色、香、味的液体调味品。按发酵工艺分为两类：高盐稀态发酵酱油和低盐固态发酵酱油。下面介绍氯化钠的测定方法。

1. 检验标准

GB 18186—2000　酿造酱油

2. 检验方案设计

① 0.1mol/L 硝酸银标准溶液：按 GB/T 601—2002 规定的方法配制和标定。

② 铬酸钾溶液（50g/L)：称取 5g 铬酸钾，溶解后定容至 100mL；

③ 吸取 2.0mL 的稀释液（吸取 5.0mL 样品，置于 200mL 容量瓶中，加水至刻度，摇匀）于 250mL 锥形瓶中，加 100mL 水及 1mL 铬酸钾溶液，混匀，在白色瓷砖的背景下用 0.1mol/L 硝酸银标准滴定至初显橘红色为终点。

同时做空白试验。

允许差：同一样品平行试验的测定差不得超过 0.10g/100mL。

思考与练习

1. 莫尔法测定 Cl^- 时，若酸度过量，则（　　）。

A. 终点提前　　B. AgCl 沉淀不完全

C. Ag_2CrO_4 沉淀不易形成　　D. AgCl 沉淀对 Cl^- 的吸附能力增强

2. 莫尔法不适于测定（　　）。

A. Ag^+　　B. Cl^-　　C. Br^-　　D. I^-

3. 佛尔哈德法测定时，必须在加入过量 $AgNO_3$ 后，方可加入指示剂，原因是（　　）。

A. Fe^{3+} 氧化 I^-　　B. 防止 Fe^{3+} 的水解

C. AgI 对 I^- 的吸附性太强　　D. AgI 对 Fe^{3+} 的吸附性太强

4. 以法扬司法测定，应选用的指示剂是（　　）。

A. K_2CrO_4　　B. $NH_4Fe(SO_4)_2$　　C. 曙红　　D. 荧光黄

5. 荧光黄属于（　　）指示剂。

A. 酸碱　　B. 氧化还原　　C. 吸附　　D. 金属

6. 生活饮用水采集时的采样容器常用的有____________和______________。水样预处理包括__________、__________、__________和____________。

7. 沉淀滴定法中银量法确定终点的方法有__________、________和________。

8. 莫尔法中指示剂 K_2CrO_4 的用量控制在__________，酸度在______________，由于吸附严重，只能用来测定____________，不可测定______________。

9. 莫尔法滴定时，若________浓度过高，终点将____________，且颜色过深，影响终点的观察，若浓度过低，则终点将______________。

10. 莫尔法测定 Cl^-，由于______的溶解度大于__________的溶解度，故当用 $AgNO_3$ 滴定至计量点附近时，才出现________色的__________沉淀而指示终点。

11. 佛尔哈德法用__________作批示剂，使用条件是________________________。

12. 在测定水样中氯化物含量时，做不做空白试验没有关系，这种说法对吗？______

13. 试讨论莫尔法的局限性。

14. 已知试样中含 Cl^- 25%～40%。欲使滴定时耗去 0.1008mol/L $AgNO_3$ 溶液的体积为 30mL，试求应称取的试样量范围。

15. 0.2018g MCl_2 试样溶于水，以 28.78mL 0.1473mol/L $AgNO_3$ 溶液滴定，试推断 M 为何种元素。

项目 10 食用葡萄糖中水分测定

学习目标

【能力目标】

- 能按照试样采样原则进行葡萄糖的采集；
- 能根据中华人民共和国国家标准，测定物质干燥失重；
- 能根据食品质量要求，进行相应实验数据的计算、误差分析及结果的判断，并能规范书写食品检验报告；
- 进一步巩固分析天平的称量操作；
- 能正确使用真空干燥箱、干燥器、取样器等分析仪器；
- 能与其他组员进行良好沟通，并能根据实验检测情况进行方法变通，解决实际问题。

【知识目标】

- 掌握水分测定的各种方法；
- 了解重量分析法的分析过程和原理；
- 熟悉葡萄糖干燥失重的测定方法；
- 明确造成测定误差的主要原因；
- 明确恒重的意义。

项目背景

本项目的质量检验标准采用 GB/T 20880—2007《食用葡萄糖》和 GB/T 22428.3—2008《葡萄糖干燥失重测定》。食用葡萄糖的理化要求见表 10-1。

表 10-1 食用葡萄糖的理化要求

项　　目		要　　求				
		一水葡萄糖		无水葡萄糖		全糖粉
		优级品	一级品	优级品	一级品	
比旋光度/(°)		52.0～53.5				
葡萄糖含量(以干物质计)/%	≥	99.5	99.0	99.5	99.0	95.0
pH		4.0～6.5				
氯化物/%	≤	0.01				
水分/%	≤	10.0		2.0		10.0
硫酸灰分/%	≤	0.25				

在食品中水分的存在形态有三种：即游离水、结合水和化合水。

(1) 游离水　指由分子间力形成的吸附水及充满在毛细管或巨大孔隙中的毛细管水，容易蒸发。

（2）结合水　指形成食品胶体状态的结合水，如蛋白质、淀粉的水合作用和膨润吸收的水分及糖类、盐类等形成结晶水。这部分水一部分容易除去，一部分不容易除去。

（3）化合水　指物质分子结构中与其他物质化合生成新的化合物的水，是以配位键结合的，其结合力要比分子间力大。如葡萄糖、麦芽糖、乳糖的结晶水或果胶、明胶所形成冻胶中的结合水。很难用蒸发的方法除去（灰化时才可除去）。

如果不加限制地长时间加热干燥，必然使食物变质，影响分析结果。所以要在一定的温度、一定的时间和规定的操作条件下进行测定，方能得到满意的结果。水分测定法通常分为两类。

（1）直接法　利用水分本身的物理性质和化学性质测定水分的方法叫直接法。如重量法、蒸馏法和卡尔·费休法。

（2）间接法　利用食品的相对密度、折射率、电导、介电常数等物理性质测定水分的方法，叫间接法。一般测定水分的方法要根据食品性质和测定目的来选定。

根据中华人民共和国国家标准《葡萄糖干燥失重测定》(GB/T 22428.3—2008)，无水葡萄糖和一水葡萄糖均采用真空干燥失重的方法：葡萄糖样品干燥后的损失质量，以样品损失质量占样品原质量的百分比来表示。干燥失重法属于重量分析法中的挥发法，原理是：将试样加热，使其中水分及挥发性物质逸去，再称出试样减失后的质量。

引导问题

（1）什么叫干燥失重？加热干燥适合哪些药物的测定？

（2）什么叫恒重？影响恒重的因素有哪些？恒重时，几次称量数据哪一次为实重？

项目导学

10.1　重量分析法

10.1.1　重量分析法的概念及分类

重量分析法是用适当的方法先将试样中的待测组分与其他组分分离，然后用称量的方法测定该组分的含量。应用重量分析法测定时，必须先用适当的方法将被测组分从样品中分离出来，然后才能进行称量。因此，重量分析包括分离和称量两大步骤。根据分离方法的不同，重量分析法常分为以下三类。

（1）沉淀法　沉淀法是重量分析法中的主要方法，这种方法是利用试剂与待测组分生成溶解度很小的沉淀，经过滤、洗涤、烘干或灼烧成为组成一定的物质，然后称其质量，再计算待测组分的含量。

（2）气化法（又称挥发法）　挥发法是利用物质的挥发性，通过加热或其他方法使试样的待测组分或其他组分挥发而达到分离，然后通过称量确定待测组分的含量。

（3）电解法　利用电解的方法使待测金属离子在电极上还原析出，然后称量，根据电极增加的质量，求得其含量。

由于葡萄糖中的水分在较低温度下即可挥发，故本项目采用挥发法来测定葡萄糖中的水分。

10.1.2　挥发法

根据称量的对象不同，挥发法可分为直接挥发法和间接挥发法。

（1）直接法　待测组分与其他组分分离后，如果称量的是待测组分或其衍生物，通常称为直接法。例如在进行对碳酸盐的测定时，加入盐酸与碳酸盐反应放出 CO_2 气体。再用石棉与烧碱的混合物吸收，后者所增加的质量就是 CO_2 的质量，据此即可求得碳酸盐的含量。

(2) 间接法 待测组分与其他组分分离后，通过称量其他组分，测定样品减失的质量来求得待测组分的含量，则称为间接法。在药品检验中的“干燥失重测定法”就是利用挥发法测定样品中的水分和一些易挥发的物质，属于间接法。具体的操作方法是：精密称取适量的样品，在一定条件下加热干燥至恒重（所谓恒重是指样品连续两次干燥或灼烧后称得的质量之差小于0.3mg)，用减失质量和取样量相比来计算干燥失重。

根据国家标准，本项目采用挥发法中的干燥失重法来测定葡萄糖中的水分。

10.2 食品中水分的测定

国家标准《食品中水分的测定》(GB 5009.3—2010) 测定食品中的水分含量共有四种方法：直接干燥法、减压干燥法、蒸馏法和卡尔·费休法。

10.2.1 直接干燥法

(1) 原理 利用食品中水分的物理性质，在101.3kPa（一个大气压)、温度101～105℃下采用挥发法测定样品中干燥减失的重量，包括吸湿水、部分结晶水和该条件下能挥发的物质，再通过干燥前后的称量数值计算出水分的含量。

(2) 适用范围 直接干燥法适用于在101～105℃下，不含或含其他挥发性物质甚微的谷物及其制品、水产品、豆制品、乳制品、肉制品及卤菜制品等食品中水分的测定，不适用于水分含量小于0.5g/100g的样品。

10.2.2 减压干燥法

(1) 原理 利用食品中水分的物理性质，在达到40～53kPa压力后加热至(60±5)℃，采用减压烘干法去除试样中的水分，再通过烘干前后的称量数值计算出水分的含量。

(2) 适用范围 减压干燥法适用于糖、味精等易分解的食品中水分的测定，不适用于添加了其他原料的糖果，如奶糖、软糖等试样测定，同时该法不适用于水分含量小于0.5g/100g的样品。

10.2.3 蒸馏法

(1) 原理 利用食品中水分的物理化学性质，使用水分测定器将食品中的水分与甲苯或二甲苯共同蒸出，根据接收的水的体积计算出试样中水分的含量。本方法适用于含较多其他挥发性物质的食品，如油脂、香辛料等。

(2) 适用范围 蒸馏法适用于含较多挥发性物质的食品，如油脂、香辛料等水分的测定，不适用于水分含量小于1g/100g的样品。

10.2.4 卡尔·费休法

(1) 原理 根据碘能与水和二氧化硫发生化学反应，在有吡啶和甲醇共存时，1mol碘只与1mol水作用，反应式如下：

$$C_5H_5N\cdot I_2+C_5H_5N\cdot SO_2+C_5H_5N+H_2O+CH_3OH\longrightarrow 2C_5H_5N\cdot HI+C_5H_6N[SO_4CH_3]$$

卡尔·费休水分测定法又分为库仑法和容量法。库仑法测定的碘是通过化学反应产生的，只要电解液中存在水，所产生的碘就会和水以1∶1的关系按照化学反应式进行反应。当所有的水都参与了化学反应，过量的碘就会在电极的阳极区域形成，反应终止。容量法测定的碘是作为滴定剂加入的，滴定剂中碘的浓度是已知的，根据消耗滴定剂的体积，计算消耗碘的量，从而计算出被测物质水的含量。图10-1为ZKF-1型卡尔·费休水分测定仪。

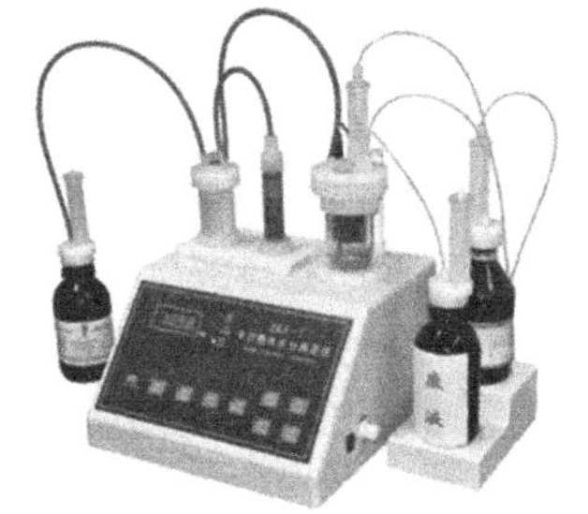

图10-1 ZKF-1型卡尔·费休水分测定仪

(2) 适用范围 卡尔·费休法适用于食品中水分的测定，

卡尔·费休容量法适用于水分含量大于1.0×10^{-3}g/100g的样品，卡尔·费休库伦法适用于水分含量大于1.0×10^{-5}g/100g的样品。

项目训练

10.3 水分测定

10.3.1 仪器、药品及试剂的准备

仪器：分析天平、金属碟或扁形称量瓶（直径为50mm，并带有密封圈）、电热真空干燥箱［温度能恒定在（100±1)℃下，并配有校正过的温度计及一个绝对压力表］、真空泵（可将干燥箱内的压力降至13500Pa，或更低）、干燥系统（由装满干硅胶的干燥塔和一组装有浓硫酸的气体洗涤器相连组成，并依次连接到电热真空干燥箱的空气入口处）、干燥箱（内有有效充足的干燥剂和一个厚的多孔板）。

试剂：葡萄糖试样、干燥剂等。

10.3.2 抽样与感官检验

(1) 食用葡萄糖采样　食用葡萄糖属于有完整包装（桶、袋、箱等）的散粒状样品，首先根据下列公式确定取样件数：

$$n=\sqrt{N/2}$$

式中，n为取样件数；N为总件数。

从样品堆放的不同部位采取到所需的包装样品后，再按下述方法采样：用双套回转取样管插入包装中，回转180°取出样品。每一包装须由上、中、下三层取出三份检样，把许多份检样综合起来成为原始样品，再按四分法缩分至所需数量。

如食用葡萄糖为小包装产品，应根据批号连同包装一起采样。同一批号的取样数量，250g以上包装不得少于3个，250g以下包装不得少于6个。

采样数量应能反映该食品的卫生质量和满足检验项目对样品量的需要，一式三份，分别供检验、复验与备查或仲裁用。根据葡萄糖产品的包装不同，确定取样数，用双套回转取样管取样；混匀、缩分至所需量（一式三份，每份约10g），备用；做好现场采样记录。

(2) 感官检验　采样后应及时测定，采用目视法观察葡萄糖的外观、颜色是否符合标准规定；采用直接嗅闻的方法判断葡萄糖是否有异味。

10.3.3 测定步骤

(1) 样品预处理　在样品容器内将样品充分混匀。如果样品容器太小，应将样品全部转移至容积适当的预干燥容器内，以便混匀。

(2) 称量皿的准备　将敞开的称量皿置于干燥箱中，在100℃下干燥1h后移入干燥器内，冷却至室温，称量，精确至0.0002g。

(3) 称样　称取约10g无水葡萄糖或者5g一水葡萄糖于称量皿中，盖好盖，精确至0.0002g。

(4) 测定　将装有样品、盖好盖的称量皿置于干燥箱内，移开盖，在100℃±1℃烘干4h，压力不超过13500Pa。在干燥过程中，通过干燥系统缓慢地向干燥箱内注入气流。

4h后，关闭真空泵，使空气缓慢通过干燥系统进入干燥箱内，直到干燥箱的压力恢复至常压。取出称量皿前盖好盖，放入干燥箱内，冷却至室温，称量，精确至0.0002g。

应进行平行试验。

10.3.4 注意事项

① 试样在干燥器中的冷却时间每次应相同。不要同时在干燥器内放置，4个以上称量皿。

② 称量应迅速，以免干燥的试样或器皿在空气中露置久后吸潮而不易达恒重。

③ 葡萄糖受热温度较高时可能融化于吸湿水及结晶水中，因此测定本品干燥失重时，宜先于较低温度（60℃左右）干燥一段时间，使大部分水分挥发后再在105℃下干燥至恒重。

④ 如果在试验的过程中或实验后，原料的颜色明显变为黄色，应在相对较低的温度下重复试验，并在报告中说明。

10.3.5　数据记录与处理

项　目	1	2	3
称量瓶质量/g			
(试样+称量瓶)质量/g			
试样质量/g			
(干燥试样+称量瓶)质量/g			
葡萄糖干燥失重/%			
相对平均偏差/%			

据试样干燥前后的质量，按下式计算试样的干燥失重：

$$X=\frac{(m_1-m_2)}{(m_1-m_0)}\times 100$$

式中　X——葡萄糖干燥失重，%；

m_1——干燥前称量皿，称量皿盖和样品的总质量，g；

m_2——干燥后称量皿，称量皿盖和样品的总质量，g；

m_0——干燥后称量皿和盖的总质量，g。

计算结果取平行试验的算术平均值。

思考与练习

一、选择题

1. 下列关于重量分析基本概念的叙述，错误的是（　　）。

A. 气化法是由试样的重量减轻进行分析的方法

B. 气化法适用于挥发性物质及水分的测定

C. 重量法的基本数据都是由天平称量而得

D. 重量分析的系统误差，仅与天平的称量误差有关

2. 下列有关灼烧容器的叙述，错误的是（　　）。

A. 灼烧容器在灼烧沉淀物之前或之后，必须恒重

B. 恒重至少要灼烧两次，两次称重一致才算恒重

C. 灼烧后称重时，冷却时间一致，恒重才有效

D. 灼烧玻璃砂芯滤器的时间可短些

3. 直接干燥法测定样品中水分时，达到恒重是指两次称重前后的质量差不超过（　　）。

A. 0.0002g　　B. 0.0020g　　C. 0.0200g　　D. 0.2000g

4. 下列哪些要求不是重量分析对称量形式的要求（　　）?

A. 要稳定　　B. 颗粒要粗大

C. 相对分子质量要大　　D. 组成要与化学式完全符合

二、问答题

1. 重量分析有几种方法？各自的特点是什么？

2. 称取某可溶性盐0.3232g，用硫酸钡重量法测定其中的含硫量，得$BaSO_4$沉淀0.2982g，计算试样含SO_3的质量分数。

3. 称取风干（空气干燥）的石膏试样1.2030g，经烘干后得吸附水分0.0208g。再经灼烧又得结晶水0.2424g，计算分析试样换算成干燥物质时$CaSO_4\cdot 2H_2O$的质量分数。

第三部分　多指标项目

项目 11　对乙酰氨基酚片的质量检验

学习目标

【能力目标】

- 能按照试样采样原则进行对乙酰氨基酚片试样的采集与制备；
- 能按要求配制各种溶液（化学试剂、辅助试剂、实验室用水等）；
- 会使用容量瓶和移液管等容量仪器及分析天平；
- 能进行紫外-可见分光光度计的波长校正、吸收池成套性检验、光电流稳定度检验、透射比正确度检验；
- 能规范使用紫外-可见分光光度计进行典型化学品的分析与检验；
- 能根据《中国药典》标准，设计药品主要指标的检测步骤；
- 能根据药品的质量要求，进行相应实验数据的计算、误差分析及结果的判断，并能规范书写药品检验报告；
- 能与其他组员进行良好沟通，并能根据实验检测情况进行方法变通，解决实际问题。

【知识目标】

- 理解紫外-可见分光光度法的定义、特点；
- 掌握紫外-可见分光光度计的组成及主要构件的作用；
- 掌握紫外-可见分光光度计的类型及特点；
- 理解物质对光的选择性吸收；
- 掌握朗伯-比尔定律；
- 掌握仪器的各项指标的检验与校正方法。

项目背景

本项目的质量检验标准采用《中国药典 2005 年版》（二部）（170～171 页）。样品含对乙酰氨基酚（$C_8H_9NO_2$）应为标示量的 95.0%～105.0%，其结构式如图 11-1 所示。

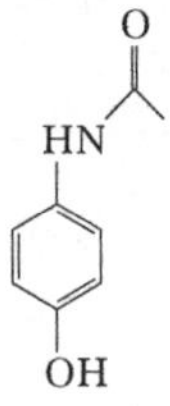

相对分子质量 151.16

图 11-1　对乙酰氨基酚结构式

为保证药品的质量，很多国家都有自己的国家药典，它是记载药品标准和规格的国家法典，是国家管理药品生产、供应、使用与检验的依据，通常都由专门的药典委员会组织编写，由政府颁布施行。

药典中对每一个药品及其制剂都单独列为一个项目，内容包括以下几个方面。

（1）性状　记载该药品的各种物理化学性质，一般包括外观、相对密度、折射率、紫外吸收系数等。这些都是药品的特性，决定是否为该供试品。

（2）鉴别　包括色泽、溶解度、晶型、熔点等，根据这些性质可以帮助初步判断。有时可结合紫外吸收与红外光谱，帮助鉴别供试品是否与品名相符。

(3) 检查　指杂质的检查，需要检查的杂质项目主要是根据生产该药品所用的原料、制备方法、储存容器与储存过程可能发生的变化等情况，考虑可能存在的杂质，再联系这些杂质的毒性，经综合考虑而提出的。一般情况下，对杂质规定有一定的限量，不能超过这个限量，否则即不合格。

(4) 含量测定　主要确定药品中有效成分的含量范围，测定方法力求简便快速，易于推广和掌握。同时还要考虑所用仪器是否容易获得及使用情况。我国药典收载的常用方法也在随着学科的发展而不断有所增加与改进。

对乙酰氨基酚（扑热息痛）是目前主要用于解热镇痛的 OTC 药物，其解热镇痛作用与阿司匹林相当，抗炎作用极弱，对胃肠道无明显刺激，适合于不宜使用阿司匹林的患者，为一线止痛药。样品每片含主要成分对乙酰氨基酚 0.5g，辅料为淀粉、糊精、羟甲基纤维素、羟丙基纤维素、预胶化淀粉、羧甲基淀粉钠、硬脂酸镁。

引导问题

(1) 对乙酰氨基酚片鉴别试验的原理是什么？

(2) 重量差异检查时要取 20 片对乙酰氨基酚片，如何抽样？

(3) 除了用化学方法鉴别对乙酰氨基酚之外，有没有其他的方法？

(4)《中国药典（2005 年版）》（二部）中规定了对乙酰氨基酚片含量测定采用紫外分光光度法，这是一种什么样的方法？

(5) 紫外分光光度计的结构以及操作方法如何？

(6) 利用吸收系数法如何得到对乙酰氨基酚片中主药（对乙酰氨基酚）的含量？

(7) 请评价吸收系数法的优点与缺点。

(8) 除了吸收系数法之外，是否还有其他的定量方法？

(9) 吸收系数法、标准曲线法、对照品比较法的测定原理是什么？

项目导学

11.1　紫外-可见分光光度法概述

分光光度法是通过测定被测物质在特定波长处或一定波长范围内的光吸收度，对该物质进行定性和定量分析的方法。按所用光的波谱区域不同又分为以下几种。

① 可见分光光度法（400～780nm）：电子跃迁光谱，主要用于有色物质的定量分析。

② 紫外分光光度法（200～400nm）：电子跃迁光谱，可用于结构鉴定和定量分析。

③ 红外分光光度法（0.75～1000μm）：分子振动光谱，主要用于有机化合物结构鉴定。

紫外分光光度法和可见分光光度法合称紫外-可见分光光度法。紫外-可见分光光度法（UV-Vis）是基于物质分子对 200～780nm 区域内光辐射的吸收而建立起来的分析方法。由于 200～780nm 光辐射的能量主要与物质中原子的价电子的能级相适应，可以导致这些电子的跃迁，所以又称电子光谱法。紫外分光光度法的特点是：①灵敏度高，它所测试液的浓度下限可达 10^{-5}～10^{-6}mol/L，适用于微量组分的测定。②准确度高，测定的相对误差为 2%～5%，对于常量组分测定，准确度不如化学法，但对于微量组分的测定，完全满足要求。③操作方便、快速，价格便宜、应用广泛。大多数无机离子和许多有机物质的微量成分都可以采用这种方法测定。

11.2　紫外-可见分光光度计的结构与原理

11.2.1　紫外-可见分光光度计的主要部件

目前测定紫外-可见吸收光谱的仪器是紫外-可见分光光度计。它主要由光源、单色器、吸收池、检测器以及信号显示系统组成，其工作原理如图 11-2 所示。

光源——→单色器——→吸收池——→检测器——→信号显示、记录装置

图 11-2　紫外-可见分光光度计工作原理

在紫外-可见分光光度计中，光源提供激发能，使待测分子产生光吸收。在整个紫外光区或可见光谱区可以发射连续光谱，具有足够的辐射强度、较好的稳定性、较长的使用寿命。常用的光源有两类：热辐射光源和气体放电光源。热辐射光源用于可见光区，如钨灯和卤钨灯；气体放电光源用于紫外光区，如氢灯和氘灯（如图 11-3 所示）。

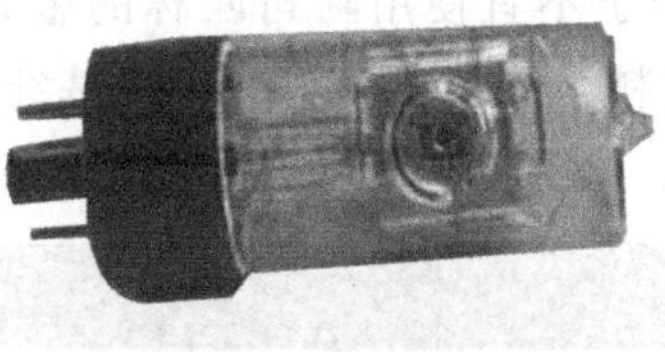

图 11-3　氘灯实物图

单色器将光源发射的复合光分解成连续光谱并可从中选出任一波长的单色光的光学系统，它是分光光度计的心脏部分。单色器主要由狭缝、色散元件和透镜系统等部分组成。图 11-4 为单色器结构示意图。

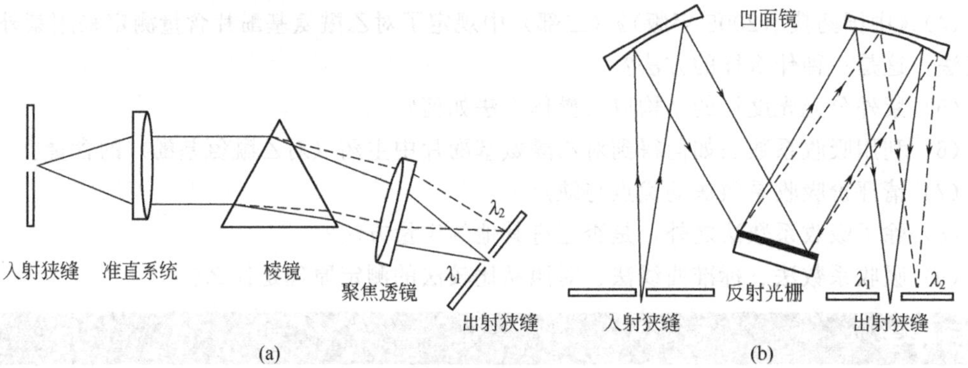

图 11-4　单色器结构示意图

（a）棱镜型；（b）光栅型

（1）狭缝　用来调节光的强度和单色光的纯度，“取出”所需要的单色光。由入射狭缝、出射狭缝组成。

（2）色散元件　单色器的关键部件，将复合光色散成单色光。色散元件常用棱镜和光栅，单色器质量的优劣主要取决于色散元件的质量。棱镜是由玻璃或石英制成的，它对不同波长的光有不同的折射率，可将复合光分开，但光谱疏密不均，长波长区密，短波长区疏。光栅是由抛光表面密刻许多平行条痕（槽）而制成的，利用光的衍射作用和干涉作用使不同波长的光有不同的方向，起到色散作用，光栅色散后的光谱是均匀分布的。

（3）透镜系统　控制光的方向，使入射光成为平行光束，将分光后的单色光聚焦至出射狭缝。

吸收池是用于盛放液态样品的器皿，是光与物质发生作用的场所。吸收池又称比色皿或比色杯，按材料可分为玻璃吸收池和石英吸收池，前者只能用于可见光区不能用于紫外光区，后者既可用于紫外光区也可用于可见光区。吸收池的种类很多，其规格以光程为标志，在几毫米至几厘米不等，其中以 1cm 光程吸收池最为常用。

检测器用于检测单色光通过溶液后透射光的强度，并转变为电信号，输出电信号的大小与透过光的强度成正比。检测器应符合响应灵敏度高、线性关系好、线性范围宽、速度快、噪声低、稳定性好等要求。常用检测器有光电池、光电管、光电倍增管等。现今使用的分光光度计大多采用光电管或光电倍增管作为检测器。光电管以一弯成半圆柱且内表面涂上一层光敏材料的镍片作为阴极，置于圆柱中心的一金属丝作为阳极，密封于高真空的玻璃或石英中构成。

信号显示系统用于放大信号并显示或记录。常用的信号显示装置有直读检流计、电位调节指零装置，以及自动记录和数字显示装置等。

11.2.2　紫外-可见分光光度计的类型

（1）单光束　所谓单光束是指从光源中发出的光，经过单色器等系列光学元件及吸收池后，最后照在检测器上时始终为一束光。其工作原理如图 11-5 所示　。

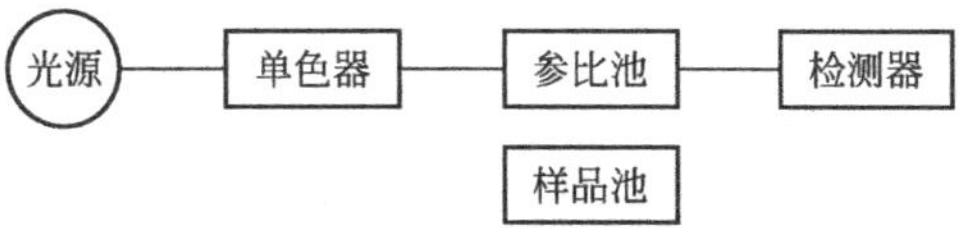

图 11-5　单光束分光光度计的光谱示意图

常用的单光束紫外-可见分光光度计有 751G 型、752 型、754 型、756MC 型等。常用的单光束可见分光光度计有 721 型、722 型、723 型、724 型等。单光束分光光度计的特点是结构简单、价格低，主要适用于定量分析。其不足之处是测定结果受光源强度波动的影响较大，因而给定量分析结果带来较大的误差。

（2）双光束　双光束分光光度计工作原理如图 11-6 所示。

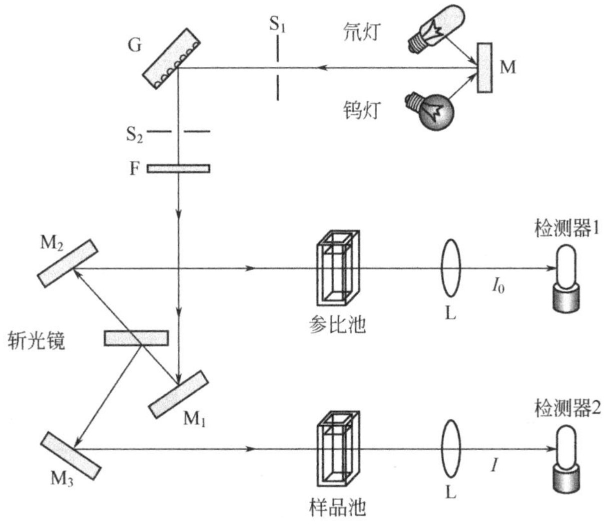

图 11-6　双光束分光光度计结构示意图

M，M_1，M_2，M_3—反光镜；S_1—入射狭缝；S_2—出射狭缝；G—衍射光栅；F—滤光片；L—聚光镜

从光源中发出的光经过单色器后被一个旋转的扇形反射镜（即切光器）分为强度相等的两束光，分别通过参比溶液和样品溶液。利用另一个与前一个切光器同步的切光器，使两束光在不同时间交替地照在同一个检测器上，通过一个同步信号发生器对来自两个光束的信号加以比较，并将两信号的比值经对数变换后转换为相应的吸光度值。这类仪器的特点是：能连续改变波长，自动地比较样品及参比溶液的透光强度，自动消除光源强度变化所引起的误差。对于必须在较宽的波长范围内获得复杂的吸收光谱曲线的分析，此类仪器

极为合适。

(3) 双波长　双波长分光光度计与单波长分光光度计的主要区别在于采用双单色器，以同时得到两束不同的单色光，其工作原理如图 11-7 所示。

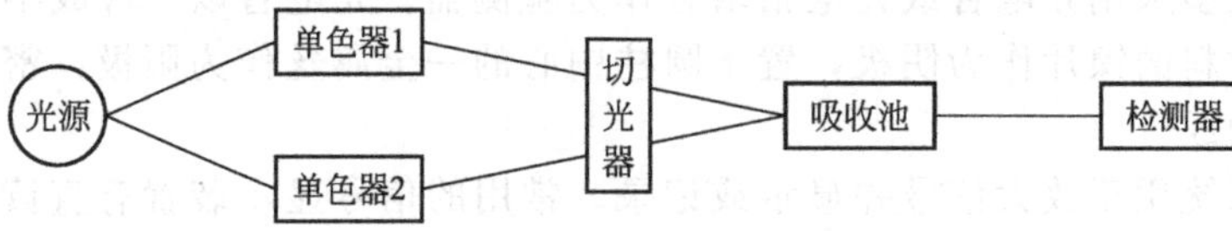

图 11-7　双波长分光光度计光路示意图

光源发出的光分成两束，分别经两个可以自由转动的光栅单色器，得到两束具有不同波长 λ_1 和 λ_2 的单色光。借助切光器，使两束光以一定的时间间隔交替照射到装有试液的吸收池，由检测器显示出试液在波长 λ_1 和 λ_2 的透射比差值 $\Delta\tau$ 或吸光度差值 ΔA，则

$$\Delta A = A_{\lambda_1} - A_{\lambda_2} = (\varepsilon_{\lambda_3} - \varepsilon_{\lambda_2})bc \tag{11-1}$$

由式(11-1) 可知，ΔA 与吸光物质 c 成正比。这就是双波长分光光度计进行定量分析的理论根据。常用的双光束分光光度计有国产 WFZ800S，日本岛津 UV-300、UV-365。这类仪器的特点是：不用参比溶液，只用一个待测溶液，因此可以消除背景的吸收干扰，包括待测溶液与参比溶液组成的不同及吸收液厚度的差异的影响，提高了测量的准确度。它特别适合混合物和浑浊样品的定量分析，可进行导数光谱分析等，其不足之处是价格昂贵。

11.3　紫外-可见分光光度计的使用

(1) UV-7504PC 紫外-可见分光光度计（如图 11-8 所示，上海欣茂仪器有限公司） 仪器的基本操作如下。

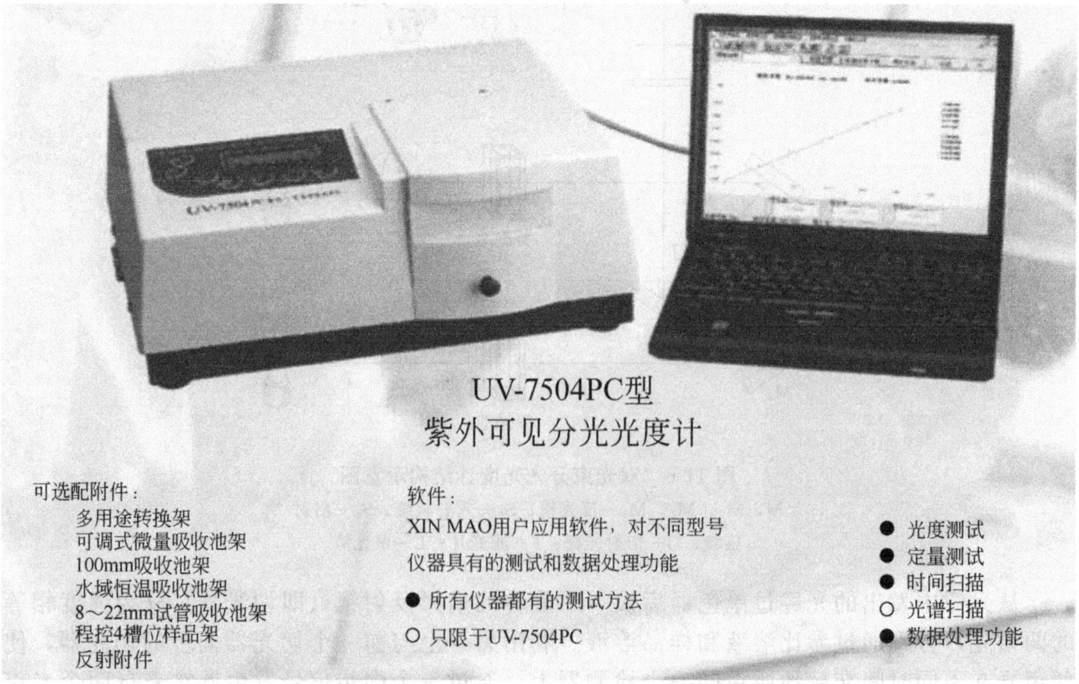

图 11-8　UV-7504PC 紫外-可见分光光度计

① 连接仪器电源线，确保仪器供电电源有良好的接地性能。

② 接通电源，开机使机器预热 20min。至仪器自动校正后，显示器显示“546.0nm

0.000A”仪器自检完毕，即可进行测试。

③ 用＜方式＞键设置测试方式，根据需要选择透光率（T）、吸光度（A）或浓度（c）。

④ 选择要分析的波长，按＜设定＞键屏幕上显示“WL＝XXX.Xnm”字样，按△或▽键输入所要分析的波长，之后按＜确认＞键，显示器第一列右侧显示“XXX.Xnm BLANKING”，仪器正在变换到所设置的波长及自动跳出“0ABS/100%T 请稍等”。待仪器显示出需要的波长，并且已经把参比调成 0.000A 时，即可测试。

⑤ 将参比样品溶液和被测样品溶液分别倒入比色皿中，打开样品室盖，将盛有溶液的比色皿分别插入比色皿槽中，盖上。一般情况下，参比样品放在第一个槽位中。仪器所附的比色皿，其透过率是经过配对测试的，未经配对处理的比色皿将影响样品的测试精度。比色皿透光部分表面不能有指印、溶液痕迹，被测溶液中不能有气泡、悬浮物，否则也将影响样品测试的精度。

⑥ 将参比样品推（拉）入光路中，按＜0ABS/100%T＞键调“0ABS/100%T”。此时显示器显示“BLANKING”，直至显示“100.0%T”或“0.000A”为止。

⑦ 当仪器显示器显示出“100.0%T”或“0.000A”后，将被测样品推（拉）入光路，这时，便可以从显示器上得到被测样品的测试参数。根据设置的方式可得到样品的透射比（T）或吸光度（A）参数。

(2) T6 新世纪紫外-可见分光光度计（如图 11-9 所示，北京普析通用仪器有限责任公司生产） 仪器的基本操作如下。

图 11-9　T6 新世纪紫外-可见分光光度计

① 接通电源，开机使机器预热 20min。

② 开机，仪器进入自动初始化状态，初始化结束后进入主菜单界面。

③ 在主菜单界面上选择＜光度测量＞，按＜ENTER＞键进入。选择＜测光方式＞，按＜ENTER＞键进入，根据需要选择吸光度、透光率或能量。

④ 按＜RETNRN＞键返回到“光度测量”界面，选择＜试样设定＞，按＜ENTER＞键进入。根据需要对试样室、样池数、空白溶液校正、样池空白校正、试样移动、试样空白、系统设定、系数设定、试样池复位等八项进行设置。

⑤ 将空白样、试样依次放入光路中。按＜RETNRN＞键返回到“光度测量”界面，按＜GOTOλ＞键进入波长设定界面。可输入波长范围为 190～1100，否则视为无效数据。

⑥ 按＜ZERO＞键进入自动校零，可对当前工作波长进行吸光度零校正（或透光率 100%校正）。

⑦ 按＜START/STOP＞键进行测量，界面显示测量结果。

11.4　吸收池的使用方法与配套性检验

吸收池要保持干燥清洁，不能长时间盛装有色溶液，用后要立即清洗，可定期用盐酸-乙醇（1＋2）洗涤液洗涤，蒸馏水洗净，切忌用碱或强氧化剂洗涤，也不能用毛刷刷洗。洗净后自然风干或冷风吹干，不能放干燥箱内烘干。

拿取吸收池的磨砂面，手指不能接触透光面。放入液槽架前，用细软而吸水的纸轻轻吸干外部液滴，再用擦镜纸擦拭，避免透光面擦出斑痕。

溶液应充至吸收池全高度的 3/4 左右，最多不超过 4/5，不宜过满。注入被测溶液前，吸收池要用被测溶液淋洗几次，以免影响溶液浓度。

同组吸收池间透光度误差要求小于 0.5%。通常一个盛放参比溶液，另一个或几个盛放待测溶液，同一组测量中两者不要互换，各台仪器所配套的吸收池也不能互换。有的吸收池磨砂面带有箭头标记，每次测量按同一方向箭头标记放入光路，并使吸收池紧靠入射光方向，透光面垂直于入射光。

分别在两个比色皿中加入蒸馏水，在波长为 257nm 下测量，以其中任一比色皿为参比，测定另一个比色皿的吸光度值，两者偏差小于 0.5%视为配套。

11.5 紫外-可见吸收光谱曲线

11.5.1 紫外-可见吸收光谱产生的机理

构成物质的分子一直处于运动状态，包括电子运动、原子核之间的相对振动以及分子本身绕其重心的转动。不同的运动状态具有不同的能级，其中电子能级间的能量差 ΔE 一般为 1～20eV。

光子作用物质分子时，如果光子的能量与物质分子的电子能级间的能级差满足式(11-2) 的条件：

$$E=h\nu=\frac{hc}{\lambda}=\Delta E \tag{11-2}$$

光子将能量传递给物质分子，分子获得能量后可发生电子能级的跃迁（如图 11-10 所示）。由于电子能级跃迁的能量变化最大，因此，只有用紫外-可见光谱区域的光照射分子，才会发生跃迁。在光吸收过程中，基于分子中电子能级的跃迁而产生的光谱称为紫外-可见吸收光谱（或电子光谱）。

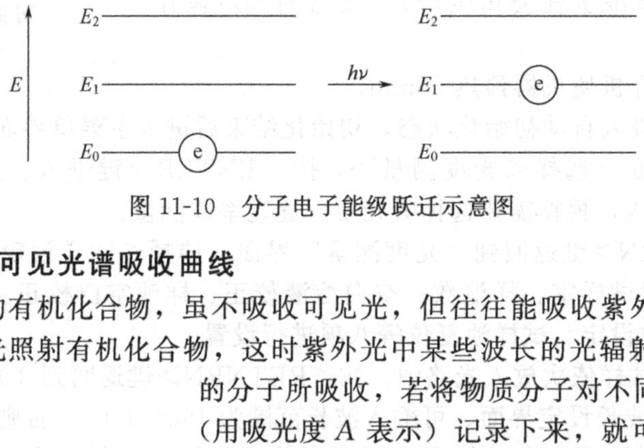

图 11-10 分子电子能级跃迁示意图

11.5.2 紫外-可见光谱吸收曲线

许多无色透明的有机化合物，虽不吸收可见光，但往往能吸收紫外光。如果用一束具有连续波长的紫外光照射有机化合物，这时紫外光中某些波长的光辐射就可以被该化合物的分子所吸收，若将物质分子对不同波长光的吸收程度（用吸光度 A 表示）记录下来，就可获得该化合物吸光度随波长变化的关系曲线，这就是光谱吸收曲线，也称为吸收光谱，如图 11-11 所示。

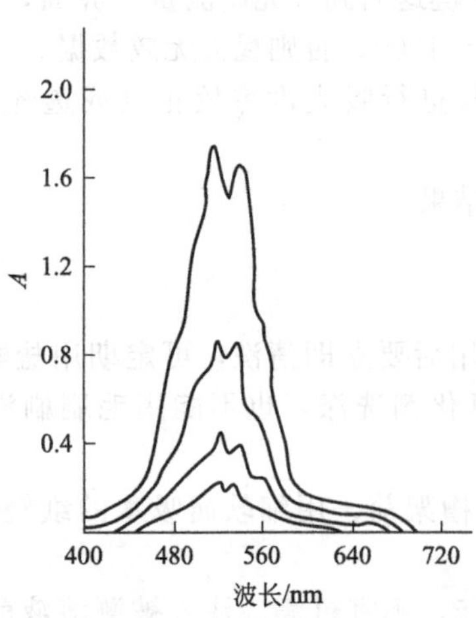

图 11-11 不同浓度 $KMnO_4$ 溶液的吸收曲线

分析该物质的吸收光谱，可得出以下几点。

① 同一种物质对不同波长光的吸光度不同。吸光度最大处对应的波长称为最大吸收波长，用 λ_{max} 表示。

② 同一物质不同浓度的溶液，光吸收曲线形状相似，其最大吸收波长不变。但在同一波长处的吸光度随溶液的浓度增加而增大，这个特性可作为物质定量分析的依据。

③ 不同物质吸收曲线的特性不同。吸收曲线的特性包括曲线的形状、峰的数目、峰的位置和峰的强度等，它们与物质的性质有关。因此，吸收曲线可提供定性分析的信息。

11.6　定量分析

11.6.1　吸收系数法

11.6.1.1　吸收系数法概述

单组分的定量分析方法中的一种，所谓单组分的定量分析指的是测定某一个样品中一种组分，且在选定的测量波长下，其他组分没有吸收即对该组分不干扰。吸收系数法又称为绝对法，在测定条件下，待测组分吸光系数已知，可以通过测定溶液的吸光度，直接根据朗伯-比尔定律，求出组分浓度或含量。

11.6.1.2　朗伯-比尔定律

当一束平行的波长为λ的单色光通过一均匀的有色溶液时，光的一部分被比色皿的表面反射回来，一部分被溶液吸收，一部分则透过溶液。图 11-12 为有色溶液与光线关系示意。

这些数值有如下关系：$I_0=I_a+I_r+I_t$，I_0 代表入射光的强度；I_a 代表被吸收光的强度；I_t 代表透射光的强度；L 代表溶液厚度；c 代表溶液浓度。

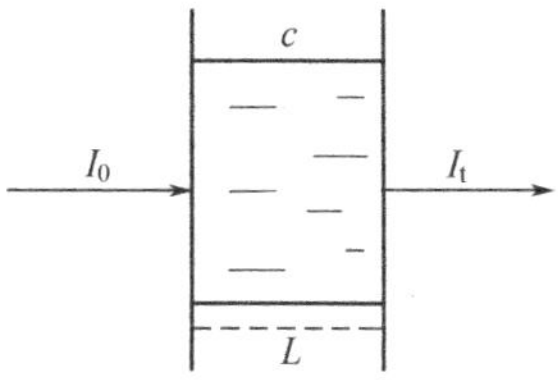

图 11-12　有色溶液与光线关系

在比色反应中采用同种质料的比色皿，其反射光的强度是不变的，由于反射所引起的误差互相抵消。上式简化为：$I_0=I_a+I_t$，式中 I_a 越大说明对光吸收得越强，则透过光的 I_t 强度越小，光减弱得越多。而透过光强度的改变是与有色溶液浓度 c 和液层厚度 L 有关。即溶液浓度愈大液层愈厚，透过的光愈少，入射光的强度减弱得愈显著。

透过光强度 I_t 与入射光强度 I_0 之比（以 T 表示）称为透光率或透光度。

$$T=\frac{I_t}{I_0} \tag{11-3}$$

透光率倒数的对数称为吸光度 A：

$$A=\lg\frac{1}{T}=\lg\frac{I_t}{I_0} \tag{11-4}$$

式中，A 代表了溶液对光的吸收程度，为无量纲量。A 越大，则吸光物质对光的吸收越大。

1760 年朗伯指出：如果溶液浓度一定，则吸光度 A 与溶液液层的厚度 L 成正比。

$$A\propto L \tag{11-5}$$

1852 年比尔又指出：当单色光通过液层厚度一定的含吸光物质的溶液时，溶液的吸光度 A 与溶液的浓度 c 成正比。

$$A\propto c \tag{11-6}$$

将两个定律合并得到朗伯-比尔定律：$A=kcL$，此公式的物理意义是，当一束平行的单色光通过均匀的含有吸光物质的溶液后，溶液的吸光度与吸光物质浓度及吸收池厚度成正比。这是紫外-可见分光光度法定量分析的基础。

k 为吸收系数，表示单位浓度的溶液液层厚度为 1cm 时，在一定波长下测得的吸光度，k 是吸收物质在一定波长和溶剂条件下的特征常数，不随浓度 c 和光程长度 L 的改变而改变，因此可作为定性鉴定的参数。同一吸收物质在不同波长下的 k 值是不同的。在最大吸收波长 λ_{max} 处的吸光系数，常以 k_{max} 表示。k_{max} 表明了该吸收物质最大限度的吸光能力，也反映了分光光度法测定该物质可能达到的最大灵敏度。k_{max} 越大表明该物质的吸光能力越强，则用分光光度法测定该物质的灵敏度越高。

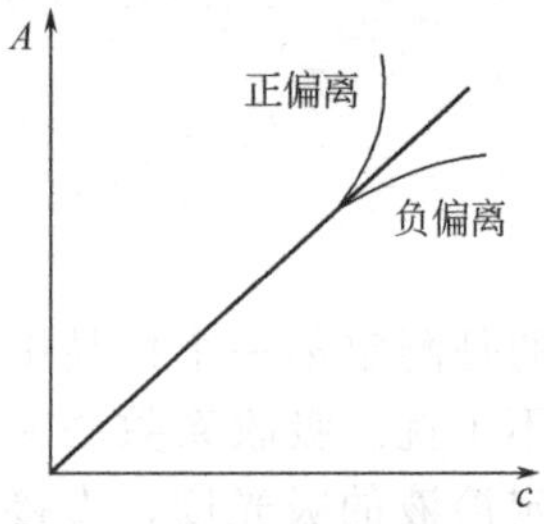

图 11-13 朗伯-比尔定律的偏离

在任何情况下，吸光度 A 都与溶液液层的厚度 L 成正比关系（朗伯定律）。而吸光度 A 只在一定范围内与溶液浓度成正比（比尔定律）。在实际操作中也发现用标准曲线法测定未知溶液的浓度时，尤其在溶液浓度较高时，标准曲线常发生弯曲，这种现象称为对朗伯-比尔定律的偏离（如图 11-13 所示）。

引起朗伯-比尔定律偏离的原因有以下两点。

① 入射光为非单色光。严格来讲，朗伯-比尔定律只适用于单色光。但实际上目前各种方法所得到的入射光只是一定波长范围内的单色光，因此会发生朗伯-比尔定律的偏离。

② 溶液中化学反应。溶液中的吸光物质常因离解、缔合、形成新的化合物或互变异构体等的化学变化而改变了浓度，从而导致朗伯-比尔定律的偏离。

11.6.2 标准曲线法

实际分析工作中，常用的定量方法是标准曲线法。先配制一系列（通常四个以上）不同浓度的标准溶液，以不含被测组分的溶液为参比溶液，测定各标准溶液的吸光度，在坐标纸上绘出标准溶液的吸光度对浓度的标准曲线 A-c，如图 11-14 所示。然后将试液同样显色，在相同操作条件下测定试液的吸光度 A_x，则可由 A_x 在标准曲线图上查得对应的试液浓度 c_x。这种确定试样浓度的方法叫标准曲线法，或称工作曲线法。它适用于成批样品的分析，可以消除一定的随机误差。

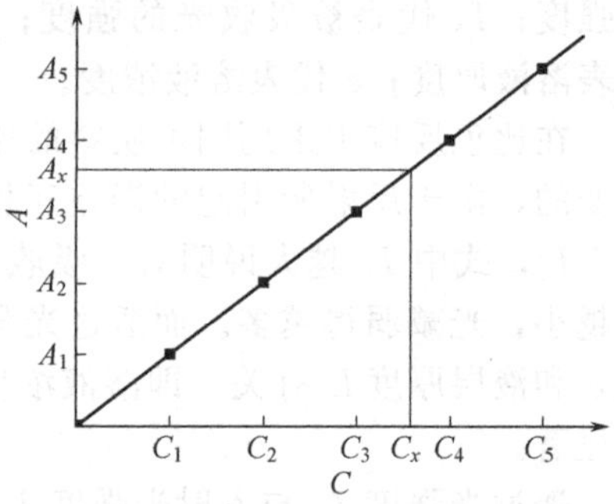

图 11-14 A-c 标准曲线

11.6.3 对照品比较法

配制一个已知浓度（c_s）的标准溶液，要求其浓度与样品溶液浓度（c_x）接近。在相同的条件下，平行测定样品溶液和标准溶液的吸光度 A_x 和 A_s。根据朗伯比尔定律：

$$A_s = kc_sL \qquad A_x = kc_xL$$

可以导出公式(11-7)，由 c_s 可以计算出样品溶液浓度 c_x：

$$c_x = \frac{A_x}{A_s}c_s \tag{11-7}$$

对照品比较法又称比较法、标准对照法、单标法，要求标准溶液、样品溶液完全符合吸收定律，适合于个别样品的测定，但引起误差的偶然因素较多，可靠性不高。

项目训练

11.7 指标检测

11.7.1 仪器、药品及试剂的准备

仪器：研钵、烧杯、玻璃棒、漏斗、蒸发皿、试管、100mL 容量瓶、250mL 容量瓶、吸量管；托盘天平、电子天平、电炉、电水浴锅、紫外可见分光光度计；滤纸、坐标纸。

药品：对乙酰氨基酚片 20 片、对乙酰氨基酚标准品；分析用水、三氯化铁溶液、稀盐酸、亚硝酸钠溶液、0.4%氢氧化钠溶液、无水乙醇。

11.7.2 抽样

可将所有药品盒以及盒中的药片都分别编上号码（从 1 开始连续编号），写在小纸条上，然后将其折叠成难以区分的小块或搓成难以区分的小团，充分混匀后，任意抽取需要

数量的纸块或纸团。第一次抽取盒编号，第二次抽取药片编号，确定抽样药片（供试品）。

11.7.3　性状、鉴别、重量差异

（1）性状　通过目视法观察药品的形状、形态（粉末或晶体）、颜色、白度（纯度）、气味、变质情况等。

（2）鉴别

① 将供试品研细成粉末，称取适量粉末（约相当于对乙酰氨基酚 0.5g），粉末重量可以通过查找药品说明书中对乙酰氨基酚片剂中对乙酰氨基酚的含量进行折算来确定。

② 分次在研钵中用乙醇 20mL 一边研磨一边使对乙酰氨基酚溶解，过滤，将每次的滤液合并。蒸发滤液，一直到将水分蒸干。

③ 取蒸干后的固体加入三氯化铁溶液，观察颜色变化。

④ 取蒸干后的固体约 0.1g，加入稀盐酸 5mL。水浴加热 40min，冷却至室温。取 0.5mL，滴加亚硝酸钠溶液 5 滴，摇匀，加水 3mL 稀释，滴加碱性 β-萘酚溶液 2mL，振摇，观察颜色变化。

（3）质量差异

① 用千分之一电子天平精密称量 20 片对乙酰氨基酚片的总质量，记录数据，计算平均片重。

② 分别精密称量 20 片供试品中每一片的质量，记录数据。比较每片重量与平均片重，根据式(11-8) 计算质量差异。

$$质量差异=\frac{每片质量-平均片重}{平均片重}\times 100\% \tag{11-8}$$

③ 根据表 11-1 判断供试品质量差异检查是否合格。

表 11-1　质量差异比对

平均片重	质量差异限度
0.30g 以下	±7.5%
0.30g 或 0.30g 以上	±5%

超出质量差异限度的药片不得多于 2 片，并不得有 1 片超出此限度 1 倍。

11.7.4　含量测定

11.7.4.1　绘制吸收曲线

称取 0.0010g 对乙酰氨基酚标准品用去离子水溶解后，转移至 100mL 容量瓶中，加 0.4% NaOH 10mL 定容。用空白溶液（在 100mL 容量瓶中加 0.4%NaOH 10mL 定容）为参比溶液，波长 200～400nm 范围内，利用紫外-可见分光光度计扫描该溶液，测出每个波长点处的吸光度（在 257nm 处做精确测量），作出 A-λ 曲线图，从图中查得对乙酰氨基酚的最大吸收波长。

11.7.4.2　吸收系数法测定含量

精密称取经过研细的对乙酰氨基酚片适量（约相当于对乙酰氨基酚 40mg），置于 250mL 容量瓶中，加 0.4%氢氧化钠溶液 50mL 及水 50mL，振摇 15min，加水定容。用干燥滤纸过滤，精密量取滤液 5mL，置于 100mL 容量瓶中，加 0.4%氢氧化钠溶液 10mL，加水定容。用空白溶液（在 100mL 容量瓶中加 0.4%NaOH 10mL 定容）为参比溶液，利用紫外分光光度计，在 257nm 波长处测定吸光度，按对乙酰氨基酚的吸收系数，$E_{1cm}^{1\%}$ 为 715，利用吸收系数法公式(11-9) 计算供试品溶液中对乙酰氨基酚的浓度 c。

$$A=E_{1cm}^{1\%}cL \tag{11-9}$$

$E_{1cm}^{1\%}$代表吸收系数，其物理意义为将溶液浓度为 1%（g/mL）的供试品溶液放在液层

厚度为 1cm 的吸收池中，在一定波长下的吸光度；c 代表 100mL 溶液中所含被测物质的质量（按干燥品或无水物质计算），单位为 g/100mL；L 代表液层厚度，单位为 cm。由浓度 c 和称量值的关系推算出片剂中对乙酰氨基酚的含量。

11.7.4.3　标准曲线法测定含量

（1）配制标准系列溶液　用对乙酰氨基酚标准品配制 1g/L 的标准溶液，取 10mL 该标液于 100mL 容量瓶定容；再从 100mL 容量瓶中取 0mL、2mL、4mL、6mL、8mL、10mL，至 6 个 100mL 容量瓶中，分别加 0.4%NaOH 10mL，定容；此时，配成的溶液即为 0.00μg/mL、2.00μg/mL、4.00μg/mL、6.00μg/mL、8.00μg/mL、10.0μg/mL 的标准系列溶液。

（2）绘制标准曲线　用空白溶液（在 100mL 容量瓶中加 0.4% NaOH 10mL 定容）为参比溶液，在对乙酰氨基酚最大吸收波长处，利用紫外分光光度计测定上述标准系列溶液的吸光度值，并在坐标纸上绘制标准曲线。

（3）配制供试品溶液　精密称取经过研细的对乙酰氨基酚片适量（约相当于对乙酰氨基酚 40mg），置 250mL 容量瓶中，加 0.4%氢氧化钠溶液 50mL 与蒸馏水 50mL，振摇 15min，加水定容。用干燥的滤纸过滤，精密量取续滤液 5mL，置 100mL 容量瓶中，加 0.4%氢氧化钠溶液 10mL，加水定容。重复取续滤液 3 次，同样操作，配制 3 份待测浓度供试品溶液。

（4）供试品溶液中对乙酰氨基酚含量测定　用空白溶液（在 100mL 容量瓶中加 0.4% NaOH 10mL 定容）为参比溶液，在对乙酰氨基酚的最大吸收波长处，利用紫外分光光度计测定上述供试品溶液的吸光度值，并在标准曲线上查出供试品溶液吸光度对应的浓度值，由查得的浓度和称量值的关系推算出片剂中对乙酰氨基酚的含量。

11.7.4.4　对照品比较法测定含量

取标准系列中 8.00μg/mL 的标准溶液作为已知浓度的标准溶液（c_s），用空白溶液（在 100mL 容量瓶中加 0.4% NaOH 10mL 定容）为参比溶液，在最大吸收波长（λ_{max}）处测定吸光度 A_s，然后在相同条件下测供试品溶液 c_x 的吸光度 A_x，利用公式(11-17) 求 c_x。片剂中对乙酰氨基酚含量的计算方法与标准曲线法相同。

11.7.5　出具检测报告

药品检验记录一般有两种形式，第一种是药品检验原始记录，要求检验人员完整、真实、具体、清晰将药品检验过程以实录的形式全程记录下来。第二种是药品检验报告书要求检验人员按照报告书的规定项目逐项填写，要做到完整、简洁、结论明确，除了不需要详细的操作步骤外，其他与药品检验原始记录相同，具体样式见附录。

思考与练习

一、选择题

1. $KMnO_4$ 溶液因为吸收了白光中的（　　）色光，才呈现出紫红色。

A. 红　　B. 黄　　C. 绿　　D. 蓝

2. 当入射光的波长、溶液的浓度及温度一定时，溶液的吸光度与液层的厚度成正比，这就是（　　）。

A. 朗伯定律　　B. 比尔定律

C. 朗伯-比尔定律　　D. 光的折射定律

3. 与 721 型分光光度计的使用无关的操作是（　　）。

A. 选择测量波长　　B. 缓慢调节稳压阀

C. 仪器预热 20min　　D. 仪器预热后，连续几次调“0”和“100%”

4. 有甲乙两个不同浓度的同一有色物质的溶液，用同一波长的光测定，当甲和乙溶液分别用 1cm 和 2cm 的比色皿测得的吸光度相同时，则它们的浓度关系为（　　）。

A. 甲等于乙　　B. 甲是乙的 1/2

C. 乙是甲的两倍　　D. 甲是乙的两倍

5. 在分光光度法中，入射光强度与透过光强度之比的对数，称为（　　）。

A. 光强度　　B. 透光度　　C. 吸光系数　　D. 吸光度

6. 测定蓝色硫酸铜溶液的吸光度时，应选择（　　）的滤光片。

A. 蓝色　　B. 红色　　C. 黄色　　D. 绿色

7. 在分光光度法中，应用光的吸收定律进行定量分析，应采用的入射光为（　　）。

A. 单色光　　B. 可见光　　C. 紫外光　　D. 复合光

8. 在分光光度法中，透过光强度与入射光强度之比，称为（　　）。

A. 吸光度　　B. 吸光系数　　C. 透光度　　D. 光密度

9. 在分光光度法中，（　　）是导致偏离朗伯-比尔定律的因素之一。

A. 吸光物质浓度＞0.01mol/L　　B. 单色光波长

C. 液层厚度　　D. 大气压力

10. 符合比耳定律的有色溶液稀释时，其最大吸收峰的波长（　　）。

A. 向长波方向移动　　B. 向短波方向移动

C. 不移动，但峰高值降低　　D. 不移动，但峰高值增大

11. 721 型分光光度计的检测器是（　　）。

A. 光电管　　B. 光电倍增管　　C. 硒光电池　　D. 测辐射热器

12. 人眼能感觉到的光称为可见光，其波长范围是（　　）。

A. 400～780nm　　B. 200～400nm　　C. 200～1000nm　　D. 400～1000nm

13. 吸收物质的摩尔吸光系数与下面因素中的（　　）有关。

A. 吸收池材料　　B. 吸收池厚度　　C. 吸收物质浓度　　D. 入射光波长

14. 符合吸收定律的溶液稀释时，其最大吸收峰波长位置（　　）。

A. 向长波移动　　B. 向短波移动

C. 不移动　　D. 不移动，吸收峰值降低

15. 当吸光度 $A=0$ 时，T（%）为（　　）。

A. 0　　B. 10　　C. 100　　D. ∞

16. 双波长分光光度计的输出信号是（　　）。

A. 试样吸收与参比吸收之差

B. 试样在 λ_1 和 λ_2 吸收之差

C. 试样在 λ_1 和 λ_2 吸收之和

D. 试样在 λ_1 吸收与参比在 λ_2 吸收之和

17. 用摩尔比法测定 Al^{3+} 与某显色剂形成的配合物的组成时，在同样加入 1.0×10^{-3} mol/L Al^{3+} 溶液 2.00mL 的情况下，分别加入 1.0×10^{-3} mol/L 的显色剂 R 的体积为 2.0mL、3.0mL、4.0mL、5.0mL、6.0mL、8.0mL、10.0mL、12.0mL，在相同条件下用 1.0cm 吸收池在一定波长下测得吸光度为 0.200、0.340、0.450、0.5773、0.680、0.699、0.699、0.699。因此，Al^{3+} 与显色剂 R 配合物的组成是（　　）。

A. 1∶2　　B. 1∶3　　C. 1∶1　　D. 2∶1

18. 在分光光度分析中，常出现工作曲线不过原点的情况，下列说法中不会引起这一现象的是（　　）。

A. 测量和参比溶液所用吸收池不对称

B. 参比溶液选择不当

C. 显色反应灵敏度太低

D. 显色反应的检测下限太高

二、填充题

1. 朗伯定律是说明在一定条件下，光的吸收与________成正比；比尔定律是说明在一定条件下，光的吸收与____________成正比，两者合为一体称为朗伯-比尔定律，其数学定律的表达式为____________。

2. 摩尔吸光系数的单位是____________，它表示物质的浓度____________，液层厚度为________时，在一定波长下溶液的吸光度。常用符号__________________表示。因此光的吸收定律的表达式可写为____

________。

3. 吸光度和透射比的关系是________。

三、简答题

1. 何谓分光光度法？
2. 紫外-可见分光光度法具有什么特点？
3. 写出紫外分光光度计仪器的基本组成结构流程，紫外和可见分别用的是什么光源？
4. 何谓朗伯-比尔定律？数学表达式及物理意义是什么？引起朗伯-比尔定律偏离的原因是什么？
5. 试简述产生紫外-可见吸收光谱的原因。
6. 试比较可见分光光度法与紫外-可见分光光度法的区别。
7. 分光光度计由哪几个主要部分组成？各部分的作用是什么？
8. 分光光度计对光源有什么要求？常用光源有哪些？它们使用的波长范围各是多少？
9. 吸收池的规格以什么作为标志？吸收池按其材质分为哪几种？如何选择使用不同材质的吸收池？
10. 在使用吸收池时，应如何保护吸收池的光学面？
11. 什么叫检测器？常用的检测器有哪几种？
12. 紫外-可见分光光度计按光路可分为哪几类？它们各有什么特点？721 型可见分光光度计和 754 型紫外-可见分光光度计属于哪一类分光光度计？
13. 为什么要对分光光度计波长进行校验？如何检验紫外-可见分光光度计上波长标示值的准确度？
14. 如何进行吸收池的配对检验？
15. 如何维护保养好分光光度计？
16. 可见分光光度法中，选择显色反应时，应考虑的因素有哪些？
17. 可见分光光度法测定物质含量时，当显色反应确定以后，应从哪几方面选择实验条件？
18. 何谓目视比色法？目视比色法所用的仪器是什么？
19. 何谓标准色阶？如何将试样显色液与标准色阶进行比色？

四、计算题

1. 某化合物的最大吸收波长 $\lambda_{max}=280nm$，光线通过该化合物的 1.0×10^{-5} mol/L 的溶液时，透射率为 50%（用 2nm 吸收池），求该化合物在 280nm 处的摩尔吸光系数。

2. 某试液显色后用 2.0cm 吸收池测量时，$T=50.0\%$。若用 1.0cm 或 5.0cm 吸收池量，T 及 A 各为多少？

3. 某一溶液，每升含 47.0mg Fe。吸收此溶液 5.0mL 于 100mL 容量瓶中，以邻二氮菲光度法测定铁，用 1.0cm 吸收池于 508nm 处测得吸光度 0.467。计算质量吸光度系数 α 和摩尔吸光系数 ε。已知 $M(Fe)=55.85g/mol$。

4. 以分光光度法测定某电镀废水中的铬（Ⅵ）。取 500mL 水样，经浓缩和预处理后转入 100mL 容量瓶中定容。移取 20.00mL 试液，调整酸度，加入二苯碳酰二肼溶液显色，定容为 25mL。以 5.0cm 吸收池于 540nm 波长下测的吸光度为 0.540。求铬（Ⅵ）的质量浓度 p(mg/L)。已知 $\varepsilon_{540}=4.2\times10^4$ L/(mol·cm)，$M(Cr)=51.996g/mol$。

5. 在 456nm 处，用 1cm 吸收池测定显色的锌配合物标准溶液得到下列数据：

$\rho(Zn)/(\mu g/mL)$	2.00	4.00	600	8.00	10.0
A	0.105	0.205	0.310	0.415	0.515

要求：①绘制工作曲线；②求摩尔吸光系数；③求吸光度为 0.260 的未知试液的浓度。

6. 用磺基水杨酸法测定微量铁。称取 0.2160g 的 $NH_4Fe(SO_4)_2\cdot12H_2O$ 溶于水稀释至 500mL，得铁标准溶液。按下表所列数据取不同体积标准溶液，显色后稀释至相同体积，在相同条件下分别测定各吸光值数据如下：

V/mL	0.00	2.00	4.00	6.00	8.00	10.00
A	2.00	0.165	0.320	0.480	0.630	0.790

取待测试液 5.00mL，稀释至 250mL。移取 2.00mL，在与绘制工作曲线相同条件下显色后测其吸光度得 $A=0.500$。用工作曲线法求试液中铁含量（以 mg/mL 表示）。已知 $M[NH_4Fe(SO_4)_2 \cdot 12H_2O]=482.178g/mol$。

7. 称取 0.5000g 钢样溶解后将其中 Mn^{2+} 氧化为 MnO_4^-，在 100mL 容量瓶中稀释至标线。将此溶液在 525nm 处用 2cm 吸收池测得其吸光度为 0.620，已知 MnO_4^- 在 525nm 处的 $\varepsilon=2235L/(mol \cdot cm)$，计算钢样中锰的含量。

8. 在 440nm 处和 545nm 处用分光光度法在 1cm 吸收池中测得浓度为 8.33×10^{-4} mol/L 的 $K_2Cr_2O_7$ 标准溶液的吸光度分别为 0.308 和 0.009；又测得浓度为 3.77×10^{-4} mol/L 的 $KMnO_4$ 溶液的吸光度为 0.035 和 0.886，并且在上述两波长处测得某 $K_2Cr_2O_7$ 和 $KMnO_4$ 混合吸光度分别 0.385 和 0.653。计算该混合液中 $K_2Cr_2O_7$ 和 $KMnO_4$ 物质的量浓度。

9. Fe^{2+} 与某显色剂 R 形成有色配合物，$\lambda_{max}=515nm$。设两种溶液的浓度均为 1.00×10^{-3} mol/L，在一系列 50mL 容量瓶中加入 2.00mL Fe^{2+} 及不同量的 R，在 515nm 波长处用 1.0 cm 吸收池测量吸光度值。结果如下：

V/mL	2.00	3.00	4.00	5.00	6.00	8.00	10.00	12.00
A	0.240	0.360	0.480	0.593	0.700	0.720	0.720	0.720

用摩尔比法求配合物的配位数及稳定常数。

10. Zr（Ⅳ）与茜唑（R）形成的配合物最大吸收波长为 530nm，ZrO^{2+} 标准溶液与显色剂 R 均配成 4.5×10^{-5} mol/L 的浓度，用它们配制一系列浓度，以 1.00cm 吸收池测量吸光度值，结果列于下表：

编 号	1#	2#	3#	4#	5#	6#	7#	8#	9#	10#	11#
$V(ZrO^{2+})$/mL	0	1	2	3	4	5	6	7	8	9	10
V(R)/mL	10	9	8	7	6	5	4	3	2	1	0
A	0	0.124	0.238	0.313	0.315	0.282	0.231	0.175	0.116	0.057	0

求配位比。

11. 称取 0.4994g $CuSO_4 \cdot 5H_2O$ 溶于 1L 水中，取此标准溶液 1mL、2mL、3mL、4mL、5mL、6mL 加入 6 支比色管中，加浓氨水 5mL，用水稀释至 25mL 刻度，制成标准色阶。称取含铜试样 0.5g 溶于 250mL 水中，吸取 5mL 试液放入比色管中，加浓氨水，用水稀释至 25mL，其颜色深度与第四个比色管的标准溶液相同。求试样中铜的质量分数。

技能项目库

紫外-可见分光光度法绘制对乙酰氨基酚的标准曲线

一、试剂、仪器准备

试剂：对乙酰氨基酚标准储备液（1g/L）、0.4%氢氧化钠溶液、蒸馏水。

仪器：紫外-可见分光光度计、石英比色皿（2～4 个）、擦镜纸、坐标纸、容量瓶（100mL 7 个）、移液管（10mL）、吸量管（10mL、2mL、5mL 各一支）、洗耳球、量筒（10mL）、烧杯（100mL 2 个、500mL 1 个）、玻璃棒。

二、操作步骤

1. 溶液的配制

① 现有 1g/L 的对乙酰氨基酚标准储备液，取 10mL 该标液于 100mL 容量瓶定容；

② 再从 100mL 容量瓶中取 0mL、2mL、4mL、6mL、8mL、10mL，至 6 个 100mL 容量瓶中，分别加 0.4% NaOH 10mL，定容，此时，配成的溶液即为 0.00μg/mL、2.00μg/mL、4.00μg/mL、6.00μg/mL、8.00μg/mL、10.00μg/mL 的标准系列。

2. 定性分析

① 取含对乙酰氨基酚 10.00μg/mL 的标准溶液，在 220～400nm 范围内每隔 5nm 测一下吸光度，在最大值附近再每隔 1nm 测吸光度。

② 以波长为横坐标，吸光度为纵坐标，绘制对乙酰氨基酚的吸收曲线，求出最大吸收峰的波长。

3. 定量分析：标准曲线的绘制

① 在最大吸收波长处，测定所配标准系列浓度溶液的吸光度。

② 以浓度为横坐标，吸光度为纵坐标绘制标准曲线。

三、原始记录及数据处理

仪器型号：________________仪器编号：________________

1. 吸收池配套性检测

A_1=________A_2=________A_3=________A_4=________

2. 定性分析：标准物质的吸收曲线

标准溶液的浓度：________________

λ/nm													
A													
λ/nm													
A													
λ/nm													
A													
λ/nm													
A													

3. 定量分析：对乙酰氨基酚标准曲线的绘制

(1) 数据记录

测量波长：____________　标准溶液原始浓度：____________。

溶液代号	吸取标液体积/mL	ρ/(μg/mL)	A
0			
1			
2			
3			
4			
5			
6			
7			
8			

(2) 标准曲线的绘制

对乙酰氨基酚片主要成分含量的测定

一、试剂、仪器准备

试剂：对乙酰氨基酚标准溶液（0.00μg/mL、2.00μg/mL、4.00μg/mL、6.00μg/mL、8.00μg/mL、10.00μg/mL 的标准系列）、对乙酰氨基酚片（10 片）、0.4%氢氧化钠溶液、蒸馏水。

仪器：紫外-可见分光光度计、石英比色皿（2～4 个）、擦镜纸、滤纸、坐标纸、漏斗、漏斗架、研钵、分析天平（最大负载 200g，分度值 0.1mg。）、容量瓶（250mL 1 个、100mL 10 个）、移液管（10mL）、吸量管（10mL、2mL、5mL 各一支）、洗耳球、量筒（100mL）、烧杯（100mL 2 个、500mL 1 个）、玻璃棒。

二、操作步骤

1. 溶液的配制

取对乙酰氨基酚片 10 片，精密称定，研细，精密称取适量（约相当于对乙酰氨基酚 40mg），置于 250mL 容量瓶中，加 0.4%氢氧化钠溶液 50mL 及水 50mL，振摇 15min，加水至刻度，摇匀，用干燥滤纸滤过，精密量取续滤液 5mL，照对乙酰氨基酚的方法，置于 100mL 容量瓶中，加 0.4%氢氧化钠溶液 10mL，加水至刻度，摇匀。平行配三份。

2. 标准系列溶液吸光度的测定

在最大吸收波长（257nm）处，测定标准系列浓度溶液的吸光度，以浓度为横坐标，吸光度为纵坐标绘制标准曲线。

3. 对乙酰氨基酚片主要成分含量的测定

在与标准溶液相同的条件下测定三份未知溶液的吸光度，从曲线上查出待测液吸光度对应的浓度 ρ_x（μg/mL），由查得的浓度推算出片剂中对乙酰氨基酚的含量。

三、原始记录及数据处理

仪器型号：________________ 仪器编号：________________

1. 吸收池配套性检测

A_1=________ A_2=________ A_3=________ A_4=________

2. 对乙酰氨基酚标准曲线的绘制

测量波长：______________ 标准溶液原始浓度：______________。

溶液代号	吸取标液体积/mL	ρ/(μg/mL)	A
0			
1			
2			
3			
4			
5			
6			
7			
8			

3. 待测液中主要成分含量的测定

平行测定次数	1	2	3
吸光度			
查得的待测液浓度/(μg/mL)			

计算过程：

定量分析结果：待测液浓度为：________

对乙酰氨基酚片主要成分的含量：________

结论：________

项目 12　碳酸饮料的质量检验

学习目标

【能力目标】

- 能按照试样采样原则进行对乙酰氨基酚片试样的采集与制备；
- 能按要求配制各种溶液（化学试剂、辅助试剂、实验室用水等）；
- 会使用容量瓶和移液管等容量仪器及分析天平；
- 能用电位滴定法测定碳酸饮料的总酸度；
- 能规范使用 pH 计和电位滴定仪进行典型化学品的分析与检验；
- 能熟练使用阿贝折射仪测量雪碧中可溶性固形物的含量；
- 能根据食品质量标准，设计食品主要理化指标的检测步骤；
- 能根据食品质量要求，进行相应实验数据的计算、误差分析及结果的判断，并能规范书写药品检验报告；
- 能与其他组员进行良好沟通，并能根据实验检测情况进行方法变通，解决实际问题。

【知识目标】

- 掌握食品质量标准的查找方法；
- 理解如何根据质量指标选择检测方法；
- 掌握电位分析法的原理；
- 熟悉常见的参比电极、指示电极、玻璃电极的构造和使用方法；
- 掌握电位滴定的原理及电位滴定仪的构造；
- 理解折射率的测定原理；
- 了解折射率的测定方法；
- 学会阿贝折射仪的使用方法。

项目背景

本项目的质量检验标准采用 GB/T 12143—2008《饮料通用分析方法》和 GB/T 12456—2008《食品中总酸的测定》。碳酸饮料的理化指标应符合表 12-1 的规定。

碳酸饮料含有气体，即二氧化碳。二氧化碳会刺激胃液分泌，胃酸过多容易感觉腹胀，降低食欲，而减少日常饮食的摄食。饮食中若营养素摄取不足会影响正常的生长发育、学习效果、运动成绩、工作表现和身体健康。

碳酸饮料的另一成分是磷酸。磷酸会降低体内钙的吸收，影响骨骼生长及身高的正常发育。正值生长发育期的儿童与青少年，需要充分的钙质，使骨骼正常生长发育，维持良好的骨骼新陈代谢，并使骨骼密度达到最佳状况，所以更不宜饮用碳酸饮料。另外，磷酸还会阻碍铁质的吸收，铁是制造血液的主要材料之一，一旦铁质不够，会引起缺铁性贫血。正在快速生长发育的孩子们，也正需要足够的铁质来快速造血。尤其是青春期少女，铁的需要量更高，因为每个月的月经，会固定损失大量的铁质。所以爱喝碳酸饮料的女孩，更容易发生缺铁性贫血。

表 12-1 碳酸饮料的技术要求（理化指标部分）

项目		分类								
		果汁型			果味型			可乐型	低热量性	其他型
		柑橘	柠檬	其他	柑橘	柠檬	其他			
		指标								
可溶性固形物（20℃折射计法）	全糖	≥9.0							<4.5	≥9.0
	低糖	≥4.5								≥4.5
二氧化碳气容量（20℃时容积倍数）/倍≥		2.0			2.0	2.5	2.0	3.0	按相应型气容量要求	2.0
总酸/(g/L)≥	以一分子水柠檬酸计	1.00		0.60	1.00		0.60	0.80	按相应型总酸要求	0.60
	以磷酸计	—						0.45		—
咖啡因/(mg/L)≥		—						150.00	—	—
甜味剂		按 GB 2760 规定								
防腐剂		按 GB 2760 规定								
着色剂		按 GB 2760 规定								

（1）可溶性固形物含量　食品行业一个常用的技术参数。可溶性固形物是指液体或流体食品中所有溶解于水的化合物的总称，包括糖、酸、维生素、矿物质等。数值以百分率表示，一般不小于15%，采用折射计法测量。

（2）总酸含量　食品中的总酸度是指所有酸性物质的总量。一般使用酸碱滴定指示剂法和电位滴定法测定食品中的总酸，但前者不适用于深色或浑浊度大的食品，电位滴定法适用于各类食品中总酸的测定。

引导问题

（1）为什么可以用折射率来衡量可溶性固形物含量呢？

（2）物质折射率的大小与哪些因素有关呢？

（3）测定总酸含量有哪些方法？它们之间有什么不同？

（4）电位分析法包括哪些方法？它们之间有什么不同？

（5）电位滴定的原理是什么？

（6）电极如何选择？

（7）如何确定电位滴定的终点？

项目导学

12.1 电位分析法概述

电位分析法是一种电化学分析法，其利用电极电位和活度或浓度之间的关系，并通过测量电极电位来测定物质的含量。电位分析法包括直接电位法和间接电位法（通常又称电位滴定法）。直接电位法是通过测量原电池的电动势，直接测定相应离子的浓度或活度的方法。例如 pH 值电位法和离子选择电极法等。电位滴定法是通过测定滴定过程中电池电动势的变化以确定滴定终点的一种滴定分析方法。

在 25℃时，对于电极反应 $a\text{Ox}+ne^- \rightleftharpoons b\text{Re}_d$，则

$$\phi(\text{Ox}/\text{Re}_d)=\phi^{\ominus}(\text{Ox}/\text{Re}_d)+\frac{0.0592}{n}\lg\frac{c^{\ominus}(\text{Ox})}{c^{\ominus}(\text{Re}_d)} \tag{12-1}$$

单个电极的电极电位无法测量，只能测出由两个电极所组成的电池的电动势，即两个电极的电位差：

$$\Delta\varphi=\varphi_{正}-\varphi_{负} \tag{12-2}$$

如果一个电极的电位固定并已知，就可算出另一电极的电位。因此，用电位法测定物质的含量需要两个电极，一个电极的电极电位与待测物质的浓度有关，称为指示电极；另一个电极的电极电位与待测物质的浓度无关，且其电位固定并已知，称为参比电极。

电化学分析法的特点是灵敏度、选择性和准确度都很高，适用面广。由于测定过程中得到的是电信号，因而易于实现自动化、连续化和遥控测定，尤其适用于生产过程的在线分析。

12.2　电位分析所用仪器的结构与原理

12.2.1　参比电极

用来提供电位标准的电极。对参比电极的主要要求是：电极的电位值已知且恒定，受外界影响小，对温度或浓度没有滞后现象，具备良好的重视性和稳定性。电位分析法中最常用的参比电极是甘汞电极和银-氯化银电极，尤其是饱和甘汞电极（SCE）。

12.2.1.1　甘汞电极组成和结构

甘汞电极由纯汞、Hg_2Cl_2-Hg 混合物和 KCl 溶液组成，其结构如图 12-1 所示。

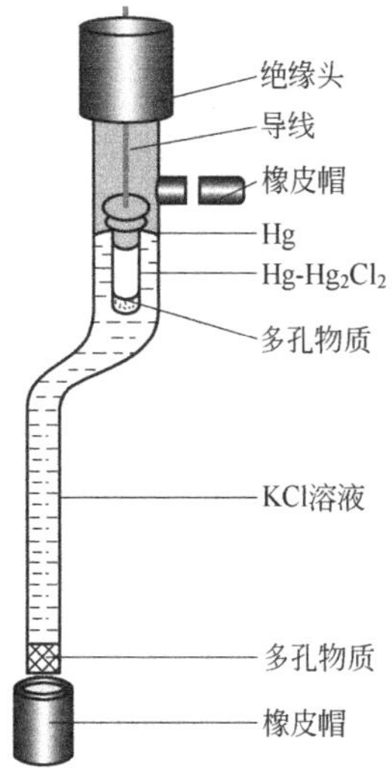

图 12-1　甘汞电极结构示意图

甘汞电极有两个玻璃套管，内套管封接一根铂丝，铂丝插入纯汞中，汞下装有甘汞和汞（Hg_2Cl_2-Hg）的糊状物；外套管装入 KCl 溶液，电极下端与待测溶液接触处是熔接陶瓷芯或玻璃砂芯等多孔物质。

12.2.1.2　甘汞电极的电极反应和电极电位

甘汞电极的半电池为 Hg，Hg_2Cl_2（固）｜KCl（液），电极反应为：

$$Hg_2Cl_2+2e^- \longrightarrow 2Hg+2Cl^- \tag{12-3}$$

25℃时电极电位为：

$$\phi_{Hg_2Cl_2/Hg}=\phi^{\ominus}_{Hg_2Cl_2/Hg}-\frac{0.0592}{2}\lg\alpha^2_{Cl^-}=\phi^{\ominus}_{Hg_2Cl_2/Hg}-0.0592\lg\alpha_{Cl^-} \tag{12-4}$$

可见，在一定温度下，甘汞电极的电位取决于 KCl 溶液的浓度，当 Cl^- 活度一定时，其电位值是一定的。表 12-2 给出了不同浓度 KCl 溶液制得的甘汞电极的电位值。

表 12-2　25℃时甘汞电极的电极电位

名　　称	KCl 溶液浓度/(mol/L)	电极电位/V
饱和甘汞电极(SCE)	饱和溶液	0.2438
标准甘汞电极(NCE)	1.0	0.2828
0.1mol/L 甘汞电极	0.10	0.3365

由于 KCl 的溶解度随温度而变化，电极电位与温度有关。因此，只要内充 KCl 溶液温度一定，其电位值就保持恒定。电位分析法最常用的甘汞电极的 KCl 溶液为饱和溶液，因

此称为饱和甘汞电极（SCE）。

12.2.1.3　饱和甘汞电极的使用

在使用饱和甘汞电极时，需要注意下面几个问题。

① 使用前应先取下电极下端口和上侧加液口的小胶帽，不用时戴上。

② 电极内饱和 KCl 溶液应保持足够的高度（以浸没内电极为度），不足时要补加。为了保证内参比溶液是饱和溶液，电极下端要保持有少量 KCl 晶体的存在，否则必须由上加液口补加少量 KCl 晶体。

③ 使用前应检查玻璃弯道处是否有气泡，若有气泡应及时排除掉，否则将引起电路断路或仪器读数不稳定。

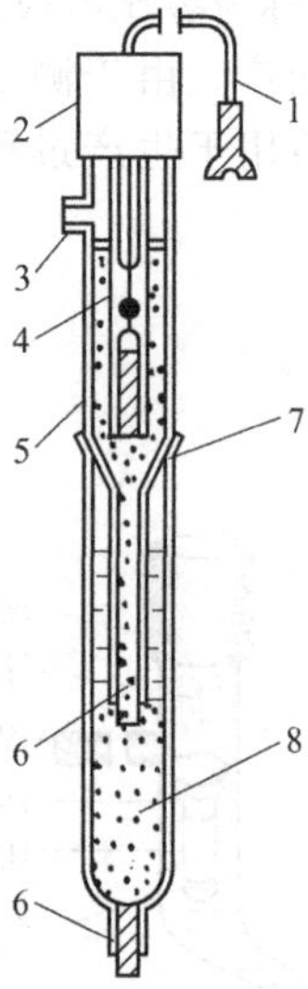

图 12-2　双盐桥型电极

1—导线；2—绝缘帽；3—加液口；4—内电极；5—饱和 KCl 溶液；6—多孔性物质；7—可卸盐桥磨口套管；8—盐桥内冲液

④ 使用前要检查，电极下端陶瓷芯毛细管是否畅通。检查方法是：先将电极外部擦干，然后用滤纸紧贴瓷芯下端片刻，若滤纸上出现湿印，则证明毛细管未堵塞。

⑤ 安装电极时，电极应垂直置于溶液中，内参比溶液的液面应较待测溶液的液面高，以防止待测溶液向电极内渗透。

⑥ 饱和甘汞电极在温度改变时常显示出滞后效应（如温度改变 8℃时，3h 后电极电位仍偏离平衡电位 0.2～0.3mV），因此不宜在温度变化太大的环境中使用。但若使用双盐桥型电极（如图 12-2 所示），加置盐桥可减小温度滞后效应所引起的电位漂移。饱和甘汞电极在 80℃以上时电位值不稳定，此时应改用银-氯化银电极。

⑦ 当待测溶液中含有 Ag^+、S^{2-}、Cl^- 及高氯酸等物质时，应加置 KNO_3 盐桥。

12.2.2　指示电极

电极电位随溶液中待测离子活（浓）度的变化而变化，并指示出待测离子活（浓）度的电极称为指示电极。常用的指示电极有金属基电极和离子选择性电极两大类。

12.2.2.1　pH 玻璃电极的构造

pH 玻璃电极是测定溶液 pH 的一种常用指示电极，其结构如图 12-3 所示。

它的下端是一个由特殊玻璃制成的球形玻璃膜。膜厚为0.08～0.1mm，膜内密封 0.1mol/L 的 HCl 内参比溶液，在内参比溶液中插入银-氯化银作内参比电极。由于玻璃电极的内阻很高，因此电极引出线和连接导线要求高度绝缘，并采用金属屏蔽线，防止漏电和周围交变电场及静电感应的影响。

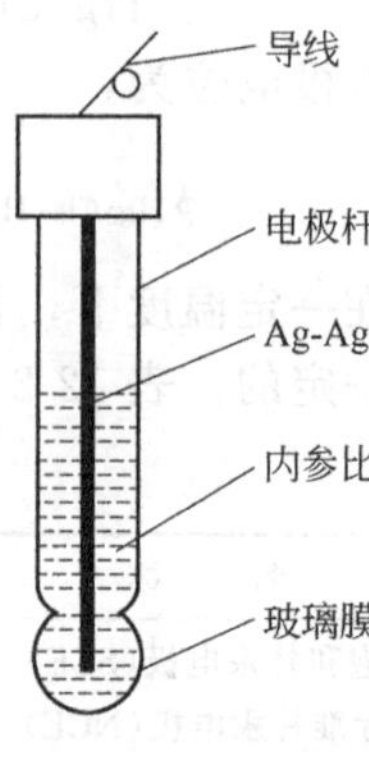

图 12-3　玻璃电极结构示意图

pH 玻璃电极之所以能测定溶液 pH，是由于玻璃膜与试液接触时会产生与待测溶液 pH 有关的膜电位。

12.2.2.2　膜电位

pH 电极玻璃的玻璃膜由 SiO_2、Na_2O 和 CaO 熔融制成。由于 Na_2O 的加入，Na^+ 取代了玻璃中 Si（Ⅳ）的位置，Na^+ 与 O^- 之间呈离子键性质，形成可以进行离子交换的点位—Si—O—Na^+。当电极浸入水溶液中时，玻璃外表面吸收水产生溶胀，形成很薄的水合硅胶层（如图 12-4 所示）。水合硅胶层只容许氢离子扩散进入玻璃结构的空

隙并与 Na^+ 发生交换反应。

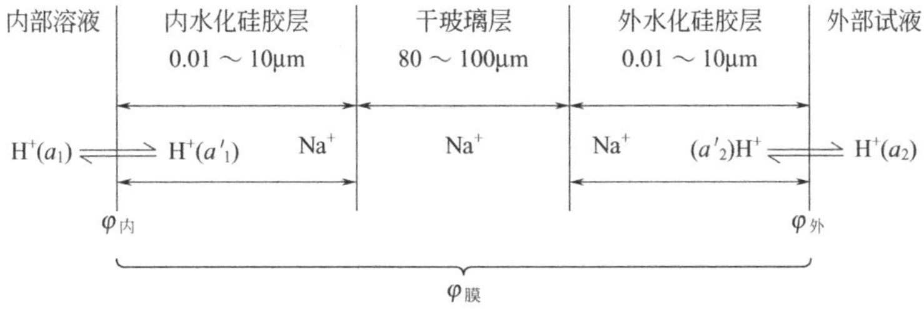

图 12-4 玻璃膜的水化胶层及膜电位的产生

当玻璃电极外膜与待测溶液接触时，由于水合硅胶层表面与溶液中氢离子的活度不同，氢离子便从活度大的朝活度小的相迁移。这就改变了水合硅胶层和溶液两相界面的电荷分布，产生了外相界电位。玻璃电极内膜与内参比溶液同样也产生内相界电位。可见，玻璃电极两侧相界电位的产生不是由于电子得失，而是由于氢离子在溶液和玻璃水化层界面之间转移的结果。根据热力学推导，25℃时，玻璃电极内外膜电位可表示为：

$$\varphi_{膜}=\varphi_{外}-\varphi_{内}=0.0592\lg\alpha_{H^+(外)}/\alpha_{H^+(内)} \tag{12-5}$$

式中 $\varphi_{外}$——外膜电位，V；

$\varphi_{内}$——内膜电位，V；

$\alpha_{H^+(外)}$——外部待测溶液 H^+ 的活度；

$\alpha_{H^+(内)}$——内参比溶液 H^+ 的活度。由于内参比溶液 H^+ 的活度 $\alpha_{H^+(内)}$ 恒定，因此，25℃时上式可表示为：

$$\varphi_{膜}=K'+0.0592\lg\alpha_{H^+(外)} \tag{12-6}$$

或

$$\varphi_{膜}=K'-0.0592pH_{外} \tag{12-7}$$

式中，K'由玻璃膜电极本身的性质决定，对于某一确定的玻璃电极，其 K'是一个常数。由式(12-7) 可以看出，在一定温度下，玻璃电极的膜电位与外部溶液的 pH 呈线性关系。从以上分析可以看到，pH 玻璃电极膜电位是由于玻璃膜上的钠离子与水溶液中的氢离子以及玻璃水化层中的氢离子与溶液中氢离子之间交换的结果。

12.2.2.3 不对称电位

根据式(12-5)，当玻璃膜内、外溶液氢离子活度相同时，$\varphi_{膜}$ 应为零，但实际上测量表明 $\varphi_{膜}\neq0$，玻璃膜两侧仍存在几到几十毫伏的电位差，这是由于玻璃膜内、外结构和表面张力性质的微小差异而产生的，称为玻璃电极的不对称电位 $\varphi_{不}$。当玻璃电极在水溶液中长时间浸泡后，可使 $\varphi_{不}$ 达到恒定值，合并于式(12-6) 和式(12-7) 的常数 K'中。

12.2.2.4 玻璃电极的电极电位

玻璃电极具有内参比电极，通常用 AgCl-Ag 电极，其电位是恒定的，与待测 pH 无关。所以玻璃电极的电极电位应是内参比电极电位和膜电位之和。

$$\varphi_{玻璃}=\varphi_{AgCl/Ag}+\varphi_{膜}=\varphi_{AgCl/Ag}+K'-0.0592pH_{外}$$

$$\varphi_{玻璃}=K_{玻}-0.0592pH_{外}$$

其中，

$$K_{玻}=\varphi_{AgCl/Ag}+K'$$

可见，当温度等实验条件一定时，pH 玻璃电极的电极电位与试液的 pH 呈线性关系。

12.2.2.5 pH 玻璃电极的特点和使用注意事项

使用 pH 玻璃电极测定溶液 pH 的优点是不受溶液中氧化剂或还原剂的影响，玻璃膜不易因杂质的作用而中毒，能在胶体溶液和有色溶液中应用。缺点是本身具有很高的电阻，必须辅以电子放大装置才能测定，其电阻又随温度而变化，一般只能在 5～60℃使用。

在测定酸度过高（pH<1）和碱度过高（pH>9）的溶液时，其电位响应会偏离线性，产生 pH 测定误差。在酸度过高的溶液中测得的 pH 偏高，这种误差称为“酸差”。在碱度过高的溶液中，由于 $\alpha_{H^+(内)}$ 太小，其他阳离子在溶液和界面间可能进行交换而使 pH 偏低，尤其是 Na^+ 的干扰较显著，这种误差称为“碱差”或“钠差”。应根据被测溶液的具体情况选择合适型号的 pH 玻璃电极。

使用玻璃电极时还应注意以下几点。

① 使用前要仔细检查所选电极的球泡是否有裂纹，内参比电极是否浸入内参比溶液中，内参比溶液中是否有气泡。有裂纹或内参比电极未浸入内参比溶液的电极不能使用。若内参比溶液内有气泡，应稍晃动以除去气泡。

② 玻璃电极在长期使用或储存中会“老化”，老化的电极不能再使用。玻璃电极的使用期一般为一年。

③ 玻璃电极玻璃膜很薄，容易因为碰撞或受压而破裂，使用时必须特别注意。

④ 玻璃球泡沾湿时可以用滤纸吸去水分，但不能擦拭。玻璃球泡不能用浓硫酸溶液、洗液或浓乙醇洗涤，也不能用于含氟较高的溶液中，否则电极将失去功能。

⑤ 电极导线绝缘部分及电极插杆应保持清洁干燥。

12.2.3　pH 计

测定溶液 pH 的仪器是 pH 计（又称酸度计），是根据 pH 的实用定义设定而成的。酸度计是一种高阻抗的电子管或晶体管式的直流毫伏计，它既可用于测量溶液的酸度，又可以用做毫伏计测量电池电动势。根据测量要求不同，酸度计分为普通型、精密型和工业型三类，读数值精度最低为 0.1pH，最高为 0.001pH，使用者可以根据需要选择不同类型的仪器。

实验室用的酸度计型号很多，但其结构一般均由两部分组成，即电极系统和高阻抗毫伏计两部分。电极与待测溶液组成原电池，以毫伏计测量电极间电位差，电位差经放大电路放大后，由电流表或数码管显示。

12.2.3.1　测定原理

pH 是氢离子活度的负对数，即 $pH=-\lg\alpha_{H^+}$。测定溶液的 pH 通常用 pH 玻璃电极作指示电极（负极），甘汞电极作参比电极（正极），与待测溶液组成工作电池，用精密毫伏计测量电池的电动势（如图 12-5 所示）。

工作电池可表示为玻璃｜电极试液‖甘汞电极，25℃时工作电池的电动势为

$$E=\varphi_{SCE}-\varphi_{玻}=\varphi_{SCE}-K_{玻}+0.0592pH_{试}=K'+0.0592pH_{试} \quad (12\text{-}8)$$

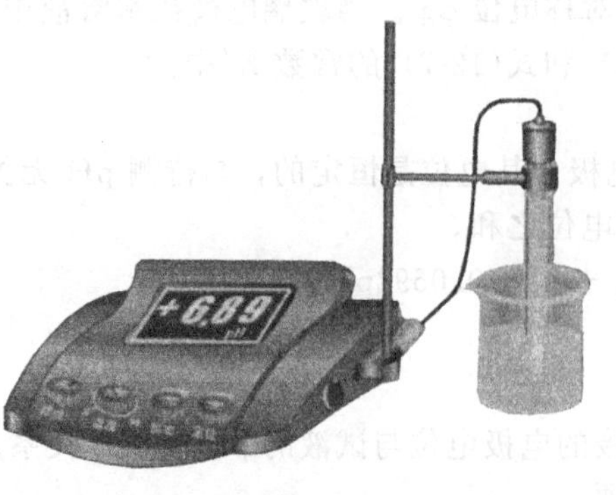

图 12-5　溶液 pH 测定装置

可见，测量溶液 pH 的工作电池的电动势 E 与试液的 pH 成线性关系，据此可以进行溶液 pH 的测量。

12.2.3.2　溶液 pH 的测定

式(12-8) 说明，只要测出工作电池电动势并求出 K'值，就可以计算试液的 pH。但 K'是个十分复杂的项目，它包括了饱和甘汞电极的电位、内参比电极电位、玻璃膜的不对称电位及参比电极与溶液间的接界电位，其中有些电位很难测出。因此实际工作中不可能采用式(12-8) 直接计算 pH，而是用已知 pH 的标准缓冲溶液为基准，通过比较由标准缓冲溶液参与组成和待测溶液参与组成的两个工作电池的电动势来确定待测溶液的 pH。即测定一标准缓冲溶液（pH_S）的电动势 E_S，然后测定试液（pH_x）

的电动势 E_x。

25℃时，E_s和 E_x分别为：

$$E_s = K'_s + 0.0592\text{pH}_S \tag{12-9}$$

$$E_x = K'_x + 0.0592\text{pH}_x \tag{12-10}$$

在同一测量条件下，采用同一支 pH 玻璃电极和 SCE，则上两式中 $K'_s \approx K'_x$，将两式相减得：

$$\text{pH}_x = \text{pH}_s + \frac{E_x - E_s}{0.0592} \tag{12-11}$$

式中 pH_s为已知值，测量出 E_x、E_s即可求出 pH_x。通常将式(12-11) 称为 pH 实用定义或 pH 标度。实际测量中，将 pH 玻璃电极和 SCE 插入 pH_S 标准溶液中，通过调节测量仪上的〈定位〉旋钮使仪器显示出测量温度下的 pH_s值，就可以达到消除 K 值，校正仪器的目的，然后再将电极对浸入试液中，直接读取溶液 pH。

由式(12-11) 可知，E_x 和 E_s的差值与 pH_x 和 pH_s的差值成线性关系，在 25℃时直线斜率是 0.0592，直线斜率$\left(s=\frac{2.303RT}{F}\right)$是温度函数。为保证在不同温度下测量精度符合要求，在测量中要进行温度补偿。用于测量溶液 pH 的仪器设有此功能。式 (12-11) 还表明 E_x 与 E_s 差值改变 0.0592V，溶液的 pH 也相应改变了 1 个 pH 单位。测量 pH 的仪器表头即按此间隔刻出进行直读。

由于式(12-11) 是在假定 $K'_s = K'_x$ 情况下得出的，而实际测量过程中往往因为某些因素（如试液与标准缓冲液的 pH 或成分的变化，温度的变化等）的改变，导致 K'值发生变化。为了减少测量误差，测量过程应尽可能使溶液的温度保持恒定，并且应选用 pH 与待测溶液相近的标准缓冲溶液（按 GB 9724—2007 规定，所用标准缓冲溶液的 pH_s和待测溶液的 pH_x 相差应在 3 个 pH 单位以内)。

12.2.3.3　pH 标准缓冲溶液

pH 标准缓冲溶液是具有准确 pH 的缓冲溶液，是 pH 测定的基准，故缓冲溶液的配制及 pH 的确定是至关重要的。我国国家标准物质研究中心通过长期工作，采用尽可能完善的方法，确定 30～95℃水溶液的 pH 工作基准，它们分别由七种六类标准缓冲物质组成。这七种六类标准缓冲物质分别是：四草酸钾、酒石酸氢钾、邻苯二甲酸氢钾、磷酸氢二钠-磷酸二氢钾、四硼酸钠和氢氧化钙。这些缓冲物质按-配制出的标准缓冲溶液的 pH 均匀地分布在 0～13 的 pH 范围内。标准缓冲溶液的 pH 随温度变化而改变。表 12-3 列出了六类标准缓冲溶液 10～35℃时相应的 pH，以便使用时查阅。

表 12-3　pH 标准缓冲溶液在通常温度下的值

试　剂	浓度 c/(mol/L)	pH					
		10℃	15℃	20℃	25℃	30℃	35℃
四草酸钾	0.05	1.67	1.67	1.68	1.68	1.68	1.69
酒石酸氢钾	饱和	—	—	—	3.56	3.55	3.55
邻苯二甲酸氢钾	0.05	4.00	4.00	4.00	4.00	4.01	4.02
磷酸氢二钠(钾)	0.025	6.92	6.90	6.88	6.86	6.86	6.84
四硼酸钠	0.01	9.33	9.28	9.23	9.18	9.14	9.11
氢氧化钙	饱和	13.01	12.82	12.64	12.46	12.29	12.13

一般实验室常用的标准缓冲物质是邻苯二钾酸氢钾、混合磷酸盐（KH_2PO_4-Na_2HPO_4）及四硼酸钠。目前市场上销售的“成套 pH 缓冲剂”就是上述三种物质的小包装产品，使用很方便。配制是不需要干燥和称量的，直接将袋内试剂全部溶解稀释至一定

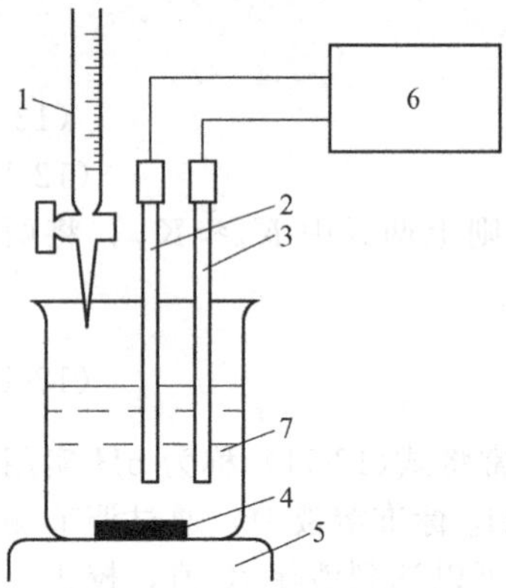

图 12-6 手动电位滴定仪结构示意图

1—滴定管；2—指示电极；3—参比电极；4—铁芯搅拌棒；5—电磁搅拌器；6—高阻抗毫伏计；7—试液

体积（一般为 250mL）即可使用。

配制缓冲溶液的实验用水应符合 GB/T 668—92 中三级水的规格。配好的 pH 标准缓冲溶液应储存在玻璃试剂瓶或聚乙烯试剂瓶中，硼酸盐和氢氧化钙标准缓冲溶液存放时应防止空气中 CO_2 进入。标准缓冲溶液一般可保存 2～3 个月，若发现溶液中出现浑浊等现象，不能再使用，应重新配制。

12.2.4 电位滴定仪

电位滴定仪一般由五部分组成，即指示电极、参比电极、搅拌器、测量仪表、滴定装置。按照滴定终点的确定方式不同，分为手动、半自动、全自动三种类型。

图 12-6 是手动电位滴定仪结构示意图。

滴定装置是普通滴定管，控制滴定管滴出的滴定剂的体积，测定相应的电池电动势。在接近滴定终点时，每次滴入的滴定剂的体积要小一些。

半自动电位滴定装置如图 12-7 所示。

在滴定管末端连接可通过电磁阀的细乳胶管，此管下端接上毛细管。滴定前，根据具体的滴定对象为仪器设置电位（或 pH）的终点控制值（理论计算值或滴定实验值）。滴定开始时，电位测量信号使电磁阀断续开关，滴定自动进行。电位测量值到达仪器设定值时，电磁阀自动关闭，滴定停止。

全自动电位滴定仪（如图 12-8 所示）结构与半自动类似，只是这种仪器不需要预先设定终点电位就可以进行滴定，自动化程度高。

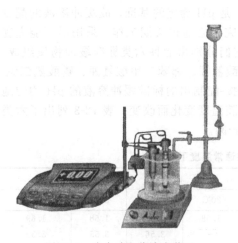

图 12-7 半自动电位滴定装置

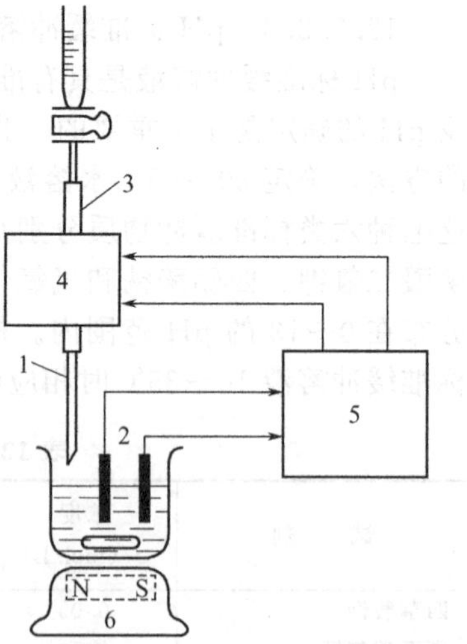

图 12-8 全自动电位滴定仪示意图

1—毛细管；2—电极；3—乳胶管；4—电磁阀；5—自动滴定控制器；6—电磁搅拌器

12.2.4.1 测定原理

电位滴定是根据滴定过程中指示电极电位的突跃来确定滴定终点的一种滴定分析方法。进行滴定时，在待测溶液中插入一支对待测离子或滴定剂有电位响应的指示电极，并与参比电极组成工作电池。随着滴定剂的加入，则由于待测离子与滴定剂之间发生化学反应，待测离子浓度不断变化，造成指示电极电位也相应发生变化。在化学计量点附近，待测离子活度发生突变，指示电极的电位也发生突变。因此，测量电池电动势的变化，可以确定滴定终点。最后根据滴定剂浓度和终点时滴定剂的消耗体积计算试液中待测组分的含量。

电位滴定法不同于直接电位法，直接电位法是以测得的电池电动势（或其变化量）作为定量参数，因此其测量值的准确与否直接影响定量分析结果。电位滴定法测量的是电池电动势的变化情况，它不以某一电动势的变化量作为定量参数，只根据电动势的变化情况确定滴定终点，其定量参数是滴定剂的体积，因此在直接电位法中影响测定的一些因素如不对称电位、液接电位、电动势测量误差等在电位滴定中可得以抵消。

电位滴定法与化学分析法的区别是终点指示方式不同。普通的滴定法是利用指示剂颜色的变化来指示滴定终点，电位滴定是利用电池电动势的突跃来指示终点。因此，电位滴定虽然没有用指示剂确定终点那样方便，但可以用在浑浊、有色溶液以及找不到合适指示剂的滴定分析中。另外，电位滴定的一个显著的特点是可以连续滴定和自动滴定。

12.2.4.2　滴定终点的确定

进行电位滴定时，先要称取一定量的试样并将其制备成试液。然后选择一对合适的电极，经适当的处理后，浸入待测试液中，并按图 12-8 连接组装好装置。开动电磁搅拌器和毫伏计，先读取滴定前试液的电位值（读数前要关闭搅拌器），然后开始滴定。滴定过程中，每加一次一定量的滴定溶液就应测量一次电动势（或 pH），滴定刚开始时可快些，测量间隔可大些（如可每次滴入 5mL 标准滴定溶液测量一次），当标准滴定溶液滴入约为所需滴定体积的 90％的时候，测量间隔要小一些。滴定进行至近化学计量点前后时，应每滴加 0.1mL 标准滴定溶液测量一次电池电动势（或 pH）直至电动势变化不大为止。记录每次滴加标准滴定溶液后滴定管的读数及测得的电位或 pH。根据所测得的一系列电动势（或 pH）以及滴定消耗的体积确定滴定终点。表 12-4 内所列的是以银电极为指示电极，饱和甘汞电极为参比电极，用 0.1000mol/L $AgNO_3$ 溶液滴定 NaCl 溶液的实验数据。

实验数据处理方法通常有三种，即 E-V 曲线法，$\Delta E/\Delta V$-V 曲线法和二阶微商法。

（1）E-V 曲线法　以加入滴定剂的体积 V(mL) 为横坐标，以相应的电动势 E(mV) 为纵坐标，绘制 E-V 曲线。E-V 曲线上的拐点（曲线斜率最大处）所对应的滴定体积即为终点时滴定剂所消耗体积（V_{ep}）。拐点的位置可用下面的方法来确定：做两条与横坐标成 45°的 E-V 曲线的平行切线，并在两条切线间做一与两切线等距离的平行线（如图 12-9 所示），该线与 E-V 曲线交点即为拐点。E-V 曲线法适于滴定曲线对称的情况，而对滴定突越不十分明显的体系误差大。

（2）$\Delta E/\Delta V$-V 曲线法，此法又称一阶微商法。$\Delta E/\Delta V$-是 E 的变化值与相应的加入标准滴定溶液体积的增量比。如表 12-4 中，在加入 $AgNO_3$ 体积为 24.10mL 和 24.20mL 之间，相应的 $\dfrac{\Delta E}{\Delta V}=\dfrac{0.194-0.183}{24.20-24.10}=0.11$，其对应的体积 $V=\dfrac{24.20+24.10}{2}=24.15$mL，将 V 对 $\Delta E/\Delta V$ 作图，可得到一呈峰状曲线（如图 12-10 所示），曲线最高点由实验点连线外推得到，其对应的体积为滴定终点时标准滴定溶液所消耗的体积。用此法作图确定终点比较准确，但过程较烦。

（3）二阶微商法　此法依据是一阶微商曲线的极大点对应的是终点体积，则二阶微商等于零处对应的体积也是终点体积。二阶微商法有作图法和计算法两种。上述这些方法麻烦且费时，随着电子技术和自动化技术的发展，出现了以仪器代替人工滴定的自动电位滴定仪（如图 12-11 所示）。

表 12-4　以 0.1000mol/L $AgNO_3$ 溶液滴定含 Cl^- 溶液

加入 $AgNO_3$ 体积 V/mL	工作电池电动势 E/V	(E/V)/(V/mL)	E/V^2
5.0	0.062		
		0.0023	
15.0	0.085		
		0.0044	
20.0	0.107		
		0.0080	
22.0	0.123		
		0.015	
23.0	0.138		
		0.016	
23.50	0.146		
		0.050	
23.80	0.161		
		0.065	
24.00	0.174		
		0.090	
24.10	0.183		
		0.11	
24.20	0.194		2.8
		0.39	
24.30	0.233		4.4
		0.83	
24.40	0.316		−5.9
		0.24	
24.50	0.340		−1.3
		0.11	
24.60	0.351		−0.4
		0.07	
24.70	0.358		
		0.050	
25.00	0.373		
		0.024	
25.50	0.385		
		0.022	
26.00	0.396		

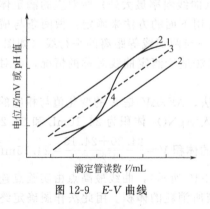

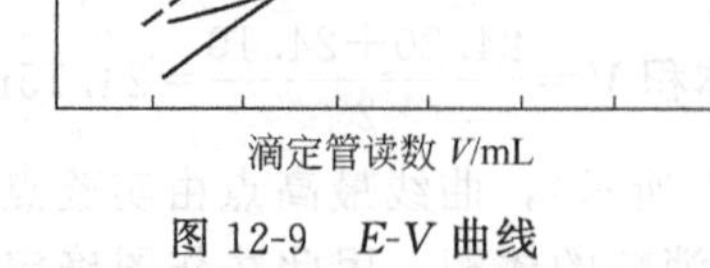

图 12-9　E-V 曲线

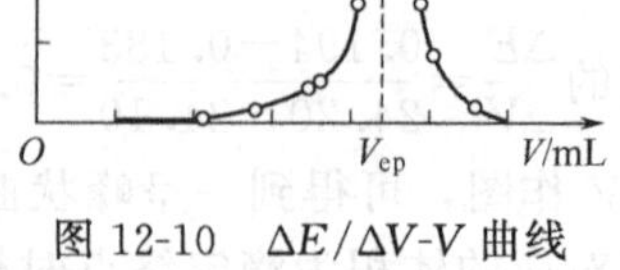

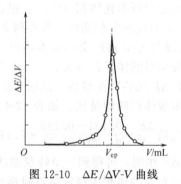

图 12-10　$\Delta E/\Delta V$-V 曲线

自动电位滴定仪确定终点通常有三种方法，第一种是保持滴定速度恒定，自动记录完整的 E-V 滴定曲线，然后再根据前面介绍的方法确定终点。第二种是将滴定电池两极间的电位差同预设置的某一终点电位差相比较，两信号差值经放大后用来控制滴定速度。接近终点时滴定速度降低，终点时自动停止滴定，最后由滴定管读取终点滴定剂消耗体积。第三种是基于在化学计量点时，滴定电池两极间电位差的二阶微分值由大降至最小，从而启动继电器，

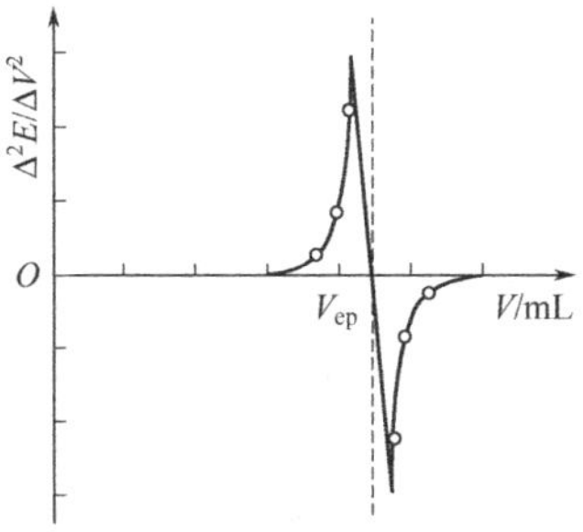

图 12-11　二阶微商曲线

图 12-12　PHS-3C 型酸度计

并通过电磁阀将滴定管的滴定通路关闭，再从滴定管上读出滴定终点时滴定剂的消耗体积。

12.3　电位分析仪器的使用

(1) PHS-3C 型酸度计（如图 12-12 所示） 仪器基本操作如下。

标定：打开电源开关，按〈pH/mV〉按钮，使仪器进入 pH 测量状态；按〈温度〉按钮，使显示为溶液温度值，然后按〈确认〉键，仪器确定溶液温度后回到 pH 测量状态；把用蒸馏水清洗过的电极插入 pH=6.86 的标准缓冲溶液中，待读数稳定后按〈定位〉键使读数为该溶液当时温度下的 pH 值，然后按〈确认〉键，仪器进入 pH 测量状态，pH 指示灯停止闪烁；把用蒸馏水清洗过的电极插入 pH=4.00（或 pH=9.18）的标准缓冲溶液中，待读数稳定后按〈斜率〉键使读数为该溶液当时温度下的 pH 值，然后按〈确认〉键，仪器进入 pH 测量状态，pH 指示灯停止闪烁。

测量 pH 值：将清洗过的电极浸入被测溶液中，使溶液均匀，读出溶液 pH 值。

测量电极电位（mV 值）：将清洗过的两电极浸入被测溶液中，使溶液均匀，读出该离子选择电极的电极电位值（mV 值）。

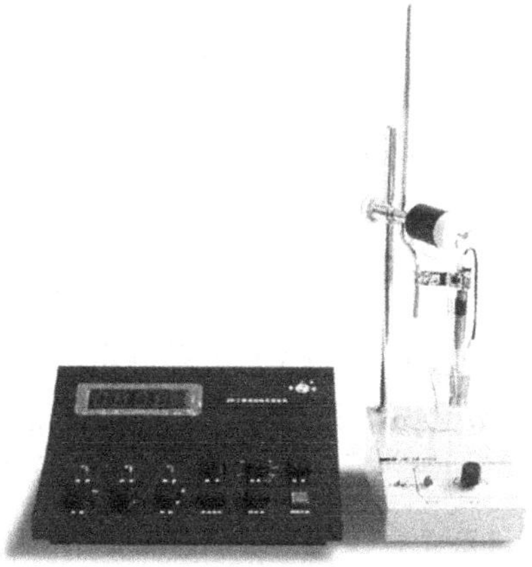

图 12-13　ZD-2 自动电位滴定仪

(2) ZD-2 自动电位滴定仪（如图 12-13 所示） 仪器基本操作如下。

① 连接滴定计与滴定装置仪器背面的“单元组合”配套插座，开启仪器背面的电源开关。

② 将搅拌器选择开关置于 1 号（左边的滴定台）位置。

③ 安装电源，将合适的电极分别插入插座和接于接线柱上。

④ 进行 pH 滴定校正或 mV 滴定校正。

“pH 滴定”校正——选择开关置于 pH 测量挡，温度补偿器旋到被测缓冲液的实际温度位置上，往小烧杯中倒入标准缓冲溶液，放入搅拌子，浸入电极，使玻璃电极的玻璃泡稍高于甘汞电极的末端，放入搅拌子，开动搅拌器，旋转搅拌调节器使搅拌速度适当，以不使电极脱离液面为度。揿下读数开关，旋转校正调节器使指针恰好指在校正温度下标准缓冲溶液的 pH 值处，再次揿下读数开关使其松开，指针退回至 pH 值为 7 处。换另一种标准缓冲溶液进行校正。

“mV测定”校正——将选择开关置于mV测量挡，拧松电极插座的小螺丝，使电极插头与插座脱离接触，揿下读数开关，根据测量范围−700～0～+700mV或0～1400mV的不同要求，旋转校正调节器使指针在±700mV或0mV处。

仪器经校正后，应注意不得再旋转校正调节器，否则应重新校正。

⑤ 将选择开关置于〈终点〉处，旋转终点调节器使指针在终点pH值或电位值上，应注意以后不可再旋转终点调节器，否则将导致分析结果不准确。将选择开关置于〈pH滴定〉或〈mV滴定〉处。

⑥ 根据滴定的性质和电极的连接情况，将滴定开关置于〈+〉或〈−〉处。或者是比较起始电位值与终点电位值的大小。若前者小于后者，滴液开关指向〈−〉，反之，则指向〈+〉。

⑦ 将滴定剂装入滴定管，电磁阀的橡皮管上端与滴定管出口相连接，下端连接一毛细玻璃管作滴定管，其出口高度应比指示电极的敏感部分中心稍高一些，使溶液滴出时能顺着搅拌的方向，首先接触到指示电极，以提高测量精密度。

⑧ 将工作选择开关置于〈手动〉处，调节电磁阀的支头螺丝，使按下滴定开关时，有适当流速的滴定剂流出，以每秒1～2滴为宜。再将工作选择开关旋至〈滴定〉处。

⑨ 将盛有试液的烧杯置于滴定台上，放入搅拌子，浸入电极，搅拌并调节至适当的搅拌速度。

⑩ 读取滴定剂体积的初始读数，打下读数开关和滴定开关，2s左右终点指示灯亮，滴定指示灯时亮时暗。逆时针转动预控制器，使滴定剂快速滴下，当指针与终点pH值相差1～3单位或终点电位值差100～300mV时，顺时针转动预控制器，使滴定速度减慢。当指针指到终点值时，滴定指示灯熄灭，约10s后终点指示灯也熄灭，表示滴定结束，读取滴定剂的体积读数。

⑪ 完成滴定后，关闭全部电路开关和滴定活塞，旋松电磁阀的支头螺丝，取下电极淋洗其表面，分别按不同要求浸入蒸馏水、溶液或储存于盒子中。

⑫ 进行手动电位滴定时，操作步骤基本上与自动电位滴定相同，工作选择旋钮置于〈手动〉处，不需设定终点值，通过用手揿下滴定开关的时间长短，操纵电磁阀的吸通动作，并记下pH（或mV）值随滴定体积的变化情况。

项目训练

12.4 仪器、药品及试剂的准备

（1）阿贝折射仪、末端熔圆之玻璃棒、电炉、紫外分光光度计、250mL分液漏斗、250mL比色管、酸度计（或电位滴定仪）；玻璃电极、饱和甘汞电极、电磁搅拌器、水浴锅、碱式滴定管、锥形瓶、玻棒、烧杯等玻璃仪器。

（2）蒸馏水（使用前应煮沸、冷却）、氢氧化钠、盐酸、1%酚酞、无水硫酸钠、pH=8.0的缓冲溶液、邻苯二甲酸氢钾。

12.5 抽样

从任一批产品中，随机抽取16瓶（罐），3瓶（罐）用作理化指标测定，5瓶（罐）用作净含量测定、微生物检测等，其余8瓶（罐）留样备用。

12.6 可溶性固形物含量测定

12.6.1 测试原理

折射率是物质的重要物理常数之一，许多纯物质都具有一定的折射率，如果其中含有杂

质则折射率将发生变化，出现偏差，杂质越多，偏差越大。因此通过折射率的测定，可以测定物质的浓度。

12.6.2　试液制备

透明液体制品，将试样充分混匀，直接测定。

12.6.3　阿贝折射仪的使用

WYA 阿贝折射仪（测量范围 0～80%，精确度±0.1%），如图 12-14 所示。

仪器基本操作如下。

① 校正：用蒸馏水校正，目镜标尺的读数为 1.3330。

② 分开折射仪两面棱镜，用脱脂棉蘸乙醚或乙醇擦净。

③ 用末端熔圆之玻璃棒蘸取饮料 2～3 滴，滴于折射仪棱镜面中央（注意勿使玻璃棒触及镜面）。

④ 迅速闭合棱镜，静置 1min，使试液均匀无气泡，并充满视野。

⑤ 对准光源，通过目镜观察接物镜。旋转折射率刻度调节手轮，使视野分成明暗两部，再旋转微调螺旋，使明暗界限清晰，并使其分界线恰在接物镜的十字交叉点上。读取目镜视野中的百分数或折射率，并记录棱镜温度。

图 12-14　阿贝折射仪

⑥ 根据折射仪的读数查表得溶液浓度或直接读出溶液浓度（百分数）。

12.7　总酸度的测定

12.7.1　分析步骤

① 0.1mol/L NaOH 标准溶液的标定。　称取 110g 氢氧化钠，溶于 100mL 无二氧化碳的水中，摇匀，注入聚乙烯容器中，密闭放置至溶液清亮。若需配制 0.1mol/L NaOH 标准溶液，量取饱和氢氧化钠溶液体积 5.4mL，在 1L 容量瓶中定容。

标定方法：将邻苯二甲酸氢钾于 120℃烘 1h 至恒重，准确称取 0.75g 于 250mL 锥形瓶中加入 50mL 蒸馏水，溶解后滴定 3 滴酚酞指示剂，用以上配好的氢氧化钠溶液滴定至微红色 30s 不褪色为终点。按下式计算氢氧化钠标准溶液的物质的量浓度。

$$c(\mathrm{NaOH})=\frac{1000m(\mathrm{KHC_8H_4O_4})}{M(\mathrm{KHC_8H_4O_4})V(\mathrm{NaOH})} \tag{12-12}$$

式中　$m(\mathrm{KHC_8H_4O_4})$——邻苯二甲酸氢钾的精确质量，g；

$M(\mathrm{KHC_8H_4O_4})$——邻苯二甲酸氢钾的摩尔质量，g/mol；

$V(\mathrm{NaOH})$——消耗氢氧化钠标准滴定溶液的体积，mL；

$c(\mathrm{NaOH})$——氢氧化钠标准滴定溶液浓度，mol/L。

若 NaOH 标准溶液浓度不适宜可继续稀释。

② 含二氧化碳的样品至少称取 200g 样品于 500mL 烧杯中，置于电炉上加热边搅拌至微沸，保持 2min，称量，用蒸馏水补充至煮沸前的质量。

③ 取 20.00～50.00mL 试液，使之含 0.035～0.070g 酸，置于 150mL 烧杯中，加 40～60mL 水。将酸度计电源接通，待指针稳定后，分别用 pH=6.86 及 pH=9.18 的缓冲溶液校正 pH 计。将盛有试液的烧杯放到电磁搅拌器上。再将玻璃电极及甘汞电极浸入试液的适当位置。按下 pH 读数开关，开动搅拌器，迅速用适当浓度的氢氧化钠标准滴定溶液（如样品酸度太低，可用 0.01mol/L 或 0.05mol/L 氢氧化钠标准滴定溶液）滴定，并随时观察溶液 pH 的变化。接近终点时，应放慢滴定速度。一次滴加半滴（最多一滴），直至溶液的 pH 达到滴定终点（突变）。记录消耗氢氧化钠标准滴定溶液的体积（V_1）。同一被测样品须测

定两次。

④ 同样条件下做空白实验，记录消耗标准氢氧化钠滴定溶液的体积 V_2，各种酸滴定终点的 pH 值，磷酸为 8.7～8.8，其他酸为 8.3±0.1。

12.7.2 数据处理

总酸以每千克（或每升）样品中酸的质量（g）表示，按下式计算：

$$X=\frac{c(V_1-V_2)KF}{m}\times 1000 \tag{12-13}$$

式中 X——每千克（或每升）样品中酸的质量，g/kg（或 g/L）；

c——氢氧化钠标准滴定溶液的浓度，mol/L；

V_1——滴定试液时消耗氢氧化钠标准滴定溶液的体积，mL；

V_2——空白试验时消耗氢氧化钠标准滴定溶液的体积，mL；

F——试液的稀释倍数；

m——试样的取样量，g 或 mL；

K——酸的换算系数。

各种酸的换算系数分别为：苹果酸，0.067；乙酸，0.060；酒石酸，0.075；柠檬酸，0.064；柠檬酸，0.070（含一分子结晶水）；乳酸，0.090；盐酸，0.036；磷酸，0.049。计算结果精确到小数点后第二位。

思考与练习

一、选择题

1. 在电位法中作为指示电极，其电位与被测离子的活（浓）度的关系是（ ）。

A. 无关　　B. 成正比

C. 与被测离子活（浓）度的对数成正比　　D. 符合能斯特方程

2. 常用的参比电极是（ ）。

A. 玻璃电极　　B. 气敏电极　　C. 饱和甘汞电极　　D. 银-氯化银电极

3. 关于 pH 玻璃电极膜电位的产生原因，下列说法正确的是（ ）。

A. 氢离子在玻璃表面还原而传递电子

B. 钠离子在玻璃膜中移动

C. 氢离子穿透玻璃膜而使膜内外氢离子产生浓度差

D. 氢离子在玻璃膜表面进行离子交换和扩散的结果

4. 用玻璃电极测量溶液的 pH 时，采用的定量分析方法为（ ）。

A. 标准曲线法　　B. 直接比较法　　C. 一次标准加入法　　D. 增量法

5. 在电位滴定中，以 E-V 作图绘制滴定曲线，滴定终点为（ ）。

A. 曲线的最大斜率点　　B. 曲线的最小斜率点

C. E 为最正值的点　　D. E 为最负值的点

6. 在电位滴定中，以 $\Delta E/\Delta V$-V 作图绘制曲线，滴定终点为（ ）。

A. 曲线突跃的转折点　　B. 曲线的最大斜率点

C. 曲线的最小斜率点　　D. 曲线的斜率为零时的点

7. 在电位滴定中，以 $\Delta^2 E/\Delta V^2$-V 作图绘制曲线，滴定终点为（ ）。

A. $\Delta^2 E/\Delta V^2$ 为最正值的点　　B. $\Delta^2 E/\Delta V^2$ 为最负值的点

C. $\Delta^2 E/\Delta V^2$ 为零时的点　　D. 曲线的斜率为零时的点

二、简答题

1. 为什么使用 pH 计时要把上面那个小皮帽摘下来？

2. pH 计测溶液 pH 时，是该搅动 pH 计还是搅动待测液，或者两者都可以没有影响？

3. pH 计不使用时，玻璃电极是泡在电解质（KCl）中的，可自动电位滴定仪的电极却是泡在纯净水中的，为什么？

4. 影响直接电位法测定准确度的因素有哪些？

5. 电位滴定法与用指示剂指示滴定终点的滴定分析法及直接电位法有什么区别？

三、计算题

1. 298K 时将 Ag 电极浸入浓度为 1×10^{-3} mol/L $AgNO_3$ 溶液中，计算该银电极的电极电位。若银电极的电极电位为 0.500V，则 $AgNO_3$ 溶液的浓度为多少？

2. pH 玻璃电极和饱和甘汞电极组成工作电池，25℃时测定 pH＝9.18 的硼酸标准溶液时，电池电动势是 0.220V；而测定一未知 pH 试液时，电池电动势是 0.180V。求未知试液 pH。

3. 当下列电池的溶液是 pH＝4.00 的缓冲溶液时，在 25℃测得电池电动势 0.209V。

$$玻璃电极|H^+(\alpha=x)||SCE$$

当缓冲溶液由未知溶液代替时，测得电动势为（1）0.312V；（2）0.088V；（3）－0.17，求每种溶液的 pH。

4. 用 0.1052mol/L NaOH 标准溶液滴定 25.00mL HCl 溶液，以玻璃电极作指示电极，饱和甘汞电极做参比电极，测得以下数据：

V(NaOH)/mL	0.55	24.50	25.50	25.60	25.70	25.80	25.90	26.00
pH	1.70	3.00	3.37	3.41	3.45	3.50	3.75	7.50
V(NaOH)/mL	26.10	26.20	26.30	26.40	26.50	27.00	27.50	
pH	10.20	10.35	10.47	10.52	10.56	10.74	10.92	

计算：①用二阶微商计算确定滴定终点体积；②计算 HCl 溶液浓度。

5. 测定海带中 I^- 的含量时，称取 10.56g 海带，经化学处理制成溶液，稀释到约 200mL，用银电极-双盐桥饱和甘汞电极，以 0.1026mol/L $AgNO_3$ 标准溶液进行滴定，测得如下数据：

$V(AgNO_3)$/mL	0.00	5.00	10.00	15.00	16.00	16.50	16.60	16.70
E/mV	－253	－234	－210	－175	－166	－160	－153	－142
$V(AgNO_3)$/mL	16.80	16.90	17.00	17.10	17.20	18.00	20.00	
E/mV	－123	＋244	＋312	＋332	＋338	＋363	＋375	

计算：①用二阶微商计算确定终点体积；②海带试样中 KI 的含量［已知 M(KI)＝166.0g/mol］；③滴定终点时电池电动势。

6. 用银电极作指示电极，双盐桥饱和甘汞电极作参比电极，以 0.1000mol/L $AgNO_3$ 标准滴定溶液滴定 10.00mL Cl^- 和 I^- 的混合液，测得以下数据：

$V(AgNO_3)$/mL	0.00	0.50	1.50	2.00	2.10	2.20	2.30	2.40
E/mV	－218	－214	－194	－173	－163	－148	－108	83
$V(AgNO_3)$/mL	2.50	2.60	3.00	3.50	4.50	5.00	5.50	5.60
E/mV	108	116	125	133	148	158	177	183
$V(AgNO_3)$/mL	5.70	5.80	5.90	6.00	6.10	6.20	7.00	7.50
E/mV	190	201	219	285	315	328	365	377

① 根据 E-$V(AgNO_3)$ 的曲线，从曲线拐点确定终点；②绘制 $\Delta E/\Delta V$-V 曲线，确定终点；③用二阶微商计算法，确定终点时滴定剂的体积；④根据③的值，计算 Cl^- 及 I^- 的含量（以 mg/mL 表示）。

技能项目库

雪碧中可溶性固形物的测定

一、试剂、仪器准备

试剂：蒸馏水、乙醚或乙醇、雪碧。

仪器：阿贝折射仪、末端熔圆的玻璃棒、WZZ-2B旋光度仪。

二、操作步骤

① 校正：用蒸馏水校正，目镜标尺的读数为1.3330。

② 分开折射仪两面棱镜，用脱脂棉蘸乙醚或乙醇擦净。

③ 用末端熔圆之玻璃棒蘸取饮料2～3滴，滴于折射仪棱镜面中央（注意勿使玻璃棒触及镜面)。迅速闭合棱镜，静置1min，使试液均匀无气泡，并充满视野。

④ 对准光源，通过目镜观察接物镜。旋转折射率刻度调节手轮，使视野分成明暗两部，再旋转微调螺旋，使明暗界限清晰，并使其分界线恰在接物镜的十字交叉点上。读取目镜视野中的百分数或折射率，并记录棱镜温度。

三、原始记录与数据处理

序　号	1	2	3
折射率			
固形物含量/%			
平均值/%			

结论：________________

雪碧总酸度的测定

一、试剂、仪器准备

试剂：0.1mol/L的NaOH标准储备液、pH＝6.86及pH＝9.18的缓冲溶液、1%酚酞指示剂溶液（1g酚酞溶于60mL 95%乙醇中，用水稀释至100mL)、雪碧。

仪器：碱式滴定管、pH计、磁力搅拌器、锥形瓶、玻棒、烧杯等玻璃仪器。

二、实验步骤

1. 样品的处理

雪碧（含二氧化碳的样品）至少称取200g于500mL烧杯中，置于电炉上加热边搅拌至微沸，保持2min，称量，用蒸馏水补充至煮沸前的质量。

2. 测量步骤

取20.00～50.00mL试液，使之含0.035～0.070g酸，置于150mL烧杯中，加40～60mL水。将酸度计电源接通，待指针稳定后，分别用pH＝6.86及pH＝9.18的缓冲溶液校正pH计。将盛有试液的烧杯放到电磁搅拌器上。再将玻璃电极及甘汞电极浸入试液的适当位置。按下pH读数开关，开动搅拌器，迅速用0.1mol/L氢氧化钠标准滴定溶液（如样品酸度太低，可用0.01mol/L或0.05mol/L氢氧化钠标准滴定溶液）滴定，并随时观察和记录溶液pH的变化。接近终点时，应放慢滴定速度。一次滴加半滴（最多一滴)，直至溶液的pH达到滴定终点（突变)。记录消耗氢氧化钠标准滴定溶液的毫升数（V_1）。并做空白试验。同一被测样品须测定两次。

三、原始记录及数据处理

$V(NaOH)$/mL									
pH									
$V(NaOH)$/mL									
pH									
$V(NaOH)$/mL									
pH									
$V(NaOH)$/mL									
pH									

① pH 对 V 作图绘制滴定曲线；

② 绘制 $\Delta pH/\Delta V$-V 曲线：利用 $\Delta pH/\Delta V=(pH_2-pH_1)/(V_2-V_1)$ 求得一阶微商，并与对应 $V=(V_2+V_1)/2$ 数值列于下表。然后以 $\Delta pH/\Delta V$ 对 V 作图，即可得到一价微商曲线。曲线极大值所对应的体积为滴定终点的体积。

V/mL									
$\Delta pH/\Delta V$									
V/mL									
$\Delta pH/\Delta V$									
V/mL									
$\Delta pH/\Delta V$									
V/mL									
$\Delta pH/\Delta V$									

③ 计算样品总酸度　总酸以每千克（或每升）样品中酸的质量（g）表示，按式（12-13）计算。

$$X=\frac{c(V_1-V_2)KF}{m(V_0)}\times 1000$$

式中　X——每千克（或每升）样品中酸的质量，g/kg（或 g/L）；

c——氢氧化钠标准滴定溶液的浓度，mol/L；

V_1——滴定试液时消耗氢氧化钠标准滴定溶液的体积，mL；

V_2——空白试验时消耗氢氧化钠标准滴定溶液的体积，mL；

F——试液的稀释倍数；

m——试样的取样量，g 或 mL；

K——酸的换算系数（柠檬酸，0.064）。

计算结果精确到小数点后第二位。

结论：______________

项目 13　酯化法生产香料用乙酸乙酯的质量检验

学习目标

【能力目标】

- 能按照试样采样原则进行对原料工业酒精、工业乙酸、生产香料用乙酸乙酯以及酯化塔、提纯塔、精制塔等中控试样的采集与制备；
- 能按要求配制各种溶液（化学试剂、辅助试剂、实验室用水等）；
- 会使用容量瓶和移液管等容量仪器及分析天平；
- 能进行气相色谱仪气路系统的连接、检漏，能使用热导检测器、氢火焰检测器时气相色谱仪的开机、调试、关机操作，能正确使用微量注射器；
- 能规范使用热导气相色谱仪、氢火焰气相色谱仪、原子吸收分光光度计进行典型化学品的分析与检验；
- 能用归一法进行气相色谱定量分析，能用标准曲线法进行原子吸收光谱定量分析；
- 能根据国家标准、行业标准、企业标准，设计样品主要指标的检测步骤；
- 能根据各种标准质量要求，进行相应实验数据的计算、误差分析及结果的判断，并能规范书写药品检验报告；
- 能与其他组员进行良好沟通，并能根据实验检测情况进行方法变通，解决实际问题。

【知识目标】

- 理解气相色谱分析、原子吸收光谱分析的基本原理；
- 熟悉气相色谱仪的结构和各部分的作用；
- 熟悉气相色谱仪各种检测器的应用范围；
- 掌握原子吸收分光光度计的工作流程及主要部件的作用；
- 熟悉原子吸收光谱的测定条件；
- 掌握仪器的各项指标的检验与校正方法；
- 掌握气相色谱分析、原子吸收光谱分析的定量方法。

项目背景

本项目的质量检验标准采用 GB/T 394.1—2008《工业酒精》、GB/T 394.2—2008《酒精通用分析方法》、GB/T 1628—2008《工业用冰乙酸》、GB/T 6283—2008《化工产品中水分含量的测定　卡尔·费休法（通用方法）》、GB/T 6324.2—2004《有机化工产品试验方法 第二部分：挥发性有机液体水浴上蒸发后干残渣的测定》。工业酒精的技术要求见表 13-1。工业用冰乙酸的技术要求见表 13-2。

乙酸乙酯是工业上的重要溶剂，广泛用作人造香精、乙基纤维素、硝化纤维素、赛璐璐、清漆、涂料、人造革、油毡、人造纤维、印刷油墨等的溶剂，也可用作人造珍珠的黏结剂、药物和有机酸的萃取剂及水果香料的原料。

表 13-1　工业用酒精技术要求

项　目	指　标			
	优等品	一等品	合格品	粗酒精
外观	无色透明液体			淡黄色液体
色度/号	10			—
气味　≤	无异臭			—
乙醇(20℃)的体积分数/%　≥	96.0	95.5	95.0	95.0
硫酸试验/号　≤	10	80	—	—
氧化试验/min　≥	30	15	5	—
醛(以乙醛计)/(mg/L)　≤	5	30	—	—
项　目	指　标			
	优等品	一等品	合格品	粗酒精
杂醇油(以异丁醇、异戊醇计)/(mg/L)　≤	10	80	400	—
甲醇/(mg/L)　≤	800	1200	2000	—
酸(以乙酸计)/(mg/L)　≤	10	20		—
酯(以乙酸乙酯计)/(mg/L)　≤	30	40	—	—
不挥发物/(mg/L)　≤	20	25	25	—

表 13-2　工业用冰乙酸技术要求

项　目	指　标		
	优等品	一等品	合格品
色度/Hazen 单位(铂-钴色号)　≤	10	20	30
乙酸的质量分数/%　≥	99.8	99.5	98.5
水的质量分数/%　≤	0.15	0.20	—
甲酸的质量分数/%　≤	0.05	0.10	0.30
乙醛的质量分数/%　≤	0.03	0.05	0.10
蒸发残渣的质量分数/%　≤	0.01	0.02	0.03
铁的质量分数(以 Fe 计)/%　≤	0.00004	0.0002	0.0004
高锰酸钾时间/min　≥	30	5	—

乙酸乙酯的生产技术主要有直接酯化法、乙醛缩合法、醋酸乙烯加成法和乙醇脱氢缩合法。醋酸乙烯加成法和乙醇脱氢缩合法为相对比较新的生产技术，但限于乙烯和酒精资源限制及投资较大，工业化并不多。

(1) 传统酯化技术　连续酯化法生产乙酸乙酯的方法是原料乙酸和酒精在强酸均相催化剂中于一定温度、压力下发生酯化反应，并将反应产物通过一系列精馏塔进行分离制得乙酸乙酯产品。传统酯化法生产技术工艺流程如图 13-1 所示（图中废水回收塔未示出）。

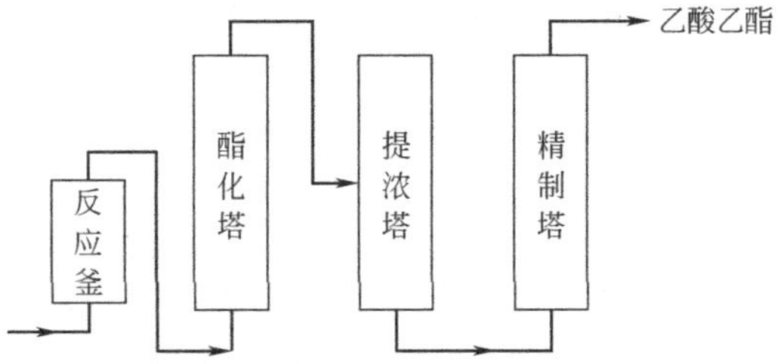

图 13-1　酯化法工艺流程图

原料乙酸和酒精按一定比例在配料混合槽中混合后以混合料形式加入到反应釜（通常是立式搪玻璃釜）中，在蒸汽盘管加热条件下于反应釜内发生反应，生成的产物酯、水，以酯、水、醇三元共沸物或酯、水二元共沸物形式进入精馏系统。经典的精馏系统为酯化——提浓——精制——废水回收四塔流程，酯化塔顶共沸物分相产生富含酯的轻相（即粗酯）和富含水的重相（即水相），粗酯一部分回流入酯化塔，一部分采出进入提浓塔，进一步脱除醇、水后进入精制塔脱除微量酸，从塔顶产出乙酸乙酯产品，酯化塔顶、提浓塔顶产生的水相进入废水回收塔回收其中的酯、醇等轻组分。传统的四塔精馏绝大多数采用陶瓷材质填料。

（2）化工生产中的质量检验 1986 年化学工业部颁布并实施《化学工业生产企业产品质量监督检验管理办法》，其中第十三条规定：企业质量监督检验机构应负责制订原材料、半成品、成品的检验规程。根据产品技术标准和生产工艺要求，确定取样点取样时间（周期）、取样方法、检验项目、指标、检验方法、数据处理、结果判定、信息传递等。第十四条规定：进厂的生产用原材料必须由企业质量监督检验机构按规定取样，经检验合格并签发证明才能投入生产。第十五条规定：出厂成品必须由企业质量监督检验机构根据产品技术标准和检验规程全项检验，经检验合格并签发产品质量合格证才允许入库或出厂。未经检验或检验不合格，不准办理入库或出厂手续。第十六条规定：生产过程中的控制分析、半成品检验，可由生产车间、班组的专职检验人员按检验规程和工艺要求定点、定时、定项目进行，其检验业务受企业质量监督检验机构的领导和监督。

子项目 1 原料——工业用酒精质量检测

引导问题

（1）如何定量表示溶液的色度？

（2）如果实验室中没有酒精计，能用什么替代方法测定工业酒精的酒精度？

（3）目视法测量产生误差的原因有哪些？

（4）碘量法滴定与其他氧化还原滴定法有什么区别？

（5）气相色谱法是一种什么样的方法？

（6）怎么理解气相色谱仪的工作原理？

（7）气相色谱法最突出的优点是什么？

（8）气相色谱的定量方法有哪些？

（9）酸含量与酯含量的测定都采用了酸碱滴定，二者有什么区别？

项目导学

13.1 气相色谱法

13.1.1 色谱法概述

1906 年俄国植物学家茨维特用一根柱子装满细粒状的碳酸钙，用以分离树叶色素的提取液。他将提取液注入柱子顶端，再用石油醚冲洗柱子，经过一段时间的冲洗，柱上出现了不同颜色的色带，色谱法因此而得名，此后这种方法广泛应用于无色物质的分离，但“色谱”这个名称一直沿用至今。

在互不相溶的两相——流动相和固定相的体系中，当两相作相对运动时，第三组分（即溶质或吸附质）连续不断地在两相之间进行分配，这种分配过程即为色谱过程。由于流动相、固定相以及溶质混合物性质的不同，在色谱过程中溶质混合物中的各组分表现出不同的色谱行为，从而使各组分彼此相互分离，这就是色谱分析法的实质。也就是说，当一种不与被分析物质发生化学反应的被称为载气的永久性气体（例如 H_2、N_2、He、Ar、CO_2 等）携带样品中各组分通过装有固定相的色谱柱时，由于试样分子与固定相分子间发生吸附、溶解、结合或离子交换，使试样分子随载气在两相之间反复多次分配，使那些分配系数只有微小差别的组分发生很大的分离效果，从而使不同组分得到完全分离，例如一个试样中含 A、B 两个组分，已知 B 组分在固定相中的分配系数大于 A，即 $K_B > K_A$，如图 13-2 所示。

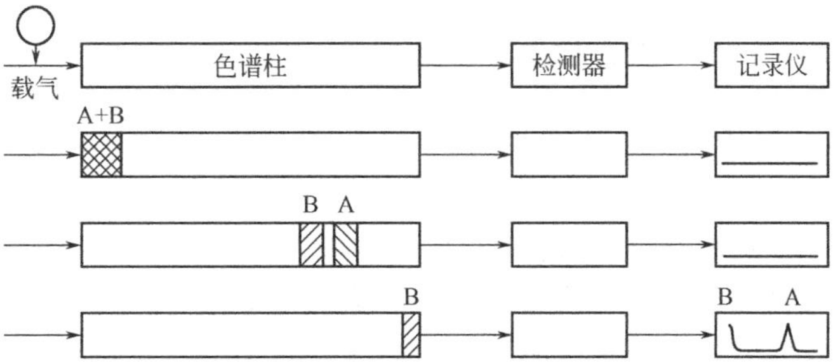

图 13-2　样品在色谱柱内分离示意图

当样品进入色谱柱时，组分 A、B 以一条混合谱带出现，由于组分 B 在固定相中的溶解能力比 A 大，因此组分 A 的移动速度大于 B，经过多次反复分配后，分配系数较小的组分 A 首先被带出色谱柱，而分配系数较大的组分 B 则较迟被带出色谱柱，于是样品中各组分达到分离的目的。设法将流出色谱柱某组分的浓度变化用电压、电流信号记录下来，便可逐一进行定性和定量分析。

13.1.2　气相色谱原理

以气体为流动相的色谱法称为气相色谱法。气相色谱法的分离是利用试样中各组分在色谱柱中两相间具有不同的分配系数，其中一相是柱内填充物，是不动的，称为固定相，另一相是气体（或称载气），连续不断地流动，称为流动相。当载气携带着样品流经固定相时，各组分在气液两相间进行反复多次分配，由于各组分分配系数不同，使其先后流出色谱柱而彼此得以分离。

色谱图能反映分离过程的效能，是研究和改进分离的依据，各组分在色谱图中出现的位置（时间）与该组分的性质有关，根据纯标样谱图对照，可用作定性分析；各组分的色谱峰面积或峰高的大小与组分含量有关，可用作定量分析。

图 13-3 是气相色谱分析流程图。N_2 或 H_2 等载气（用来载送试样而不与待测组分作用的惰性气体）由高压载气钢瓶供给，经减压阀减压后进入净化器，以除去载气中杂质和水分，再由稳压阀和针型阀分别控制载气压力（由压力表指示）和流量（由流量计指示），然后通过汽化室进入色谱柱。待载气流量、汽化室、色谱柱、检测器的温度以及记录仪的基线

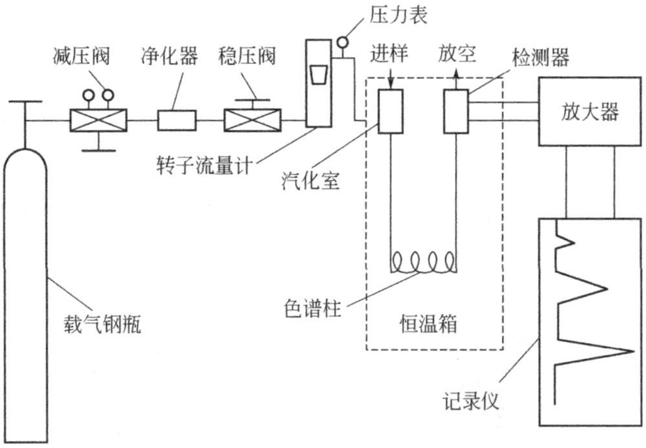

图 13-3　气相色谱分析流程图

稳定后，试样可由进样器进入汽化室，则液体试样立即汽化为气体并被载气带入色谱柱。由于色谱柱中的固定相对试样中不同组分的吸附能力或溶解能力是不同的，因此有的组分流出色谱柱的速度较快，有的组分流出色谱柱的速度较慢，从而使试样中各种组分彼此分离而先后流出色谱柱，然后进入检测器。检测器将混合气体中组分的浓度（mg/mL）或质量流量（g/s）转变成可测量的电信号，并经放大器放大后，通过记录仪即可得到其色谱图。

13.1.3 气相色谱法的特点和应用范围

气相色谱法具有分离效率高、灵敏度高、分析速度快、应用范围广等优点。分离效率高是指它对性质极为相似的烃类异构体、同位素等有很强的分离能力，能分析沸点十分接近的复杂混合物。灵敏度高是指使用高灵敏度检测器可检测出 10^{-11}～10^{-13}g 的痕量物质。一般情况下，完成一个样品的分析仅需几分钟。

气相色谱法的不足之处，首先是由于色谱峰不能直接给出定性的结果，它不能用来直接分析未知物，必须用已知纯物质的色谱图和它对照；其次，当分析无机物和高沸点有机物时比较困难，需要采用其他的色谱分析方法来完成。

13.2 气相色谱仪

13.2.1 结构与原理

一般气相色谱仪由五个部分组成：气路系统包括气源（N_2、H_2、He、Ar 等）、气体净化（除去气体中的水分与杂质）、气体流量控制（减压阀、稳压阀、针型阀和稳流阀）和测量装置。进样系统包括进样器、汽化室（将液体样品瞬间汽化为蒸气）、分流比［进样口载气流量与放空载气流量比值，通常比值在（1∶10）～(1∶100)］和控温装置。分离系统包括色谱柱、柱箱和控温装置。检测系统包括检测器和控温装置。记录系统包括记录仪或数据处理装置。

(1) 色谱柱　色谱柱是分离系统的“心脏”。色谱柱按结构可分为填充柱和毛细管柱两大类。填充柱是在色谱柱内充满细颗粒的填充物，载气在填充物间缝隙孔道内通过，柱的渗透性比较差。毛细管柱又叫空心柱，分为涂壁和多孔层毛细管柱两类。涂壁空心柱是在其管内壁上涂渍固定相，载气由管中心孔道通过。这种柱渗透性好，传质阻力小，一般可用几十米的长柱。另一种是固定液涂在厚约 30μm 的多孔载体上，多孔层毛细管含有相当多的固定液而有较高的样品容量，但柱效较涂壁柱低，比填充柱高。

(2) 检测器　根据检测原理的不同，可将检测器分为浓度型检测器和质量型检测器。浓度型检测器是指检测器的响应值和组分的浓度成正比，如热导检测器。质量型检测器是指检测器的响应值和单位时间内进入检测器某组分的质量成正比，如氢火焰检测器。热导检测器（TCD）是根据不同的物质具有不同的热导率的原理制成的。氢火焰检测器（FID）是以氢气和空气燃烧作为能源，利用含碳有机物在火焰中燃烧产生离子，在外加电场作用下，使离子形成离子流，根据离子流产生的电信号强度，检测被色谱柱分离出的组分。

图 13-4　GC112A 气相色谱仪

13.2.2 仪器设备的使用

(1) GC112A 气相色谱仪（如图 13-4 所示，上海精密科学仪器有限公司生产） 仪器基本操作如下。

① 开机前先将载气（N_2）打开。

② 打开仪器开关，打开计算机，点击桌面上“N2000 工作站”进入操作界面。

③ 在仪器控制面板上设置实验条件，包

括：进样器的温度（INJ SET TEMP）、检测器的温度（DET SET TEMP）、柱箱的温度（COL SET TEMP）（可程序升温）。

程序升温步骤：【柱箱】→【初始温度】COL SET TEMP→【初始时间】INIT TIME→【速率】RATE→【终止温度】FINAL TEMP→【终止时间】FINAL TEMP。

设定完成后按〈启动〉键，仪器各部分开始升温（或在电脑操作界面上从方法中调用仪器条件，使各项参数达到设定值）。

④ 仪器各部分达到设定温度后，控制面板上准备灯亮。

⑤ 打开氢气（H_2）、空气阀。按〈点火〉键点火（若火点不着，适当将氢气的压力调大一点）。

⑥ 进样。注意进样针中不能有气泡存在。

⑦ 进完样点击启动键，并在电脑操作界面上点击“开始采集”按钮。

⑧ 计算机显示屏显示出谱图。点击“预览”可看到实验数据报告。

⑨ 关机。设置关机参数，后运行该关机程序。关掉氢气、空气开关，色谱会自动降温，待各温度降至50℃以下，可以关闭仪器。最后关闭色谱电源、气源、电脑。

(2) 微量注射器 注射器进样操作是用注射器量取定量试样，由针刺通过进样口的硅橡胶密封圈，注入试样。优点是使用灵活，缺点是进样重复性差，相对误差为2%～5%，密封垫圈在20～30次进样后容易漏气，需及时更换。

用注射器取液体试样，应先用少量试样洗涤几次，然后将针头插入试样反复抽排几次，再慢慢抽入试样，并稍多于需要量。如有气泡，则将针头朝上，使气泡上升排出，再将过量的试样排出，用滤纸或擦镜纸吸去针头外所沾试样。注意：切勿吸去针头内的试样！

取好样后应立即进样，进样时，注射器应与进样口垂直，一手捏住针头协助迅速刺穿硅橡胶垫圈，另一手平稳敏捷地推进针筒，使针头尽可能地插得深一些，用力要平稳（针头切勿碰着汽化室内壁），轻巧迅速地将样品注入，完成后立即拔针。整个动作应进行得稳当、连贯、迅速。针尖在进样口中的深度、插入速度、停留时间和拔出速度都会影响进样的重复性。

13.3 气相色谱条件

13.3.1 检测器

13.3.1.1 氢火焰检测器（FID）

自20世纪50年代以来，由于大力发展火箭技术，对燃烧和爆炸进行了深入的研究，发现有机物在燃烧过程中能产生离子，利用这一发现研究出氢火焰离子化检测器（FID），此检测器自1958年创制以来得了广泛的应用，是目前国内外气相色谱仪必备检测器。氢火焰检测器是微量有机物色谱分析的主要检测器，它的主要特点是灵敏度高，基流小，最小检测量为ng/mL级，响应快，线性范围宽，对操作条件的要求不甚严格（如载气流速、检测器温度等），操作比较简单、稳定、可靠，因此它是目前最常用的检测器。

氢火焰离子化检测器由离子室、离子头及气体供应三部分组成，如图13-5所示。

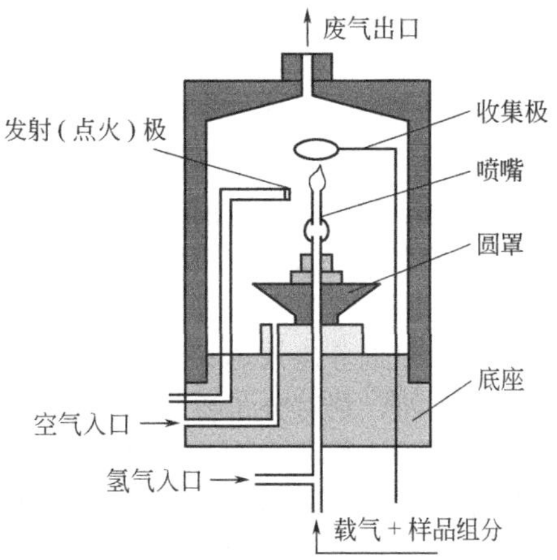

图13-5 氢火焰离子化检测器示意图

13.3.1.2 热导池检测器（TCD）

热导池检测器（TCD）如图 13-6 所示，由于它结构简单，灵敏度适宜，稳定性较好，线性范围较宽，适用于无机气体和有机物，它既可做常量分析，也可做微量分析，最小检测量为 μg/mL 级，操作也比较简单，因而是目前应用相当广泛的一种检测器。热导池检测器由池体和热敏元件构成，有双臂热导池、四臂热导池两种。四臂导热池具有四根相同的铼钨丝，灵敏度比双臂热导池约高一倍，目前普遍采用四臂钨丝热导池。

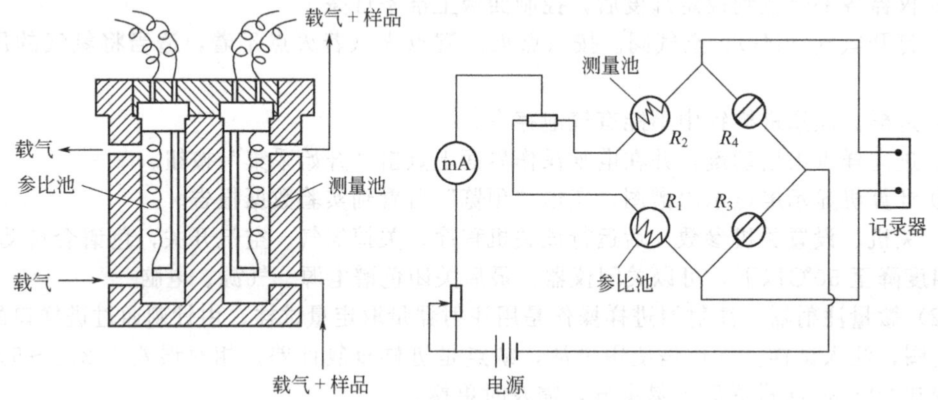

图 13-6 热导池检测器

13.3.1.2.1 四臂钨丝热导池结构

热导池体中，只通纯载气的孔道称为参比池，通载气与药品的孔道为测量池。四臂热导池中，有两臂为参比池，另两臂为测量池。早期 TCD 池体积多为 500～800μL，后减少至 100～500μL，适用于填充柱。近年来发展的微型热导池（μ-TCD），其池体积均在 100μL 以下，μ-TCD 可与毛细管柱配合使用。

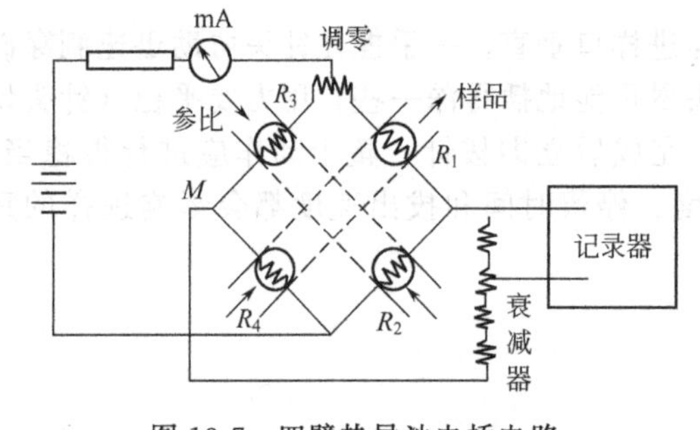

图 13-7 四臂热导池电桥电路

13.3.1.2.2 四臂钨丝热导池工作原理

在四个圆形孔道内，安装上四根钨丝（或铼钨丝），利用此四根钨丝组成惠斯通电桥（如图 13-7 所示）。热敏元件电阻值的变化可以通过惠斯通电桥来测量。将四臂热导池的四根热丝分别作为电桥的四个臂，四根热丝阻值分别为 R_1、R_2、R_3、R_4。在同一温度下，四根热丝阻值相等，即 $R_1=R_2=R_3=R_4$；其中 R_1 和 R_4 为测量池中热丝，作为电桥测量臂，R_2 和 R_3 为参比池中热丝，作为电桥的参考臂。通过一定量的恒定直流电流，此时钨丝发热，具有一定的温度，当载气流经钨丝并保持恒定的流速时，热丝表面被带走的热量是恒定的，即热丝阻值的变化也恒定，根据电桥平衡原理：

$$(R_1+\Delta R_1)\times(R_4+\Delta R_4)=(R_2+\Delta R_2)\times(R_3+\Delta R_3) \tag{13-1}$$

所以 $\Delta V=0 \quad \Delta I=0$

如有被测组分通入热导池，则钨丝周围的气体成分及浓度发生改变，由于不同的气体分子热导率不同，相对分子质量小的或分子直径小的气体具有高的热导率，相反，相对分子质量大的或分子体积大的则有低的热导率，如果气体分子越多则浓度越大，传导的热量也越多，这样就使得气体热传导量发生改变，从而使钨丝的温度也发生改变，使钨丝的阻值变化，由于参考池仍是纯载气通过，而测量池为含有样品组分的载气通过，因此两组热导池引起阻值变化不一样，即

$$(R_1+\Delta R_1)\times(R_4+\Delta R_4)\neq(R_2+\Delta R_2^n)\times(R_3+\Delta R_3^n) \quad (13\text{-}2)$$

（参考池）　　　　（测量池）

MN 端的电位差 $\Delta V\neq 0$，因此有相应的电压信号输出，在一定条件下此信号大小与组分的浓度成正比。因此，利用测量此非平衡电压信号，即可确定待测组分的含量。这就是热导池检测器的基本原理。

13.3.2　色谱柱

PEG20M 交联毛细管色谱柱，柱内径为 0.25mm，柱长为 25～30m。毛细管柱又称空心柱，它比填充柱在分离效率上有很大的提高，可解决复杂的、填充柱难于解决的分析问题，如图 13-8 所示。

常用的毛细管柱为涂壁空心柱（WCOT），其内壁直接涂渍固定液，柱材料大多用熔融石英，即所谓弹性石英柱。柱长一般为 25～100m，内径一般为 0.1～0.5mm。按柱内径的不同，WCOT 可进一步分为微径柱、常规柱和大口径柱。涂壁空心柱的缺点是柱内固定液的涂渍量相对较小，且固定液容易流失。

GDX-103 填充柱，载体 GDX-103，厚度为 0.18～0.25mm，固定液类型为癸二酸，柱长为 1.5～2.0m，柱内径 2～3mm，色谱柱材质为硼硅玻璃管或不锈钢管。填充柱柱长一般在 1～5m，内径一般为 2～4mm。依据内径大小的不同，填充柱又分为经典型填充柱、微型填充柱和制备型填充柱。填充柱的柱材料多为不锈钢和玻璃，其形状有 U 形和螺旋形，使用 U 形柱时柱效率较高。图 13-9 为填充柱。

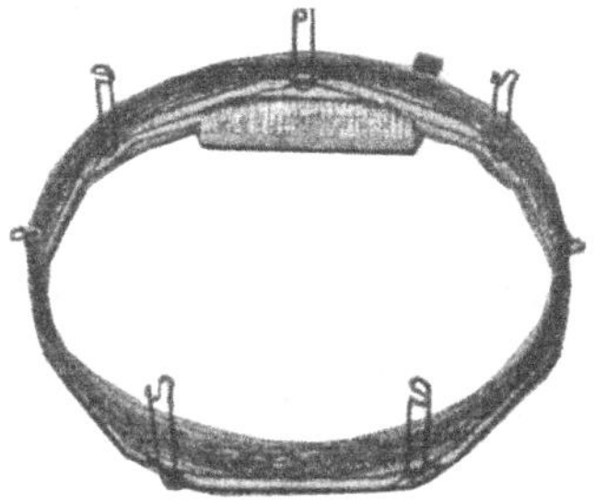

图 13-8　毛细管柱

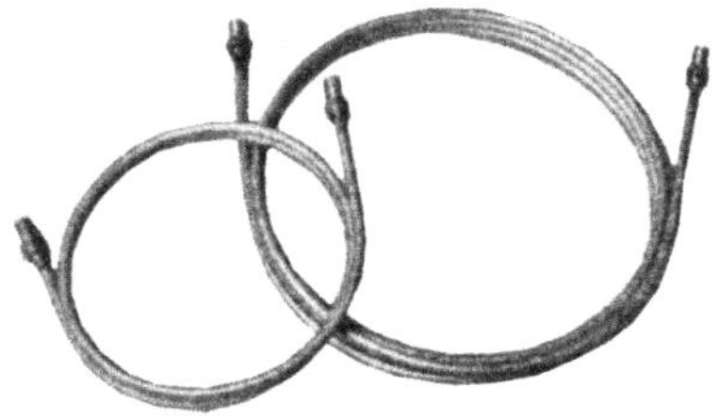

图 13-9　填充柱

使用色谱柱时应注意如下几点。

① 新制备的或新安装色谱柱使用前必须进行老化。

② 新购买的色谱柱一定要在分析样品前先测试性能是否合格。色谱柱使用一段时间后，柱性能可能会发生变化，应该用测试标样测试色谱柱，并将结果与前一次测试结果相比较，这有助于确定问题是否出在色谱柱上。

③ 色谱柱暂时不用时，应将其从仪器上卸下，在柱两端套上不锈钢螺帽（或者用一块硅橡胶堵上），并放在相应的柱包装盒中，以免柱头被污染。

④ 每次关机前都应将柱箱温度降到 50℃以下，然后再关电源和载气。若温度过高时切断载气，则空气（氧气）扩散进入柱管会造成固定液氧化和降解。仪器有过温保护功能时，每次新安装了色谱柱都要重新设定保护温度（超过此温度时，仪器会自动停止加热），以确保柱箱温度不超过色谱柱的最高使用温度，对色谱柱造成一定的损伤（如固定液的流失或者固定相颗粒的脱落），降低色谱柱的使用寿命。

⑤ 对于毛细管柱，如果使用一段时间后柱效有大幅度的降低，往往表明固定液流失太多，有时也可能只是由于一些高沸点的极性化合物的吸附而使色谱柱丧失分离能力，这时可以在高温下老化，用载气将污染物冲洗出来。如果还是不起作用，可再反复注射溶剂进行清洗，常用的溶剂依次为丙酮、甲苯、乙醇、氯仿和二氯甲烷。每次可进样 5～10μL。如果色

谱柱性能还不好，就只有卸下柱子，用二氯甲烷或氯仿冲洗（对固定液关联的色谱柱而言），溶剂用量依柱子污染程度而定，一般为 20mL 左右。

13.3.3 色谱柱老化

新装填好的柱不能马上用于测定，需要先进行老化处理。色谱柱老化的目的有两个，一是彻底除去固定相中残存的溶剂和某些易挥发性杂质；二是促使固定液更均匀、更牢固地涂布在载体表面上。

老化方法是：将色谱柱接入色谱仪气路中，将色谱柱的出气口（接真空泵的一端）直接通大气。开启载气，在稍高于操作柱温下（老化温度可选择为实际操作温度以上 30℃），以较低流速连续通入载气一段时间（老化时间因载体和固定液的种类及质量而异，2～72 h 不等）。然后将色谱柱出口端接至检测器上，开启记录仪，继续老化。待基线平直、稳定、无干扰峰时，说明柱的老化工作已完成，可以进样分析。

13.3.4 载气流速

（1）载气种类　载气种类的选择首先要考虑使用何种检测器。比如使用 TCD，选用氢气或氦气作载气，能提高灵敏度；使用 FID 则选用氮气作载气。然后再考虑所选的载气要有利于提高柱效能和分析速度。

对于 FID 检测器而言，载气将被测组分带入 FID，同时又是氢火焰的稀释剂。除了 N_2 之外，Ar、H_2、He 均可作 FID 的载气。N_2、Ar 作载气时 FID 灵敏度高、线性范围宽。因 N_2 价格较 Ar 低，所以通常用 N_2 作为载气。

对于 TCD 检测器而言，载气与样品的导热能力相差越大，检测器灵敏度越高。由于相对分子质量小的 H_2、He 等导热能力强，而一般气体和蒸气导热能力较小，所以 TCD 通常用 He 或 H_2 作载气。用 H_2 或 He 作载气的 TCD，其灵敏度高，且峰形正常，易于定量，线性范围宽。

通常不使用 N_2 或 Ar 作载气，因其灵敏度低，线性范围窄。但若分析 He 或 H_2 时，则宜用 N_2 或 Ar 作载气。用 N_2 或 Ar 作载气时要注意，因其热导率小，热丝达到相同温度所需的桥流值，比 He 或 H_2 载气要小得多。毛细管柱接 TCD 时，最好都加尾吹气，尾吹气的种类同载气。

（2）载气的纯度　载气的纯度影响 TCD 的灵敏度。实验表明：在桥流 160～200mA 范围内，用 99.999%的超纯 H_2 比用 99%的普通 H_2 灵敏度高 6%～13%。载气纯度对峰形亦有影响，用 TCD 作高纯气中杂质检测时，载气纯度应比被测气体高十倍以上，否则将出倒峰。

（3）载气流速　分子纵向扩散与载气流速成反比，而气相传质阻力与载气流速成正比，所以必然有一最佳流速使柱效最高。最佳流速一般是通过实验来选择，一般采用稍高（比最佳流速高 10%左右）于最佳流速的载气流速。对一般色谱柱（内径为 3～4mm）常用流速为 20～100mL/min，而对于毛细管柱（内径为 0.25mm），通常用的载气流速为 1～2mL/min。

载气流速通常根据柱分离的要求进行调节。对 FID 要求而言，适当增大载气流速会降低检测限，所以从最佳线性和线性范围考虑，载气流速以低些为妥。

TCD 为浓度敏感型检测器，色谱峰的峰面积响应值反比于载气流速。因此，在检测过程中，载气流速必须保持恒定。在柱分离许可的情况下，载气应尽量选用低流速。流速波动可能导致基线噪声和漂移增大。对 μ-TCD，为了有效地消除柱外峰形扩张，同时保持高灵敏度，通常载气加尾吹的总流量在 10～20mL/min。参考池的气体流速通常与测量池相等，但在程序升温时，可调整参考池的流速至基线波动和漂移最小为佳。

13.3.5 空气、氢气流速

空气是氢火焰助燃气。它为火焰化学反应和电离反应提供必要的氧，同时也起着把二氧化碳、水等燃烧产物带走的吹扫作用。通常空气流速约为氢气流速的 10 倍。流速过小，供氧量不足，响应值低；流速过大，易使火焰不稳，噪声增大。一般情况下空气流速在 300～500mL/min。

13.3.6 柱箱温度

柱温是气相色谱的重要操作条件，柱温直接影响色谱柱的使用寿命、柱的选择性、柱效能和分析速度。柱温低有利于分配，有利于组分的分离；但柱温过低，被测组分可能在柱中冷凝，或者传质阻力增加，使色谱峰扩张，甚至拖尾。柱温高，虽有利于传质，但分配系数变小不利于分离。一般通过实验选择最佳柱温。原则是：使物质既分离完全，又不使峰形扩张、拖尾。柱温一般选各组分沸点的平均温度或稍低些。

当被分析组分的沸点范围很宽时，用同一柱温往往造成低沸点组分分离不好，而高沸点组分峰形扁平，此时采用程序升温的办法就能使高沸点及低沸点组分都能获得满意的结果。在选择柱温时还必须注意：柱温不能高于固定液最高使用温度，否则会造成固定液大量挥发流失；同时，柱温至少必须高于固定液的熔点，这样才能使固定液有效地挥发作用。

13.3.7 检测器温度

FID 为质量敏感型检测器，它对温度变化不敏感。但在用填充柱或毛细管柱作程序升温时要特别注意基线漂移，可用双柱进行补偿，或者用仪器配置的自动补偿装置进行“校准”和“补偿”两步骤。

在 FID 中，由于氢气燃烧，产生大量的水蒸气。若检测器温度低于 80℃，水蒸气不能以蒸汽状态从检测器排出，冷凝成水，降低灵敏度，增加噪声。所以，要求 FID 检测器温度必须在 120℃以上。

对于 TCD 而言，灵敏度与热丝和池体间的温差成正比。实际过程中，增大其温差有两个途径：一是提高桥电流，以提高热丝温度；二是降低检测器池体温度，这取决于被分析样品的沸点。检测器池体温度不能低于样品的沸点，以免样品在检测器内冷凝而造成污染或堵塞。因此，对具有较高沸点的样品的分析而言，采用降低检测器池温度来提高灵敏度是有限的，而对那些永久性气体的分析而言，用此法则大大地提高了灵敏度。

13.3.8 进样器温度

合适的进样器温度既能保证样品迅速且完全汽化，又不引起样品分解。一般进样器温度比柱温高 30～70℃或比样品组分中最高沸点高 30～50℃，就可以满足分析要求。图 13-10 为填充柱进样口的结构示意图。

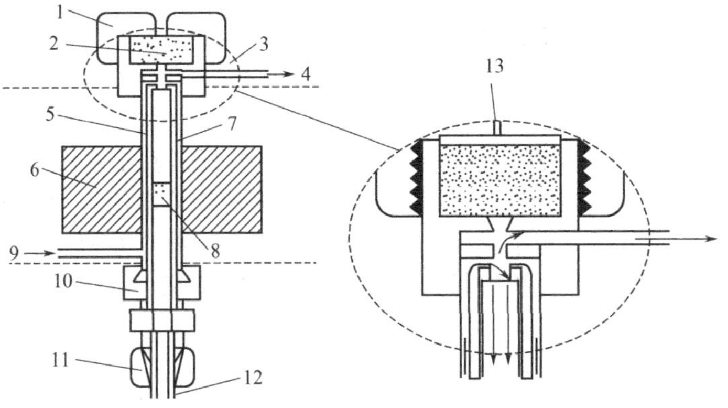

图 13-10 填充柱进样口结构示意图

1—固定隔垫的螺母；2—隔垫；3—隔垫吹扫装置；4—隔垫吹扫出口；5—汽化室；6—加热块；7—衬管；8—石英玻璃毛；9—载气入口；10—柱连接件固定螺母；11—色谱柱固定螺母；12—色谱柱；13—隔垫吹扫装置放大图

13.3.9 桥电流

一般认为灵敏度 S 值与桥电流的三次方成正比。所以，用增大桥电流来提高灵敏度是通用的方法。但是，桥电流偏大，噪声也逐渐增大，结果是信噪比下降，检测限变大。而且，桥电流越高，热丝越易被氧化，因此使用寿命特越短，过高的桥电流甚至可能使热丝被烧断。所以，在满足分析灵敏度要求的前提下，应尽量选取低的桥电流，这时噪声小，热丝寿命长。但是TCD若长期在低桥电流下工作，可能造成池污染，此时可用溶剂清洗热导池，一般商品TCD使用说明书中，均有不同检测器温度时推荐使用的桥电流值，实际工作时通常可参考此值来设定桥电流的具体数值。

13.4 校正因子 f 值

13.4.1 基线

当没有样品进入鉴定器时，在实验条件下，反映鉴定器噪声随时间变化的曲线称基线。稳定的基线是一条直线，如图13-11横坐标 O-t 所示的直线。

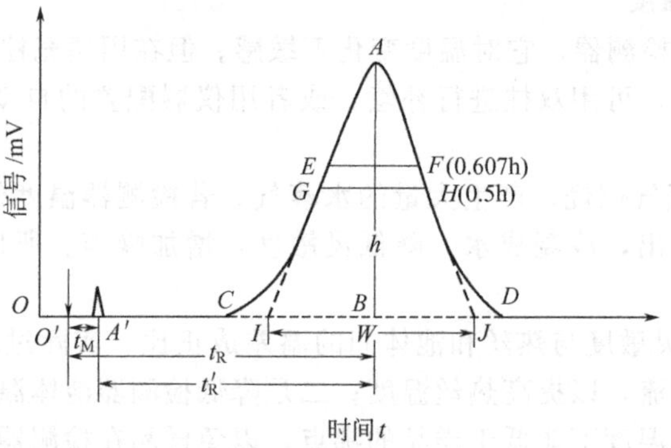

图13-11 色谱流出曲线

13.4.2 峰高和峰面积

峰高（h）是指封顶到基线的距离（如图13-11中 AB 所示），以 h 表示。峰面积（A）是指每个组分的流出曲线与基线间所包围的面积。峰高或峰面积的大小和每个组分在样品中的含量相关，因此色谱峰的峰高或峰面积是气相色谱进行定量分析的主要依据。

13.4.3 保留时间（t_R）

进样后组分流入检测器的浓度达到极大值（即 $O'B$ 段）所需的时间，即组分从进样到出现峰最大值所需的时间。

13.4.4 定量校正因子

（1）绝对校正因子和相对校正因子　气相色谱定量分析是基于峰面积与组分的量成正比关系。但同一检测器对不同的物质有不同的响应值，两种物质即使含量相同，得到的色谱峰面积却不同，所以不能用峰面积来直接计算组分的含量，为使峰面积能够准确地反映组分的含量，在定量分析时需要对峰面积进行校正，因此引入定量校正因子，使组分的峰面积转换成相应的组分含量。

$$f_i = \frac{m_i}{A_i} \tag{13-3}$$

式中　f_i——绝对校正因子，将峰面积换算为组分含量的换算系数；

m_i——组分质量或物质的量或体积；

A_i——峰面积。

绝对校正因子是指某组分 i 通过检测器的量与检测器对该组分的响应信号之比，亦即单位峰面积所代表的物质的量。m_i 的单位用克或摩尔或体积表示时相应的校正因子，分别称为质量校正因子（f_m）、摩尔校正因子（f_M）和体积校正因子（f_V）。

很明显，在定量测定时，由于精确测定绝对进样量和峰面积都比较困难，因此要精确求出 f_i 值往往是比较困难的，故其应用受到限制。在实际定量分析中，一般常采用相对校正因子 f'_i。相对校正因子是指组分 i 与基准组分 s 的绝对校正因子之比，即

$$f'_i=\frac{f_i}{f_s}=\frac{m_iA_s}{m_sA_i} \tag{13-4}$$

式中　f'_i——组分 i 的相对校正因子；

f_i——组分 i 绝对校正因子；

f_s——基准组分 s 的绝对校正因子；

m_i——组分 i 的质量；

A_i——组分 i 的峰面积；

m_s——基准组分 s 的质量；

A_s——基准组分 s 的峰面积。

通常将相对校正因子简称为校正因子，它是一个无量纲量，数值与所用的计量单位有关。

(2) 相对质量校正因子、相对摩尔校正因子、相对体积校正因子　根据物质量的表示方法不同，校正因子可以分为相对质量校正因子、相对摩尔校正因子、相对体积校正因子。组分的量以质量表示时的相对校正因子是相对质量校正因子。

$$f'_m=\frac{f_{i(m)}}{f_{s(m)}}=\frac{m_i/A_i}{m_s/A_s}=\frac{m_iA_s}{m_sA_i} \tag{13-5}$$

式中，i、s 分别代表待测组分与基准组分。

组分的量以物质的量 n 表示时的相对校正因子是相对摩尔校正因子。

$$f'_M=\frac{f_{i(M)}}{f_{s(M)}}=\frac{n_i/A_i}{n_s/A_s}=\frac{(m_i/M_i)A_s}{(m_s/M_s)A_i}=f'_m\frac{M_s}{M_i} \tag{13-6}$$

式中，M_s、M_i 是基准组分和待测组分的摩尔质量。

对于气体而言，以体积计量时，对应的相对校正因子是相对体积校正因子。当温度与压力一定时，相对体积校正因子等于相对摩尔校正因子。

$$f'_V=f'_M \tag{13-7}$$

在上面的这些校正因子中物质的量都是与峰面积有关，若将峰面积换成峰高，则可以得到三种峰高相对校正因子，即 $f'_{m(h)}$、$f'_{M(h)}$、$f'_{V(h)}$。

(3) 校正因子的实验测定方法　准确称取色谱纯（或已知准确含量）的待测组分和基准物质，配制成已知准确浓度的样品，在一定的色谱条件下，取一定体积的样品进样，准确测量待测组分和基准物质的色谱峰峰面积，根据式(13-5)～式(13-7) 就可以计算出相对质量校正因子、相对摩尔校正因子、相对体积校正因子。

13.5　气相色谱定性、定量分析

13.5.1　气相色谱定性分析

气相色谱定性分析的目的是确定试样的组成，即确定每个色谱峰各代表何种组分。定性分析的理论依据是：在一定固定相和一定的操作条件下，每种物质都有各自确定的保留值或确定的色谱数据，并且不受其他组分的影响。也就是说，保留值具有特征性。但在同一色谱条件下，不同物质也可能具有相似或相同的保留值，即保留值并非是专属的。因此对于一个

完全的未知混合样品单靠色谱法定性比较困难，往往需要采用多种方法综合解决，例如与质谱仪、红外光谱仪等联用。实际工作中一般所遇到的分析任务，绝大多数其成分大体是已知的，或者可以根据样品来源、生产工艺、用途等信息推测出样品的大致组成和可能存在的杂质。在这种情况下，只需利用简单的气相色谱定性方法便能解决问题。

在气相色谱分析中利用保留值定性是最基本的定性方法，其基本依据是：两个相同的物质在相同的色谱条件下应该具有相同保留值。但是，相反的结论却不成立，即在相同的色谱条件下，具有相同保留值的两个物质却不一定是同一物质。因此使用保留值定性时必须十分慎重。

实际过程中，在利用已知纯物质直接对照进行定性时是利用保留时间（t_R）直接比较，这时要求载气的流速，载气的温度和柱温一定要恒定，载气流速的微小波动、载气温度和柱温的微小变化，都会使保留值（t_R）有变化，从而对定性结果产生影响。

13.5.2 气相色谱定量分析

定量分析就是要确定样品中某一组分的准确含量。气相色谱定量分析与绝大部分的仪器定量分析一样，是一种相对定量方法，而不是绝对定量方法。气相色谱法是根据仪器检测器的响应值与被测组分的量，在某些条件限定下成正比的关系来进行定量分析的。也就是说，在某些条件限定下，色谱峰的峰高或峰面积（检测器的响应值）与所测组分的数量（或浓度）成正比。因此，色谱定量分析的基本公式为：

$$w_i = f_i A_i \tag{13-8}$$

式中，w_i 为组分质量分数；f_i 为组分校正因子；A_i 为组分峰面积。

13.5.3 内标法

若只需测定样品中某个或某几个组分，或者样品中所有组分不能全部出峰时，可采用内标法。所谓内标法就是先准确称取一定量的样品，加入一定量选定的标准物质，称为内标物(s)，混合均匀后，在一定色谱条件下注入色谱仪，进行色谱分析，出峰后，分别记录待测物和内标物在色谱图上对应的峰面积（或峰高），根据下式计算样品中各组分含量。

$$w_i = \frac{m_i}{m_{样品}} = \frac{m_s \dfrac{f'_i A_i}{f'_s A_s}}{m_{样品}} = \frac{m_s}{m_{样品}} \times \frac{A_i f'_i}{A_s f'_s} \tag{13-9}$$

式中，m_i、m_s、$m_{样品}$分别为组分 i、内标物 s 和样品质量（其中 $m_{样品}$ 不包括 m_s）；A_i、A_s 分别为待测组分和内标物的峰面积；f'_i、f'_s分别为待测组分 i 和内标物 s 的相对质量校正因子。

在实际工作中，一般以内标物作为基准物质，即 $f'_s=1$，此时样品中各组分含量计算公式可简化为：

$$w_i = f'_i \frac{m_s}{m_{样品}} \times \frac{A_i}{A_s} \tag{13-10}$$

内标法中内标物的选择至关重要，需要满足以下条件：①内标物应该是样品中不存在的、稳定的、易得的纯物质；②内标物性质应该与待测组分性质相近，内标峰应在的待测组分之间或与之相近，且完全分离；③能与样品互溶但无化学反应；④内标物浓度应恰当，其加入量应接近待测组分含量，其峰面积与待测组分相差不大。

内标法的优点是：进样量的变化、色谱条件的微小变化对内标法定量结果的影响不大。若在样品前处理之前加入内标物，可部分补偿待测组分在样品前处理时的损失。若要获得很高精度的结果，可以加入数种内标物。内标法的缺点是：选择合适的内标物比较困难。因在样品中增加了一个内标物，常常给分离造成一定的困难。总的来说，内标法定量比标准曲线法定量准确度和精密度都要好。

【例 13-1】 用气相色谱法测定样品中一氯乙烷、二氯乙烷和三氯乙烷的含量。采用甲苯作内标物，称取 2.880g 样品，加入 0.2400g 甲苯，混合均匀后进样，测得其校正因子和峰面积如下表所示，试计算各组分含量。

组　分	甲苯	一氯甲烷	二氯甲烷	三氯甲烷
f	1.00	1.15	1.47	1.65
A/cm^2	2.16	1.48	2.34	2.64

解　按照式(13-10) 可得

$$w_i=\frac{A_i}{A_s}\times\frac{m_s}{m}f\times100\%=A_i f\ \frac{m_s}{A_s m}\times100\%$$

$$w(C_2H_5Cl)=1.15\times1.48\times\frac{0.2400}{2.16\times2.880}\times100\%=6.57\%$$

$$w(C_2H_4Cl_2)=1.47\times2.34\times\frac{0.2400}{2.16\times2.880}\times100\%=13.27\%$$

$$w(C_2H_3Cl_3)=1.65\times2.64\times\frac{0.2400}{2.16\times2.880}\times100\%=16.80\%$$

项目训练

13.6　指标检测

13.6.1　仪器、药品及试剂的准备

仪器：50mL 比色管、可见分光光度计、精密酒精计、70mL 平底烧瓶、25mL 比色管、50mL 具塞比色管、恒温水浴（精度±0.1℃）、带刻度吸管、秒表、G4 砂芯漏斗、气相色谱仪（FID)、50mL 碱式滴定管、500mL 硼酸盐磨口锥形瓶、400mm 球形冷凝管、电热干燥箱（精度±2℃）、蒸发皿（瓷或石英）、分析天平（0.1mg)。

试剂：盐酸（1.19g/mL)、氯化钴、氯铂酸钾、高锰酸钾、硫代硫酸钠、三氯化铁、亚硫酸氢钠、碳酸氢钠、碘、淀粉指示液、硫酸（1.84g/mL)、碱性品红、乙醛、乙醛氨、基准乙醇、正丙醇（色谱纯）、正丁醇（色谱纯）、异丁醇（色谱纯）、异戊醇（色谱纯）、甲醇（色谱纯）、酚酞指示液、无二氧化碳的水、氢氧化钠。

13.6.2　抽样

根据产品包装不同，分别设计槽车、桶装、瓶装、罐装工业酒精抽样方法，搜集资料介绍目前常规使用的液体取样器及功能先进的液体取样器，用抽样器分别抽取桶装、瓶装工业酒精中的样品。

13.6.3　高级醇含量测量

(1) 选择检测器类型——氢火焰离子化检测器（flame ionization detector，FID)

(2) 选择色谱柱类型——PEG20M 交联毛细管色谱柱，柱内径为 0.25mm，柱长为 25～30m

(3) 色谱柱老化——使用前应在 200℃下充分老化

(4) 调节载气流速——高纯氮流速 0.5～1mL/min，分流比（20∶1)～(100∶1)，尾吹气 30mL/min

(5) 调节空气、氢气流速——空气 300mL/min，氢气 30mL/min

(6) 调节柱箱温度

(7) 调节检测器温度——200℃

(8) 调节进样器温度——200℃

气相色谱条件以使甲醇、乙醇、正丙醇、异丁醇、正丁醇和异戊醇获得完全分离为准。为使异戊醇的检出达到足够的灵敏度，设法使其保留时间不超过10min。

可选起始温度70℃，保持3min，然后以5℃/min的程序升温至100℃，直至异戊醇峰流出。

13.6.3.1　配制溶液

正丙醇1g/L，作标样用：称取正丙醇（色谱纯）1g，精确至0.0001g，用基准乙醇定容至1L。

正丁醇1g/L，做内标用：称取正丁醇（色谱纯）1g，精确至0.0001g，用基准乙醇定容至1L。

异丁醇1g/L，作标样用：称取异丁醇（色谱纯）1g，精确至0.0001g，用基准乙醇定容至1L。

异戊醇1g/L，作标样用：称取异戊醇（色谱纯）1g，精确至0.0001g，用基准乙醇定容至1L。

13.6.3.2　校正因子 f 值测定

吸取正丙醇、异丁醇、异戊醇标样溶液各0.2mL于10mL容量瓶中，准确加入正丁醇内标溶液0.2mL，然后用基准乙醇定容。混匀后进样1μL，色谱峰流出顺序为乙醇、正丙醇、异丁醇、正丁醇（内标）、异戊醇。记录各组分峰、内标峰的保留时间以及峰面积，按式(13-11)计算各组分相对校正因子 f 值。

$$f=\frac{A_1d_2}{A_2d_1} \tag{13-11}$$

式中　f——各组分的相对校正因子；

A_1——内标的峰面积；

A_2——各组分的峰面积；

d_2——各组分的相对密度；

d_1——内标物的相对密度。

13.6.3.3　试样中各高级醇组分含量测定

取少量待测酒精试样放于10mL容量瓶中，准确加入正丁醇内标溶液0.2mL，然后用待测试样定容，混匀后进样1μL。根据校正因子 f 值测定中各组分保留时间定性分析色谱图中各峰所代表的物质。根据式(13-12)计算各组分含量：

$$X=f\frac{A_3}{A_4}\times 0.020\times 10^3 \tag{13-12}$$

式中　f——各组分的相对校正因子；

A_3——各组分的峰面积；

A_4——内标的峰面积；

0.020——试样中内标的浓度，g/L；

X——试样中各组分的含量，mg/L。

试样中高级醇含量以异丁醇和异戊醇含量之和表示。

13.6.4　外观检验

(1) 品相　用50mL比色管直接取样50.0mL，在亮光下观察。

(2) 色度

① 配制500黑曾单位铂-钴色度标准溶液（简称500号色标溶液）：准确称量1.000g氯化钴、1.2455g氯铂酸钾，加入100mL盐酸（密度1.19g/mL），适量水溶解，在1000mL

容量瓶中定容。

② 配制稀铂钴色标溶液：按下式计算 n 号铂钴色标溶液需要量取 500 号色标溶液的体积：

$$V=\frac{n\times 100}{500} \tag{13-13}$$

式中　V——配制 n 号色标溶液，需要量取 500 号色标溶液的体积；

　　n——稀色标溶液的号数。

将 V(mL) 的 500 号色标溶液加入 100mL 容量瓶中，用水稀释定容，即为 n 号色标溶液。分别配制 2 号、4 号、6 号、8 号、10 号、12 号色标溶液。

③ 用 50mL 比色管直接取样 50.0mL，与同体积的色标溶液目视比色，得出样品色度数值。

(3) 气味　直接嗅闻，判断是否有异臭。

13.6.5　酒精度测量

将样品注入量筒中，静置数分钟，放入酒精计，插入温度计，平衡 5min，记录读数。根据标准中提供的酒精度与温度换算表，换算成 20℃时的酒精度。

13.6.6　硫酸试验色度测量

吸取 10mL 试样于 70mL 平底烧瓶中，用刻度吸管均匀加入 10mL 硫酸（密度 1.84g/mL），并不断搅动，保证 15s 加完。将烧瓶至于沸水浴中准确煮沸 5min。取出，冷却，移入 25mL 比色管中，与同体积铂钴色标溶液目视比色，得出色度数值。

13.6.7　氧化时间测量

(1) 配制 $c(1/5KMnO_4)=0.005mol/L$ 的标准溶液

(2) 配制 $c(Na_2S_2O_3)=0.1mol/L$ 的标准溶液

(3) 配制三氯化铁-氯化钴色标溶液

① 称取 4.7g 三氯化铁，用盐酸（密度 1.19g/mL）溶解，在 100mL 容量瓶中定容，并用 G4 砂芯漏斗过滤，收集滤液。

② 吸取三氯化铁滤液 10.00mL，于 250mL 碘量瓶中，加水 50mL，加盐酸（密度 1.19g/mL）3mL，碘化钾 3g，摇匀，置于暗处 30min。加水 50mL，用 $c(Na_2S_2O_3)=0.1mol/L$ 的标准溶液滴定，接近终点时，加淀粉指示液 1mL，继续滴定至蓝色刚好消失。

③ 按下式计算 1mL 三氯化铁溶液中含三氯化铁的质量。

$$m=\frac{(V_1-V_2)c\times 0.2703}{10} \tag{13-14}$$

式中　m——1mL 三氯化铁溶液中含三氯化铁的质量，g；

　　V_1——试样消耗硫代硫酸钠的体积，mL；

　　V_2——空白试验消耗硫代硫酸钠的体积，mL；

　　c——硫代硫酸钠标准溶液体积，mol/L；

　　0.2703——与 1mL 硫代硫酸钠标准溶液相当的三氯化铁的质量，g/mL；

　　10——吸取试样的体积，mL。

④ 用盐酸溶液（1+40）稀释至每毫升溶液含三氯化铁 0.0450g。

⑤ 配制 0.0500g/mL 的氯化钴溶液。

⑥ 配制色标溶液，吸取第④步中三氯化铁稀释液 0.50mL，第⑤步中氯化钴溶液 1.60mL 于 50mL 比色管中，用盐酸溶液（1+40）稀释至刻度。

(4) 用 50mL 具塞比色管量取试样 50mL，置于（15±0.1)℃的水浴中平衡 10min，同时放入色标管。然后用刻度吸管加入 1.00mL $c(1/5KMnO_4)=0.005mol/L$ 的标准溶液，立即加塞、摇匀、置于水浴中，计时，目视法观察与色标溶液颜色一致，即为终点，记录时间。

13.6.8 醛含量测量

① 配制 $c(HCl)=0.1mol/L$ 溶液。

② 配制亚硫酸氢钠溶液（12g/L）。

③ 配制碳酸氢钠溶液 1mol/L。

④ 配制 $c(1/2I_2)=0.1mol/L$ 标准溶液，$c(1/2I_2)=0.01mol/L$ 的标准溶液。

⑤ 配制淀粉指示液（10g/L）。

⑥ 吸取试样 15.0mL 于 250mL 碘量瓶中，加 15mL 水，15mL 亚硫酸氢钠溶液（12g/L），7mL $c(HCl)=0.1mol/L$ 溶液，摇匀，暗处放置 1h，用 50mL 水冲洗瓶塞，以 $c(1/2I_2)=0.1mol/L$ 标准溶液滴定，接近终点，加淀粉指示液 0.5mL，改用 $c(1/2I_2)=0.01mol/L$ 的标准溶液滴定至淡蓝紫色出现（不计数）。加 20mL 碳酸氢钠溶液，微开瓶塞。振荡 0.5min（呈无色），用 $c(1/2I_2)=0.01mol/L$ 的标准溶液继续滴定至蓝紫色为终点，同时做空白试验。

⑦ 按下式计算醛含量。

$$X=\frac{(V_1-V_2)c\times 0.022}{15}\times 10^6 \tag{13-15}$$

式中 X——试样中醛含量（以乙醛计），mg/L；

V_1——试样消耗碘标准溶液体积，mL；

V_2——空白消耗碘标准溶液体积，mL；

0.022——与 1.00mL 碘标准溶液［$c(1/2I_2)=1.000mol/L$］相当的以克表示的乙醛的质量；

15——试样体积，mL。

13.6.9 甲醇含量测量

13.6.9.1 仪器

(1) 气相色谱仪 采用氢火焰离子化检测器（FID），配有 PEG-20M 交联石英毛细管色谱柱。

(2) 色谱条件 载气（高纯氮）流速：0.5～1mL/min；分流比为（20∶1）～(100∶1)；尾吹气为 30mL/min；氢气流速为 30mL/min；空气流速为 300mL/min；起始柱温 70℃，保持 3min，然后以 5℃/min 的程序升温至 100℃，直至正丁醇峰流出，要使得各组分峰和内标峰获得完全分离，且正丁醇的保留时间不超过 10min；检测器温度为 200℃；进样器温度为 200℃。

13.6.9.2 试剂与溶液

甲醇 1g/L，作标样用：称取甲醇（色谱纯）1g，精确至 0.0001g，用基准乙醇定容至 1L。

正丁醇 1g/L，作内标用：称取正丁醇（色谱纯）1g，精确至 0.0001g，用基准乙醇定容至 1L。

13.6.9.3 校正因子 f 值测定

吸取甲醇标样溶液 1.00mL 于 10mL 容量瓶中，准确加入正丁醇内标溶液 0.2mL，然后用基准乙醇定容。混匀后进样 1μL，色谱峰流出顺序为甲醇、乙醇、正丁醇（内标）。记录组分峰、内标峰的保留时间以及峰面积，按式(13-16) 计算组分相对校正因子 f 值。

$$f=\frac{A_1d_2}{A_2d_1} \tag{13-16}$$

式中 f——各组分的相对校正因子；

A_1——内标的峰面积；

A_2——各组分的峰面积；

d_2——各组分的相对密度；

d_1——内标物的相对密度。

13.6.9.4 试样测定

取少量待测酒精试样于 10mL 容量瓶中，准确加入正丁醇内标溶液 0.2mL，然后用待测试样定容，混匀后进样 1μL。根据校正因子 f 值测定中各组分保留时间定性分析色谱图中各峰所代表的物质。根据式(13-17) 计算各组分含量。

$$X=f\frac{A_3}{A_4}\times 0.020\times 10^3 \tag{13-17}$$

式中 f——各组分的相对校正因子；

A_3——各组分的峰面积；

A_4——内标的峰面积；

0.020——试样中内标的浓度，g/L；

X——试样中各组分的含量，mg/L。

13.6.10 酸含量测量

13.6.10.1 试剂与溶液

① 配制酚酞指示液（10g/L）。

② 制取无二氧化碳的水。

③ 配制 $c(NaOH)=0.1mol/L$ 标准溶液，$c(NaOH)=0.02mol/L$ 标准溶液。

13.6.10.2 仪器

5mL 碱式滴定管

13.6.10.3 分析步骤

取试样 50.0mL 于 250mL 锥形瓶中，在沸腾的水浴中保持 2min，取出后立即塞上碱石灰管用水冷却。再加无二氧化碳的水 50mL，酚酞指示液 2 滴，用 $c(NaOH)=0.02mol/L$ 标准溶液滴定至微红色，30s 内不褪色，即为终点。

13.6.10.4 结果计算

试样中酸含量按式(13-18) 计算：

$$X=\frac{Vc\times 0.060}{50}\times 10^6 \tag{13-18}$$

式中 X——试样中含酸量（以乙酸计），mg/L；

V——消耗氢氧化钠标准滴定溶液体积，mL；

c——氢氧化钠标准滴定溶液浓度，mol/L；

0.060——与 1.00mL $c(NaOH)=1.000mol/L$ 标准溶液相当的以克表示的乙酸质量；

50——吸取试样的体积，mL。

13.6.11 酯含量测量

13.6.11.1 试剂与溶液

① 配制 $c(NaOH)=0.1mol/L$ 标准溶液，$c(NaOH)=0.05mol/L$ 标准溶液。

② 配制 $c(1/2H_2SO_4)=0.1mol/L$ 标准溶液。

③ 配制酚酞指示液（10g/L）。

13.6.11.2 仪器

① 回流装置：500mL 硼硅酸盐玻璃制成磨口玻璃烧瓶，同时配有 400mm 长的球形冷

凝管。

② 5mL 碱式滴定管。

13.6.11.3　分析步骤

① 取试样 100.0mL 于磨口锥形烧瓶中，加 100mL 水，安上冷凝管，于沸水浴上加热回流 10min。取下锥形瓶，用冷水冷却，加 5 滴酚酞指示液，用 $c(NaOH)=0.1mol/L$ 标准溶液滴定至微红色（切勿过量），并保持 15s 不褪色。

② 准确加入 $c(NaOH)=0.1mol/L$ 标准溶液 10.00mL，放入几粒玻璃珠，安上冷凝管，于沸水浴上加热回流 1h。取下锥形烧瓶，用水冷却。用两份 10mL 水洗涤冷凝管内壁，合并洗液于锥形烧瓶中。

③ 准确加入 $c(1/2H_2SO_4)=0.1mol/L$ 标准溶液 10.00mL。然后用 $c(NaOH)=0.05mol/L$ 标准溶液滴定至微红色，并保持 15s 不褪色，即为终点。同时用 100mL 水做空白试验。

13.6.11.4　结果计算

试样中酯含量按式(13-19) 计算：

$$X=\frac{(V-V_1)c\times 0.088}{V_2}\times 10^6 \qquad (13\text{-}19)$$

式中　X——试样中酯含量（以乙酸乙酯计），mg/L；

V——滴定试样时消耗氢氧化钠标准溶液体积，mL；

V_1——滴定空白时消耗氢氧化钠标准溶液体积，mL；

c——氢氧化钠标准溶液浓度，mol/L；

0.088——与 1.00mL $c(NaOH)=1.000mol/L$ 标准溶液相当的以克表示的乙酸乙酯的质量；

V_2——吸取试样的体积，mL。

13.6.12　不挥发物含量测定

13.6.12.1　仪器

电热干燥箱（精度±2℃）、蒸发皿（瓷或石英）、分析天平（0.1mg）。

13.6.12.2　分析步骤

取试样 100mL 注入恒重的蒸发皿中，至沸水浴上蒸干，然后放入电热干燥箱中，于(110±2)℃下烘至恒重。

13.6.12.3　结果计算

试样中不挥发物含量按式(13-20) 计算：

$$X=\frac{m_1-m_2}{100}\times 10^6 \qquad (13\text{-}20)$$

式中　X——试样中不挥发物含量，mg/L；

m_1——蒸发皿加残渣质量，g；

m_2——恒重的蒸发皿质量，g；

100——吸取试样的体积，mL。

思考与练习

一、选择题

1. 俄国植物学家茨维特在研究植物色素的成分时所采用的色谱方法属于（　　）。

A. 气-液色谱　　B. 气-固色谱　　C. 液-液色谱　　D. 液-固色谱

2. 气相色谱谱图中，与组分含量成正比的是（　　）。

A. 保留时间　B. 相对保留值　C. 峰高　D. 峰面积

3. 在气-固色谱中，样品中各组分的分离是基于（　）。

A. 组分性质的不同　B. 组分溶解度的不同

C. 组分在吸附剂上吸附能力的不同　D. 组分在吸附剂上脱附能力的不同

4. 在气-液色谱中，首先流出色谱柱的组分是（　）。

A. 吸附能力大的　B. 吸附能力小的　C. 挥发性大的　D. 溶解能力小的

5. 装在高压气瓶的出口，用来将高压气体调节到较小的压力是（　）。

A. 减压阀　B. 稳压阀　C. 针形阀　D. 稳流阀

6. 既可用来调节载气流量，也可用来控制燃气和空气的流量的是（　）。

A. 减压阀　B. 稳压阀　C. 针形阀　D. 稳流阀

7. 下列试剂中，一般不用于气体管路的清洗的是（　）。

A. 甲醇　B. 丙醇

C. 5%氢氧化钠水溶液　D. 乙醚

8. 在毛细管色谱中，应用范围最广的柱是（　）。

A. 玻璃柱　B. 石英玻璃柱　C. 不锈柱　D. 聚四氟乙烯管柱

9. 下列（　）发生后，应对色谱柱进行老化。

A. 每次安装了新的色谱柱后　B. 色谱柱使用一段时间后

C. 分析完一个样品后，准备分析其他样品之前　D. 更换了载气或燃气

10. 评价气相色谱检测器的性能好坏的指标有（　）。

A. 极限噪声与漂移　B. 灵敏度和检测限

C. 检测器的线性范围　D. 检测器体积的大小

11. 反映色谱柱柱型特性的参数是（　）。

A. 分配系数　B. 分配比　C. 相比率　D. 保留值

12. 相对校正因子 f' 与下列哪个因素无关？（　）

A. 基准物　B. 检测器类型　C. 被测样品　D. 载气流速

13. 试指出下述说法中，哪一种是错误的？（　）

A. 根据色谱峰的保留时间可以进行定性分析

B. 根据色谱峰的面积可以进行定量分析

C. 色谱图上峰的个数一定等于样品中的组分数

D. 色谱峰的区域宽度体现了组分在柱中的运动情况

14. 如果样品中各组分无法全部出峰或只要定量测量样品中某几个组分，那么应采用下列（　）为宜。

A. 归一化法　B. 外标法　C. 内标法　D. 标准工作曲线法

15. 常用于评价色谱法分离条件选择是否适宜参数是（　）。

A. 理论塔板数　B. 塔板高度　C. 分离度　D. 死时间

二、填空题

1. 色谱图是指________通过检测器系统时所产生的________对________或________的曲线图。

2. 一个组分的色谱峰，其峰位置（即保留值）可用于________________，峰高或峰面积可用于________________。

3. 色谱分离的基本原理是________通过色谱柱时与________之间发生相互作用，这种相互作用大小的差异使________互相分离而按先后次序从色谱柱后流出；这种在色谱柱内________、起________作用的填料称为固定相。

4. 在一定温度下，组分在两相之间的分配达到平衡时的浓度比称为________。

三、简答题

1. 简要说明气相色谱的分析流程。

2. 试说明气路检漏的两种常用的方法。

3. 怎样清洗气路管路？

4. 简述气相色谱柱的日常维护。
5. 氢焰检测器的日常维护应注意哪些方面？
6. 色谱图上的色谱峰流出曲线可以说明什么问题？
7. 有哪些常用的色谱定量方法？试比较它们的优缺点和使用范围。

四、计算题

1. 在测定苯、甲苯、乙苯和邻二甲苯的峰高校正因子时，称取的各组分的纯物质，以及在一定色谱条件下所得的色谱图上各组分色谱峰的峰高分别如下：

项 目	苯	甲苯	乙苯	邻二甲苯
m/g	0.5967	0.5478	0.6120	0.6680
h/mm	180.1	84.4	45.2	49.2

求各组分的峰高校正因子（以苯为基准）。

2. 分析某样品中E组分的含量，先配制已知含量的正十八烷内标物和E组分标准品混合液做气相色谱分析，按色谱峰面积及内标物、E组分标准品的质量计算得到相对质量校正因子 $f_E=2.40$，然后精密称取含E组分样品8.6238g，加入内标物1.9675g。测出E组分峰面积积分值为72.2，内标物峰面积积分值为93.6。试计算该样品中E组分的质量分数。

3. 某样品中含有对、邻、间甲基苯甲酸及苯甲酸并且全部在色谱图上出峰，各组分相对质量校正因子和色谱图中测得各峰面积积分值列于下表：

项 目	苯甲酸	对甲基苯甲酸	邻甲基苯甲酸	间甲基苯甲酸
F	1.20	1.50	1.30	1.40
A	375	110	60.0	75.0

用归一化法求出各组分的质量分数。

4. 一样品含甲酸、乙酸、丙酸及其他物质。取此样1.132g，以环己酮为内标，称取环己酮0.2038g加入样品中混合，进样2.00μL，得色谱图中数据见下表：

项 目	甲酸	乙苯酸	丙酸	环已酮
A	10.5	69.3	30.4	128
F	0.261	0.562	0.938	1.00

分别计算甲酸、乙酸、丙酸的质量分数。

技能项目库

气相色谱法分析工业酒精成分——测定条件的选择

一、试剂、仪器准备

试剂：工业酒精。

仪器：气相色谱仪、进样器。

二、操作步骤

1. 根据气相色谱操作规程使用GC112A色谱仪和N2000工作站；设定载气流速10mL/min、氢气流速30mL/min、空气的流速300mL/min；设定柱温100℃、进样器200℃、检测器温度200℃；设定灵敏度10^{-8}；设定尾吹2～37mL/min，分流比（1∶50)～(1∶500)。

2. 工业酒精进样（0.6μL）。

3. 其他条件不变，改变载气流速 5mL、10mL、15mL、20mL，测出主要成分的保留时间、含量、时间宽度（峰宽）。

4. 选择分离度最大的载气流速，其他条件不变，改变柱温 90℃、100℃、110℃、120℃，测出主要成分的保留时间、含量、时间宽度（峰宽）。

5. 利用公式 $R=\frac{t_{R_2}-t_{R_1}}{(W_{b_1}+W_{b_2})/2}$ 计算相邻组分的分离度，给出最佳条件。

三、原始记录与数据处理

1. 原始记录

色谱柱：＿＿＿＿＿＿检测器：＿＿＿＿＿＿载气：＿＿＿＿＿＿

测定条件	1	2	3	4	5	6	7	8	9
载气流速/(mL/min)									
氢气流速/(mL/min)									
空气流速/(mL/min)									
检测器温度/℃									
进样口温度/℃									
柱温(恒温)/℃									
保留时间/min									
含量/%									
时间宽度(峰宽)									
相邻组分的分离度 R									

2. 计算过程

结论：＿＿＿＿＿＿

气相色谱法分析工业酒精成分

一、试剂、仪器准备

试剂：乙醇（色谱纯）、甲醇（色谱纯）、异戊醇（色谱纯）、工业酒精。

仪器：气相色谱仪、进样器。

二、操作步骤

1. 根据气相色谱操作规程使用 GC112A 色谱仪和 N2000 工作站；设定载气流速 10mL/min、氢气流速 30mL/min、空气的流速 300mL/min；设定柱温 100℃、进样器 200℃、检测器温度 200℃；设定灵敏度 10^{-8}；设定尾吹 2～37mL/min、分流比（1∶50)～(1∶500)。

2. 工业酒精进样（0.6μL）。

3. 在最佳条件下，每个纯样分别进样（甲醇 0.1μL，乙醇 0.4μL，异戊醇 0.1μL），测出保留时间，根据公式 $t'_R=t_R-t_M$，计算各纯样的相对保留时间。

4. 在相同条件下，进工业酒精三次。测出各组分峰面积，利用面积归一法，计算各组分含量。

三、原始记录与数据处理

1. 原始记录

色谱柱：__________检测器：__________载气：__________

测定条件	1	2	3	4	5	6
载气流速/(mL/min)						
氢气流速/(mL/min)						
空气流速/(mL/min)						
检测器温度/℃						
进样口温度/℃						
柱温(恒温)/℃						
保留时间/min						
含量/%						

2. 计算过程

结论：__________

子项目 2 原料——工业用冰乙酸质量检测

引导问题

(1) 测定样品中水的含量有哪些方法？它们之间有什么不同？

(2) 卡尔·费休法测定水分是一种什么样的方法？

(3) 经典的卡尔·费休试剂成分有哪些？主要的反应是什么？

(4) 卡尔·费休法经过了哪些改进？该方法产生误差的主要原因是什么？

(5) 气相色谱法中，热导检测器与氢火焰检测器最大的不同之处是什么？

(6) 如何理解热导检测器的工作原理？

(7) 原子吸收光谱法主要用于哪些方面的检测？

(8) 原子吸收与紫外可见吸收有什么异同点？

(9) 如何理解原子化过程？

项目导学

13.7 原子吸收光谱分析法

13.7.1 原子吸收光谱分析法概述

原子吸收光谱分析法是基于从光源发射出的待测元素的特征谱线，通过样品的原子蒸气时，被蒸气中待测元素的基态原子所吸收，根据特征谱线的减弱程度求得样品中待测元素含量的分析方法。

1955 年澳大利亚物理学家 A. Walsh 发表了《原子吸收光谱在化学分析中的应用》的论文奠定了原子吸收光谱分析的理论基础。20 世纪 50 年代末和 60 年代初，市场上出现了供分析用的商品原子吸收光谱仪。1961 年前苏联的 B. B. JIBOB 提出电热原子化吸收分析，大大提高了原子吸收分析的灵敏度。1965 年威尼斯（J. B. Willis）将氧化亚氮-乙炔成功地应用于火焰原子吸收法，大大扩大了火焰原子吸收法的应用范围，自 20 世纪 60 年代后期开始“间接”原子吸收光谱法的开发，使得原子吸收法不仅可测得金属元素还可测一些非金属元素（如卤素、硫、磷）和一些有机物（如维生素 B_{12}、葡萄糖、核糖核酸酶等），为原子吸收法开辟了广泛的应用领域。

13.7.2　原子吸收光谱分析过程

原子吸收光谱分析过程如图 13-12 所示。

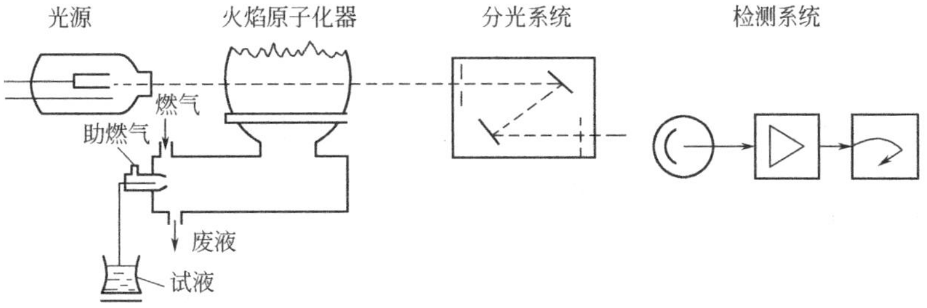

图 13-12　原子吸收光谱示意图

试液喷射成细雾与燃气混合后进入燃烧的火焰中，被测元素在火焰中转化为原子蒸气。气态的基态原子吸收从光源发射出的与被测元素吸收波长相同的特征谱线，使该谱线的强度减弱，再经分光系统分光后，由检测器接收。产生的电信号，经放大器放大，由显示系统显示吸光度或光谱图。

原子吸收光谱分析中，常用的原子化方法有火焰原子化及石墨炉原子化两种，它们均是在高温下，将待测元素从其化合物中离解出气态的基态原子。由待测元素材料作阴极制成的待测元素的特征锐线光，穿过原子化器中一定宽度（吸收长度 L）的原子蒸气，这时特征辐射一部分被原子蒸气中待测元素的基态原子所吸收，透过的光辐射经单色器将非特征辐射线分离掉后进入检测器检测，即可测出吸光度的大小。原子吸收遵循光的吸收定律（即比尔定律）：

$$A=\lg\frac{I_0}{I}=KcL \qquad (13\text{-}21)$$

在一定实验条件下，吸收系数 K 和吸收长度 L 均为常数，在一定的浓度范围内，吸光度 A 与基态原子数亦即与试样溶液中该元素的浓度 c 成正比。根据这一关系，用仪器测定标准溶液和样品溶液的吸光度，就可求出样品中被测元素的含量。常用的定量分析方法有标准曲线法、标准加入法等。

原子吸收光谱法与紫外吸收光谱法都是基于物质对紫外和可见光的吸收而建立起来的分析方法，属于吸收光谱分析，但它们吸光物质的状态不同。原子吸收光谱分析中，吸收物质是基态原子蒸气，而紫外-可见分光光度分析中的吸光物质是溶液中的分子或离子。原子吸收光谱是线状光谱，而紫外-可见吸收光谱是带状光谱，这是两种方法的主要区别。正是由于这种差别，它们所用的仪器及分析方法都有许多不同之处。

13.7.3　原子吸收光谱法的特点和应用范围

原子吸收光谱法有以下特点。

（1）灵敏度高检出限低　火焰原子吸收光谱法的检出限每毫升可达 10^{-6} g 级；无火焰原子吸收光谱法的检出限可达 $10^{-10}\sim10^{-14}$ g。

（2）准确度好　火焰原子吸收光谱法的相对误差小于 1%，其准确度接近经典化学方法。石墨炉原子吸收法的准确度一般为 3%～5%。

（3）选择性好　用原子吸收光谱法测定元素含量时，通常共存元素对待测元素干扰少，若实验条件合适一般可以在不分离共存元素的情况下直接测定。

（4）操作简便，分析速度快　在准备工作做好后，一般几分钟即可完成一种元素的测定。若利用自动原子吸收光谱仪可在 35min 内连续测定 50 个试样中的 6 种元素。

(5) 应用广泛 原子吸收光谱法被广泛应用各领域中，它可以直接测定 70 多种金属元素，也可以用间接方法测定一些非金属和有机化合物。

原子吸收光谱法的不足之处是：由于分析不同元素，必须使用不同的元素灯，因此多元素同时测定尚有困难。有些元素的灵敏度还比较低（如钍、银、钽等）。对于复杂样品仍需要进行复杂的化学预处理，否则干扰将比较严重。

13.8 原子吸收光谱仪结构与组成

原子吸收分光光度计主要由光源、原子化系统、光学系统、电学系统等四个基本部分组成。其工作原理如下：光源（发射特征谱线）→原子化器（试样转化为原子化蒸气）→分光系统（单色器）→检测系统。

13.8.1 光源

光源的作用是提供给原子吸收所需要的谱带宽度很窄和强度足够的共振线。基本要求是：能发射待测元素的共振线；发射线宽度远小于原子吸收线的宽度；辐射强度足够大；连续背景小；稳定性良好；操作方便；使用寿命长。目前最常用的是空心阴极灯。

13.8.1.1 空心阴极灯的构造和工作原理

空心阴极灯又称元素灯，其构造如图 13-13 所示。

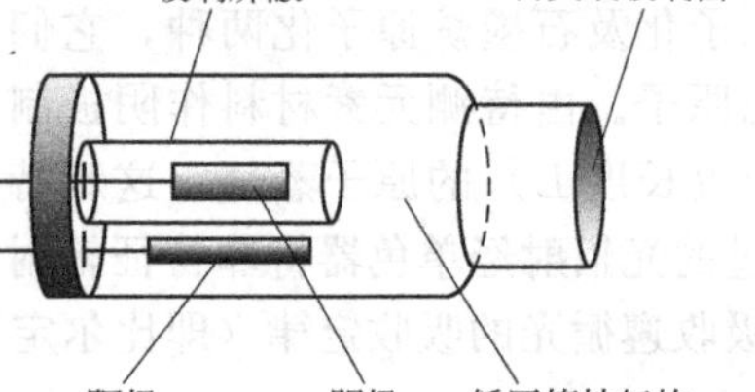

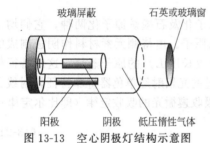

图 13-13 空心阴极灯结构示意图

它由一个在钨棒上镶钛丝或钽片的阴极和一个由发射所需要特征谱线的金属或合金制成的空心筒状阴极组成。阳极和阴极封闭在带有光学窗口的硬质玻璃管内，管内充有几百帕低压惰性气体（氖或氩）。当在两电极施加 300～500V 电压时，阴极灯开始辉光放电。电子从空心阴极射向阳极，并与周围惰性气体碰撞使之电离。所产生的惰性气体的阳离子获得足够能量，在电场作用下撞击阴极内壁，使阴极表面上的自由原子溅射出来，溅射出的金属原子再与电子、正离子、气体原子碰撞而被激发，当激发态原子返回基态时，辐射出特征频率的锐线光谱。为了保证光源仅发射频率范围很窄的锐线，要求阴极材料具有很高的纯度。

通常单元素的空心阴极灯只能用于一种元素的测定，这类灯发射线干扰少，强度高，但每测一种元素需要跟换一种灯。若阴极材料使用多种元素的合金，可制得多元素灯。

13.8.1.2 空心阴极灯工作电流

空心阴极灯发光强度与工作电流有关，增大电流可以增加发光强度，但工作电流过大会使辐射的谱线变宽，灯内自吸收增加，使锐线光强度下降，背景增大。同时还会加快灯内惰性气体的消耗，缩短灯寿命；灯电流过小，又使发光强度减弱，导致稳定性、信噪比下降。因此，实际工作中，应该选择合适的工作电流。为了改善阴极灯放电特征，常采用脉冲供电方式。

13.8.1.3 空心阴极灯的使用注意事项

空心阴极灯使用前应经过一段预热时间，使灯的发光强度达到稳定。预热时间随灯元素的不同而不同，一般在 20min 以上。灯在点燃后可从灯的阴极辉光的颜色判断灯的工作是否正常，判断的一般方法如下：充氖气的灯负辉光的正常颜色是橙红色，充氩气的灯正常是淡紫色，汞灯是蓝色。灯内有杂质气体存在时，负辉光的颜色变淡，如充氖气的灯颜色变为粉红、发蓝或发白，此时应对灯进行处理。使用元素灯时，应轻拿轻放。低熔点的灯用完后，要等冷却后才能移动。为了使空心阴极灯发射强度稳定，要保持空心阴极灯石英窗口洁净，点亮后要盖好灯室盖，测量过程不要打开，使外界环境不破坏灯的热平衡。

13.8.2 原子化器

将试样中待测元素变为气态的基态原子的过程称为试样的“原子化”。完成试样的原子化所用的设备称为原子化器或原子化系统。原子化器的功能是提供能量，使样品干燥、蒸发并原子化，产生原子蒸气。原子化器分为火焰原子化器和非火焰原子化器。原子化系统在原子吸收分光光度计中是一个关键装置，它的质量对原子吸收光谱分析法的灵敏度和准确度有很大影响，甚至起到决定性作用，也是分析误差的最大来源。

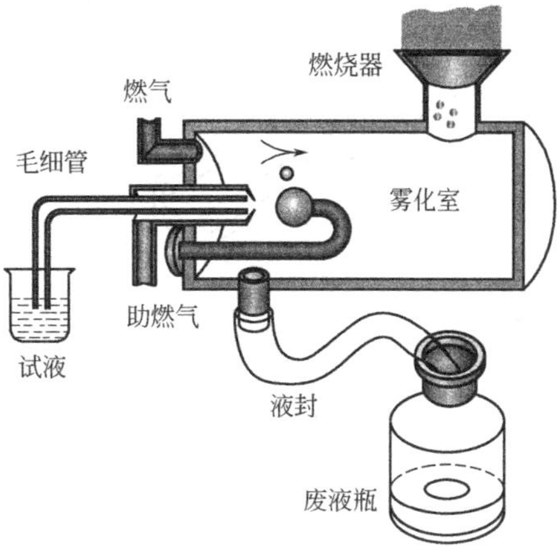

图 13-14 预混合型火焰原子化器结构示意图

13.8.2.1 火焰原子化器

火焰原子化包括两个步骤，首先将试样溶液变成细小雾滴（即雾化阶段），然后使雾滴接受火焰供给的能量形成基态原子（即原子化阶段）。火焰原子化器由雾化器、预混合室（雾化室）和燃烧器等部分组成，其结构如图13-14所示。

13.8.2.2 雾化器

雾化器的作用是将试液雾化成微小的雾滴。雾化器的性能会对灵敏度、测量精度和化学干扰等产生影响，因此要求其喷雾稳定、雾滴细微均匀和雾化效率高。目前商品原子化器多数使用气动雾化器。当具有一定压力的压缩空气作为助燃气高速通过毛细管外壁与喷嘴口构成的环形间隙时，在毛细管出口的尖端处形成一个负压区，于是试液沿毛细管吸入并被快速通过的助燃气分散成小雾滴，进一步分散成更为细小的细雾。这类雾化器的雾化效率一般为 10%～30%，影响雾化效率的因素有助燃气的流速、溶液的黏度、表面张力以及毛细管与喷嘴口之间的相对位置。

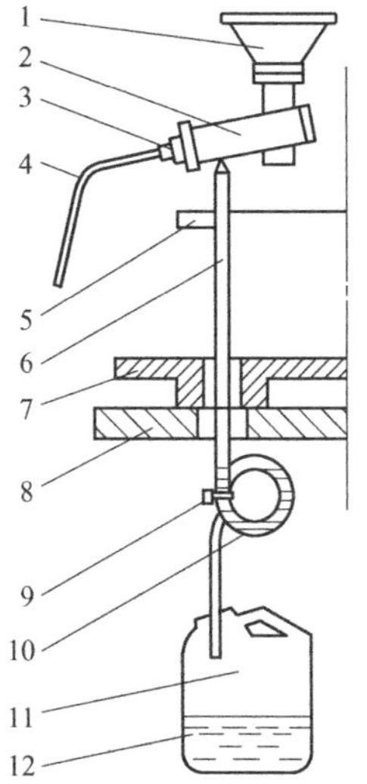

图 13-15 预混合室废液排放系统

1—燃烧头；2—预混室；3—雾化器；4—进样毛细管；5—燃烧室底板；6—废液管；7—主机底板；8—实验台台板；9—捆扎带；10—水封圈；11—废液容器；12—废液

13.8.2.3 预混合室

预混合室的作用是进一步细化雾滴，并使之与燃料气均匀混合后进入火焰。部分未细化的雾滴在预混合室凝结下来成为残液。残液由预混室排出口排除，以减少前试样被测组分对后试样被测组分记忆效应的影响。为了避免回火爆炸的危险，预混合室的残液排出管必须采用导管弯曲或将导管插入水中等水封方式。图 13-15 为预混合室废液排放系统。

13.8.2.4 燃烧器

燃烧器的作用是使燃气在助燃气的作用下形成火焰，使进入火焰的试样微粒原子化。燃烧器应能使火焰燃烧稳定，原子化程度高，并能耐高温耐腐蚀。预混合型原子化器通常采用不锈钢制成长缝型燃烧器，如图 13-16 所示。

对于乙炔-空气等燃烧速度较低的火焰一般使用缝长为 100～200mm，缝宽为 0.5～0.7mm 的燃烧器，而对乙炔-氧化亚氮等燃烧速度较高的火焰，一般用缝长 50mm，缝宽 0.5mm 长缝燃烧器。也有多缝燃烧器，它可增加火焰宽度。

(1) 火焰种类及气源设备　火焰原子化器主要采用化学火焰，采用的火焰有以下几种。空气-乙炔火焰。这是一种应用最广的火焰，最高温度约为 2300℃，能用 35 种以上的元素，此种火焰比较

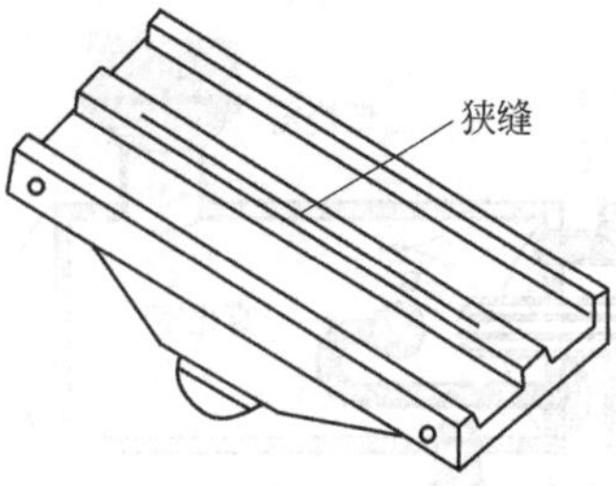

图 13-16　长缝型燃烧器

透明，可以得到较高的信噪；除此之外还有空气-煤气（丙烷）火焰、N_2O-乙炔火焰、空气-氢火焰。火焰原子吸收分析常用的燃气、助燃气主要是乙炔、空气、氧化亚氮（N_2O）、氢气、煤气等。

乙炔气体通常由乙炔钢瓶提供。乙炔钢瓶内的最大压力为1.5MPa。乙炔溶于吸附在活性炭上的丙酮内，乙炔钢瓶使用至0.5MPa就应重新充气，否则钢瓶中的丙酮会混入火焰，使火焰不稳定，噪声大，影响测定。乙炔管道系统不能使用纯铜制品，以免产生乙炔铜爆炸。乙炔钢瓶附近不可有明火。使用时应先开助燃气再开燃气并立即点火，关气时应先关燃气再关助燃气。空气一般由压力为1MPa左右的空气压缩机提供。

（2）火焰原子化过程　将试液引入火焰使其原子化是一个复杂的过程，这个过程包括雾滴脱溶剂、蒸发、解离等阶段。在实际工作中，应该选择合适的火焰类型，恰当调节燃气与助燃气比，尽可能不使基态原子被激发、电离或生成化合物。

（3）火焰原子化法特点　火焰原子化法的操作简便，重现性好，有效光程大，对大多数元素有较高的灵敏度，因此应用广泛。但火焰原子化法原子化效率低，灵敏度不够高，而且一般不能直接分析固体样品。火焰原子化法这些不足之处，促使了无火焰原子化法的发展。

13.8.3　单色器

原子吸收光谱仪中，光学系统分为两个部分：一部分是外光路系统，基本作用是汇聚收集光源所发射的光线，引导光线准确地通过原子化区，然后将其导入单色器中。另一部分是单色器，其作用是从光栅和原子化器发射的谱线中分出分析线进入检测器。

单色器由入射狭缝、出射狭缝和色散元件（棱镜或光栅）组成。单色器的作用是将待测元素的吸收线与邻近谱线分开。由锐线光源发出的共振线，谱线比较简单，对单色器的色散率和分辨率要求不高。在进行原子吸收测定时，单色器既要将谱线分开，又要有一定的出射光强度。所以当光源强度一定时，这就需要选用适当的光栅色散率和狭缝宽度配合，以构成适于测定的光谱通带来满足上述要求。

13.8.4　检测器

检测器主要由光电转换元件、信号放大器、指示或显示仪表等组成。原子吸收仪器中常用光电倍增管作为光电转换元件，信号放大器将光电倍增管输出的电压信号进行放大，电信号的变化与样品浓度呈线性关系，最终由指示仪表或数字显示器显示出来，也可用记录仪记录下来。

（1）光电元件　光电元件一般采用光电倍增管，其作用是将经过原子蒸气吸收和单色器分光后的微弱信号转换为电信号。原子吸收光谱仪的工作波长通常为190～800nm，使用光电倍增管时，必须注意不要用太强的光照射，这样才能保证光电倍增管良好的工作特性，否则会引起光电倍增管的“疲劳”乃至失效。

（2）放大器　放大器的作用是将光电倍增管输出的电压信号放大后送入显示器。放大器分交、直流放大器两种，目前广泛采用的是交流选频放大和相敏放大器。

（3）显示装置　商品化的原子吸收分光光度计都配备了微处理机系统，具有自动调零、曲线校直、浓度直读、标尺扩展、自动增益等性能，并附有记录器、打印机、自动进样器、阴极射线管荧光屏及计算机等装置，大大提高了仪器的自动化和半自动化程度。

13.8.5　仪器设备的使用

13.8.5.1　TAS-990火焰型原子吸收分光光度计

TAS-990火焰型原子分光光度计（如图13-17所示），仪器基本操作如下。

图 13-17　TAS-990 火焰型原子吸收分光光度计

① 依次打开抽风设备、TAS-990 火焰型原子吸收主机电源。

② 计算机电源，进入系统。双击 TAS-990 程序图标“AAwin”，选择“联机”，单击“确定”，进入仪器自检画面。等待仪器各项自检“确定”后进行测量操作。

③ 选择元素灯及测量参数：选择“工作灯（W）”和“预热灯（R）”后单击“下一步”；设置元素测量参数，可以直接单击“下一步”；进入“设置波长”步骤，单击寻峰，等待仪器寻找工作灯最大能量谱线的波长。寻峰完成后，单击“关闭”，回到寻峰画面后再单击“关闭”。单击“下一步”，进入完成设置画面，单击“完成”。

④ 设置测量样品和标准样品：单击“样品”，进入“样品设置向导”主要选择“浓度单位”；单击“下一步”，进入标准样品画面，根据所配制的标准样品设置标准样品的数目及浓度；单击“下一步”，进入辅助参数选项，可以直接单击“下一步”；单击“完成”，结束样品设置。

⑤ 点火步骤：选择“燃烧器参数”输入燃气流量为 1500 以上；检查液位检测装置里是否有水；打开空压机，空压机压力达到 0.22～0.25MPa；打开乙炔，调节分表压力为 0.07～0.08MPa；单击点火按键，观察火焰是否点燃；如果第一次没有点燃，请等 5～10s 再重新点火。火焰点燃后，把进样吸管放入蒸馏水中 5min 后，单击“能量”，选择“能量自动平衡”调整能量到 100%。

⑥ 测量步骤。

a. 标准样品测量。把进样吸管放入空白溶液，单击校零键，调整吸光度为零；单击测量键，进入测量画面（在屏幕右上角），依次吸入标准样品（必须根据浓度从低到高的测量）。注意：在测量中一定要注意观察测量信号曲线，直到曲线平稳后再按测量键“开始”，自动读数 3 次完成后再把进样吸管放入蒸馏水中，冲洗几秒钟后再读下一个样品。做完标准样品后，把进样吸管放入蒸馏水中，单击“终止”按键。把鼠标指向标准曲线图框内，单击右键，选择“详细信息”，查看相关系数 R 是否合格。如果合格，进入样品测量。

b. 样品测量。把进样吸管放入空白溶液，单击校零键，调整吸光度为零；单击测量键，进入测量画面（屏幕右上角），吸入样品，单击“开始”键测量，自动读数 3 次完成一个样品测量。注意事项同标准样品测量方法。

c. 测量完成。如果需要打印，单击“打印”，根据提示选择需要打印的结果；如果需要保存结果，单击“保存”，根据提示输入文件名称，单击“保存（S）”按钮。以后可以单击“打开”调出此文件。

⑦ 结束测量。

a. 如果需要测量其他元素，单击“元素灯”，操作同上。

b. 如果完成测量，一定要先关闭乙炔，等到计算机提示“火焰异常熄灭，请检查乙炔流量”，再关闭空压机，按下放水阀，排除空压机内水分。

⑧ 关机顺序。退出 TAS-990 程序：单击右上角“关闭”按钮，如果程序提示“数据未保存，是否保存”，根据需要选择，一般打印数据后可以选择“否”，程序出现提示信息后单击“确定”退出程序。关闭主机电源，罩上原子吸收仪器罩。关闭计算机电源，稳压器电源。15min 后再关闭抽风设备，关闭实验室总电源，完成测量工作。

13.8.5.2 高压钢瓶的使用

① 高压钢瓶应放置阴凉、干燥处，远离热源（阳光、暖气、炉火等），以免内压增大造成漏气，发生爆炸。

② 搬运高压钢瓶要轻、稳，要旋上瓶帽，放置牢靠。

③ 开启高压钢瓶气体出口阀门前，减压阀应左旋到最松的位置上（减压阀关闭），然后开启钢瓶出口阀，再右旋减压阀调节螺杆，使低压力表指示在需输出的压力，否则会因高压气流的冲击而使调压阀门失灵。

④ 不可将瓶内气体用尽，应有一定的剩余残压，以防止重灌时有危险。

⑤ 为避免各种钢瓶混淆，瓶身需按规定涂色和写字。

项目训练

13.9 指标检测

13.9.1 仪器、药品及试剂的准备

仪器：50mL 具塞比色管、气相色谱仪（TCD）、填充柱（固定液为癸二酸，载体为 GDX-103）、10μL 玻璃微量注射器、恒温水浴（精度±0.1℃）、电热干燥箱（精度±2℃）、蒸发皿（瓷或石英）、分析天平（0.1mg）、原子吸收分光光度仪（附铁空心阴极灯）。

试剂：盐酸（密度 1.19g/mL）、氯化钴、氯铂酸钾、氢氧化钠、酚酞指示液、高纯度氢气（≥99.9%）乙酸乙酯（色谱纯）、无水乙醇、亚硫酸氢钠、碘、硫代硫酸钠、淀粉指示液、甲醇（色谱级）、卡尔·费休试剂、十二水合硫酸铁铵、纯铁丝、硫酸（1.84g/mL）、乙炔气（≥99.5%）、高锰酸钾。

13.9.2 甲酸质量分数

13.9.2.1 色谱条件

(1) 选择检测器类型——热导池检测器（Thermal Conductivity Detector，TCD）

(2) 选择色谱柱类型——GDX-103 填充柱

(3) 调节载气流速——高纯氢气（体积分数不小于 99.9%），流速为 50mL/min

(4) 调节柱箱温度——110℃

(5) 调节检测器温度——150℃

(6) 调节进样器温度——150℃

(7) 桥电流——135mA

13.9.2.2 色谱分析

(1) 试样制备 吸取 10mL 样品于具塞小锥形瓶中称量，精确至 0.2mg，加入 10μL 内标物乙酸乙酯，(或与甲酸峰面积相当的量) 称量，精确至 0.2mg，混匀样品。

(2) 测定 按上述色谱条件调整仪器，待仪器稳定后，用 10μL 微量注射器进样 5μL（或根据样品中甲酸含量多少来确定进样量），记录内标物乙酸乙酯和甲酸的峰面积。

(3) 定量方法 内标法。

(4) 结果计算 甲酸的质量分数为 w，数值以%表示，按下式计算

$$w=\frac{A_i f_i m_s}{A_s m}\times 100 \tag{13-22}$$

式中　m_s——内标物乙酸乙酯质量；

A_i——甲酸峰面积；

f_i——甲酸对内标物乙酸乙酯的相对质量校正因子；

A_s——内标物乙酸乙酯峰面积；

m——试样质量。

13.9.3　铁的质量分数

13.9.3.1　仪器与试剂

原子吸收光谱仪（附铁空心阴极灯）、盐酸溶液（1+1）、实验用水、0.1mg/mL 铁标准溶液、0.01mg/mL 铁标准溶液、高纯乙炔（体积分数 99.5%以上）。

13.9.3.2　分析步骤

13.9.3.2.1　试样的制备

移取 100mL 试样于 150mL 圆底瓷或玻璃蒸发皿中，在沸水浴上蒸干，残渣用 2mL 盐酸溶液溶解，移入 25mL 容量瓶中，稀释至刻度。

原子吸收光谱分析通常是溶液进样，被测样品需要事先转化为溶液样品。其处理方法与通常的化学分析相同，要求试样分解完全，在分解过程中不引入杂质和造成待测组分的损失，所用试剂及反应产物对后续测定无干扰。

对无机试样，首先考虑能否溶于水，若能溶于水，应首选去离子水为溶剂来溶解样品，并配成合适的浓度范围。若样品不能溶于水则考虑用稀酸、浓酸或混合酸处理后配成合适浓度的溶液。常用的酸是 HCl、H_2SO_4、HNO_3、$HClO_4$、H_3PO_4。常与 H_2SO_4 混合用于某些合金试样溶解，氢氟酸常与另一种酸生成氢化物而促进溶解。用酸不能溶解或溶解不完全的样品采用熔融法。溶剂的选择规则是：酸性试样用碱性溶剂，碱性试样用酸性溶剂。常用的酸性溶剂有 $NaHSO_4$、$KHSO_4$、$K_2S_2O_7$、酸性氟化物等。常用的碱性溶剂有 Na_2CO_3、K_2CO_3、$NaOH$、Na_2O_2、$LiBO_2$（偏硼酸锂）、$Li_2B_4O_7$（四硼酸锂），其中偏硼酸锂和四硼酸锂应用广泛。

13.9.3.2.2　工作曲线绘制

(1) 标准溶液制备　分别移取 0mL、2.0mL、4.0mL、6.0mL、8.0mL、10.0mL 的铁标准溶液（0.01mg/mL），置于 6 个 25mL 容量瓶中，加 2mL 盐酸溶液，稀释至刻度。

标准样品的组成要尽可能接近未知试样的组成。配制标准溶液通常使用各元素合适的盐类来配置，当没有合适的盐类可供使用时，也可直接溶解相应的高纯（99.99%）金属丝、棒、片于合适的溶剂中，然后稀释成所需浓度范围的标准溶液，但不能使用海绵状金属或金属粉末来配置。金属在溶解之前，要磨光利用稀酸清洗，以除去表面氧化层。

非水标准溶液可将金属有机物溶于适宜的有机溶剂中配置（或将金属离子转变成可萃取化合物），用合适的溶剂萃取，通过测定水相中的金属离子含量间接加以标定。

所需标准溶液的浓度在低于 0.1mg/mL 时，应先配成比使用的浓度高 1～3 个数量级的浓溶液（大于 1mg/mL）作为储备液，然后经稀释配成。储备液配置时一般要维持一定的酸度，以免器皿表面吸附。配好的储备液应储存于聚四氟乙烯、聚乙烯或硬质玻璃容器中。浓度很小（小于 1μg/mL）的标准溶液不稳定，使用时间不应超过 1～2d。标准溶液的浓度下取决于检出限，从测定精度的观点出发，合适的浓度范围应该是在能产生 0.2～0.8 单位吸光度或 15%～65%透射比之间的浓度。

(2) 标准溶液吸光度的测定　在给定的仪器实验条件下，待仪器稳定，用水调零后，分别测定标准溶液的吸光度。

(3) 工作曲线绘制　以每一标准溶液的吸光度减去试剂空白溶液的吸光度为纵坐标，对应铁标准溶液浓度为横坐标绘制工作曲线。如使用数据处理系统，工作曲线可在试样测定时进行。

(4) 试样测定　按照测定标准溶液吸光度的方法测定试样吸光度。从工作曲线中查的浓度值（或直接读出浓度值）。

工作曲线法也称标准曲线法，它与紫外-可见分光光度法的工作曲线法相似，关键都是绘制一条工作曲线。其方法：先配制一组浓度适合的标准溶液，在最佳测定条件下，由低浓度到高浓度依次测定它们的吸光度，然后以吸光度 A 为纵坐标。标准溶液浓度 c 为横坐标，绘制吸光度（A）-浓度（c）的工作曲线（如图 13-18 所示）。

用与绘制工作曲线相同的条件测定样品的吸光度，利用工作曲线以内插法求出被测元素的浓度。为了保证测定的准确度，测定时应注意：标准溶液与试液的基体（指溶液中除待测组分外的其他成分的总体）要相似，以消除基体效应。标准溶液浓度应将试液中待测元素的浓度包括在内。浓度范围大小应以获得合适的吸光度读数为准，在测量过程中要吸喷去离子水或空白溶液来校正零点漂移。由于燃气和助燃气流量变化会引起工作曲线的斜率变化，因此每次分析都应重新绘制工作曲线。工作曲线法简便、快速，适于组成较简单的大批样品分析。

【例 13-2】　测定某种样品中铜含量，称取样品 0.9986g，经化学处理后，移入 250mL 容量瓶中，以蒸馏水稀释至标线，摇匀。喷入火焰，测出其吸光度为 0.320，求该样品中铜的质量分数。假设图 13-19 为铜工作曲线。

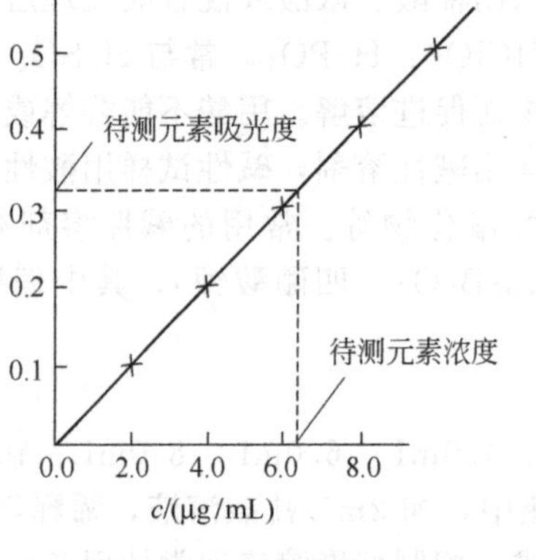

图 13-18　工作曲线

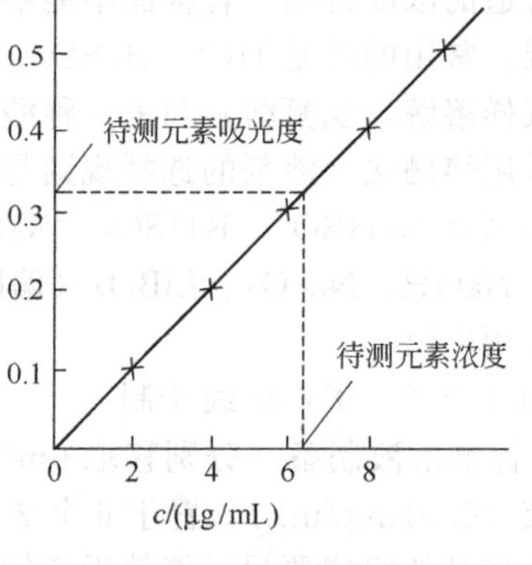

图 13-19　铜工作曲线

由工作曲线查出当 $A=0.320$ 时，$\rho=6.2\mu g/mL$，即所测样品溶液中铜的质量浓度，则样品中铜的质量分数为：

$$w(Cu)=\frac{6.2\times250\times10^{-6}}{0.9986}\times100\%=0.16\%$$

13.9.3.3　结果计算

铁的质量分数为 w，数值用%表示，按下式计算：

$$w=\frac{cV_1\times10^{-6}}{V\rho}\times100 \qquad (13\text{-}23)$$

式中　c——从工作曲线中查到的浓度，μg/mL；

V_1——试样测定时溶液体积，mL（V_1=25mL）；

V——移取乙酸试样溶液的体积，mL（V=100mL）；

ρ——乙酸试样 20℃时的密度，g/mL。

13.9.4　外观检验

同子项目 1 外观检验。

13.9.5　乙酸质量分数

① 配制约为 $c(NaOH)=1mol/L$ 的标准滴定溶液。

② 配制酚酞试液，5g/L。

③ 分析步骤。用 3mL 具塞容量瓶称取 2.5g 试样，精确至 0.0002g。将试样加入已盛有 50mL 无二氧化碳水的 250mL 锥形瓶中，将称量瓶盖摇开，并加入 0.5mL 酚酞试液，用氢氧化钠标准滴定溶液滴定至微粉红色，保持 15s 不褪色即为终点。

④ 结果计算。乙酸的质量分数按式(13-24) 计算：

$$w_1=\frac{V/1000\times cM_1}{m}\times 100-1.305\times w_2 \tag{13-24}$$

式中　w_1——乙酸的质量分数，%；

V——消耗 $c(NaOH)=1mol/L$ 的标准滴定溶液体积，mL；

c——氢氧化钠标准滴定溶液的准确浓度，mol/L；

M_1——乙酸摩尔质量数值，g/mol（$M_1=60.05$）；

m——试样的质量，g；

1.305——加算换算成乙酸的换算系数；

w_2——甲酸的质量分数，%。

13.9.6　水的质量分数

13.9.6.1　卡尔·费休法

卡尔·费休法有容量法与库仑电量法两种方法，适用于许多无机化合物和有机化合物中含水量的测定，是世界公认的测定物质水分含量的经典方法。可快速测定液体、固体、气体中的水分含量，是最专一、最准确的化学方法，为世界通用的行业标准分析方法。

卡尔·费休容量法：碘直接配在试剂中，溶液在储存过程中会发生副反应，消耗试剂中的碘分子，导致滴定度下降。在测定前必须用标准物质测定试剂的滴定度。测定范围为 0.01%～100%。卡尔·费休库仑法：同水进行定量反应的碘是通过电解反应产生的，解决了卡氏试剂储存过程中的不稳定问题，试剂不需标定，而且电解液可以连续使用，无需每天进行更换，测定范围为 0.0001%～5%。

按照卡尔·费休方法不同，卡尔·费休试剂也可以分为两大类：用于容量法的卡尔·费休试剂和用于库仑法的卡尔·费休试剂。前者还分为单组分和双组分卡尔·费休试剂，在单组分中还分为经典试剂和不含吡啶的卡尔·费休试剂。

（1）溶剂的选择　选择溶剂的原则是能溶解样品和滴定反应的产物，可进行卡尔·费休法滴定，能保证卡尔·费休法反应按照化学计量进行，且能指示滴定终点。可以选择混合试剂，满足要求的试剂并不多。对于大多数样品，甲醇是一种很好的试剂，可以满足上述要求且甲醇还能使滴定终点的指示灵敏可靠。但它和有些酸发生酯化反应，和醛、酮反应，生成缩醛或缩酮和水。

（2）样品处理　一般来说，对样品的处理方法主要是物理方法，对于不溶于甲醇的样品，可以借助合理的辅助溶剂。将固体样品粉碎后直接进样，选择合适的溶剂对样品进行萃取。烘干法，用干燥的载气将水蒸气带出，然后用卡尔·费休水分仪测定气体中的含水量。测定中若加入外部试剂，注意测定所加试剂的空白。

（3）取样量　进样量根据含水量确定，可根据表 13-3 选择样品量。

表 13-3 推荐样品量

水含量/%	样品量/mg	水含量/%	样品量/g
50	10～20	0.1	0.1～10
10	10～100	0.01	0.1～20
1	10～1000		

(4) 测定过程控制 卡尔·费休法最佳 pH 值是 5～7，在此范围内反应比较迅速，而且能按照化学计量进行反应。pH 值较高时会发生副反应，副反应会慢慢地消耗碘。在强酸环境下，卡尔·费休法反应常数会下降，滴定过程变得缓慢。测定前将试剂预先滴定至终点，以消除试剂中和滴定器皿中存在的水分，在滴定池中长时间充分搅拌样品，减小样品颗粒的大小，将样品均质化有利于使样品中的水分充分释放出来。进样时，要防止注射器头受外界的污染而影响测定结果，如操作者呼气和擦注射头时的污染。同时要防止进样时样品的损失，如注射器头上的挂滴和溅到池壁或电极杆上。使用的卡尔·费休滴定试剂很容易吸收水分，因此要求滴定剂发送系统的滴定管和滴定池（测量池）等采取较好的密封系统。否则由于吸湿现象造成终点长时间的不稳定和严重的误差。空气中的氧将滴定池中的碘离子氧化为碘，从而减少了试剂的耗用量。太阳光也会明显地促进氧和碘离子的氧化反应，对试剂要采取避光措施。除此之外，试剂的组成和操作环境、足够的甲醇、是否生成水等都会对滴定产生干扰。

(5) 终点判别 终点判别有目视法和永停法。目视法确定终点，滴定至终点时，因有过量碘存在，溶液由浅黄色变为棕黄色。永停法又称为双铂级电流法：在浸入溶液中的两个铂电极间加一小电压，若溶液中有水存在，则阴极极化，两电极之间无电流通过。滴定至终点时，溶液中同时有碘和碘化物存在，阴极去极化，溶液导电，电流突然增加至一个最大值并稳定 1min 以上，此即为终点，该方法非常灵敏和准确。

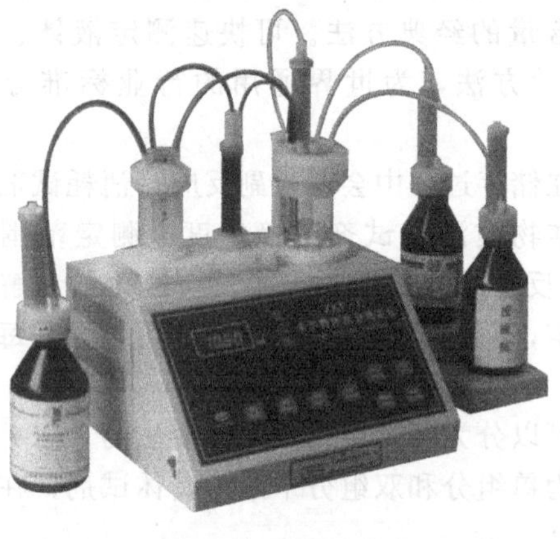

图 13-20 ZKF-1 型自动卡尔·费休水分测定仪

13.9.6.2 仪器与试剂

卡尔·费休水分测定仪、甲醇、卡尔·费休试剂、实验用水。

13.9.6.3 仪器设备使用

ZKF-1 型自动卡尔·费休水分测定仪（如图 13-20 所示，上海超精科技贸易有限公司生产）操作步骤如下。

① 开启电源。

② 按〈准备〉键，计量管吸入卡尔·费休试剂。

③ 按〈回液〉键，试剂返回瓶中。

④ 执行步骤②和③ 2～3 次，排除管道中的气泡及使试剂均匀。

⑤ 按〈溶剂〉键，将适量溶剂注入反应杯中。

⑥ 开启搅拌开关，调节旋钮，使搅拌速度适当。

⑦ 按〈测定〉键，试剂滴入反应杯中，当溶剂中水分反应完毕时，显示终点。

⑧ 称取适量水标样加入反应杯中，搅拌均匀。按〈测定〉键滴定至终点，根据水标样量、滴定体积，计算卡尔·费休试剂滴定度。

⑨ 称取适量样品（其含水量与标样含水量相近）加入反应杯中，搅拌均匀。按〈测定〉键（低含水量样品，先按〈微量〉键）滴定至终点，根据样品质量、滴定体积、卡尔·费休

试剂的准确滴定度，计算样品中含水量。

⑩ 连续测定样品时，重复上述操作⑨。测定完毕或废液过多，将吸液管插入溶液中，按〈排液〉键，排出反应杯中废液，并将新溶剂注入。

13.9.6.4　分析步骤

13.9.6.4.1　卡尔·费休试剂滴定度的标定

用水标定卡尔·费休试剂滴定度。在反应瓶中加一定体积的甲醇（浸没铂电极），在搅拌下用卡尔·费休试剂滴定至终点。加入 0.01g（10μL）水，精确至 0.1mg，用卡尔·费休试剂滴定至终点，并记录卡尔·费休试剂的用量（V）。卡尔·费休试剂的滴定度 T(g/mL)，按照下式计算：

$$T=\frac{m}{V} \tag{13-25}$$

式中　m——加入水的质量，g；

V——滴定 0.01g 水所用卡尔·费休试剂的体积，mL。

13.9.6.4.2　样品中水分测定

在反应瓶中加一定体积的甲醇（浸没铂电极），在搅拌下用卡尔·费休试剂滴定至终点。用注射器称取试样约 3.5g，精确至 1mg，称样时注射器针头应用橡胶圈密封。称好之后迅速加入样品，用卡尔·费休试剂滴定至终点。样品中水的质量分数 w（用%表示），按下式计算：

$$w=\frac{VT}{m}\times 100 \tag{13-26}$$

式中　V——滴定样品时卡尔·费休试剂的体积，mL；

T——卡尔·费休试剂的准确滴定度；

m——样品质量。

13.9.7　乙醛的质量分数

13.9.7.1　配制试剂

① 亚硫酸氢钠 18.2g/L：称取 1.66g 偏重亚硫酸氢钠溶解于盛有 50mL 水的 100mL 容量瓶中，溶解后，用水稀释至刻度，并摇匀。

② 碘标准溶液 $c\left(\frac{1}{2}I_2\right)=0.02$mol/L。

③ 硫代硫酸钠标准滴定溶液 $c(Na_2S_2O_3)=0.02$mol/L。

④ 淀粉指示溶液：10g/L。

13.9.7.2　分析步骤

① 移取 10mL 试样，置于已盛有 10mL 水的 50mL 容量瓶中，加入 5mL 亚硫酸氢钠溶液，用水稀释至刻度，摇匀并静置 30min，作为试验溶液。

② 移取 50mL 碘标准溶液于碘量瓶中，置于冰水浴中静置，取试验溶液 20mL 于碘量瓶中，用硫代硫酸钠标准滴定溶液滴定至溶液呈浅黄色时，加入 0.5mL 淀粉指示液，继续滴定至蓝色刚好消失为终点。

③ 在测定的同时，按与测定相同的步骤，对不加试料而使用相同数量的试剂溶液做空白试验。

13.9.7.3　结果计算

乙醛的质量分数为 w，数值以%表示，按下式计算：

$$w=\frac{(V_1-V_0)cM}{V\rho\times 1000\times\frac{20}{50}}\times 100 \tag{13-27}$$

式中 V_0——空白试验消耗硫代硫酸钠标准滴定溶液的体积，mL；

V_1——试样消耗硫代硫酸钠标准滴定溶液的体积，mL；

c——硫代硫酸钠标准滴定溶液的准确浓度，mol/L；

M——$1/2C_2H_4O$ 的摩尔质量，g/mol [$M(1/2C_2H_4O)=22.03$]；

V——试样的体积，mL；

ρ——试样 20℃密度的数值，g/mL。

13.9.8 蒸发残渣质量分数

测定方法同子项目 1 不挥发物含量测定。

13.9.9 高锰酸钾时间

同子项目 1 氧化时间。

自主项目

香料用乙酸乙酯质量检测

一、检测标准

QB/T 2244—1996 香料标准（8）乙酸乙酯

二、香料用乙酸乙酯的技术要求

色状：无色至浅黄色透明液体，色泽不超过标准比色液 5 号色标。

香气：果香，带白兰地酒香。

相对密度（25/25℃）：0.894～0.899。

酸值：pH≤1.0。

含酯量（%）：≥98.0。

三、检验方案设计

检验方案请参照如下标准设计：

① 色状检测采用 GB/T 14454.3—1993 香料色泽检定法，分析步骤可参考 5.1 外观检验中（2）色度的分析方法。

② 香气检测采用 GB/T 14454.2—2008 香料香气评定法。

③ 相对密度检测采用 GB/T 11540—2008 香料 相对密度的测定。

④ 酸值检测采用 GB/T 14457.4—1993 单离或合成香料 酸值或含酸量的测定，分析步骤可参考子项目 1 酸含量测量或子项目 2 乙酸质量分数。

⑤ 含酯量检测采用 GB/T 14457.5—1993 单离及合成香料 含酯量测定，分析步骤可参考子项目 1 酯含量测量。

思考与练习

一、选择题

1. 下列气相色谱检测中，属于浓度敏感型检测器的有（ ）。

A. TCD B. FID C. ECD D. FPD

2. 影响热导检测器灵敏度的最主要的因素是（ ）。

A. 载气的性质 B. 热敏元件的电阻值 C. 热导池的结构

D. 热导池池体的温度 E. 桥电流

3. 使用热导检测器时，为使检测器有较高的灵敏度，应选用的载气是（ ）。

A. N_2 B. H_2 C. Ar D. N_2-H_2 混合气

4. 气-液色谱法中，火焰离子化检测器优于热导检测器的原因有（ ）。

A. 装置简单 B. 更灵敏 C. 可以检出更多的有机化合物

D. 较短的柱能够完成同样的分离　E. 操作方便

5. 原子吸收的定量方法——标准加入法，消除了下列哪种干扰？(　　)

A. 基体效应　B. 背景吸收　C. 光散射　D. 电离干扰

6. 原子吸收分光度法中，光源发出的特征谱线通过样品蒸气时被蒸气中待测元素的（　　）吸收。

A. 离子　B. 激发态离子　C. 分子　D. 基态原子

7. 在火焰原子化过程中，有一系列化学反应，(　　) 是不可能发生。

A. 电离　B. 化合　C. 还原　D. 聚合

8. 在原子吸收分光光度法中，原子化器的作用是（　　）。

A. 把待测元素转化为气态激发态原子　B. 把待测元素转变为气态激发态离子

C. 把待测元素转变为气态基态原子　D. 把待测元素转变为气态基态离子

9. 在原子吸收光谱法中，目前常用的光源和主要参数是（　　）。

A. 氙弧灯，内充气体的压力　B. 氙弧灯，灯电流

C. 空心阴极灯，内充气体的压力　D. 空心阴极灯，灯电流

10. 原子吸收分光光度计中常用的检测器是（　　）。

A. 光电池　B. 光电管　C. 光电倍增管　D. 感光板

二、简答题

1. 何谓原子吸收光谱法?
2. 原子吸收光谱法与分光光度法有何异同点?
3. 原子吸收光度法具有哪些特点?
4. 原子吸收法基本原理是什么?
5. 原子吸收中影响谱线变宽的因素有哪些?
6. 为什么在原子吸收分析时采用峰值吸收而不应用积分吸收?
7. 测量峰值吸收的条件是什么?
8. 原子吸收分光光度计光源起什么作用? 对光源有哪些要求?
9. 使用空心阴极灯应注意哪些问题?
10. 何谓试样的原子化? 试样原子化的方法有哪几种?
11. 简述火焰原子化和石墨炉原子化过程。试比较火焰原子化和石墨炉原子化法的特点。
12. 原子吸收分光光度计有哪几种类型? 它们各有什么特点?
13. 如何维护保养原子吸收分光光度计?
14. 在原子吸收光谱分析中主要操作条件有哪些? 应如何进行优化选择?
15. 原子吸收光谱法中有哪些干扰因素? 如何消除?
16. 原子吸收的测量为什么要用锐线光源?
17. 为何原子吸收分光光度计的石墨炉原子化器较火焰原子化器有更高的灵敏度?
18. 应用原子吸收光谱法进行定量分析的依据是什么? 进行定量分析有哪些方法?

三、计算题

1. 吸收 0.00mL、1.00mL、2.00mL、3.00mL、4.00mL，浓度为 10ug/mL 的镍标准溶液，分别置入 25mL 容量瓶中，稀释至标线，在火焰原子吸收光谱仪上测得吸光度分别为 0.00、0.06、0.12、0.18、0.23。另称取镍合金试样 0.3125g，经溶解后移入 100mL 容量瓶中，稀释至标线。准确吸取此溶液 2.00mL，放入另一 25mL 容量瓶中，稀释至标线，在与标准曲线相同的测定条件下，测得溶液的吸光度为 0.15。求试样中镍含量。

2. 测定硅酸盐试样的 Ti，称取 1.000g 试样，经溶解处理后，转移至 100mL 容量瓶中。稀释至刻度，吸取 10.0mL 该试液于 50mL 容量瓶中，用去离子水稀释到刻度，测得吸光度为 0.238。取一系列不同体积的钛标准溶液（质量浓度为 10.0ug/mL）于 50mL 容量瓶中，同样用去离子水稀释至刻度。测量各溶液的吸光度如下，计算硅酸盐试样中钛的含量。

V/mL	1.00	2.00	3.00	4.00	5.00
A	0.112	0.224	0.338	0.450	0.561

3. 称取含镉试样 2.5115g，经溶解后移入 25mL 容量瓶中稀释至标线。依次分别移取此样品溶液 5.00mL，置于 4 个 25mL 容量瓶中，再向此 4 个容量瓶中依次加入浓度为 0.5ug/mL 的镉标准溶液 0.00mL、5.00mL、10.00mL、15.00mL，并稀释至标线，在火焰原子吸收光谱仪上测得吸光度分别为 0.06、0.18、0.30、0.41。求样品中镉的含量。

4. 用火焰原子化法测定血清中钾的浓度（人正常血清中含 K 量为 3.5～8.5mmol/L）。将四份 0.20mL 血清试样分别加入 25mL 容量瓶中再分别加入质量浓度为 40μg/mL 的 K 标准溶液如下表体积，用去离子水稀释至刻度，测得吸光度如下：

$V_{K标}$/mL	0.00	1.00	2.00	4.00
A	0.105	0.216	0.328	0.550

计算血清中 K 的含量，并说明是否在正常范围内［已知 M (K)＝39.10g/mol］。

5. 用原子吸收法测定未知液中的锂。用钾作内标，吸取 10mL 未知液，加入 1.0mL 10μg/mL 的钾标准溶液于 50mL 容量瓶中，稀释至刻度。测得 $A_{Li}/A_K=0.568$。取相等浓度的锂和钾标准溶液，锂的吸光度是钾的 1.5 倍，计算未知溶液中锂的浓度。

6. 用原子吸收法测定某矿石中 Pb 的含量，用 Mg 作内标，加入如下不同的铅标准溶液（质量浓度为 10μg/mL）及一定量的镁标准溶液（质量浓度为 10μg/mL）于 50mL 容量瓶中稀释至刻度。测得 A_{Pb}/A_{Mg} 如下：

V_{Pb}/mL	2.00	4.00	6.00	8.00	10.00
V_{Mg}/mL	5.00	5.00	5.00	5.00	5.00
V_{Pb}/A_{Mg}	0.447	0.885	1.332	1.796	2.217

现取矿样 0.538g，经溶解处理后，转移到 100mL 容量瓶中稀释至刻度。吸取 5.00mL 试液放入 50mL 容量瓶中，再加入 Mg 标准溶液 5.00mL，稀释至刻度。测得试样中 A_{Pb}/A_{Mg} 为 1.183。计算该矿石中 Pb 的含量。

7. 某原子吸收分光光度计，对浓度均为 0.20μg/mL 的 Ca^{2+} 溶液和 Mg^{2+} 溶液进行测定，吸光度分别为 0.054 和 0.072。试问这两元素哪个灵敏度高？

8. 以 0.05μg/mL 的 Co 标准溶液，在石墨炉原子化器的原子吸光分光光度计上，每次以 5mL 与去离子水交替连续测定，共测 10 次，测得吸光度如下表。计算该原子吸收分光光度计对 Co 的检出限。

测定次数 n	1	2	3	4	5	6	7	8	9	10
吸光度 A	0.165	0.170	0.168	0.165	0.168	0.167	0.168	0.166	0.170	0.167

9. 钠原子核外电子的 3p 和 3s 轨道的能级差为 2.017eV，计算当 3s 电子被激发到 3p 轨道时，所吸收的电磁辐射的波长 (nm)。

10. 平行称取两份 0.500g 金矿样品，经适当溶解后，向其中的一份样品加入 1.00mL 浓度为 5.00μg/mL 的金标准溶液，然后向每份样品都加入 5.00mL 氢溴酸溶液，并加入 5.00mL 甲基异丁酮，由于金与溴离子形成配合物而被萃取到有机相中，用原子吸收法分别测得吸光度为 0.37 和 0.22。求样品中金的含量 (μg/g)。

11. 用原子吸收光谱法测定试液中的 Pb，准确移取 50mL 试液 2 份，用铅空心阴极灯在波长 283.3nm 处，测得一份试液的吸光度为 0.325，在另一份试液中加入浓度为 50.0mg/L 铅标准溶液 300μL，测得吸光度为 0.670。计算试液中铅的质量浓度 (g/L) 为多少？

12. 以原子吸收光谱法分析尿样中铜的含量，分析线 324.8nm。测得数据列入如下表，用作图法计算样品中铜的质量浓度 (μg/mL)。

加入铜的质量浓度/(μg/mL)	吸光度
0	0.28
2.0	0.44
4.0	0.60
6.0	0.757
8.0	0.912

技能项目库

原子吸收光谱法检测乙酸中铜离子含量

一、试剂、仪器准备

试剂：1g/L 的铜离子标准储备液、盐酸溶液（20%）、去离子水、乙酸样品。

仪器：原子吸收分光光度计、坐标纸、电子天平、容量瓶（100mL 7 个）、移液管（10mL）、吸量管（10mL、2mL、5mL 各一支）、洗耳球、量筒（5mL）、烧杯（100mL 2 个、500mL 1 个）、玻璃棒。

二、操作步骤

1. 配制标准系列铜离子溶液

① 现有 0.1g/L 的铜离子标准储备液，取 10mL 该标液于 100mL 容量瓶定容；

② 再从 100mL 容量瓶中取 2mL、4mL、6mL、8mL、10mL，至 5 个 100mL 容量瓶中定容，此时，配成的溶液即为 0.20mg/L、0.40mg/L、0.60mg/L、0.80mg/L、1.00mg/L 的标准系列。

2. 配制样品溶液

称取 50g 乙酸样品，水浴蒸干，残渣溶于 1mL 盐酸溶液（20%），5mL 水，稀释至 10mL，即为所需样品溶液。

3. 测定——工作曲线法

① 开机自检，选择合适的测定条件：光源灯电流、燃烧器高度、火焰类型、通带宽度等。

② 以空白溶液调零，在规定的仪器条件下，分别测定 0.00mg/L、0.20mg/L、0.40mg/L、0.60mg/L、0.80mg/L、1.00mg/L 的标准系列溶液的吸光度。以铜标准溶液的质量浓度为横坐标，相应的吸光度为纵坐标，绘制标准工作曲线。

③ 在相同的仪器条件下测定样品溶液的吸光度，平行测定三份。在标准曲线上查出试样溶液中铜离子的质量浓度。

三、原始记录与数据处理

（1）仪器条件

光源	
波长	
火焰	

（2）数据记录

测试样	分析浓度	吸光度	备注
标准 1			
标准 2			
标准 3			
标准 4			
标准 5			
标准 6			
未知 1			
未知 2			
未知 3			

(3) 绘制工作曲线

(4) 定量分析结果

计算过程：

乙酸中铜离子含量：________________

卡尔·费休法测定乙醇中的水分

一、试剂、仪器准备

试剂：卡尔·费休试剂、甲醇、乙醇样品。

仪器：卡尔·费休水分测定仪、电子天平（最大负载 200g，分度值 0.1mg）、进样器。

二、操作步骤

1. 用水标定卡尔·费休试剂滴定度

于反应瓶中加一定体积的甲醇（浸没铂电极），在搅拌下用卡尔·费休试剂滴定至终点，加入 0.01g 水，精确至 0.0001g，用卡尔·费休试剂滴定至终点，并记录卡尔·费休试剂的用量（V）。卡尔·费休试剂的滴定度 T，数值以“g/mL”表示，按下式计算：

$$T_1=\frac{m}{V}$$

式中　m——加入水的质量的数值，g；

V——滴定 0.01g 水所用卡尔·费休试剂体积的数值，mL。

2. 样品中水分的测定

于反应瓶中加一定体积的甲醇或产品标准中规定的溶剂（浸没铂电极），在搅拌下用卡尔·费休试剂滴定至终点。迅速加入产品标准中规定量的样品，用卡尔·费休试剂滴定至终点。样品中水的质量分数 w，数值以“%”表示，按下式计算：

$$w=\frac{V_1 T}{m}\times 100$$

式中　V_1——滴定样品时卡尔·费休试剂体积的数值，mL；

T——卡尔·费休试剂的滴定度的准确数值，g/mL；

m——样品质量的数值，g。

三、原始记录与数据处理

1. 用水标定卡尔·费休试剂滴定度

项目	1	2	3
水的质量 m/g			
卡尔·费休试剂体积 V/mL			
滴定度 T/(g/mL)			
滴定度 $\overline{T}$/(g/mL)			

计算过程：

2. 样品中水分的测定

项目	1	2	3
样品的质量 m/g			
卡尔·费休试剂体积 V/mL			
样品中水的质量分数 w/%			

计算过程：

项目 14 碳酸饮料中食品添加剂含量测定

学习目标

【能力目标】

- 能利用高效液相色谱测定碳酸饮料中主要食品添加剂含量；
- 会使用液相色谱对产品进行定量分析；
- 能熟练对仪器进行操作及使用；
- 能对仪器进行保养和简单的维护；
- 能分析所测的色谱图数据，并给出结果。

【知识目标】

- 了解高效液相色谱法的基本原理及仪器基本构造；
- 掌握高效液相色谱仪的工作原理和操作要点；
- 了解高效液相色谱仪工作条件的选择方法；
- 掌握高效液相色谱仪的使用方法，识别色谱图；
- 掌握高效液相色谱仪测定苯甲酸的含量的原理及方法。

项目背景

本项目的质量检验标准采用 GB 2760—2007《食品添加剂卫生标准》、GB/T 10792—2008《碳酸饮料（汽水）》、GB 5009 系列。食品防腐剂苯甲酸及其钠盐（表 14-1）的使用范围与使用量：

CNS 号　17.001，17.002　　　　INS 号　210，211

功能　防腐剂

表 14-1　苯甲酸及其钠盐的使用范围与使用量

食品分类号	食品名称/分类	最大使用量	备注
14.04.01	碳酸饮料	0.2	以苯甲酸计

食品添加剂是在食品生产、加工或储存过程中，添加进去的天然或化学合成的物质，对食品的色香味或质量起到一定的作用，本身不作为食用目的，也不一定具有营养价值。即食品在生产、加工或保存过程中，添加到食物中期望达到某种目的的物质。

食品添加剂大部分都是化学合成的。它们是通过氧化、还原、缩合、聚合等反应制得，有的具有毒性，所以对于食品添加剂的含量多少与规格、剂量都要进行分析、标定。

高效液相色谱（HPLC）近年来在食品分析检测上应用后，扩大了分析检测范围，提高了分析水平，尤其对食品中残留的微量、痕量有毒有害物质，能快速、准确地分析出来，进一步提高了食品卫生质量，保障了食品安全和人民的身体健康，HPLC 法在食品分析检测中有广泛的应用前景。

（1）亚硝酸盐的测定　腌肉食品中常添加硝酸盐或亚硝酸盐作发色剂用，亚硝酸盐可诱发肝癌、结肠癌等。过多的摄入会引起正常血红蛋白转变成正铁血红蛋白而失去携氧能力，导致组织缺氧，因此要对亚硝酸盐进行测定并限量使用。过去采用气相色谱法测定，仅色谱测定一步就需耗时 1h 左右，而采用 HPLC 法只需 13min，大大地节省了时间。

(2) 食用合成色素的测定　食品在保存加工过程中，其色泽往往有不同程度的变化，为改善食品的色泽，往往添加一定量的食用色素，进行着色。但由于其具有一定的毒性，使用范围及用量须加以限制。合成色素在酸性条件下制成样液，注入高效液相色谱仪，经反相色谱分离，根据保留时间和峰面积进行定性和定量，能测出所有色素含量。

(3) 多环芳烃和杂环芳烃的测定　肉品烟熏、油炸、烧烤时常产生多环芳烃并污染肉品。其中的主要致癌物质有 3,4-苯并芘、二苯并芘等。用 HPLC 法可完全分离这些致癌物质，并精确测定。

(4) 食品中农药残留的分析　农药残留与人类生活息息相关，因此分析食品中尤其是水果和蔬菜中农药残留十分重要。HPLC 是分离分析热不稳定和难挥发性化合物的有效方法，因此，目前使用的许多农药以及它们的降解产物只能采用 HPLC 法分离。

引导问题

(1) 防腐剂测定的意义是什么？
(2) 液相色谱法对食品防腐剂测定的原理是什么？
(3) 食品防腐剂常用的测定方法有哪些？
(4) 除了用液相色谱法测定苯甲酸含量之外，有没有其他的方法？各有何特点？
(5) 高效液相色谱的结构如何？
(6) 高效液相色谱操作方法及注意的事项有哪些？
(7) 高效液相色谱操作时的常见故障及排除方法有哪些？

项目导学

14.1　高效液相色谱法

高效液相色谱简称 HPLC，又称高速或高压液相色谱。该法吸收了普通液相层析和气相色谱的优点，是经过适当改进发展起来的，既有普通液相层析的功能，又有气相色谱的特点。

HPLC 法由于兼备液相和气相两种色谱分析方法的优点，近年来在食品检测和分析上应用并飞速发展。已增补进中华人民共和国食品检测国家标准方法，世界上约有 80%的有机化合物可以用 HPLC 来分析测定。

HPLC 具有如下特点。①高压：供液压力和进样压力都很高，一般为 9.8～29.4MPa，甚至 49MPa 以上。②高速：载液在色谱柱内的流速较之经典液相色谱高得多，可达 1～5mL/min，个别可高达 100mL/min 以上。③高灵敏度：HPLC 已广泛采用高灵敏度的检测器，进一步提高了分析的灵敏度。如荧光检测器灵敏度可达 10～11g。另外，用样量小，一般为几个微升。④高效：由于新型固定相的出现，具有高的分离效率和高的分辨本领，每米柱子可达 500 塔板数以上，故一根柱子可以分离 100 个以上的组分。

14.1.1　高效液相色谱仪结构

高效液相色谱仪一般由储液器、高压泵、梯度洗脱装置、进样器、色谱柱、检测器、恒温器、记录仪等主要部件组成。图 14-1 为带有顶柱的 HPLC 仪器结构图。

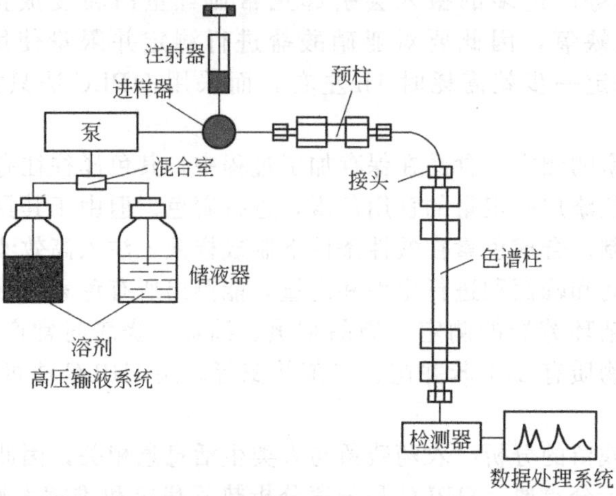

图 14-1 带有顶柱的 HPLC 仪器结构图

(1) 高压输液泵 高压输液泵（如图 14-2 所示）是液相色谱仪的关键部件，其作用是将流动相以稳定的流速或压力输送到色谱系统。输液泵的稳定性直接关系到分析结果的重复性和准确性。高压输液泵应具有压力平稳、脉冲小、流量稳定可调、耐腐蚀等特性。

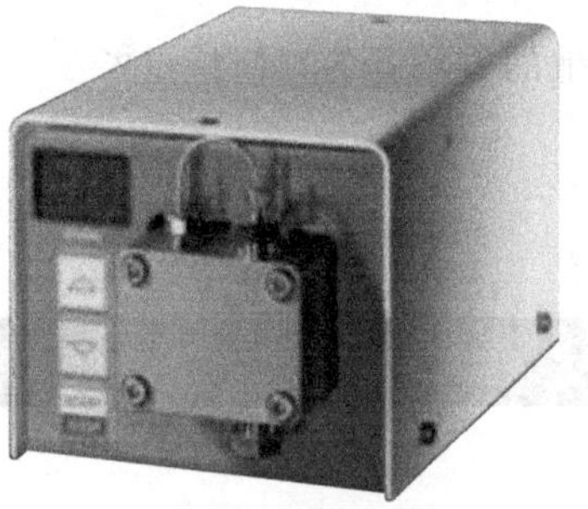

图 14-2 高压输液泵

(2) 梯度洗脱装置 梯度洗脱是使流动相中含有两种或两种以上不同极性的溶剂，在洗脱过程中连续或间断地改变流动相的组成，以调节它的极性，使每个流出的组分都有合适的容量因子，并使样品中的所有组分可在最短的分析时间内，以适用的分离度获得圆满的选择性分离。图 14-3 为梯度洗脱装置。

高压梯度：用两台高压输液泵，将两种不同极性的溶剂按一定的比例送入梯度混合室，混合后进入色谱柱。低压梯度：一台高压泵，通过比例调节阀，将两种或多种不同极性的溶剂按一定的比例抽入高压泵中混合。图 14-4 为高压梯度与低压梯度示意图。

(3) 进样装置 流路中为高压力工作状态时，通常使用耐高压的六通阀进样装置，其结构如图 14-5 所示。

(4) 高效分离柱 高效分离柱（如图 14-6 所示）是色谱仪最重要的部件。通常用厚壁玻璃管或内壁抛光的不锈钢管制作，对于一些有腐蚀性的样品且要求耐高压时，可用铜管、铝管或聚四氟乙烯管。

柱子内径一般为 1～6mm。常用的标准柱型是内径为 4.6mm 或 3.9mm，长度为 15～30cm 的直形不锈钢柱。填料颗粒度为 5～10μm，柱效以理论塔板数计为 7000～10000。发展趋势是减小填料粒度和柱径以提高柱效。

(5) 液相色谱检测器 紫外吸收检测器（如

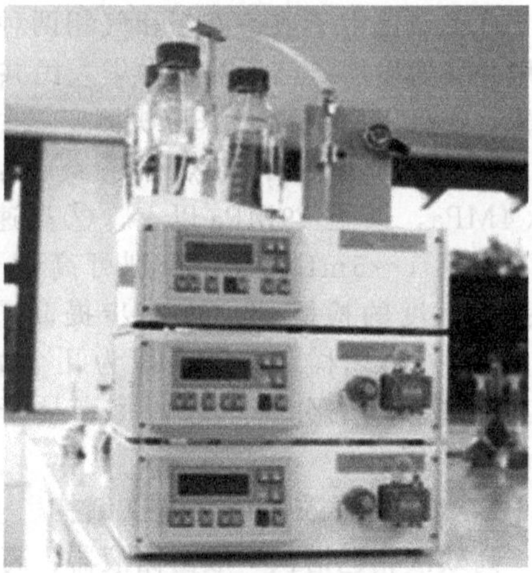

图 14-3 梯度洗脱装置

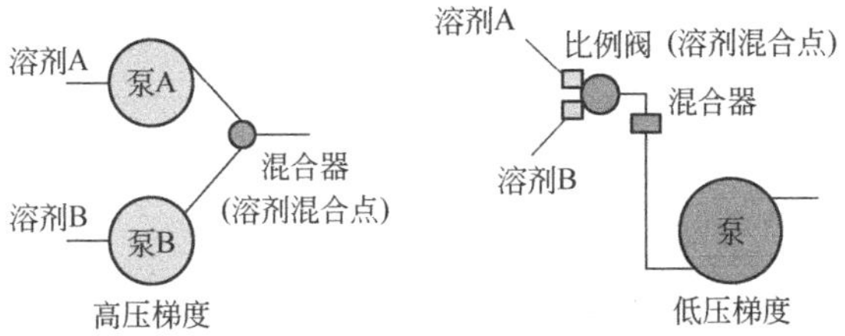

图 14-4　高压梯度与低压梯度示意图

图 14-5　HPLC 六通阀

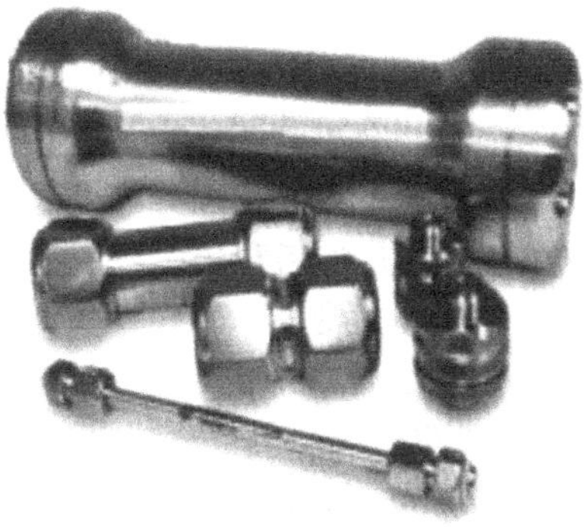

图 14-6　高效分离柱

图 14-7　紫外吸收检测器

图 14-7 所示）是目前 HPLC 中应用最广泛的检测器。它灵敏度高，线性范围宽，对流速和温度变化不敏感，可用于梯度洗脱，它要求被检测样品组分有紫外吸收，使用的洗脱液无紫外吸收或紫外吸收波长与被测组分紫外吸收波长不同，在被测组分紫外吸收波长处没有吸收。

14.1.2　高效液相色谱分析原理

高效液相色谱仪主要有进样系统、输液系统、分离系统、检测系统和数据处理系统组成，图 14-8 中所示为 HPLC 分析流程。

由泵将储液瓶中的溶剂吸入色谱系统，然后输出，经流量与压力测量之后，导入进样器。被测物由进样器注入，并随流动相通过色谱柱，在柱上进行分离后进入检测器，检测信号由数据处理设备采集与处理，并记录色谱图。废液流入废液瓶。遇到复杂的混合物分离（极性范围比较宽）还可用梯度控制器作梯度洗脱。这和气相色谱的程序升温类似，不同的是气相色谱改变温度，而 HPLC 改变的是流动相极性，使样品各组分在最佳条件下得以分离。

同其他色谱过程一样，HPLC 也是溶质在固定相和流动相之间进行的一种连续多次的交换过程。它借溶质在两相间分配系数、亲和力、吸附力或分子大小不同而引起的排阻作用的差别使不同溶质得以分离。

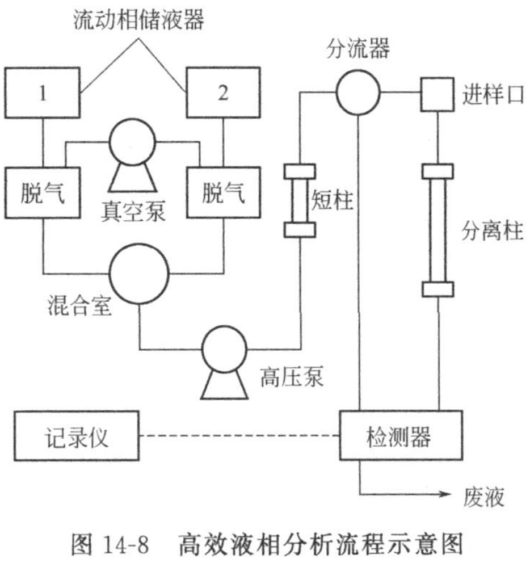

图 14-8　高效液相分析流程示意图

14.2 高效液相色谱仪的使用

Essentia LC-15C 高效液相色谱仪（如图 14-9 所示）。仪器基本操作如下。

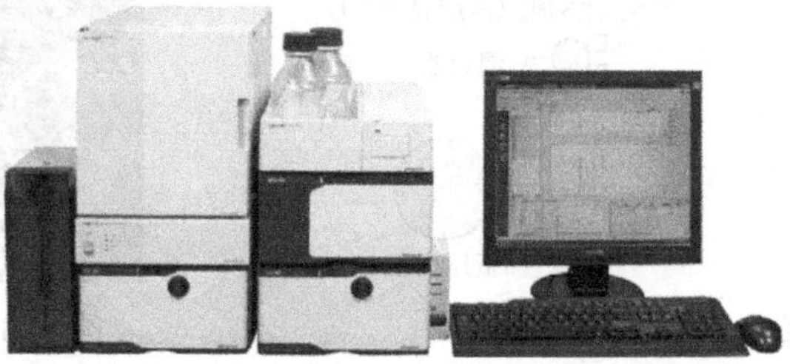

图 14-9 Essentia LC-15C 高效液相色谱仪

14.2.1 开机

① 过滤流动相，根据需要选择不同的滤膜（有机相和水相分别选用各自的专用滤膜）。

② 对抽滤后的流动相进行超声脱气 10～20min。

③ 配制样品和标准溶液，用合适的 0.45μm 的样品过滤器过滤后待用。

④ 检查仪器各部件的电源线、数据线和输液管道是否连接正常。

⑤ 接通电源，依次开启稳压电源、A 泵、B 泵、柱温箱、检测器、系统控制器，待泵和检测器自检结束后，打开电脑显示器、主机，启动工作站软件。

⑥ 先把吸滤头放入流动相瓶中，打开排液阀，按〈purge〉键排液 2～3min，purge 完毕后关闭排液阀启动泵送液。

14.2.2 数据采集方法编辑

① 开始编辑完整方法。确保在“LC 实时分析”窗口的状态显示区域中显示为“就绪”。在“仪器参数视图”中，单击“正常”显示，输入分析条件，如测量时间、泵流速、检测器波长和柱温箱温度等，保存新方法。仪器参数设置完毕后，单击“下载”将设置传输到仪器。

② 平衡系统 30min 左右，观察检测器基线平稳后即可做样。

14.2.3 清洗系统和关机

① 手动进样阀清洗。用注射器吸 20mL 超纯水后套上冲洗头，将清洗头轻轻顶在进样口上（不宜用力太大，否则容易损坏进样口），使进样阀保持在 Inject 位置，慢慢将水推入。

② 关机。关机前，继续以分析中使用流动相冲洗 10min 以上，待基线平稳后关闭检测器，冲洗色谱柱，如流动相不含缓冲盐，可以用甲醇∶水＝70∶30（或用纯甲醇）直接冲洗 30min 以上后把流速设为零，然后关闭所有仪器设备，顺序为：先退出工作站软件，再依次关闭系统控制器、检测器、柱温箱和泵。

如流动相含有缓冲盐可先用纯水冲洗 20～30min 后再用甲醇∶水＝70∶30（或用纯甲醇）直接冲洗 30min 以上，流速设为零后再关闭仪器各部分电源，然后关闭总电源，做好使用登记，离开实验室。

14.3 高效液相色谱条件

14.3.1 色谱柱

色谱是一种分离分析手段，分离是核心，因此担负分离作用的色谱柱是色谱系统的心脏。对色谱柱的要求是柱效高、选择性好，分析速度快等。一般 10～30cm 左右的柱长就能满足复杂混合物分析的需要。

14.3.1.1　柱的构造

色谱柱由柱管、压帽、卡套（密封环）、筛板（滤片）、接头、螺丝等组成。柱管多用不锈钢制成，压力不高于 $70kg/cm^2$ 时，也可采用厚壁玻璃或石英管，管内壁要求有很高的光洁度。为提高柱效，减小管壁效应，不锈钢柱内壁多经过抛光。也有人在不锈钢柱内壁涂敷氟塑料以提高内壁的光洁度，其效果与抛光相同。还有使用熔融硅或玻璃衬里的，用于细管柱。色谱柱两端的柱接头内装有筛板，是烧结不锈钢或钛合金，孔径为 0.2～20μm（5～10μm），取决于填料粒度，目的是防止填料漏出。图 14-10 为色谱柱的结构示意图。

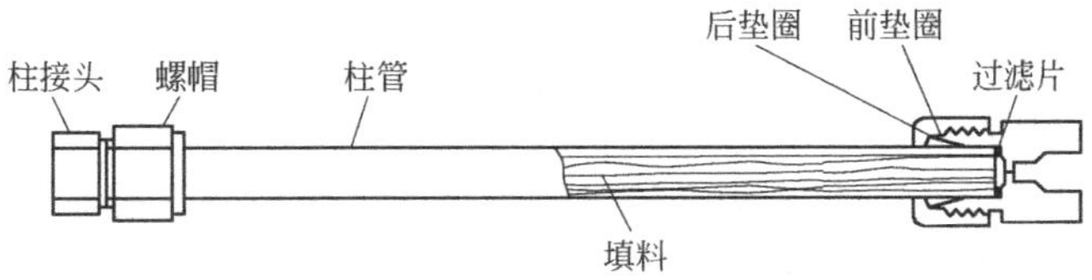

图 14-10　色谱柱的结构示意图

色谱柱按用途可分为分析型和制备型两类，尺寸规格也不同。①常规分析柱（常量柱），内径为 2～5mm（常用为 4.6mm，国内有 4mm 和 5mm），柱长为 10～30cm；②窄径柱（narrow bore，又称细管径柱、半微柱 semi-microcolumn），内径为 1～2mm，柱长为 10～20cm；③毛细管柱（又称微柱 microcolumn），内径为 0.2～0.5mm；④半制备柱，内径＞5mm；⑤实验室制备柱，内径为 20～40mm，柱长为 10～30cm；⑥生产制备柱内径可达几十厘米。柱内径一般是根据柱长、填料粒径和折合流速来确定，目的是为了避免管壁效应。

14.3.1.2　柱的发展方向

因强调分析速度而发展出短柱，柱长为 3～10cm，填料粒径为 2～3μm。为提高分析灵敏度，与质谱（MS）连接，而发展出窄径柱、毛细管柱和内径小于 0.2mm 的微径柱（microbore）。细管径柱的优点是：①节省流动相；②灵敏度增加；③样品量少；④能使用长柱达到高分离度；⑤容易控制柱温；⑥易于实现 LC-MS 联用。

但由于柱体积越来越小，柱外效应的影响就更加显著，需要更小池体积的检测器（甚至采用柱上检测），更小死体积的柱接头和连接部件。配套使用的设备应具备如下性能：输液泵能精密输出 1～100μL/min 的低流量，进样阀能准确、重复地进样微小体积的样品。且因上样量小，要求高灵敏度的检测器，电化学检测器和质谱仪在这方面具有突出优点。

14.3.1.3　柱的使用和维护注意事项

色谱柱的正确使用和维护十分重要，稍有不慎就会降低柱效、缩短使用寿命甚至损坏。在色谱操作过程中，需要注意下列问题，以维护色谱柱。

① 避免压力和温度的急剧变化及任何机械震动。温度的突然变化或者使色谱柱从高处掉下都会影响柱内的填充状况，柱压的突然升高或降低也会冲动柱内填料，因此在调节流速时应该缓慢进行，在阀进样时阀的转动不能过缓（如前所述）。

② 应逐渐改变溶剂的组成，特别是反相色谱中，不应直接从有机溶剂改变为全部是水，反之亦然。

③ 一般说来色谱柱不能反冲，只有生产者指明该柱可以反冲时，才可以反冲除去留在柱头的杂质。否则反冲会迅速降低柱效。

④ 选择使用适宜的流动相（尤其是 pH），以避免固定相被破坏。有时可以在进样器前面连接一预柱，分析柱是键合硅胶时，预柱为硅胶，可使流动相在进入分析柱之前预先被硅胶"饱和"，避免分析柱中的硅胶基质被溶解。

⑤ 避免将基质复杂的样品尤其是生物样品直接注入柱内，需要对样品进行预处理或者

在进样器和色谱柱之间连接一保护柱。保护柱一般是填有相似固定相的短柱。保护柱可以而且应该经常更换。

⑥ 经常用强溶剂冲洗色谱柱，清除保留在柱内的杂质。在进行清洗时，对流路系统中流动相的置换应以相混溶的溶剂逐渐过渡，每种流动相的体积应是柱体积的 20 倍左右，即常规分析需要 50～75mL。

阳离子交换柱可用稀酸缓冲液冲洗，阴离子交换柱可用稀碱缓冲液冲洗，除去交换性能强的盐，然后用水、甲醇、二氯甲烷（除去吸附在固定相表面的有机物）、甲醇、水依次冲洗。

⑦ 保存色谱柱时应将柱内充满乙腈或甲醇，柱接头要拧紧，防止溶剂挥发干燥。绝对禁止将缓冲溶液留在柱内静置过夜或更长时间。

⑧ 色谱柱使用过程中，如果压力升高，一种可能是烧结滤片被堵塞，这时应更换滤片或将其取出进行清洗；另一种可能是大分子进入柱内，使柱头被污染；如果柱效降低或色谱峰变形，则可能柱头出现塌陷，死体积增大。

在后两种情况发生时，小心拧开柱接头，用洁净小钢将柱头填料取出 1～2mm 高度（注意把被污染填料取净）再把柱内填料整平。然后用适当溶剂湿润的固定相（与柱内相同）填满色谱柱，压平，再拧紧柱接头。这样处理后柱效能得到改善，但是很难恢复到新柱的水平。

柱子失效通常是柱端部分，在分析柱前装一根与分析柱相同固定相的短柱（5～30mm），可以起到保护、延长柱寿命的作用。采用保护柱会损失一定的柱效，这是值得的。

通常色谱柱寿命在正确使用时可达 2 年以上。以硅胶为基质的填料，只能在 pH 为 2～9 范围内使用。柱子使用一段时间后，可能有一些吸附作用强的物质保留于柱顶，特别是一些有色物质更易看清被吸着在柱顶的填料上。新的色谱柱在使用一段时间后柱顶填料可能塌陷，使柱效下降，这时也可补加填料使柱效恢复。

每次工作完后，最好用洗脱能力强的洗脱液冲洗，例如 ODS 柱宜用甲醇冲洗至基线平衡。当采用盐缓冲溶液作流动相时，使用完后应用无盐流动相冲洗。含卤族元素（氟、氯、溴）的化合物可能会腐蚀不锈钢管道，不宜长期与之接触。装在 HPLC 仪上柱子如不经常使用，应每隔 4～5 天开机冲洗 15min。

14.3.2 流动相

14.3.2.1 流动相的性质要求

一个理想的液相色谱流动相溶剂应具有黏度低、与检测器兼容性好、易于得到纯品和低毒性等特征。选择流动相时应考虑以下几个方面。

① 流动相应不改变填料的任何性质。低交联度的离子交换树脂和排阻色谱填料有时遇到某些有机相会溶胀或收缩，从而改变色谱柱填床的性质。碱性流动相不能用于硅胶柱系统。酸性流动相不能用于氧化铝、氧化镁等吸附剂的柱系统。

② 纯度。色谱柱的寿命与大量流动相通过有关，特别是当溶剂所含杂质在柱上积累时。

③ 必须与检测器匹配。使用 UV 检测器时，所用流动相在检测波长下应没有吸收，或吸收很小。当使用示差折光检测器时，应选择折光系数与样品差别较大的溶剂作流动相，以提高灵敏度。

④ 黏度要低（<2mPa·s）。高黏度溶剂会影响溶质的扩散、传质，降低柱效，还会使柱压降增加，使分离时间延长。最好选择沸点在 100℃以下的流动相。

⑤ 对样品的溶解度要适宜。如果溶解度欠佳，样品会在柱头沉淀，不但影响了纯化分离，且会使柱子恶化。

⑥ 样品易于回收。应选用挥发性溶剂。

14.3.2.2 流动相的选择

在化学键合相色谱法中，溶剂的洗脱能力直接与它的极性相关。在正相色谱中，溶剂的强度随极性的增强而增加，在反相色谱中，溶剂的强度随极性的增强而减弱。正相色谱的流动相通常采用烷烃加适量的极性调整剂。反相色谱的流动相通常以水作基础溶剂，再加入一定量的能与水互溶的极性调整剂，如甲醇、乙腈、四氢呋喃等。极性调整剂的性质及其所占比例对溶质的保留值和分离选择性有显著影响。一般情况下，甲醇-水系统已能满足多数样品的分离要求，且流动相黏度小、价格低，是反相色谱最常用的流动相。但 Snyder 则推荐采用乙腈-水系统做初始实验，因为与甲醇相比，乙腈的溶剂强度较高且黏度较小，并可满足在紫外 185～205nm 处检测的要求，因此，综合来看，乙腈-水系统要优于甲醇-水系统。

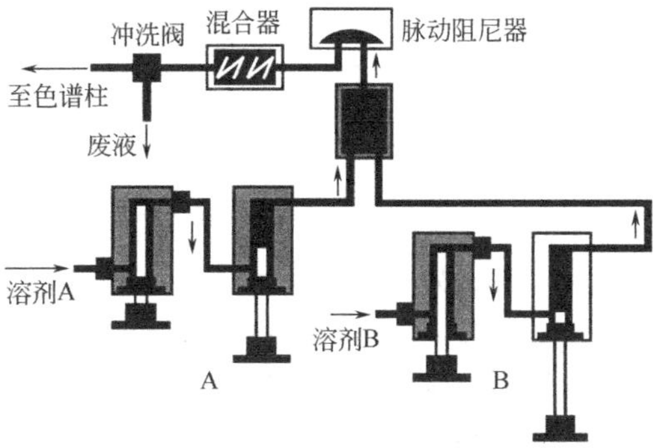

图 14-11 二元泵梯度洗脱系统

在分离含极性差别较大的多组分样品时需采用梯度洗脱技术。图 14-11 和图 14-12 为二元和四元泵梯度洗脱系统。

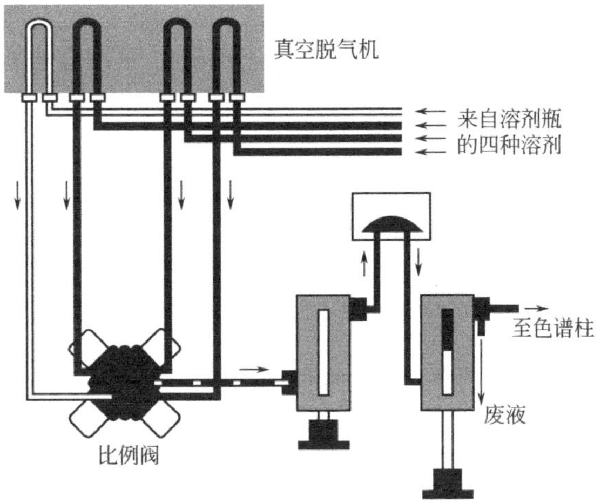

图 14-12 四元泵梯度洗脱系统

14.3.2.3 流动相的脱气

HPLC 所用流动相必须预先脱气，否则容易在系统内逸出气泡，影响泵的工作。气泡还会影响柱的分离效率，影响检测器的灵敏度、基线稳定性，甚至无法检测（噪声增大，基线不稳，突然跳动）。此外，溶解在流动相中的氧还可能与样品、流动相甚至固定相（如烷基胺）反应。溶解气体还会引起溶剂 pH 的变化，对分离或分析结果带来误差。图 14-13 为真空脱气装置的原理图。

除去流动相中的溶解氧将大大地提高 UV 检测器的性能，也将改善在一些荧光检测应用中的灵敏度。常用的脱气方法有加热煮沸、抽真空、超声、吹氦等。对混合溶剂，若采用抽气或煮沸法，则需要考虑低沸点溶剂挥发造成的组成变化。超声脱气比较好，10～20min 的超声处理对许多有机溶剂或有机溶剂/水混合液的脱气是足够了（一般 500mL 溶液超声 20～30min 方可），此法不影响溶剂组成。超声时应注意避免溶剂瓶与超声槽底部或壁接触，以免玻璃瓶破裂，容器内液面不要高出水面太多。

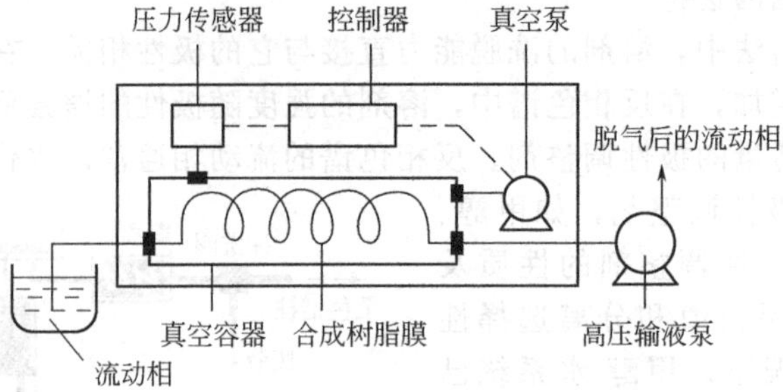

图 14-13 真空脱气装置的原理图

离线（系统外）脱气法不能维持溶剂的脱气状态，在停止脱气后，气体立即开始回到溶剂中。在1～4h内，溶剂又将被环境气体所饱和。在线（系统内）脱气法无此缺点。最常用的在线脱气法为鼓泡，即在色谱操作前和进行时，将惰性气体喷入溶剂中。严格来说，此方法不能将溶剂脱气，它只是用一种低溶解度的惰性气体（通常是氦）将空气替换出来。此外还有在线脱气机。

一般说来有机溶剂中的气体易脱除，而水溶液中的气体较顽固。在溶液中吹氦是相当有效的脱气方法，这种连续脱气法在电化学检测时经常使用。但氦气昂贵，难于普及。

14.3.2.4 流动相的过滤

所有溶剂使用前都必须经 0.45μm（或 0.22μm）滤膜过滤，以除去杂质微粒，色谱纯试剂也不例外（除非在标签上标明“已滤过”）。图 14-14 为过滤器。

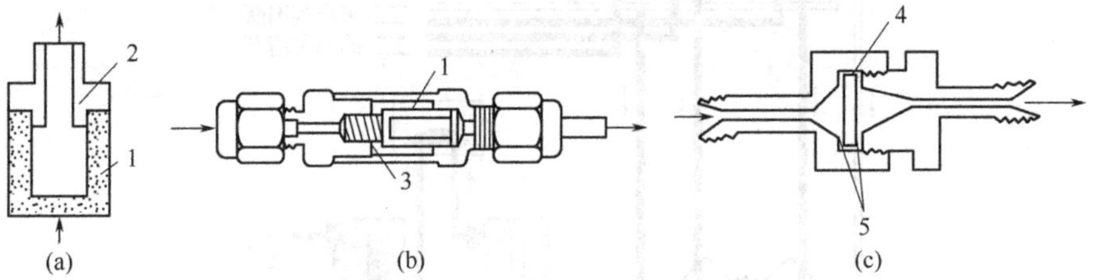

图 14-14 过滤器

(a) 容器过滤器；(b)，(c) 管道过滤器

1—过滤芯；2—连接管接头；3—弹簧；4—过滤片；5—密封垫

用滤膜过滤时，特别要注意分清有机相（脂溶性）滤膜和水相（水溶性）滤膜。有机相滤膜一般用于过滤有机溶剂，过滤水溶液时流速低或滤不动。水相滤膜只能用于过滤水溶液，严禁用于有机溶剂，否则滤膜会被溶解！溶有滤膜的溶剂不得用于 HPLC。对于混合流动相，可在混合前分别滤过，如需混合后滤过，首选有机相滤膜。现在已有混合型滤膜出售。

14.3.2.5 流动相的储存

流动相一般储存于玻璃、聚四氟乙烯或不锈钢容器内，不能储存在塑料容器中。因许多有机溶剂如甲醇、乙酸等可浸出塑料表面的增塑剂，导致溶剂受污染。这种被污染的溶剂如用于 HPLC 系统，可能造成柱效降低。储存容器一定要盖严，防止溶剂挥发引起组成变化，也防止氧和二氧化碳溶入流动相。

磷酸盐、乙酸盐缓冲液很易长霉，应尽量新鲜配制使用，不要储存。如确需储存，可在冰箱内冷藏，并在 3d 内使用，用前应重新滤过。容器应定期清洗，特别是盛水、缓冲液和混合溶液的瓶子，以除去底部的杂质沉淀和可能生长的微生物。因甲醇有防腐作用，所以盛甲醇的瓶子无此现象。

14.3.3　流速

14.3.3.1　高压输液泵的构造和性能

高压输液泵是 HPLC 系统中最重要的部件之一。泵的性能好坏直接影响到整个系统的质量和分析结果的可靠性。输液泵应具备如下性能：①流量稳定，其 RSD 应<0.5%，这对定性定量的准确性至关重要。②流量范围宽，分析型应在 0.1～10mL/min 范围内连续可调，制备型应能达到 100mL/min。③输出压力高，一般应能达到 150～300kgf/cm^2（14.7～29.4MPa）；④液缸容积小。⑤密封性能好，耐腐蚀。

泵的种类很多，按输液性质可分为恒压泵和恒流泵。恒流泵按结构又可分为螺旋注射泵、柱塞往复泵和隔膜往复泵。恒压泵受柱阻影响，流量不稳定；螺旋泵缸体太大，这两种泵已被淘汰。目前应用最多的是柱塞往复泵。几种高压输送液泵的性能比较见表 14-2。

表 14-2　几种高压输送液泵的性能比较

名称	恒流或恒压	脉冲	更换流动相	梯度洗脱	再循环	价格
气动放大泵	恒压	无	不方便	需两台泵	不可以	高
螺旋传动注射泵	恒流	无	不方便	需两台泵	不可以	中等
单柱塞型往复泵	恒流	有	方便	可以	可以	较低
双柱塞型往复泵	恒流	小	方便	可以	可以	高
往复式隔膜泵	恒流	有	方便	可以	可以	中等

柱塞往复泵的液缸容积小，可至 0.1mL，因此易于清洗和更换流动相，特别适合于再循环和梯度洗脱。改变电机转速能方便地调节流量，流量不受柱阻影响，泵压可达 400kg/cm^2。其主要缺点是输出的脉冲性较大，现多采用双泵系统来克服。双泵按连接方式可分为并联式和串联式，一般说来并联泵的流量重现性较好（RSD 为 0.1%左右，串联泵为 0.2%～0.3%），但出故障的机会较多（因多一单向阀），价格也较贵。

14.3.3.2　高压输液泵的使用和维护注意事项

为了延长泵的使用寿命和维持其输液的稳定性，使用时注意以下事项。

① 防止任何固体微粒进入泵体，因为尘埃或其他任何杂质微粒都会磨损柱塞、密封环、缸体和单向阀，因此应预先除去流动相中的任何固体微粒。流动相最好在玻璃容器内蒸馏，而常用的方法是滤过，可采用 Millipore 滤膜（0.2μm 或 0.45μm）等滤器。泵的入口都应连接砂滤棒（或片）。输液泵的滤器应经常清洗或更换。

② 流动相不应含有任何腐蚀性物质，含有缓冲液的流动相不应保留在泵内，尤其是在停泵过夜或更长时间的情况下。如果将含缓冲液的流动相留在泵内，由于蒸发或泄漏，甚至只是由于溶液的静置，就可能析出盐的微细晶体，这些晶体将和上述固体微粒一样损坏密封环和柱塞等。因此，必须泵入纯水将泵充分清洗后，再换成适合于色谱柱保存和有利于泵维护的溶剂（对于反相键合硅胶固定相，可以是甲醇或甲醇-水）。

③ 泵工作时要留心，防止溶剂瓶内的流动相被用完，否则空泵运转也会磨损柱塞、缸体或密封环，最终产生漏液。

④ 输液泵的工作压力决不要超过规定的最高压力，否则会使高压密封环变形，产生漏液。

⑤ 流动相应该先脱气，以免在泵内产生气泡，影响流量的稳定性，如果有大量气泡，泵就无法正常工作。

如果输液泵产生故障，须查明原因，采取相应措施排除故障，具体方法如下。

① 没有流动相流出，又无压力指示。原因可能是泵内有大量气体，这时可打开泄压阀，

使泵在较大流量（如 5mL/min）下运转，将气泡排尽，也可用一个 50mL 针筒在泵出口处帮助抽出气体。另一个可能原因是密封环磨损，需更换。

② 压力和流量不稳。原因可能是气泡，需要排除；或者是单向阀内有异物，可卸下单向阀，浸入丙酮内超声清洗。有时可能是砂滤棒内有气泡，或被盐的微细晶粒或滋生的微生物部分堵塞，这时，可卸下砂滤棒浸入流动相内超声除气泡，或将砂滤棒浸入稀酸（如 4mol/L 硝酸）内迅速除去微生物，或将盐溶解，再立即清洗。

③ 压力过高的原因是管路被堵塞，需要清除和清洗。压力降低的原因则可能是管路有泄漏。检查堵塞或泄漏时应逐段进行。

14.3.4 进样量

早期使用隔膜和停流进样器，装在色谱柱入口处。现在大都使用六通进样阀或自动进样器。进样装置要求：密封性好，死体积小，重复性好，保证中心进样，进样时对色谱系统的压力、流量影响小。HPLC 进样方式可分为：隔膜进样、停流进样、阀进样、自动进样。

（1）隔膜进样　用微量注射器将样品注入专门设计的与色谱柱相连的进样头内，可把样品直接送到柱头填充床的中心，死体积几乎等于零，可以获得最佳的柱效，且价格便宜，操作方便。但不能在高压下使用（如 10MPa 以上）；此外隔膜容易吸附样品产生记忆效应，使进样重复性只能达到 1%～2%；加之能耐各种溶剂的橡皮不易找到，常规分析使用受到限制。

（2）停流进样　可避免在高压下进样。但在 HPLC 中由于隔膜的污染，停泵或重新启动时往往会出现“鬼峰”，另一缺点是保留时间不准。在以峰的始末信号控制馏分收集的制备色谱中，效果较好。

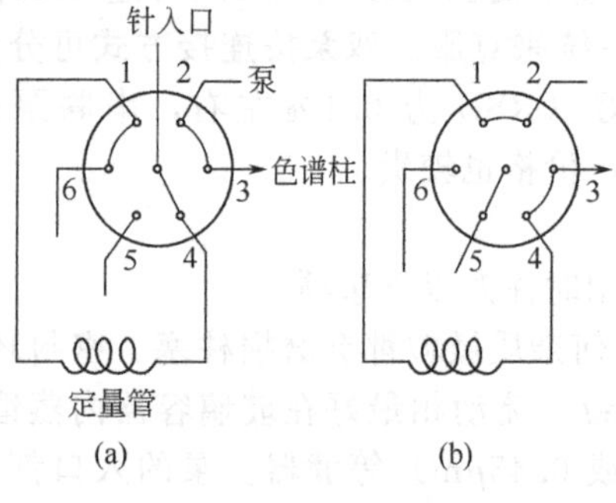

图 14-15　HPLC 六通阀进样器示意图
(a) 采样；(b) 进样

（3）阀进样　一般 HPLC 分析常用六通进样阀（以美国 Rheodyne 公司的 7725 和 7725i 型最常见），其关键部件由圆形密封垫（转子）和固定底座（定子）组成。由于阀接头和连接管死体积的存在，柱效率低于隔膜进样（下降 5%～10%），但耐高压（35～40MPa），进样量准确，重复性好（0.5%），操作方便。图 14-15 为 HPLC 六通阀进样器示意图。

六通阀的进样方式有部分装液法和完全装液法两种。①用部分装液法进样时，进样量应不大于定量环体积的 50%（最多 75%），并要求每次进样体积准确、相同。此法进样的准确度和重复性决定于注射器取样的熟练程度，而且易产生由进样引起的峰展宽。②用完全装液法进样时，进样量应不小于定量环体积的 10 倍（最少 3 倍），这样才能完全置换定量环内的流动相，消除管壁效应，确保进样的准确度及重复性。

六通阀使用和维护注意事项如下。①样品溶液进样前必须用 0.45μm 滤膜过滤，以减少微粒对进样阀的磨损。②转动阀芯时不能太慢，更不能停留在中间位置，否则流动相受阻，使泵内压力剧增，甚至超过泵的最大压力，再转到进样位时，过高的压力将使柱头损坏。③为防止缓冲盐和样品残留在进样阀中，每次分析结束后应冲洗进样阀。通常可用水冲洗，或先用能溶解样品的溶剂冲洗，再用水冲洗。

（4）自动进样　用于大量样品的常规分析。

14.3.5 检测器

检测器是 HPLC 仪的三大关键部件之一，作用是把洗脱液中组分的量转变为电信号。HPLC 的检测器要求灵敏度高、噪声低（即对温度、流量等外界变化不敏感）、线性范围宽、重复性好和适用范围广。

14.3.5.1　分类

① 按原理可分为光学检测器［如紫外、荧光（如图 14-16 所示）、示差折光（如图 14-17 所示）、蒸发光散射］、热学检测器（如吸附热）、电化学检测器（如极谱、库仑、安培）、电学检测器（电导、介电常数、压电石英频率）、放射性检测器（闪烁计数、电子捕获、氦离子化）以及氢火焰离子化检测器。

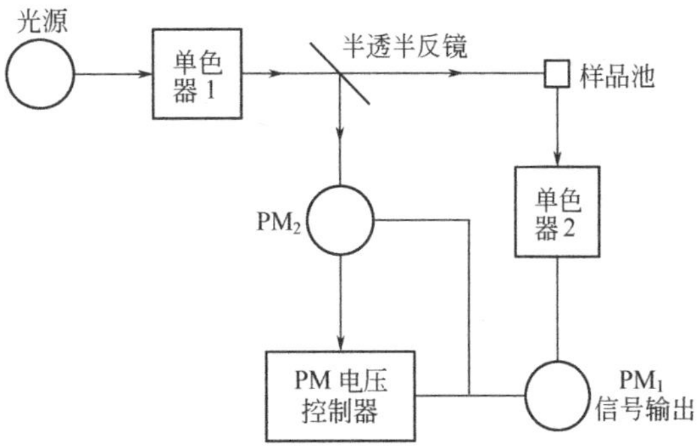

图 14-16　荧光检测器光路图

② 按测量性质可分为通用型和专属型（又称选择性）。通用型检测器测量的是一般物质均具有的性质，它对溶剂和溶质组分均有反应，如示差折光、蒸发光散射检测器。通用型的灵敏度一般比专属型的低。专属型检测器只能检测某些组分的某一性质，如紫外、荧光检测器，它们只对有紫外吸收或荧光发射的组分有响应。

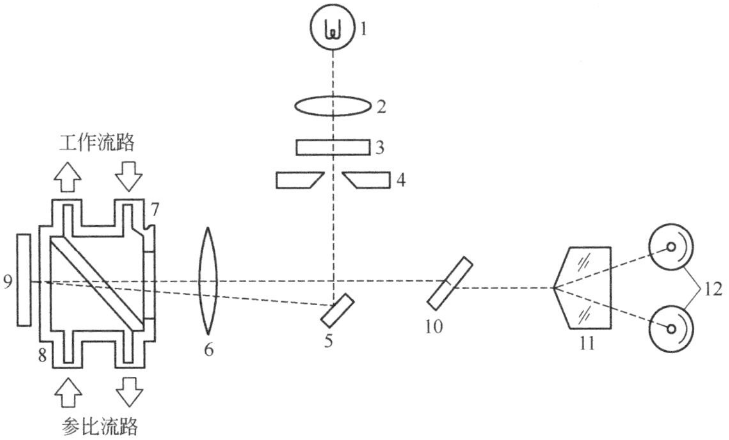

图 14-17　偏转式示差折光检测器光路图

1—光源；2—透镜；3—滤光片；4—遮光板；5—反射镜；6—透镜；7—工作池；8—参比池；9—反面反射镜；10—透镜；11—棱镜；12—光电管

③ 按检测方式分为浓度型和质量型。浓度型检测器的响应与流动相中组分的浓度有关，质量型检测器的响应与单位时间内通过检测器的组分的量有关。

④ 检测器还可分为破坏样品和不破坏样品的两种。

14.3.5.2　性能指标

(1) 噪音和漂移　在仪器稳定之后，记录基线 1h，基线带宽为噪声，基线在 1h 内的变化为漂移。它们反映检测器电子元件的稳定性，及其受温度和电源变化的影响，如果有流动相从色谱柱流入检测器，那么它们还反映流速（泵的脉动）和溶剂（纯度、含有气泡、固定相流失）的影响。噪声和漂移都会影响测定的准确度，应尽量减小。

(2) 灵敏度（sensitivity）　表示一定量的样品物质通过检测器时所给出的信号大小。对浓度型检测器，它表示单位浓度的样品所产生的电信号的大小，单位为 mV·mL/g。对质量型检测器，它表示在单位时间内通过检测器的单位质量的样品所产生的电信号的大小，单位为 mV·s/g。

(3) 检测限（detection limit）　检测器灵敏度的高低，并不等于它检测最小样品量或最低样品浓度能力的高低，因为在定义灵敏度时，没有考虑噪声的大小，而检测限与噪声的大小是直接有关的。

检测限指恰好产生可辨别的信号（通常用 2 倍或 3 倍噪音表示）时进入检测器的某组分的量（对浓度型检测器指在流动相中的浓度——注意与分析方法检测限的区别，单位为 g/mL 或 mg/mL；对质量型检测器指的是单位时间内进入检测器的量，单位为 g/s 或 mg/s）。又称为敏感度（detectability）。$D=2N/S$，式中 N 为噪声，S 为灵敏度。通常是把一个已知量的标准溶液注入检测器中来测定其检测限的大小。

检测限是检测器的一个主要性能指标，其数值越小，检测器性能越好。值得注意的是，分析方法的检测限除了与检测器的噪声和灵敏度有关外，还与色谱条件、色谱柱和泵的稳定性及各种柱外因素引起的峰展宽有关。

（4）线性范围（linear range）　指检测器的响应信号与组分量成直线关系的范围，即在固定灵敏度下，最大与最小进样量（浓度型检测器为组分在流动相中的浓度）之比。也可用响应信号的最大与最小的范围表示，例如 Waters 996 PDA 检测器的线性范围是 −0.1～2.0A。

定量分析的准确与否，关键在于检测器所产生的信号是否与被测样品的量始终呈一定的函数关系。输出信号与样品量最好呈线性关系，这样进行定量测定时既准确又方便。但实际上没有一台检测器能在任何范围内呈线性响应。通常 $A=BC^x$，B 为响应因子，当 $x=1$ 时，为线性响应。对大多数检测器来说，x 只在一定范围内才接近于 1，实际上通常只要 $x=0.98$～1.02 就认为它是线性的。

线性范围一般可通过实验确定。一般希望检测器的线性范围尽可能大些，能同时测定主成分和痕量成分。此外还要求池体积小，受温度和流速的影响小，能适合梯度洗脱检测等。

几种检测器的主要性能见表 14-3。

表 14-3　检测器的主要性能

项目	UV	荧光	安培	质谱	蒸发光散射
信号	吸光度	荧光强度	电流	离子流强度	散射光强
噪声	10^{-5}	10^{-3}	10^{-9}		
线性范围	10^5	10^4	10^5	宽	
选择性	是	是	是	否	否
流速影响	无	无	有	无	
温度影响	小	小	大		小
检测/(g/mL)	10^{-10}	10^{-13}	10^{-13}	$<10^{-9}$g/s	10^{-9}
池体积/μL	2～10	约 7	<1	—	—
梯度洗脱	适宜	适宜	不宜	适宜	适宜
细管径柱	难	难	适宜	适宜	适宜
样品破坏	无	无	无	有	无

（5）池体积　除制备色谱外，大多数 HPLC 检测器的池体积都小于 10μL。在使用细管径柱时，池体积应减少到 1～2μL 甚至更低，不然检测系统带来的峰扩张问题就会很严重。而且这时池体、检测器与色谱柱的连接、接头等都要精心设计，否则会严重影响柱效和灵敏度。

14.3.5.3　紫外检测器（ultraviolet detector）

UV 检测器是 HPLC 中应用最广泛的检测器，当检测波长范围包括可见光时，又称为紫外-可见检测器。它灵敏度高、噪声低、线性范围宽，对流速和温度均不敏感，可用于制备色谱。由于灵敏高，因此即使是那些光吸收小、消光系数低的物质也可用 UV 检测器进行微量分析。但要注意流动相中各种溶剂的紫外吸收截止波长。如果溶剂中含有吸光杂质，则会提高背景噪声，降低灵敏度（实际是提高检测限）。此外，梯度洗脱时，还会产生漂移。

注：将溶剂装入 1cm 的比色皿，以空气为参比，逐渐降低入射波长，溶剂的吸光度 $A=1$ 时的波长称为溶剂的截止波长，也称极限波长。

UV 检测器的工作原理是 Lambert-Beer 定律，即当一束单色光透过流动池时，若流动相不吸收光，则吸收度 A 与吸光组分的浓度 c 和流动池的光径长度 L 成正比：

$$A=\lg\frac{1}{T}=\lg\frac{I_t}{I_0}=EcL \qquad (14\text{-}1)$$

式中，I_0 为入射光强度；I_t 为透射光强度；T 为透光率；E 为吸收系数。UV 检测器的光学系统如图 14-18 所示。

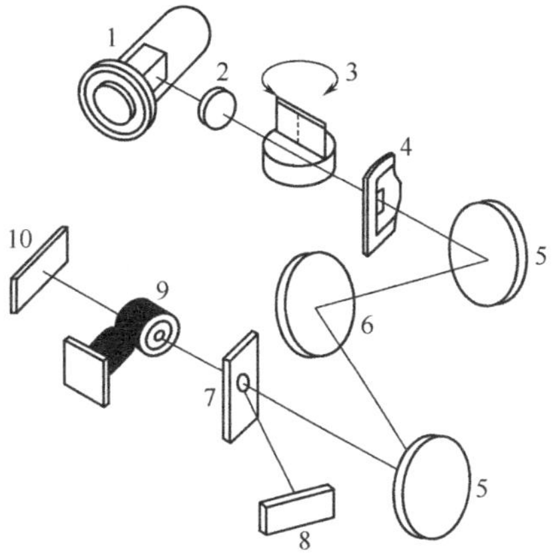

图 14-18　紫外可见光检测器光学系统图

1—光源；2—聚光透片；3—滤光片；4—入口狭缝；5—平面反射镜；6—光栅；7—光分束器；8—参比光电二极管；9—流通池；10—样品光电二极管

UV 检测器分为固定波长检测器（如图 14-19 所示）、可变波长检测器和光电二极管阵列检测器（photodiode array detector，PDAD，如图 14-20 所示）。

按光路系统来分，UV 检测器可分为单光路和双光路两种。可变波长检测器又可分单波长（单通道）检测器和双波长（双通道）检测器。PDAD 是 20 世纪 80 年代出现的一种光学多通道检测器，它可以对每个洗脱组分进行光谱扫描，经计算机处理后，得到光谱和色谱结合的三维图谱（如图 14-21 所示）。其中吸收光谱用于定性（确证是否是单一纯物质），色谱用于定量。常用于复杂样品（如生物样品、中草药）的定性定量分析。

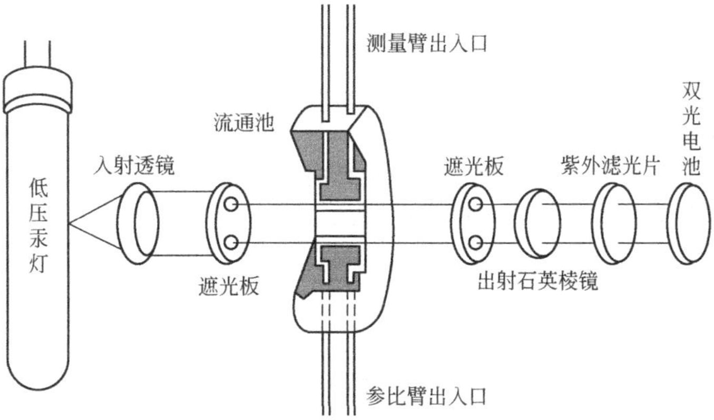

图 14-19　固定波长紫外检测器

14.3.5.4　与检测器有关的故障及其排除

（1）流动池内有气泡　如果有气泡连续不断地通过流动池，将使噪声增大，如果气泡较大，则会在基线上出现许多线状“峰”，这是由于系统内有气泡，需要对流动相进行充分的除气，检查整个色谱系统是否漏气，再加大流量驱除系统内的气泡。如果气泡停留在流动池

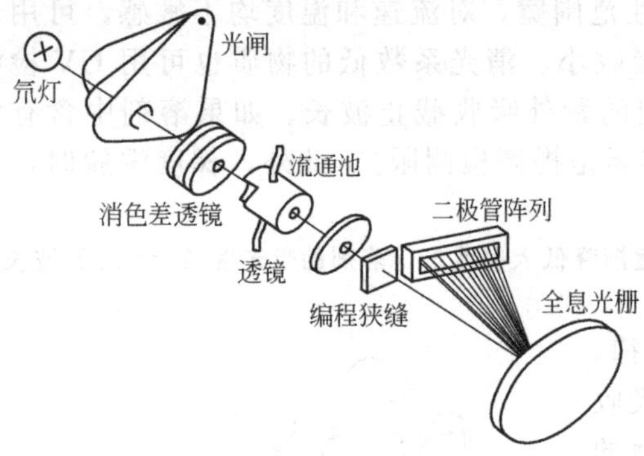

图 14-20 光电二极管阵列检测器

内，也可能使噪声增大，可采用突然增大流量的办法除去气泡（最好不连接色谱柱）；或者启动输液泵的同时，用手指紧压流动池出口，使池内增压，然后放开。可反复操作数次，但要注意不使压力增加太多，以免流动池破裂。

（2）流动池被污染 无论参比池或样品池被污染，都可能产生噪声或基线漂移。可以使用适当溶剂清洗检测池，要注意溶剂的互溶性；如果污染严重，就需要依次采用 1mol/L 硝酸、水和新鲜溶剂冲洗，或者取出池体进行清洗、更换窗口。

（3）光源灯出现故障 紫外或荧光检测器的光源灯使用到极限或者不能正常工作时，可能产生严重噪声，基线漂移，出现平头峰等异常峰，甚至使基线不能回零。这时需要更换光源灯。

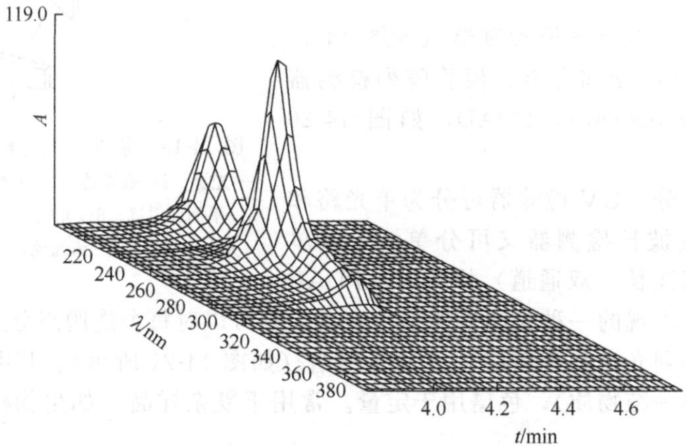

图 14-21 PDAD 测定菲的色谱光谱图

（4）倒峰 倒峰的出现可能是检测器的极性接反了，改正后即可变成正峰。用示差折光检测器时，如果组分的折光指数低于流动相的折光指数，也会出现倒峰，这就需要选择合适的流动相。如果流动相中含有紫外吸收的杂质，使用紫外检测器时，无吸收的组分就会产生倒峰，因此必须用高纯度的溶剂作流动相。在死时间附近的尖锐峰往往是由于进样时的压力变化，或者由于样品溶剂与流动相不同所引起的。

14.4 定性与定量分析

14.4.1 定性方法

由于液相色谱过程中影响溶质迁移的因素较多，同一组分在不同色谱条件下的保留值相差很大，即便在相同的操作条件下，同一组分在不同色谱柱上的保留值也可能有很大差别，因此液相色谱与气相色谱相比，定性的难度更大。常用的定性方法有如下几种。

（1）利用已知标准样品定性 利用标准样品对未知化合物定性是最常用的液相色谱定性方法，该方法的原理与气相色谱法中相同。由于每一种化合物在特定的色谱条件下（流动相组成、色谱柱、柱温等相同），其保留值具有特征性，因此可以利用保留值进行定性。如果在相同的色谱条件下被测化合物与标样的保留值一致，就可以初步认为被测化合物与标样相同。若流动相组成经多次改变后，被测化合物的保留值仍与标样的保留值一致，就能进一步证实被测化合物与标样为同一化合物。

(2) 利用检测器的选择性定性　同一种检测器对不同种类的化合物的响应值是不同的，而不同的检测器对同一种化合物的响应值也是不同的。所以当某一被测化合物同时被两种或两种以上检测器检测时，两检测器或几个检测器对被测化合物检测灵敏度比值是与被测化合物的性质密切相关的，可以用来对被测化合物进行定性分析，这就是双检测器定性体系的基本原理。

双检测器体系的连接一般有串联连接和并联连接两种方式。当两种检测器中的一种是非破坏型的，则可采用简单的串联连接方式，方法是将非破坏型检测器串联在破坏型检测器之前。若两种检测器都是破坏型的，则需采用并联方式连接，方法是在色谱柱的出口端连接一个三通，分别连接到两个检测器上。

在液相色谱中最常用定性鉴定工作的双检测体系是紫外检测器（UV）和荧光检测器（FL）。图 14-22 是 UV 和 FL 串联检测食物中有毒胺类化合物的色谱图。

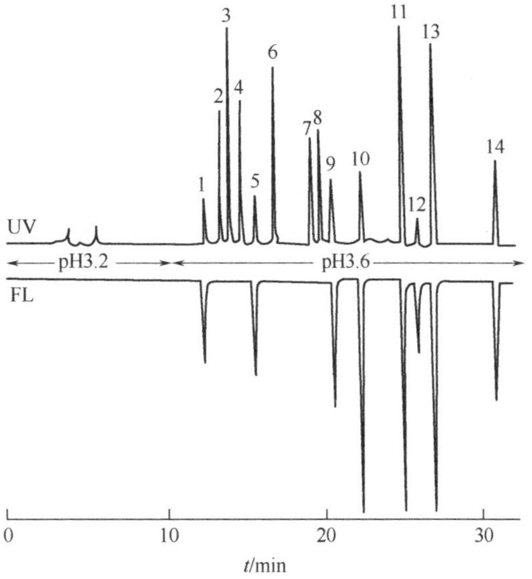

图 14-22　UV 和 FL 串联检测食物中有毒胺类化合物的色谱图

(3) 利用紫外检测器全波长扫描功能定性　紫外检测器是液相色谱中使用最广泛的一种检测器。全波长扫描检测器可以根据被检测化合物的紫外光谱图提供一些有价值的定性信息。

传统方法是：在色谱图上某组分的色谱峰出现极大值，即最高浓度时，通过停泵等手段，使组分在检测池中滞留，然后对检测池中的组分进行全波长扫描，得到该组分的紫外-可见光谱图，再取可能的标准样品按同样方法处理。对比两者光谱图即能鉴别出该组分与标准样品是否相同。对于某些有特殊紫外光谱图的化合物，也可以通过对照标准谱图的方法来识别化合物。

此外，利用二极管阵列检测器（PDAD）得到的包括有色谱信号、时间、波长的三维色谱光谱图，其定性结果与传统方法相比具有更大的优势。

14.4.2　定量方法

高效液相色谱的定量方法与气相色谱定量方法类似，主要有面积归一化法、外标法和内标法，简述如下。

(1) 归一化法　归一化法要求所有组分都能分离并有相应，其基本方法与气相色谱中的归一化法类似。由于液相色谱所用检测器为选择性检测器，对很多组分没有相应，因此液相色谱法较少使用归一化法。

(2) 外标法　外标法是以待测组分纯品配置标准试样和待测试样同时作色谱分析来进行比较而定量的，可分为标准曲线法和直接比较法。具体方法可参阅气相色谱的外标法定量。

(3) 内标法　内标法是比较精确的一种定量方法。它是将已知量的参比物（称内标物）加到已知量的试样中，那么标样中参比物的浓度已知；在进行色谱测定之后，待测组分峰面积和参比物峰面积之比应该等于待测组分的质量与参比物质量之比，求出待测组分的质量，进而求出待测组分的含量。

项目训练

14.5　指标检测

14.5.1　仪器、药品和试剂准备

(1) 仪器　高效液相色谱仪（带紫外检测器）。

(2) 药品及试剂准备　方法中所用试剂，除另有规定外，均为分析纯试剂，水为蒸馏水，溶液为水溶液。①甲醇：经滤膜过滤（0.5μm）。②稀氨水（1+1）：两者等体积混合。③乙酸铵溶液（0.02mol/L）：称取1.54g的乙酸铵，加水至1000mL溶解，经0.45μm滤膜过滤。④碳酸氢钠溶液（20g/L）：称取2g碳酸氢钠（优级纯），加水至100mL摇匀。⑤苯甲酸标准储备液：准确称取0.1000g苯甲酸，加碳酸氢钠溶液（20g/L）5mL，加热溶解，移入100ml容量瓶中，加水定容，苯甲酸含量为1mg/mL，作储备液用。⑥苯甲酸标准使用溶液：取储备液10.0mL，放入100mL容量瓶加水稀释至刻度，摇匀。经0.45μm滤膜过滤。此溶液中苯甲酸含量为0.1mg/mL。

14.5.2　试样处理

称取5.00～10.0g试样，放入小烧杯，微热搅拌除去二氧化碳，用氨水（1+1）调pH至7左右，加水定容至10～20mL，经滤膜（0.45μm）过滤。

14.6　结果计算

试样中苯甲酸的含量按下式计算：

$$X=\frac{A\times 1000}{m\times \frac{V_2}{V_1}\times 1000} \qquad (14\text{-}2)$$

式中　X——试样中苯甲酸的含量，g/kg；

A——进样体积中苯甲酸的质量，mg；

V_2——进样体积，mL；

V_1——试样稀释液总体，mL；

m——试样质量，g。

自主项目

甜味剂与着色剂含量测定

一、检测标准

(1) GB/T 5009.97—2003 食品中环己基氨基磺酸钠的测定

(2) GB/T 5009.28—2003 食品中糖精钠的测定

(3) GB/T 5009.35—2003 食品中着色剂的测定

二、技术要求

(1) 糖精钠（表14-4）

表14-4　糖精钠最大使用量

食品分类号	食品名称/分类	最大使用量	备注
14.0	饮料类	0.15	以糖精计

（2）环己基氨基磺酸钠（表 14-5）

表 14-5　环己基氨基磺酸钠最大使用量

食品分类号	食品名称/分类	最大使用量	备注
14.0	饮料类	0.65	以环己基氨基磺酸计

（3）食品分类号　14.0

食品名称/分类：饮料类（14.01 包装饮用水类除外，表 14-6）

表 14-6　饮料类着色剂最大使用量

添加剂名称	功能	最大使用量/(g/kg)	备注
柠檬黄及其铝色淀	着色剂	0.1	以柠檬黄计
胭脂树橙(红木素、降红木素)	着色剂	0.02	—
诱惑红及其铝色淀	着色剂	0.1	以诱惑红计

（4）食品分类号　14.04.01

食品名称/分类：碳酸饮料（表 14-7）

表 14-7　碳酸饮料着色剂最大使用量

添加剂名称	功能	最大使用量/(g/kg)	备注
…	…	…	…
赤鲜红及其铝色淀	着色剂	0.05	
靛蓝及其铝色淀	着色剂	0.1	以靛蓝计
红花黄	着色剂	0.2	
花生衣红	着色剂	0.1	
姜黄素	着色剂	0.01	
金樱子棕	着色剂	1.0	
可可壳色	着色剂	2.0	
亮蓝及其铝色淀	着色剂	0.025	以亮蓝计
落葵红	着色剂	0.13	
葡萄皮红	着色剂	1.0	
日落黄及其铝色淀	着色剂	0.1	以日落黄计
苋菜红及其铝色淀	着色剂	0.05	以苋菜红计
新红及其铝色淀	着色剂	0.05	以新红计
胭脂虫红	着色剂	0.02	以胭脂红酸计
胭脂红及其铝色淀	着色剂	0.05	以胭脂红计
叶绿色铜钠盐	着色剂	0.3	
紫胶红	着色剂	0.5	

三、检验方案设计

1. 糖精钠

高效液相色谱参考条件如下。

色谱柱：YWG-C_{18}　4.6mm×250mm；10μm 不锈钢柱。
流动相：甲醇∶乙酸铵溶液（0.02mol/L）（5∶95）。
流速：1mL/min。
紫外检测器：230nm，0.2AUFS。
分析步骤可参考苯甲酸含量测定。
2. 环己基氨基磺酸钠
气相色谱参考条件如下。
色谱柱：长 2mm，内径 3mm，U 形不锈钢柱。
固定相：ChromosorbWAWDMCS80～100 目，涂以 10%SE-30。
测定条件：柱温 80℃；汽化温度 150℃；检测温度 150℃；氮气流速 40mL/min，氢气 30mL/min，空气 300mL/min。
分析步骤可参考苯甲酸含量测定。
3. 着色剂
高效液相色谱参考条件如下。
色谱柱：YWG-C_{18}　4.6mm（i.d）×250mm；10μm 不锈钢柱。
流动相：甲醇∶乙酸铵溶液（pH=4，0.02mol/L）（5∶95）。
梯度洗脱：甲醇 20%～35%，3%/min；35%～98%，9%/min；98%继续 6min。
流速：1mL/min。
紫外检测器：254nm 波长。
分析步骤可参考苯甲酸含量测定。

思考与练习

一、简答题

1. 从分离原理、仪器构造及应用范围上简要比较气相色谱及液相色谱的异同点。
2. 液相色谱中影响色谱峰展宽的因素有哪些？与气相色谱相比较，有哪些主要不同之处？
3. 在液相色谱中，提高柱效的途径有哪些？其中最有效的途径是什么？
4. 化学键合色谱的保留机理是什么？这种类型的色谱在分析应用中，最适宜分离的物质是什么？
5. 空间排阻色谱的保留机理是什么？这种类型的色谱在分析应用中，最适宜分离的物质是什么？
6. 在液-液分配色谱中，为什么可分为正相色谱及反相色谱？
7. 何谓化学键合固定相？它有什么突出的优点？
8. 高效液相色谱进样技术与气相色谱进样技术有何不同之处？
9. 简述食品添加剂的定义和分类。
10. 如何测定食品中的苯甲酸？

二、选择题

1. 液相色谱适宜的分析对象是（　　）。

A. 低沸点小分子有机化合物　　B. 高沸点大分子有机化合物

C. 所有有机化合物　　D. 所有化合物

2. HPLC 与 GC 的比较，可忽略纵向扩散项，这主要是因为（　　）。

A. 柱前压力高　　B. 流速比 GC 的快

C. 流动相钻度较小　　D. 柱温低

3. 组分在固定相中的质量为 m_A（g），在流动相中的质量为 m_B（g），而该组分在固定相中的浓度为 c_A（g/mL），在流动相中浓度为 c_B（g/mL），则此组分的分配系数是（　　）。

A. m_A/m_B　　B. m_B/m_A　　C. c_B/c_A　　D. c_A/c_B。

4. 液相色谱定量分析时，不要求混合物中每一个组分都出峰的是（　　）。

A. 外标标准曲线法　　B. 内标法

C. 面积归一化法　　D. 外标法

5. 在液相色谱中，为了改善分离的选择性，下列哪项措施是有效的？（　　）

A. 改变流动相种类　　B. 改变固定相类型

C. 增加流速　　D. 改变填料的粒度

6. 在分配色谱法与化学键合相色谱法中，选择不同类别的溶剂（分子间作用力不同），以改善分离度，主要是（　　）。

A. 提高分配系数比　　B. 容量因子增大

C. 保留时间增长　　D. 色谱柱柱效提高

7. 分离结构异构体，在下述四种方法中最适当的选择是（　　）。

A. 吸附色谱　　B. 反离子对色谱　　C. 亲和色谱　　D. 空间排阻色谱

8. 分离糖类化合物，选以下的柱子（　　）最合适。

A. ODS 柱　　B. 硅胶柱　　C. 氨基键合相柱　　D. 氰基键合相柱

9. 在液相色谱中，梯度洗脱适用于分离（　　）。

A. 异构体　　B. 沸点相近，官能团相同的化合物

C. 沸点相差大的试样　　D. 极性变化范围宽的试样

10. 在高效液相色谱中，采用 254nm 紫外控制器，下述溶剂的使用极限为（　　）。

A. 甲醇 210nm　　B. 乙酸乙酯 260nm　　C. 丙酮 330nm

三、判断题

1. 液-液色谱流动相与被分离物质相互作用，流动相极性的微小变化，都会使组分的保留值出现较大的改变。（　　）

2. 利用离子交换剂作固定相的色谱法称为离子交换色谱法。（　　）

3. 紫外吸收检测器是离子交换色谱法通用型检测器。（　　）

4. 检测器性能好坏将对组分分离产生直接影响。（　　）

5. 色谱归一化法只能适用于检测器对所有组分均有响应的情况。（　　）

6. 高效液相色谱适用于大分子，热不稳定及生物试样的分析。（　　）

7. 高效液相色谱中通常采用调节分离温度和流动相流速来改善分离效果。（　　）

8. 离子交换键合固定相具有机械性能稳定，可使用小粒度固定相和高柱压来实现快速分离。（　　）

附　录

一、弱酸在水中的离解常数（25℃，$I=0$）

酸		化学式	K_a	pK_a
无机酸	砷酸	H_3AsO_4	K_{a1}　6.5×10^{-3} K_{a2}　1.15×10^{-7} K_{a3}　3.2×10^{-12}	2.19 6.94 11.50
	亚砷酸	$HAsO_2$	K_{a1}　6.0×10^{-10}	9.22
	硼酸	H_3BO_3	K_{a1}　5.8×10^{-10}	9.24
	碳酸	$H_2CO_3(CO_2+H_2O)$	K_{a1}　4.2×10^{-7} K_{a2}　5.6×10^{-11}	6.38 10.25
	铬酸	H_2CrO_4	K_{a2}　3.2×10^{-7}	6.50
	氢氰酸	HCN	4.9×10^{-10}	9.31
	氢氟酸	HF	6.8×10^{-4}	3.17
	氢硫酸	H_2S	K_{a1}　8.9×10^{-8} K_{a2}　1.2×10^{-13}	7.05 12.92
	磷酸	H_3PO_4	K_{a1}　6.9×10^{-3} K_{a2}　6.2×10^{-8} K_{a3}　4.8×10^{-13}	2.16 7.21 12.32
	硅酸	H_2SiO_3	K_{a1}　1.7×10^{-10} K_{a2}　1.6×10^{-12}	9.77 11.80
	硫酸	H_2SO_4	K_{a2}　1.2×10^{-2}	1.92
	亚硫酸	$H_2SO_3(SO_2+H_2O)$	K_{a1}　1.29×10^{-2} K_{a2}　6.3×10^{-8}	1.89 7.20
有机酸	甲酸	$HCOOH$	1.7×10^{-4}	3.77
	乙酸	CH_3COOH	1.75×10^{-5}	4.76
	丙酸	C_2H_5COOH	1.35×10^{-5}	4.87
	氯乙酸	$ClCH_2COOH$	1.38×10^{-3}	2.86
	二氯乙酸	$Cl_2CHCOOH$	5.5×10^{-2}	1.26
	氨基乙酸	$NH_3^+CH_2COOH$	K_{a1}　4.5×10^{-3} K_{a2}　1.7×10^{-10}	2.35 9.78
	苯甲酸	C_6H_5COOH	6.2×10^{-5}	4.21
	草酸	$H_2C_2O_4$	K_{a1}　5.6×10^{-2} K_{a2}　5.1×10^{-5}	1.25 4.29
	α-酒石酸	HO—CH—COOH │ HO—CH—COOH	K_{a1}　9.1×10^{-4} K_{a2}　4.3×10^{-5}	3.04 4.37
	琥珀酸	CH_2—COOH │ CH_2—COOH	K_{a1}　6.2×10^{-5} K_{a2}　2.3×10^{-6}	4.21 5.64

续表

酸		化学式	K_a	pK_a
有机酸	邻苯二甲酸	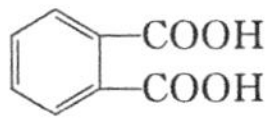	K_{a1} 1.12×10^{-3} K_{a2} 3.91×10^{-6}	2.95 5.41
	柠檬酸	CH_2—COOH HO—C—COOH CH_2—COOH	K_{a1} 7.4×10^{-4} K_{a2} 1.7×10^{-5} K_{a3} 4.0×10^{-7}	3.13 4.76 6.40
	苯酚	C_6H_5OH	1.12×10^{-10}	9.95
	乙酰丙酮	$CH_3COCH_2COCH_3$	1×10^{-9}	9.0
	乙二胺四乙酸	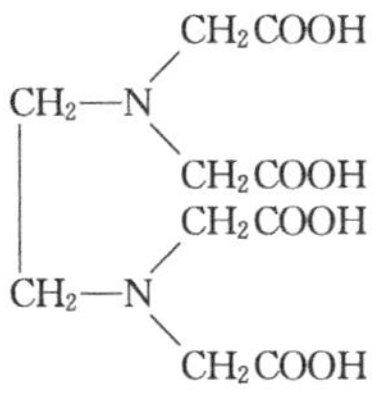	K_{a1} 0.13 K_{a2} 3×10^{-2} K_{a3} 1×10^{-2} K_{a4} 2.1×10^{-3} K_{a5} 5.4×10^{-7} K_{a6} 5.5×10^{-11}	0.9 1.6 2.0 2.67 6.16 10.26
	8-羟基喹啉	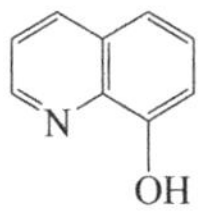	K_{a1} 8×10^{-6} K_{a2} 1×10^{-9}	5.1 9.0
	苹果酸	HO—CH—COOH CH_2—COOH	K_{a1} 4.0×10^{-4} K_{a2} 8.9×10^{-6}	3.4 5.0
	水杨酸	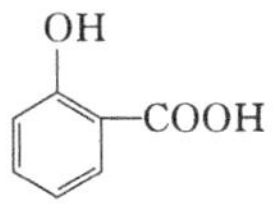	K_{a1} 1.05×10^{-3} K_{a2} 8×10^{-14}	2.98 13.1
	磺基水杨酸	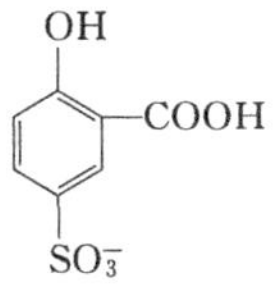	K_{a1} 3×10^{-3} K_{a2} 3×10^{-12}	2.6 11.6
	顺丁烯二酸	CH—COOH ‖ CH—COOH	K_{a1} 1.2×10^{-2} K_{a2} 6.0×10^{-7}	1.92 6.22

二、弱碱在水中的离解常数（25℃，$I=0$）

碱	化学式	K_b	pK_b
氨	NH_3	1.8×10^{-5}	4.75
联氨	H_2NNH_2	K_{b1} 9.8×10^{-7} K_{b2} 1.32×10^{-15}	6.01 14.88
羟胺	NH_2OH	9.1×10^{-9}	8.04
甲胺	CH_3NH_2	4.2×10^{-4}	3.38
乙胺	$C_2H_5NH_2$	4.3×10^{-4}	3.37
苯胺	$C_6H_5NH_2$	4.2×10^{-10}	9.38
乙二胺	$H_2NCH_2CH_2NH_2$	K_{b1} 8.5×10^{-5} K_{b2} 7.1×10^{-8}	4.07 7.15
三乙醇胺	$N(CH_2CH_2OH)_3$	5.8×10^{-7}	6.24
六亚甲基四胺	$(CH_2)_6N_4$	1.35×10^{-9}	8.87
吡啶	C_5H_5N	1.8×10^{-9}	8.74
邻二氮菲	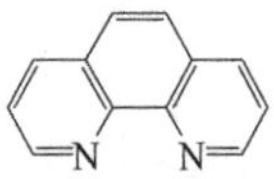	6.9×10^{-10}	9.16

三、金属配合物的稳定常数

金属离子	离子强度	n	$\lg\beta_n$
氨配合物			
Ag^+	0.1	1,2	3.40,7.40
Cd^{2+}	0.1	1,2,3,4,5,6	2.60,4.65,6.04,6.92,6.6,4.9
Co^{2+}	0.1	1,2,3,4,5,6	2.05,3.62,4.61,5.31,5.43,4.75
Cu^{2+}	2	1,2,3,4	4.13,7.61,10.48,12.59
Ni^{2+}	0.1	1,2,3,4,5,6	2.75,4.95,6.64,7.79,8.50,8.49
Zn^{2+}	0.1	1,2,3,4	2.27,4.61,7.01,9.06
羟基配合物			
Ag^+	0	1,2,3	2.3,3.6,4.8
Al^{3+}	2	4	33.3
Bi^{3+}	3	1	12.4
Cd^{2+}	3	1,2,3,4	4.3,7.7,10.3,12.0
Cu^{2+}	0	1	6.0
Fe^{2+}	1	1	4.5
Fe^{3+}	3	1,2	11.0,21.7
Mg^{2+}	0	1	2.6
Ni^{2+}	0.1	1	4.6
Pb^{2+}	0.3	1,2,3	6.2,10.3,13.3
Zn^{2+}	0	1,2,3,4	4.4,—,14.4,15.5
Zr^{4+}	4	1,2,3,4	13.8,27.2,40.2,53

续表

金属离子	离子强度	n	$\lg\beta_n$
氟配合物			
Al^{3+}	0.53	1,2,3,4,5,6	6.1,11.15,15.0,17.7,19.4,19.7
Fe^{3+}	0.5	1,2,3	5.2,9.2,11.9
Th^{4+}	0.5	1,2,3	7.7,13.5,18.0
TiO^{2+}	3	1,2,3,4	5.4,9.8,13.7,17.4
Sn^{4+}①		6	25
Zr^{4+}	2	1,2,3	8.8,16.1,21.9
氯配合物			
Ag^{+}	0.2	1,2,3,4	2.9,4.7,5.0,5.9
Hg^{2+}	0.5	1,2,3,4	6.7,13.2,14.1,15.1
碘配合物			
Cd^{2+}①		1,2,3,4	2.4,3.4,5.0,6.15
Hg^{2+}	0.5	1,2,3,4	12.9,23.8,27.6,29.8
氰配合物			
Ag^{+}	0～0.3	1,2,3,4	—,21.1,21.8,20.7
Cd^{2+}	3	1,2,3,4	5.5,10.6,15.3,18.9
Cu^{+}	0	1,2,3,4	—,24.0,28.6,30.3
Fe^{2+}	0	6	35.4
Fe^{3+}	0	6	43.6
Hg^{2+}	0.1	1,2,3,4	18.0,34.7,38.5,41.5
Ni^{2+}	0.1	4	31.3
Zn^{2+}	0.1	4	16.7
硫氰酸配合物			
Fe^{3+}①		1,2,3,4,5	2.3,4.2,5.6,6.4,6.4
Hg^{2+}	1	1,2,3,4	—,16.1,19.0,20.9
硫代硫酸配合物			
Ag^{+}	0	1,2	8.82,13.5
Hg^{2+}	0	1,2	29.86,32.26
柠檬酸配合物			
Al^{3+}	0.5	1	20.0
Cu^{2+}	0.5	1	18
Fe^{3+}	0.5	1	25
Ni^{2+}	0.5	1	14.3
Pb^{2+}	0.5	1	12.3
Zn^{2+}	0.5	1	11.4
磺基水杨酸配合物			
Al^{3+}	0.1	1,2,3	12.9,22.9,29.0
Fe^{3+}	3	1,2,3	14.4,25.2,32.2
乙酰丙酮配合物			
Al^{3+}	0.1	1,2,3	8.1,15.7,21.2
Cu^{2+}	0.1	1,2	7.8,14.3
Fe^{3+}	0.1	1,2,3	9.3,17.9,25.1

续表

金属离子	离子强度	n	$\lg\beta_n$
邻二氮菲配合物			
Ag^+	0.1	1,2	5.02,12.07
Cd^{2+}	0.1	1,2,3	6.4,11.6,15.8
Co^{2+}	0.1	1,2,3	7.0,13.7,20.1
Cu^{2+}	0.1	1,2,3	9.1,15.8,21.0
Fe^{2+}	0.1	1,2,3	5.9,11.1,21.3
Hg^{2+}	0.1	1,2,3	—,19.65,23.35
Ni^{2+}	0.1	1,2,3	8.8,17.1,24.8
Zn^{2+}	0.1	1,2,3	6.4,12.15,17.0
乙二胺配合物			
Ag^+	0.1	1,2	4.7,7.7
Cd^{2+}	0.1	1,2	5.47,10.02
Cu^{2+}	0.1	1,2	10.55,19.60
Co^{2+}	0.1	1,2,3	5.89,10.72,13.82
Hg^{2+}	0.1	2	23.42
Ni^{2+}	0.1	1,2,3	7.66,14.06,18.59
Zn^{2+}	0.1	1,2,3	5.71,10.37,12.08

① 离子强度不定。

四、金属离子与氨羧配位剂配合物稳定常数的对数

金属离子	EDTA		EGTA			HEDTA	
	$\lg K_{MHL}$	$\lg K_{ML}$	$\lg K_{MOHL}$	$\lg K_{MHL}$	$\lg K_{ML}$	$\lg K_{ML}$	$\lg K_{MOHL}$
Ag^+	6.0	7.3					
Al^{3+}	2.5	16.1	8.1				
Ba^{2+}	4.6	7.8		5.4	8.4	6.2	
Bi^{3+}		27.9					
Ca^{2+}	3.1	10.7		3.8	11.0	8.0	
Ce^{3+}		16.0					
Cd^{2+}	2.9	16.5		3.5	15.6	13.0	
Co^{2+}	3.1	16.3			12.3	14.4	
Co^{3+}	1.3	36					
Cr^{3+}	2.3	23	6.6				
Cu^{2+}	3.0	18.8	2.5	4.4	17	17.4	
Fe^{2+}	2.8	14.3				12.2	5.0
Fe^{3+}	1.4	25.1	6.5			19.8	10.1
Hg^{2+}	3.1	21.8	4.9	3.0	23.2	20.1	
La^{3+}		15.4			15.6	13.2	
Mg^{2+}	3.9	8.7			5.2	5.2	
Mn^{2+}	3.1	14.0		5.0	11.5	10.7	
Ni^{2+}	3.2	18.6		6.0	12.0	17.0	
Pb^{2+}	2.8	18.0		5.3	13.0	15.5	
Sn^{2+}		22.1					
Sr^{2+}	3.9	8.6		5.4	8.5	6.8	
Th^{4+}		23.2					8.6
Ti^{3+}		21.3					
TiO^{2+}		17.3					
Zn^{2+}	3.0	16.5		5.2	12.8	14.5	

注：EDTA 为乙二胺四乙酸；EGTA 为乙二醇双(2-氨基乙醚) 四乙酸；HEDTA 为 2-羟乙基乙二胺三乙酸。

五、标准电极电位（25℃）

电 极 反 应	$\varphi^{\ominus}$/V	电 极 反 应	$\varphi^{\ominus}$/V
$F_2+2e^- \longrightarrow 2F^-$	+2.87	$I_3^-+2e^- \longrightarrow 3I^-$	+0.54
$O_3+2H^++2e^- \longrightarrow O_2+H_2O$	+2.07	I_2(固)$+2e^- \longrightarrow 2I^-$	+0.535
$S_2O_8^{2-}+2e^- \longrightarrow 2SO_4^{2-}$	+2.0	$Cu^++e^- \longrightarrow Cu$	+0.52
$H_2O_2+2H^++2e^- \longrightarrow 2H_2O$	+1.77	$[Fe(CN)_6]^{3-}+e^- \longrightarrow [Fe(CN)_6]^{4-}$	+0.355
$Ce^{4+}+e^- \longrightarrow Ce^{3+}$	+1.61	$Cu^{2+}+2e^- \longrightarrow Cu$	+0.34
$2BrO_3^-+12H^++10e^- \longrightarrow Br_2+6H_2O$	+1.5	$Hg_2Cl_2+2e^- \longrightarrow 2Hg+2Cl^-$	+0.268
$MnO_4^-+8H^++5e^- \longrightarrow Mn^{2+}+4H_2O$	+1.51	$SO_4^{2-}+4H^++2e^- \longrightarrow H_2SO_3+H_2O$	+0.17
PbO_2(固)$+4H^++2e^- \longrightarrow Pb^{2+}+2H_2O$	+1.46	$Cu^{2+}+e^- \longrightarrow Cu^+$	+0.17
$BrO_3^-+6H^++6e^- \longrightarrow Br^-+3H_2O$	+1.44	$Sn^{4+}+2e^- \longrightarrow Sn^{2+}$	+0.15
$Cl_2+2e^- \longrightarrow 2Cl^-$	+1.358	$S+2H^++2e^- \longrightarrow H_2S$	+0.14
$Cr_2O_7^{2-}+14H^++6e^- \longrightarrow 2Cr^{3+}+7H_2O$	+1.33	$S_4O_6^{2-}+2e^- \longrightarrow 2S_2O_3^{2-}$	+0.09
MnO_2(固)$+4H^++2e^- \longrightarrow Mn^{2+}+2H_2O$	+1.23	$2H^++2e^- \longrightarrow H_2$	0
$O_2+4H^++4e^- \longrightarrow 2H_2O$	+1.229	$Pb^{2+}+2e^- \longrightarrow Pb$	−0.126
$2IO_3^-+12H^++10e^- \longrightarrow I_2+6H_2O$	+1.19	$Sn^{2+}+2e^- \longrightarrow Sn$	−0.14
$Br_2+2e^- \longrightarrow 2Br^-$	+1.08	$Ni^{2+}+2e^- \longrightarrow Ni$	−0.25
$HNO_2+H^++e^- \longrightarrow NO+H_2O$	+0.98	$PbSO_4+2e^- \longrightarrow Pb+SO_4^{2-}$	−0.356
$VO_2^++2H^++e^- \longrightarrow VO^{2+}+H_2O$	+0.999	$Cd^{2+}+2e^- \longrightarrow Cd$	−0.403
$NO_3^-+3H^++2e^- \longrightarrow HNO_2+H_2O$	+0.94	$Fe^{2+}+2e^- \longrightarrow Fe$	−0.44
$Hg^{2+}+2e^- \longrightarrow 2Hg$	+0.845	$S+2e^- \longrightarrow S^{2-}$	−0.48
$Ag^++e^- \longrightarrow Ag$	+0.7994	$2CO_2+2H^++2e^- \longrightarrow H_2C_2O_4$	−0.49
$Hg_2^{2+}+2e^- \longrightarrow 2Hg$	+0.792	$Zn^{2+}+2e^- \longrightarrow Zn$	−0.7628
$Fe^{3+}+e^- \longrightarrow Fe^{2+}$	+0.771	$SO_4^{2-}+H_2O+2e^- \longrightarrow SO_3^{2-}+2OH^-$	−0.93
$2H^++O_2+2e^- \longrightarrow H_2O_2$	+0.69	$Al^{3+}+3e^- \longrightarrow Al$	−1.66
$2HgCl_2+2e^- \longrightarrow Hg_2Cl_2+2Cl^-$	+0.63	$Mg^{2+}+2e^- \longrightarrow Mg$	−2.37
$MnO_4^-+2H_2O+3e^- \longrightarrow MnO_2+4OH^-$	+0.588	$Na^++e^- \longrightarrow Na$	−2.713
$MnO_4^-+e^- \longrightarrow MnO_4^{2-}$	+0.57	$Ca^{2+}+2e^- \longrightarrow Ca$	−2.87
$H_3AsO_4+2H^++2e^- \longrightarrow HAsO_2+2H_2O$	+0.56	$K^++e^- \longrightarrow K$	−2.925

六、部分氧化还原电对的条件电极电位（25℃）

电 极 反 应	$\varphi^{\ominus\prime}$/V	介 质	电 极 反 应	$\varphi^{\ominus\prime}$/V	介 质
$Ag^{2+}+e^- \longrightarrow Ag^+$	2.00	4mol/L $HClO_4$	$[Fe(CN)_6]^{3-}+e^- \longrightarrow [Fe(CN)_6]^{4-}$	0.56	0.1mol/L HCl
	1.93	3mol/L HNO_3		0.72	1mol/L $HClO_4$
Ce(Ⅳ)$+e^- \longrightarrow$Ce(Ⅲ)	1.74	1mol/L $HClO_4$	$I_3^-+2e^- \longrightarrow 3I^-$	0.545	0.5mol/L H_2SO_4
	1.45	0.5mol/L H_2SO_4	Sn(Ⅳ)$+2e^- \longrightarrow$Sn(Ⅱ)	0.14	1mol/L HCl
	1.28	1mol/L HCl	Sb(Ⅴ)$+2e^- \longrightarrow$Sb(Ⅲ)	0.75	3.5mol/L HCl
	1.60	1mol/L HNO_3	$SbO_3^-+H_2O+2e^- \longrightarrow SbO_2^-+2OH^-$	−0.43	3mol/L KOH
$Co^{3+}+e^- \longrightarrow Co^{2+}$	1.95	4mol/L $HClO_4$	Ti(Ⅳ)$+e^- \longrightarrow$Ti(Ⅲ)	−0.01	0.2mol/L H_2SO_4
	1.86	1mol/L HNO_3		0.15	5mol/L H_2SO_4
$Cr_2O_7^{2-}+14H^++6e^- \longrightarrow 2Cr^{3+}+7H_2O$	1.03	1mol/L $HClO_4$		0.10	3mol/L HCl
	1.15	4mol/L H_2SO_4	V(Ⅴ)$+e^- \longrightarrow$V(Ⅳ)	0.94	1mol/L H_3PO_4
	1.00	1mol/L HCl	U(Ⅵ)$+2e^- \longrightarrow$U(Ⅳ)	0.35	1mol/L HCl
$Fe^{3+}+e^- \longrightarrow Fe^{2+}$	0.75	1mol/L $HClO_4$			
	0.70	1mol/L HCl			
	0.68	1mol/L H_2SO_4			
	0.51	1mol/L HCl+0.25 mol/L H_3PO_4			

七、难溶化合物的活度积（$K_{sp}^{\ominus}$）和溶度积（K_{sp}，25℃）

化 合 物	$I=0$		$I=0.1$	
	$K_{sp}^{\ominus}$	$pK_{sp}^{\ominus}$	K_{sp}	pK_{sp}
AgAc	2×10^{-3}	2.7	8×10^{-3}	2.1
AgCl	1.77×10^{-10}	9.75	3.2×10^{-10}	9.50
AgBr	4.95×10^{-13}	12.31	8.7×10^{-13}	12.06
AgI	8.3×10^{-17}	16.08	1.48×10^{-16}	15.83
Ag_2CrO_4	1.12×10^{-12}	11.95	5×10^{-12}	11.3
AgSCN	1.07×10^{-12}	11.97	2×10^{-12}	11.7
Ag_2S	6×10^{-50}	49.2	6×10^{-49}	48.2
Ag_2SO_4	1.58×10^{-5}	4.80	8×10^{-5}	4.1
$Ag_2C_2O_4$	1×10^{-11}	11.0	4×10^{-11}	10.4
Ag_3AsO_4	1.12×10^{-20}	19.95	1.3×10^{-19}	18.9
Ag_3PO_4	1.45×10^{-16}	15.84	2×10^{-15}	14.7
AgOH	1.9×10^{-8}	7.71	3×10^{-8}	7.5
$Al(OH)_3$(无定形)	4.6×10^{-33}	32.34	3×10^{-32}	31.5
$BaCrO_4$	1.17×10^{-10}	9.93	8×10^{-10}	9.1
$BaCO_3$	4.9×10^{-9}	8.31	3×10^{-8}	7.5
$BaSO_4$	1.07×10^{-10}	9.97	6×10^{-10}	9.2
BaC_2O_4	1.6×10^{-7}	6.79	1×10^{-6}	6.0
BaF_2	1.05×10^{-6}	5.98	5×10^{-6}	5.3
$Bi(OH)_2Cl$	1.8×10^{-31}	30.75		
$Ca(OH)_2$	5.5×10^{-6}	5.26	1.3×10^{-5}	4.9
$CaCO_3$	3.8×10^{-9}	8.42	3×10^{-8}	7.5
CaC_2O_4	2.3×10^{-9}	8.64	1.6×10^{-8}	7.8
CaF_2	3.4×10^{-11}	10.47	1.6×10^{-10}	9.8
$Ca_3(PO_4)_2$	1×10^{-26}	26.0	1×10^{-23}	23
$CaSO_4$	2.4×10^{-5}	4.62	1.6×10^{-4}	3.8
$CdCO_3$	3×10^{-14}	13.5	1.6×10^{-13}	12.8
CdC_2O_4	1.51×10^{-8}	7.82	1×10^{-7}	7.0
$Cd(OH)_2$(新析出)	3×10^{-14}	13.5	6×10^{-14}	13.2
CdS	8×10^{-27}	26.1	5×10^{-26}	25.3
$Ce(OH)_3$	6×10^{-21}	20.2	3×10^{-20}	19.5
$CePO_4$	2×10^{-24}	23.7		
$Co(OH)_2$(新析出)	1.6×10^{-15}	14.8	4×10^{-15}	14.4
CoS(α 型)	4×10^{-21}	20.4	3×10^{-20}	19.5
CoS(β 型)	2×10^{-25}	24.7	1.3×10^{-24}	23.9
$Cr(OH)_3$	1×10^{-31}	31.0	5×10^{-31}	30.3
CuI	1.10×10^{-12}	11.96	2×10^{-12}	11.7
CuSCN			2×10^{-13}	12.7
CuS	6×10^{-36}	35.2	4×10^{-35}	34.4
$Cu(OH)_2$	2.6×10^{-19}	18.59	6×10^{-19}	18.2
$Fe(OH)_2$	8×10^{-16}	15.1	2×10^{-15}	14.7
$FeCO_3$	3.2×10^{-11}	10.50	2×10^{-10}	9.7
FeS	6×10^{-18}	17.2	4×10^{-17}	16.4
$Fe(OH)_3$	3×10^{-39}	38.5	1.3×10^{-38}	37.9
Hg_2Cl_2	1.32×10^{-18}	17.88	6×10^{-18}	17.2
HgS(黑)	1.6×10^{-52}	51.8	1×10^{-51}	51
HgS(红)	4×10^{-53}	52.4		

续表

化合物	I=0		I=0.1	
	$K_{sp}^{\ominus}$	$pK_{sp}^{\ominus}$	K_{sp}	pK_{sp}
$Hg(OH)_2$	4×10^{-26}	25.4	1×10^{-25}	25.0
$KHC_4H_4O_6$	3×10^{-4}	3.5		
K_2PtCl_6	1.10×10^{-5}	4.96		
$La(OH)_3$(新析出)	1.6×10^{-19}	18.8	8×10^{-19}	18.1
$LaPO_4$			4×10^{-23}	22.4①
$MgCO_3$	1×10^{-5}	5.0	6×10^{-5}	4.2
MgC_2O_4	8.5×10^{-5}	4.07	5×10^{-4}	3.3
$Mg(OH)_2$	1.8×10^{-11}	10.74	4×10^{-11}	10.4
$MgNH_4PO_4$	3×10^{-13}	12.6		
$MnCO_3$	5×10^{-10}	9.30	3×10^{-9}	8.5
$Mn(OH)_2$	1.9×10^{-13}	12.72	5×10^{-13}	12.3
MnS(无定形)	3×10^{-10}	9.5	6×10^{-9}	8.8
MnS(晶形)	3×10^{-13}	12.5		
$Ni(OH)_2$(新析出)	2×10^{-15}	14.7	5×10^{-15}	14.3
NiS(α 型)	3×10^{-19}	18.5		
NiS (β 型)	1×10^{-24}	24.0		
NiS(γ 型)	2×10^{-26}	25.7		
$PbCO_3$	8×10^{-14}	13.1	5×10^{-13}	12.3
$PbCl_2$	1.6×10^{-5}	4.79	8×10^{-5}	4.1
$PbCrO_4$	1.8×10^{-14}	13.75	1.3×10^{-13}	12.9
PbI_2	6.5×10^{-9}	8.19	3×10^{-8}	7.5
$Pb(OH)_2$	8.1×10^{-17}	16.09	2×10^{-16}	15.7
PbS	3×10^{-27}	26.6	1.6×10^{-26}	25.8
$PbSO_4$	1.7×10^{-8}	7.78	1×10^{-7}	7.0
$SrCO_3$	9.3×10^{-10}	9.03	6×10^{-9}	8.2
SrC_2O_4	5.6×10^{-8}	7.25	3×10^{-7}	6.5
$SrCrO_4$	2.2×10^{-5}	4.65		
SrF_2	2.5×10^{-9}	8.61	1×10^{-8}	8.0
$SrSO_4$	3×10^{-7}	6.5	1.6×10^{-6}	5.8
$Sn(OH)_2$	8×10^{-29}	28.1	2×10^{-28}	27.7
SnS	1×10^{-25}	25.0		
$Th(C_2O_4)_2$	1×10^{-22}	22		
$Th(OH)_4$	1.3×10^{-45}	44.9	1×10^{-44}	44.0
$TiO(OH)_2$	1×10^{-29}	29	3×10^{-29}	28.5
$ZnCO_3$	1.7×10^{-11}	10.78	1×10^{-10}	10.0
$Zn(OH)_2$(新析出)	2.1×10^{-16}	15.68	5×10^{-16}	15.3
ZnS(α 型)	1.6×10^{-24}	23.8		
ZnS(β 型)	5×10^{-25}	24.3		
$ZrO(OH)_2$	6×10^{-49}	48.2	1×10^{-47}	47.0

八、相对原子质量（A_r）

元素		A_r	元素		A_r
符号	名称		符号	名称	
Ag	银	107.868	Na	钠	22.98977
Al	铝	26.98154	Nb	铌	92.9064
As	砷	74.9216	Nd	钕	144.24
Au	金	196.9665	Ni	镍	58.69
B	硼	10.81	O	氧	15.9994
Ba	钡	137.33	Os	锇	190.2
Be	铍	9.01218	P	磷	30.97376
Bi	铋	208.9804	Pb	铅	207.2
Br	溴	79.904	Pd	钯	106.42
C	碳	12.011	Pr	镨	140.9077
Ca	钙	40.8	Pt	铂	195.08
Cd	镉	112.41	Ra	镭	226.0254
Ce	铈	140.12	Rb	铷	85.4678
Cl	氯	35.453	Re	铼	186.207
Co	钴	58.9332	Rh	铑	102.9055
Cr	铬	51.996	Ru	钌	101.07
Cs	铯	132.9054	S	硫	32.06
Cu	铜	63.546	Sb	锑	121.75
F	氟	18.998403	Sc	钪	44.9559
Fe	铁	55.847	Se	硒	78.96
Ca	镓	69.72	Si	硅	28.0855
Ge	锗	72.59	Sn	锡	118.69
H	氢	1.0079	Sr	锶	87.62
He	氦	4.00260	Ta	钽	180.9479
Hf	铪	178.49	Te	碲	127.60
Hg	汞	200.59	Th	钍	232.0381
I	碘	126.9045	Ti	钛	47.88
In	铟	114.82	Tl	铊	204.383
K	钾	39.0983	U	铀	238.0289
La	镧	138.9055	V	钒	50.9415
Li	锂	6.941	W	钨	183.85
Mg	镁	24.305	Y	钇	88.9059
Mn	锰	54.9380	Zn	锌	65.38
Mo	钼	95.94	Zr	锆	91.22
N	氮	14.0067			

九、化合物的摩尔质量（M）

化学式	M/(g/mol)
Ag_3AsO_3	446.52
Ag_3AsO_4	462.52
$AgBr$	187.77
$AgSCN$	165.95
$AgCl$	143.32
Ag_2CrO_4	331.73
AgI	234.77
$AgNO_3$	169.87
$Al(C_9H_6ON)_3$(8-羟基喹啉铝)	459.44
$AlK(SO_4)_2 \cdot 12H_2O$	474.38
Al_2O_3	101.96
As_2O_3	197.84
As_2O_5	229.84
$BaCO_3$	197.34
$BaCl_2$	208.24
$BaCl_2 \cdot 2H_2O$	244.27
$BaCrO_4$	253.32
$BaSO_4$	233.39
BaS	169.39
$Bi(NO_3)_3 \cdot 5H_2O$	485.07
Bi_2O_3	465.96
$BiOCl$	260.43
CH_2O(甲醛)	30.03
$C_{14}H_{14}N_3O_3SNa$(甲基橙)	327.33
$C_6H_5NO_3$(硝基酚)	139.11
$C_4H_8N_2O_2$(丁二酮肟)	116.12
$(CH_2)_6N_4$(六亚甲基四胺)	140.19
$C_7H_6O_6S$(磺基水杨酸)	218.18
$C_{12}H_8N_2$(邻二氮菲)	180.21
$C_{12}H_8N_2 \cdot H_2O$	198.21
$C_2H_5NO_2$(氨基乙酸,甘氨酸)	75.07
$C_6H_{12}N_2O_4S_2$(L-胱氨酸)	240.30
$CaCO_3$	100.09
$CaC_2O_4 \cdot H_2O$	146.11
$CaCl_2$	110.99
CaF_2	78.08
CaO	56.08
$CaSO_4$	136.14
$CaSO_4 \cdot 2H_2O$	172.17
$CdCO_3$	172.42
$Cd(NO_3)_2 \cdot 4H_2O$	308.48
CdO	128.41
$CdSO_4$	208.47
$CoCl_2 \cdot 6H_2O$	237.93
$CuSCN$	121.62
$CuHg(SCN)_4$	496.45
CuI	190.45
$Cu(NO_3)_2 \cdot 3H_2O$	241.60
CuO	79.55
$CuSO_4 \cdot 5H_2O$	249.68
$FeCl_2 \cdot 4H_2O$	198.81
$FeCl_3 \cdot 6H_2O$	270.30
$Fe(NO_3)_3 \cdot 9H_2O$	404.00
FeO	71.85
Fe_2O_3	159.69
Fe_3O_4	231.54
$FeSO_4 \cdot 7H_2O$	278.01
$HCOOH$	46.03
CH_3COOH	60.05
H_2CO_3	62.03
$H_2C_2O_4$(草酸)	90.04
$H_2C_2O_4 \cdot 2H_2O$	126.07
$H_2C_4H_4O_4$(琥珀酸,丁二酸)	118.090
$H_2C_4H_4O_6$(酒石酸)	150.088
$H_3C_6H_5O_7 \cdot H_2O$(柠檬酸)	210.14
HCl	36.46
HNO_2	47.01
HNO_3	63.01
H_2O_2	34.01
H_3PO_4	98.00
H_2S	34.08
H_2SO_3	82.07
H_2SO_4	98.07
$HClO_4$	100.46
$HgCl_2$	271.50
Hg_2Cl_2	472.09
HgO	216.59
HgS	232.65
$HgSO_4$	296.65
$KAl(SO_4)_2 \cdot 12H_2O$	474.38
KBr	119.00
$KBrO_3$	167.00
KCN	65.116
$KSCN$	97.18
K_2CO_3	138.21
KCl	74.55
$KClO_3$	122.55
$KClO_4$	138.55
K_2CrO_4	194.19

续表

化 学 式	M/(g/mol)	化 学 式	M/(g/mol)
$K_2Cr_2O_7$	294.18	$Na_2CO_3 \cdot 10H_2O$	286.14
$K_3Fe(CN)_6$	329.25	$Na_2C_2O_4$	134.00
$K_4Fe(CN)_6$	368.35	NaCl	58.14
$KHC_4H_4O_6$(酒石酸氢钾)	188.18	$NaClO_4$	122.44
$KHC_8H_4O_4$(苯二甲酸氢钾)	204.22	NaF	41.99
$K_3C_6H_5O_7$(柠檬酸钾)	306.40	$NaHCO_3$	84.01
KI	166.00	$Na_2H_2C_{10}H_{12}O_8N_2$(EDTA 二钠盐)	336.21
KIO_3	214.00	$Na_2H_2C_{10}H_{12}O_8N_2 \cdot 2H_2O$	372.24
$KMnO_4$	158.03	$NaH_2PO_4 \cdot 2H_2O$	156.01
KNO_2	85.10	$Na_2HPO_4 \cdot 2H_2O$	177.99
KNO_3	101.10	$NaHSO_4$	120.06
KOH	56.11	NaOH	39.997
K_2PtCl_6	485.99	Na_2SO_4	142.04
$KHSO_4$	136.16	$Na_2S_2O_3 \cdot 5H_2O$	248.17
K_2SO_4	174.25	$NaZn(UO_2)_3(C_2H_3O_2)_9 \cdot 6H_2O$	1537.94
$K_2S_2O_7$	254.31	$NiSO_4 \cdot 7H_2O$	280.85
		$Ni(C_4H_7N_2O_2)_2$(丁二酮肟镍)	288.91
$Mg(C_9H_6ON)_2$(8-羟基喹啉镁)	312.61		
$MgNH_4PO_4 \cdot 6H_2O$	245.41	PbO	223.2
MgO	40.30	PbO_2	239.2
$Mg_2P_2O_7$	222.55	$Pb(C_2H_3O_2)_2 \cdot 3H_2O$	379.3
$MgSO_4 \cdot 7H_2O$	246.47	$PbCrO_4$	323.2
		$PbCl_2$	278.1
$MnCO_3$	114.95	$Pb(NO_3)_2$	331.2
MnO_2	86.94	PbS	239.3
$MnSO_4$	151.00	$PbSO_4$	303.3
$NH_2OH \cdot HCl$(盐酸羟胺)	69.49	SO_2	64.06
NH_3	17.03	SO_3	80.06
NH_4	18.04	SO_4	96.06
$NH_4C_2H_3O_2$(醋酸铵)	77.08		
NH_4SCN	76.12	SiF_4	104.08
$(NH_4)_2C_2O_4 \cdot H_2O$	142.11	SiO_2	60.08
NH_4Cl	53.49		
NH_4F	37.04	$SnCl_2 \cdot 2H_2O$	225.63
$NH_4Fe(SO_4)_2 \cdot 12H_2O$	482.18	$SnCl_4$	260.50
$(NH_4)_2Fe(SO_4)_2 \cdot 6H_2O$	392.13	SnO	134.69
NH_4HF_2	57.04	SnO_2	150.69
$(NH_4)_2Hg(SCN)_4$	468.98		
NH_4NO_3	80.04	$SrCO_3$	147.63
NH_4OH	35.05	$Sr(NO_3)_2$	211.63
$(NH_4)_3PO_4 \cdot 12MoO_3$	1876.34	$SrSO_4$	183.68
$(NH_4)_2S_2O_8$	228.19		
		$TiCl_3$	154.24
$Na_2B_4O_7$	201.22	TiO_2	79.88
$Na_2B_4O_7 \cdot 10H_2O$	381.37		
Na_2BiO_3	279.97	$ZnHg(SCN)_4$	498.28
$NaC_2H_3O_2$(醋酸钠)	82.03	$ZnNH_4PO_4$	178.39
$Na_3C_6H_5O_7$(柠檬酸钠)	258.07	ZnS	97.44
Na_2CO_3	105.99	$ZnSO_4$	161.44

十、标准电极电位表

半 反 应	$\varphi^{\ominus}$/V
$F_2(g)+2H^++2e^-=2HF$	3.06
$O_3+2H^++2e^-=O_2+H_2O$	2.07
$S_2O_8^{2-}+2e^-=2SO_4^{2-}$	2.01
$H_2O_2+2H^++2e^-=2H_2O$	1.77
$MnO_4^-+4H^++3e^-=MnO_2(s)+2H_2O$	1.695
$PbO_2(s)+SO_4^{2-}+4H^++2e^-=PbSO_4(s)+2H_2O$	1.685
$HClO_2+2H^++2e^-=HClO+H_2O$	1.64
$HClO+H^++e^-=\frac{1}{2}Cl_2+H_2O$	1.63
$Ce^{4+}+e^-=Ce^{3+}$	1.61
$H_5IO_6+H^++2e^-=IO_3+3H_2O$	1.60
$HBrO+H^++e^-=\frac{1}{2}Br_2+H_2O$	1.59
$BrO_3^-+6H^++5e^-=\frac{1}{2}Br_2+3H_2O$	1.52
$MnO_4^-+8H^++5e^-=Mn^{2+}+4H_2O$	1.51
$Au(\mathrm{III})+3e^-=Au$	1.50
$HClO+H^++2e^-=Cl^-+H_2O$	1.49
$ClO_3^-+6H^++5e^-=\frac{1}{2}Cl_2+3H_2O$	1.47
$PbO_2(s)+4H^++2e^-=Pb^{2+}+2H_2O$	1.455
$HIO+H^++e^-=\frac{1}{2}I_2+H_2O$	1.45
$ClO_3^-+6H^++6e^-=Cl^-+3H_2O$	1.45
$BrO_3^-+6H^++6e^-=Br^-+3H_2O$	1.44
$Au(\mathrm{III})+2e^-=Au(\mathrm{I})$	1.41
$Cl_2(g)+2e^-=2Cl^-$	1.3595
$ClO_4^-+8H^++7e^-=\frac{1}{2}Cl_2+4H_2O$	1.34
$Cr_2O_3^{2-}+14H^++6e^-=2Cr^{3+}+7H_2O$	1.33
$MnO_2(s)+4H^++2e^-=Mn^{2+}+2H_2O$	1.23
$O_2(g)+4H^++4e^-=2H_2O$	1.229
$IO_3^-+6H^++5e^-=\frac{1}{2}I_2+3H_2O$	1.20
$ClO_4^-+2H^++2e^-=ClO_3^-+H_2O$	1.49
$Br_2(aq.)+2e^-=2Br^-$	1.087
$NO_2+H^++e^-=HNO_2$	1.07
$Br_3^-+2e^-=3Br^-$	1.05
$HNO_2+H^++e^-=NO(g)+H_2O$	1.00
$VO_2^++2H^++e^-=VO^{2+}+H_2O$	1.00
$HIO+H^++2e^-=I^-+H_2O$	0.99
$NO_3^-+3H^++2e^-=HNO_2+H_2O$	0.94
$ClO^-+H_2O+2e^-=Cl^-+2OH^-$	0.89
$H_2O_2+2e^-=2OH^-$	0.88
$Cu^{2+}+I^-+e^-=CuI(s)$	0.86
$Hg^{2+}+2e^-=Hg$	0.845
$NO_3^-+2H^++e^-=NO_2+H_2O$	0.80
$Ag^++e^-=Ag$	0.7995
$Hg_2^{2+}+2e^-=2Hg$	0.793
$Fe^{3+}+e^-=Fe^{2+}$	0.771
$BrO^-+H_2O+2e^-=Br^-+2OH^-$	0.76
$O_2(g)+2H^++2e^-=H_2O_2$	0.682
$AsO_2^-+2H_2O+3e^-=As+4OH^-$	0.68
$2HgCl_2+2e^-=Hg_2Cl_2(s)+2Cl^-$	0.63
$Hg_2SO_4(s)+2e^-=2Hg+SO_4^{2-}$	0.6151
$MnO_4^-+2H_2O+3e^-=MnO_2(s)+4OH^-$	0.588
$MnO_4^-+e^-=MnO_4^{2-}$	0.564
$H_3AsO_4+2H^++2e^-=HAsO_2+2H_2O$	0.559
$I_3^-+2e^-=3I^-$	0.545
$I_2(s)+2e^-=2I^-$	0.5345
$Mo(\mathrm{VI})+e^-=Mo(\mathrm{V})$	0.53
$Cu^++e^-=Cu$	0.52
$4SO_2(aq.)+4H^++6e^-=S_4O_6^{2-}+2H_2O$	0.51
$HgCl_4^{2-}+2e^-=Hg+4Cl^-$	0.48
$2SO_2(aq.)+2H^++4e^-=S_2O_3^{2-}+H_2O$	0.40
$Fe(CN)_6^{3-}+e^-=Fe(CN)_6^{4-}$	0.36
$Cu^{2+}+2e^-=Cu$	0.337
$VO^{2+}+2H^++e^-=V^{3+}+H_2O$	0.337
$BiO^++2H^++3e^-=Bi+H_2O$	0.32
$Hg_2Cl_2(s)+2e^-=2Hg+2Cl^-$	0.2676
$HAsO_2+3H^++3e^-=As+2H_2O$	0.248
$AgCl(s)+e^-=Ag+Cl^-$	0.2223
$SbO^++2H^++3e^-=Sb+H_2O$	0.212
$SO_4^{2-}+4H^++2e^-=SO_2(aq.)+H_2O$	0.17
$Cu^{2+}+e^-=Cu^+$	0.159
$Sn^{4+}+2e^-=Sn^{2+}$	0.154
$S+2H^++2e^-=H_2S(g)$	0.141
$Hg_2Br_2+2e^-=2Hg+2Br^-$	0.1395

续表

半　反　应	$\varphi^{\ominus}$/V	半　反　应	$\varphi^{\ominus}$/V
$TiO^{2+}+2H^{+}+e^{-}=Ti^{3+}+H_2O$	0.1	$HPbO_2^{-}+H_2O+2e^{-}=Pb+3OH^{-}$	−0.54
$S_4O_6^{2-}+2e^{-}=2S_2O_3^{2-}$	0.08	$Ga^{3+}+3e^{-}=Ga$	−0.56
$AgBr(s)+e^{-}=Ag+Br^{-}$	0.071	$TeO_3^{2-}+3H_2O+4e^{-}=Te+6OH^{-}$	−0.57
$2H^{+}+2e^{-}=H_2$	0.000	$2SO_3^{2-}+3H_2O+4e^{-}=S_2O_3^{2-}+6OH^{-}$	−0.58
$O_2+H_2O+2e^{-}=HO_2^{-}+OH^{-}$	−0.067	$SO_3^{2-}+3H_2O+4e^{-}=S+6OH^{-}$	−0.66
$TiOCl^{+}+2H^{+}+3Cl^{-}+e^{-}=TiCl_4^{-}+H_2O$	−0.09	$AsO_4^{3-}+2H_2O+2e^{-}=AsO_2^{-}+4OH^{-}$	−0.67
$Pb^{2+}+2e^{-}=Pb$	−0.126	$Ag_2S(s)+2e^{-}=2Ag+S^{2-}$	−0.69
$Sn^{2+}+2e^{-}=Sn$	−0.136	$Zn^{2+}+2e^{-}=Zn$	−0.763
$AgI(s)+e^{-}=Ag+I^{-}$	−0.152	$2H_2O+2e^{-}=H_2+2OH^{-}$	−0.828
$Ni^{2+}+2e^{-}=Ni$	−0.246	$Cr^{2+}+2e^{-}=Cr$	−0.91
$H_3PO_4+2H^{+}+2e^{-}=H_3PO_3+H_2O$	−0.276	$HSnO_2^{-}+H_2O+2e^{-}=Sn+3OH^{-}$	−0.91
$Co^{2+}+2e^{-}=Co$	−0.277	$Se+2e^{-}=Se^{2-}$	−0.92
$Tl+e^{-}=Tl$	−0.3360	$Sn(OH)_6^{2-}+2e^{-}=HSnO_2^{-}+H_2O+3OH^{-}$	−0.93
$In^{3+}+3e^{-}=In$	−0.345	$CNO^{-}+H_2O+2e^{-}=CN^{-}+2OH^{-}$	−0.97
$PbSO_4(s)+2e^{-}=Pb+SO_4^{2-}$	−0.3553	$Mn^{2+}+2e^{-}=Mn$	−1.182
$SeO_3^{2-}+3H_2O+4e^{-}=Se+6OH^{-}$	−0.366	$ZnO_2^{2-}+2H_2O+2e^{-}=Zn+4OH^{-}$	−1.216
$As+3H^{+}+3e^{-}=AsH_3$	−0.38	$Al^{3+}+3e^{-}=Al$	−1.66
$Se+2H^{+}+2e^{-}=H_2Se$	−0.40	$H_2AlO_3^{-}+H_2O+3e^{-}=Al+4OH^{-}$	−2.35
$Cd^{2+}+2e^{-}=Cd$	−0.403	$Mg^{2+}+2e^{-}=Mg$	−2.37
$Cr^{3+}+e^{-}=Cr^{2+}$	−0.41	$Na^{+}+e^{-}=Na$	−2.714
$Fe^{2+}+2e^{-}=Fe$	−0.440	$Ca^{2+}+2e^{-}=Ca$	−2.87
$S+2e^{-}=S^{2-}$	−0.48	$Sr^{2+}+2e^{-}=Sr$	−2.89
$2CO_2+2H^{+}+2e^{-}=H_2C_2O_4$	−0.49	$Ba^{2+}+2e^{-}=Ba$	−2.90
$H_3PO_3+2H^{+}+2e^{-}=H_3PO_2+H_2O$	−0.50	$K^{+}+e^{-}=K$	−2.925
$Sb+3H^{+}+3e^{-}=SbH_3$	−0.51	$Li^{+}+e^{-}=Li$	−3.042

十一、某些氧化-还原电对的条件电位

半　反　应	$\varphi^{\ominus}$/V	介　　质
Ag(Ⅱ)$+e^{-}=Ag^{+}$	1.927	4mol/L HNO_3
Ce(Ⅳ)$+e^{-}=$Ce(Ⅲ)	1.74	1mol/L $HClO_4$
	1.44	0.5mol/L H_2SO_4
	1.28	1mol/L HCl
$Co^{3+}+e^{-}=Co^{2+}$	1.84	3mol/L HNO_3
Co(乙二胺)$_3^{3+}+e^{-}=$Co(乙二胺)$_3^{2+}$	−0.2	0.1mol/L KNO_3+0.1mol/L 乙二胺
Cr(Ⅲ)$+e^{-}=$Cr(Ⅱ)	−0.40	5mol/L HCl

续表

半反应	$\varphi^{\ominus}$/V	介质
$Cr_2O_7^{2-}+14H^++6e^-$ ══ $2Cr^{3+}+7H_2O$	1.08	3mol/L HCl
	1.15	4mol/L H_2SO_4
	1.025	1mol/L $HClO_4$
$CrO_4^{2-}+2H_2O+3e^-$ ══ $CrO_2^-+4OH^-$	−0.12	1mol/L NaOH
Fe(Ⅲ)$+e^-$ ══ Fe(Ⅱ)	0.767	1mol/L $HClO_4$
	0.71	0.5mol/L HCl
	0.68	1mol/L H_2SO_4
	0.68	1mol/L HCl
	0.46	2mol/L H_3PO_4
	0.51	1mol/L HCl+0.25mol/L H_3PO_4
$Fe(EDTA)^-+e^-$ ══ $Fe(EDTA)^{2-}$	0.12	0.1mol/L EDTA pH 4～6
$Fe(CN)_6^{3-}+e^-$ ══ $Fe(CN)_6^{4-}$	0.56	0.1mol/L HCl
$FeO_4^{2-}+2H_2O+3e^-$ ══ $FeO_2^-+4OH^-$	0.55	10mol/L NaOH
$I_3^-+2e^-$ ══ $3I^-$	0.5446	0.5mol/L H_2SO_4
$I_2(aq.)+2e^-$ ══ $2I^-$	0.6276	0.5mol/L H_2SO_4
$MnO_4^-+8H^++5e^-$ ══ $Mn^{2+}+4H_2O$	1.45	1mol/L $HClO_4$
$SnCl_6^{2-}+2e^-$ ══ $SnCl_4^{2-}+2Cl^-$	0.14	1mol/L HCl
Sb(Ⅴ)$+2e^-$ ══ Sb(Ⅲ)	0.75	3.5mol/L HCl
$Sb(OH)_6^-+2e^-$ ══ $SbO_2^-+2OH^-+2H_2O$	−0.428	3mol/L NaOH
$SbO_2^-+2H_2O+3e^-$ ══ $Sb+4OH^-$	−0.675	10mol/L KOH
Ti(Ⅳ)$+e^-$ ══ Ti(Ⅲ)	−0.01	0.2mol/L H_2SO_4
	0.12	2mol/L H_2SO_4
	−0.04	1mol/L HCl
	−0.05	1mol/L H_3PO_4
Pb(Ⅱ)$+2e^-$ ══ Pb	−0.32	1mol/L NaAc

十二、部分有机化合物在 TCD 上的校正因子

载气：H_2 基准物：苯

化合物	s_M	s_m	f_M	f_m	化合物	s_M	s_m	f_M	f_m
甲烷	0.357	1.73	2.80	0.58	辛烷	1.60	1.09	0.63	0.92
乙烷	0.512	1.33	1.96	0.75	壬烷	1.77	1.08	0.57	0.93
丙烷	0.645	1.16	1.55	0.86	癸烷	1.99	1.09	0.50	0.92
丁烷	0.851	1.15	1.18	0.87	十一烷	1.98	0.99	0.51	1.01
戊烷	1.05	1.14	0.95	0.88	十四烷	2.34	0.92	0.42	1.09
己烷	1.23	1.12	0.81	0.89	C_{20}～C_{36}	—	1.09	—	0.92
庚烷	1.43	1.12	0.70	0.89	异丁烷	0.82	1.10	1.22	0.91

续表

化 合 物	s_M	s_m	f_M	f_m	化 合 物	s_M	s_m	f_M	f_m
异戊烷	1.02	1.10	0.98	0.91	甲苯	1.16	0.98	0.86	1.02
新戊烷	0.99	1.08	1.01	0.93	乙基苯	1.29	0.95	0.78	1.05
2,2-二甲基丁烷	1.16	1.05	0.86	0.95	间二甲苯	1.31	0.96	0.76	1.04
2,3-二甲基丁烷	1.16	1.05	0.86	0.95	对二甲苯	1.31	0.96	0.76	1.04
2-甲基戊烷	1.20	1.09	0.83	0.92	邻二甲苯	1.27	0.93	0.79	1.08
3-甲基戊烷	1.19	1.08	0.84	0.93	异丙苯	1.42	0.92	0.70	1.09
2,2-二甲基戊烷	1.33	1.04	0.75	0.96	正丙苯	1.45	0.95	0.69	1.05
2,4-二甲基戊烷	1.29	1.01	0.78	0.99	1,2,4-三甲苯	1.50	0.98	0.67	1.02
2,3-二甲基戊烷	1.35	1.05	0.74	0.95	1,2,3-三甲苯	1.49	0.97	0.67	1.03
3,5-二甲基戊烷	1.33	1.04	0.75	0.96	对-乙基甲苯	1.50	0.98	0.67	1.02
2,2,3-三甲基丁烷	1.29	1.01	0.78	0.99	1,3,5-三甲苯	1.49	0.97	0.67	1.03
2-甲基己烷	1.36	1.06	0.74	0.94	仲丁苯	1.58	0.92	0.63	1.09
3-甲基己烷	1.33	1.04	0.75	0.96	联二苯	1.69	0.86	0.59	1.16
3-乙基戊烷	1.31	1.02	0.76	0.98	邻三联苯	2.17	0.74	0.46	1.35
2,2,4-三甲基戊烷	1.47	1.04	0.68	0.99	间三联苯	2.30	0.78	0.43	1.28
乙烯	0.48	1.34	2.08	0.75	对三联苯	2.24	0.76	0.45	1.32
丙烯	0.65	1.20	1.54	0.83	三苯甲烷	2.32	0.74	0.43	1.35
异丁烯	0.82	1.14	1.22	0.88	萘	1.39	0.84	0.72	1.19
1-丁烯	0.81	1.13	1.23	0.88	四氢萘	1.45	0.86	0.69	1.16
反-2-丁烯	0.85	1.19	1.18	0.84	1-甲基四氢萘	1.58	0.84	0.63	1.19
顺-2-丁烯	0.87	1.22	1.15	0.82	1-乙基四氢萘	1.70	0.83	0.59	1.20
3-甲基-1-丁烯	0.99	1.10	1.01	0.91	反十氢化萘	1.50	0.85	0.67	1.18
2-甲基-1-丁烯	0.99	1.10	1.01	0.91	顺十氢化萘	1.51	0.86	0.66	1.16
1-戊烯	0.99	1.10	1.01	0.91	环戊烷	0.97	1.09	1.03	0.92
反-2-戊烯	1.04	1.16	0.96	0.86	甲基环戊烷	1.15	1.07	0.87	0.93
顺-2-戊烯	0.98	1.10	1.02	0.91	1,1-二甲基环戊烷	1.24	0.99	0.81	1.01
2-甲基-2-戊烯	0.96	1.04	1.04	0.96	乙基环戊烷	1.26	1.01	0.79	0.99
2,4,4-三甲基-1-戊烯	1.58	1.10	0.63	0.91	顺-1,2-二甲基环戊烷	1.25	1.00	0.80	1.00
丙二烯	0.53	1.03	1.89	0.97	反-1,3-二甲基环戊烷	1.25	1.00	0.80	1.00
1,3-丁二烯	0.80	1.16	1.25	0.86	顺-1,3-二甲基环戊烷	1.25	1.00	0.80	1.00
环戊二烯	0.68	0.81	1.47	1.23	顺-1,反-2,顺-4-三甲基环戊烷	1.36	0.95	0.74	1.05
2-甲基-1,3-丁二烯	0.92	1.06	1.09	0.94	顺-1,顺-2,反-4-三甲基环戊烷	1.43	1.00	0.70	1.00
1-甲基环己烯	1.15	0.93	0.87	1.07	环己烷	1.14	1.06	0.88	0.94
甲基乙炔	0.58	1.13	1.72	0.88	甲基环己烷	1.20	0.95	0.83	1.05
双环戊二烯	0.76	0.78	1.32	1.28	1,1-二甲基环己烷	1.41	0.98	0.71	1.02
4-乙烯基环己烯	1.30	0.94	0.77	1.07	1,4-二甲基环己烷	1.46	1.02	0.68	0.98
环戊烯	0.80	0.92	1.25	1.09	乙基环己烷	1.45	1.01	0.69	0.99
降冰片烯	1.13	0.94	0.89	1.06	正丙基环己烷	1.58	0.98	0.63	1.02
降冰片二烯	1.11	0.95	0.90	1.05	1,1,3-三甲基环己烷	1.39	0.86	0.72	1.16
环庚三烯	1.04	0.88	0.96	1.14	氢	0.42	0.82	2.38	1.22
1,3-环辛二烯	1.27	0.91	0.79	1.10	氮	0.42	1.16	2.38	0.86
1,5-环辛二烯	1.31	0.95	0.76	1.05	氧	0.40	0.98	2.50	1.02
1,3,5,7-环辛四烯	1.14	0.86	0.88	1.16	二氧化碳	0.48	0.85	2.08	1.18
环十二碳三烯(反,反,反)	1.68	0.81	0.60	1.23	一氧化碳	0.42	1.16	2.38	0.86
环十二碳三烯	1.53	0.73	0.65	1.37	四氯化碳	1.08	0.55	0.93	1.82
苯	1.00	1.00	1.00	1.00	羰基铁[$Fe(CO)_5$]	1.50	0.60	0.67	1.67

续表

化　合　物	s_M	s_m	f_M	f_m
硫化氢	0.38	0.88	2.63	1.14
水	0.33	1.42	3.03	0.70
丙酮	0.86	1.15	1.16	0.87
甲乙酮	0.98	1.05	1.02	0.95
二乙酮	1.10	1.00	0.91	1.00
3-己酮	1.23	0.96	0.81	1.04
2-己酮	1.30	1.02	0.77	0.98
3,3-二甲基-2-丁酮	1.18	0.81	0.85	1.23
甲基正戊基酮	1.38	0.91	0.75	1.10
甲基正己基酮	1.47	0.90	0.68	1.11
环戊酮	1.06	0.99	0.94	1.01
环己酮	1.25	0.99	0.80	1.01
2-壬酮	1.61	0.93	0.62	1.07
甲基异丁基酮	1.18	0.91	0.85	1.10
甲基异戊基酮	1.38	0.94	0.72	1.06
甲醇	0.55	1.34	1.82	0.75
乙醇	0.72	1.22	1.39	0.82
丙醇	0.83	1.09	1.20	0.92
异丙醇	0.85	1.10	1.18	0.91
正丁醇	0.95	1.00	1.05	1.00
异丁醇	0.96	1.02	1.04	0.98
仲丁醇	0.97	1.03	1.03	0.97
叔丁醇	0.96	1.02	1.04	0.98
3-甲基-1-戊醇	1.07	0.98	0.93	1.02
2-戊醇	1.10	0.98	0.91	1.02
3-戊醇	1.09	0.96	0.92	1.04
2-甲基-2-丁醇	1.06	0.94	0.94	1.06
正己醇	1.18	0.90	0.85	1.11
3-己醇	1.25	0.98	0.80	1.02
2-己醇	1.30	1.02	0.77	0.98
正庚醇	1.28	0.86	0.78	1.16
癸醇-5	1.84	0.91	0.54	1.10
十二烷-2-醇	1.98	0.84	0.51	1.19
环戊醇	1.09	0.99	0.92	1.01
环己醇	1.12	0.88	0.89	1.14
乙酸乙酯	1.11	0.99	0.90	1.01
乙酸乙丙酯	1.21	0.93	0.83	1.08
乙酸正丁酯	1.35	0.91	0.74	1.10
乙酸正戊酯	1.46	0.88	0.68	1.14
乙酸异戊酯	1.45	0.87	0.69	1.10
乙酸正庚酯	1.70	0.84	0.59	1.19
乙醚	1.10	1.16	0.91	0.86
异丙醚	1.30	0.99	0.77	1.01
正丙醚	1.31	1.00	0.76	1.00
正丁醚	1.60	0.96	0.63	1.04
正戊醚	1.83	0.91	0.55	1.10
乙基正丁基醚	1.30	0.99	0.77	1.01
2,5-己二醇	1.27	0.84	0.79	1.19
1,6-己二醇	1.21	0.80	0.83	1.25
1,10-癸二醇	1.08	0.48	0.93	2.08
1,12-十二醇	1.10	0.49	0.91	2.04
正丁胺	1.14	1.22	0.88	0.82
正戊胺	1.52	1.37	0.66	0.73
正己胺	1.04	0.80	0.96	1.25
吡咯	0.86	1.00	1.16	1.00
二氢吡咯	0.83	0.94	1.20	1.06
四氢吡咯	0.91	1.00	1.09	1.00
吡啶	1.00	0.99	1.00	1.01
1,2,5,6-四氯吡啶	1.03	0.96	0.97	1.04
哌啶	1.02	0.94	0.98	1.06
丙烯腈	0.78	1.15	1.28	0.87
丙腈	0.84	1.20	1.19	0.83
正丁腈	1.05	1.19	0.95	0.84
苯胺	1.14	0.95	0.88	1.05
喹啉	1.94	1.16	0.52	0.86
反十氢喹啉	1.17	0.66	0.85	1.51
顺十氢喹啉	1.17	0.66	0.85	1.51
氨	0.40	1.86	2.5	0.54
环氧乙烷	0.58	1.03	1.72	0.97
环氧丙烷	0.80	1.07	1.25	0.93
硫化氢	0.38	0.88	2.63	1.14
甲硫醇	0.59	0.96	1.69	1.04
乙硫醇	0.87	1.09	1.15	0.92
1-丙硫醇	1.01	1.04	0.99	0.96
四氢呋喃	0.83	0.90	1.20	1.11
噻吩烷	1.03	0.91	0.97	1.09
硅酸乙酯	2.08	0.79	0.48	1.27
乙醛	0.65	1.15	1.54	0.87
2-乙氧基乙醇	1.07	0.93	0.93	1.08
1-氟己烷	1.24	0.93	0.81	1.08
1-氯丁烷	1.11	0.94	0.90	1.06
2-氯丁烷	1.09	0.91	0.92	1.10
1-氯-2-甲基丙烷	1.08	0.91	0.93	1.10
2-氯-2-甲基丙烷	1.04	0.88	0.96	1.14
1-氯戊烷	1.23	0.91	0.81	1.10
1-氯己烷	1.34	0.87	0.75	1.14
1-氯庚烷	1.47	0.86	0.68	1.16
溴代乙烷	0.98	0.70	1.02	1.43
1-溴丙烷	1.08	0.68	0.93	1.47
2-溴丙烷	1.07	0.68	0.93	1.47
1-溴丁烷	1.19	0.68	0.84	1.47
2-溴丁烷	1.16	0.66	0.86	1.52
1-溴-2-甲基丙烷	1.15	0.66	0.87	1.52

续表

化合物	s_M	s_m	f_M	f_m	化合物	s_M	s_m	f_M	f_m
1-溴戊烷	1.28	0.66	0.78	1.52	1,2-二氯丙烷	1.12	0.77	0.89	1.30
碘代甲烷	0.96	0.53	1.04	1.89	顺-1,2-二氯乙烯	1.00	0.81	1.00	1.23
碘代乙烷	1.06	0.53	0.94	1.89	2,3-二氯丙烯	1.10	0.77	0.91	1.30
1-碘丙烷	1.17	0.54	0.85	1.85	三氯乙烯	1.15	0.69	0.87	1.45
1-碘丁烷	1.29	0.55	0.78	1.82	氟代苯	1.05	0.85	0.95	1.18
2-碘丁烷	1.23	0.52	0.81	1.92	间二氟代苯	1.07	0.73	0.93	1.37
1-碘-2-甲基丙烷	1.22	0.52	0.82	1.92	邻氟代甲苯	1.16	0.83	0.86	1.20
1-碘戊烷	1.38	0.55	0.73	1.82	对氟代甲苯	1.17	0.83	0.85	1.20
二氯甲烷	0.94	0.87	1.06	1.14	间氟代甲苯	1.18	0.84	0.85	1.19
氯仿	1.08	0.71	0.93	1.41	1-氯-3-氟代苯	1.19	0.72	0.84	1.38
四氯化碳	1.20	0.61	0.83	1.64	间溴-α,α,α-三氟代甲苯	1.45	0.52	0.68	1.92
二溴甲烷	1.07	0.48	0.93	2.08	氯代苯	1.16	0.80	0.86	1.25
溴氯甲烷	1.00	0.61	1.00	1.64	邻氯代甲苯	1.28	0.79	0.78	1.27
1,2-二溴乙烷	1.17	0.48	0.85	2.08	氯代环己烷	1.20	0.79	0.83	1.27
1-溴-2-氯乙烷	1.10	0.59	0.91	1.69	溴代苯	1.24	0.62	0.81	1.61
1,1-二氯乙烷	1.03	0.81	0.97	1.23					

① 本数据来源于 Devaux P. Guiochon G. J. Gas Chrom；1967：5：341。

十三、部分有机化合物在 FID 上的校正因子

基准物：苯

化合物	s_m	f_m	化合物	s_m	f_m	化合物	s_m	f_m
烷	0.87	1.15	2-甲基庚烷	0.87	1.15	2,3,5-三甲基己烷	0.86	1.16
烷	0.87	1.15	3-甲基庚烷	0.90	1.11	2,4,4-三甲基己烷	0.90	1.11
烷	0.87	1.15	4-甲基庚烷	0.91	1.10	2,2,3,3-四甲基戊烷	0.89	1.12
烷	0.92	1.09	2,2-二甲基己烷	0.90	1.11	2,2,3,4-四甲基戊烷	0.88	1.14
戊烷	0.93	1.08	2,3-二甲基己烷	0.88	1.14	2,3,3,4-四甲基戊烷	0.88	1.14
己烷	0.92	1.09	2,4-二甲基己烷	0.88	1.14	3,3,5-三甲基庚烷	0.88	1.14
庚烷	0.89	1.12	2,5-二甲基己烷	0.90	1.11	2,2,3,4-四甲基己烷	0.90	1.11
辛烷	0.87	1.15	3,4-二甲基己烷	0.88	1.14	2,2,4,5-四甲基戊烷	0.89	1.12
壬烷	0.88	1.14	3-乙基己烷	0.89	1.12	环戊烷	0.93	1.08
异戊烷	0.94	1.06	2-甲基-3-乙基戊烷	0.88	1.14	甲基环戊烷	0.90	1.11
2,2-二甲基丁烷	0.93	1.08	2,2,3-三甲基戊烷	0.91	1.10	乙基环戊烷	0.89	1.12
2,3-二甲基丁烷	0.92	1.09	2,2,4-三甲基戊烷	0.89	1.12	1,1-二甲基环戊烷	0.92	1.09
2-甲基戊烷	0.94	1.06	2,3,3-三甲基戊烷	0.90	1.11	反-1,2-二甲基环戊烷	0.90	1.11
3-甲基戊烷	0.93	1.08	2,3,4-三甲基戊烷	0.88	1.14	顺-1,2-二甲基环戊烷	0.89	1.12
2-甲基己烷	0.91	1.10	2,2-二甲基庚烷	0.87	1.15	反-1,3-二甲基环戊烷	0.89	1.12
3-甲基己烷	0.91	1.10	3,3-二甲基庚烷	0.89	1.12	顺-1,3-二甲基环戊烷	0.89	1.12
2,2-二甲基戊烷	0.91	1.10	2,4-二甲基-3-乙基戊烷	0.88	1.14	1-甲基-反-2-乙基环戊烷	0.90	1.11
2,3-二甲基戊烷	0.88	1.14	2,2,3-三甲基己烷	0.90	1.11	1-甲基-顺-2-乙基环戊烷	0.89	1.12
2,4-二甲基戊烷	0.91	1.10	2,2,4-三甲基己烷	0.88	1.14	1-甲基-反-3-乙基环戊烷	0.87	1.15
3,3-二甲基戊烷	0.92	1.09	2,2,5-三甲基己烷	0.88	1.14	1-甲基-顺-3-乙基环戊烷	0.89	1.12
3-乙基戊烷	0.91	1.10	2,3,3-三甲基己烷	0.89	1.12	1,1,2-三甲基环戊烷	0.92	1.09
2,2,3-三甲基丁烷	0.91	1.10						

续表

化合物	s_m	f_m	化合物	s_m	f_m	化合物	s_m	f_m
1,1,3-三甲基环戊烷	0.93	1.08	1-甲基-4-异丙苯	0.88	1.14	二异丁基酮	0.64	1.56
反-1,2-顺-3-三甲基环戊烷	0.90	1.11	仲丁苯	0.89	1.12	乙基戊基酮	0.72	1.39
反-1,2-顺-4-三甲基环戊烷	0.88	1.12	叔丁苯	0.91	1.10	环己烷	0.64	1.56
顺-1,2-反-3-三甲基环戊烷	0.88	1.12	正丁苯	0.88	1.14	甲酸	0.009	111.11
顺-1,2-反-4-三甲基环戊烷	0.88	1.12	乙炔	0.96	1.04	乙酸	0.21	4.76
异丙基环戊烷	0.88	1.12	乙烯	0.91	1.10	丙酸	0.36	2.78
正丙基环戊烷	0.87	1.15	1-己烯	0.88	1.14	丁酸	0.43	2.33
环己烷	0.90	1.11	1-辛烯	1.03	0.97	己酸	0.56	1.79
甲基环己烷	0.90	1.11	1-癸烯	1.01	0.99	庚酸	0.54	1.85
乙基环己烷	0.90	1.11	甲醇	0.21	4.76	辛酸	0.58	1.72
1-甲基-反-4-甲基环己烷	0.88	1.14	乙醇	0.41	2.43	乙酸甲酯	0.18	5.56
1-甲基-顺-4-乙基环己烷	0.86	1.16	正丙醇	0.54	1.85	乙酸乙酯	0.34	2.94
1,1,2-三甲基环己烷	0.90	1.11	异丙醇	0.47	2.13	乙酸异丙酯	0.44	2.27
异丙基环己烷	0.88	1.14	正丁醇	0.59	1.69	乙酸仲丁酯	0.46	2.17
环庚烷	0.90	1.11	异丁醇	0.61	1.64	乙酸异丁酯	0.48	2.08
苯	1.00	1.00	仲丁醇	0.56	1.79	乙酸丁酯	0.49	2.04
甲苯	0.96	1.04	叔丁醇	0.66	1.52	乙酸异戊酯	0.55	1.82
乙基苯	0.92	1.09	戊醇	0.63	1.59	乙酸甲基异戊酯	0.56	1.79
对二甲苯	0.89	1.12	1,3-二甲基丁醇	0.66	1.52	己酸乙基(2)乙酯	0.64	1.56
间二甲苯	0.93	1.08	甲基戊醇	0.58	1.72	乙酸-2-乙氧基乙醇酯	0.45	2.22
邻二甲苯	0.91	1.10	己醇	0.66	1.52	己酸己酯	0.70	1.42
1-甲基-2-乙基苯	0.91	1.10	辛醇	0.76	1.32	乙腈	0.35	2.86
1-甲基-3-乙基苯	0.90	1.11	癸醇	0.75	1.33	三甲基胺	0.41	2.44
1-甲基-4-乙基苯	0.89	1.12	丁醛	0.55	1.82	叔丁基胺	0.48	2.08
1,2,3-三甲苯	0.88	1.14	庚醛	0.69	1.45	二乙基胺	0.54	1.85
1,2,4-三甲苯	0.87	1.15	辛醛	0.70	1.43	苯胺	0.67	1.49
1,3,5-三甲苯	0.88	1.14	癸醛	0.72	1.40	二正丁基胺	0.67	1.49
异丙苯	0.87	1.15	丙酮	0.44	2.27	2-乙氧基乙醇	0.40	2.50
正丙苯	0.90	1.11	甲乙酮	0.54	1.85	2-丁氧基乙醇	0.55	1.82
1-甲基-2-异丙苯	0.88	1.14	甲基异丁基酮	0.63	1.59	异佛尔酮	0.76	1.32
1-甲基-3-异丙苯	0.90	1.11	乙基丁基酮	0.63	1.59	噻吩烷	0.51	1.96

① 本数据来源于顾蕙祥. 阎宝石的气相色谱实用手册（第二版），化学工业出版社 1990 年出版。

十四、一些重要的物理常数

量	符号	数值与单位	量	符号	数值与单位
光速(真空)	c	2.99792×10^{8} m/s	法拉第常量	F	96485.31C/mol
普朗克常量	h	6.62608×10^{-34} J·s	摩尔气体常量	R	8.31451J/mol·K
电子电荷	e	1.602177×10^{-19} ℃	玻耳兹曼常量	k	1.38066×10^{-23} J/K
电子(静止)质量	m	9.10939×10^{-34} kg	电子伏特能量	eV	1.60218×10^{-19} J
阿伏伽德罗常量	N_A	6.022137×10^{23} /mol			

十五、检验报告样式

计量认证标志 NO.

检 验 报 告

产（样）品名称＿＿＿＿＿＿＿＿

受（送）检单位＿＿＿＿＿＿＿＿

检 验 类 别＿＿＿＿＿＿＿＿

（检测机构全称）

注 意 事 项

1. 报告无“检验报告专用章”或检验单位公章无效。

2. 复制报告未重新加盖“检验报告专用章”和检验单位公章无效。

3. 报告无制表、审核、批准人签字无效。

4. 报告涂改无效。

5. 对检验报告若有异议，应于收到报告之日起十五日内向检验单位提出，逾期不予受理。

6. 委托检验仅对来样负责。

7. 未经本中心同意，该检验报告不得用于商业性宣传。

地　　址：　　　　　　　　电　　话：

邮政编码：　　　　　　　　传　　真：

（检测机构全称）

检 验 报 告

NO. 共页 第1页

产(样)品名称		型号规格	
		商　　标	
受(送)检单位		检验类别	
生产单位		样品等级、状态	
抽样地点		抽样日期	年　月　日
样品数量		抽样者	
抽样基数		原编号或 生产日期	
检验依据		检验项目	
所用主要仪器		实验环境条件	
检 验 结 论	(检验报告专用章) 签发日期　　年　　月　　日		
备 注			

批准：　　　　审核：　　　　制表：

(检测机构全称)

检验结果报告书

NO. 共 页 第 页

检验项目、单位	标准值	检验值	单项结论	检验方法
备注：				

（注："检验结果报告书"可附页。）

十六、药品检测报告样式

<table>
<tr><td colspan="6">××××××(单位名称)
药品检验报告

报告书编号：</td></tr>
<tr><td>检品名称</td><td colspan="5"></td></tr>
<tr><td>批号</td><td colspan="2"></td><td>规格</td><td colspan="2"></td></tr>
<tr><td>生产单位或产地</td><td colspan="2"></td><td>包装</td><td colspan="2"></td></tr>
<tr><td>供样单位</td><td colspan="2"></td><td>有效期</td><td colspan="2"></td></tr>
<tr><td>检验目的</td><td colspan="2"></td><td>检品数量</td><td colspan="2"></td></tr>
<tr><td>检验项目</td><td colspan="2"></td><td>收检日期</td><td colspan="2"></td></tr>
<tr><td>检验依据</td><td colspan="2"></td><td>报告日期</td><td colspan="2"></td></tr>
<tr><td>检验项目</td><td colspan="2">标准规定</td><td colspan="3">检验结果</td></tr>
<tr><td>【性状】</td><td colspan="2"></td><td colspan="3"></td></tr>
<tr><td>【鉴别】</td><td colspan="2"></td><td colspan="3"></td></tr>
<tr><td>【检查】</td><td colspan="2"></td><td colspan="3"></td></tr>
<tr><td>1</td><td colspan="2"></td><td colspan="3"></td></tr>
<tr><td>2</td><td colspan="2"></td><td colspan="3"></td></tr>
<tr><td>3</td><td colspan="2"></td><td colspan="3"></td></tr>
<tr><td>4</td><td colspan="2"></td><td colspan="3"></td></tr>
<tr><td>【含量测定】</td><td colspan="2"></td><td colspan="3"></td></tr>
<tr><td>结论</td><td colspan="5"></td></tr>
<tr><td>检验员：</td><td></td><td>复核人：</td><td></td><td>负责人：</td><td></td></tr>
</table>

参 考 文 献

[1] 黄一石，乔子荣主编. 定量化学分析. 第 2 版. 北京：化学工业出版社，2009.
[2] 黄一石主编. 仪器分析. 北京：化学工业出版社，2002.
[3] 魏培海，曹国庆主编. 仪器分析. 北京：高等教育出版社，2007.
[4] 王秀萍，徐焕斌，张德胜主编. 有机化工分析. 北京：化学工业出版社，2006.
[5] 武汉大学主编. 分析化学. 第 4 版. 北京：高等教育出版社，1997.
[6] 华东理工大学分析化学教研组，成都科学技术大学分析化学教研组合编. 分析化学. 第 4 版. 北京：高等教育出版社，1995.
[7] 郭英凯主编. 仪器分析. 北京：化学工业出版社，2006.
[8] 邱德仁主编. 工业分析化学. 上海：复旦大学出版社，2005.
[9] GB 320—2006. 工业用合成盐酸.
[10] GB 209—2006. 工业用氢氧化钠.
[11] GB/T 4348. 1—2000 工业用氢氧化钠中氢氧化钠和碳酸钠含量的测定.
[12] GB/T 7698—2003 工业用氢氧化钠　碳酸盐含量的测定　滴定法.
[13] GB 5749—2006 生活饮用水卫生标准.
[14] GB 5750—85 生活饮用水标准检验法.
[15] HG 2227—2004 水处理剂　硫酸铝.
[16] HG/T 2225—2001 工业硫酸铝.
[17] GB 1616—2003 工业过氧化氢.
[18] GB/T 601—2002 化学试剂　标准滴定溶液的制备.
[19] GB 3838—2002 地表水环境质量标准.
[20] GB 11914—89 水质　化学需氧量的测定　重铬酸钾法.
[21] GB/T 5009. 42—2003 食盐卫生标准的分析方法.
[22] GB/T 13025. 7—91 制盐工业通用试验方法碘离子的测定.
[23] Q/SYS 001—2003 硒碘盐.
[24] GB/T 20880—2007 食用葡萄糖.
[25] GB/T 20884—2007 麦芽糊精.
[26] GB/T 394. 1—94 工业酒精.
[27] GB/T 394. 2—2008 酒精通用分析方法.
[28] GB 3143—1982 液体化学产品颜色测定方法（Hazen 单位——铂-钴色号）.
[29] GB/T 1628—2008 工业用冰乙酸.
[30] GB/T 3723—1999 工业用化学产品采样安全通则.
[31] GB/T 6283—2008 化工产品中水分含量的测定　卡尔费休法（通用方法）.
[32] GB/T 6324. 2—2004 挥发性有机液体水浴上蒸发后干残渣的测定.
[33] GB/T 6678—2003 化工产品采样总则.
[34] GB/T 6680—2003 液体化工产品采样通则.
[35] GB/T 3049—2006 工业用化工产品　铁含量测定的通用方法　1,10-菲啰啉分光光度法.
[36] GB/T 7533—1993 有机化工产品结晶点的测定方法.
[37] GB/T 5009 系列（2003 版）.
[38] GB/T 10792—1995 碳酸饮料（汽水）.
[39] GB/T 10792—2008 碳酸饮料（汽水）.
[40] GB/T 13112—1991 食品中环己基氨基磺酸钠测定方法.